地域環境学

トランスディシプリナリー・サイエンスへの挑戦

佐藤 哲／菊地直樹──[編]
Tetsu SATO　　Naoki KIKUCHI

TRANSDISCIPLINARY
LOCAL ENVIRONMENT
STUDIES

東京大学出版会

Transdisciplinary Local Environment Studies:
Co-creating Knowledge Base for Societal Transformation toward Sustainability
Tetsu SATO and Naoki KIKUCHI, Editors
University of Tokyo Press, 2018
ISBN978–4–13–060320–1

はじめに

現代社会は人類の生存と人々の福利を脅かすさまざまな課題に直面している．私たちの社会の持続可能な未来を実現するために，これまでもグローバルなレベルから地域社会の草の根のレベルに至るさまざまな空間スケールで多くの解決策が提案され，多岐にわたる取り組みが展開されてきた．しかし，国連の「持続可能な開発目標」に網羅されたようなきわめて多様な課題が，いまだに解決されないまま，ときには解決の糸口さえみいだされないままに残されている．

人間活動とそれを支える自然環境は，相互に深く連関した複雑なシステムを構成している．これを社会生態系システムという．複雑な社会生態系システムのふるまいを理解することは容易なことではないが，それでも，近年の科学の発展（自然科学だけでなく社会科学も含む）によって，私たちの社会生態系システムに対する理解は大きく進展した．気候変動や自然資源の劣化などの困難な課題の原因構造の理解と解決を目指して，さまざまな研究が行われ，革新的な制度や社会的な仕組みが設計されて具体的に動き始めている．それでも，社会生態系システムが直面する深刻な課題の解決への道のりは，はるかに遠い．私たちの社会は，持続可能な未来に向けた根本的な転換を必要としており，そのためには地域社会のレベルだけでなく，より広域的なレベル，さらにはグローバルなレベルに至るさまざまな空間スケールにわたって，困難な意思決定とアクションを積み重ねていくことが不可欠である．

持続可能な未来に向けた社会の転換を促すためには，意思決定とアクションの基盤となる総合的な知識が必要である．従来，複雑な社会生態系システムに関する知識は，おもに科学者・専門家によって生産され，社会の多様なステークホルダーに提供されて活用されるものとみなされてきた．しかし，実際に社会の未来にかかわる意思決定の主役となるのはさまざまなステークホルダー（科学者も含まれる）であり，その際には科学的知識だけでなく，日々の生活や生業のなかで培われる知識，地域で受け継がれてきた伝統的知識，政策や社会の意思決定の仕組に関する知識など，きわめて多様な知が活用される．社会生

態系システムに関する科学的知識が普及すれば，重要な課題に関する意思決定が効果的に行われると考えるのは，明らかに一面的なものの見方であり，実際の意思決定の際に私たちが頼りにしているのは，はるかに多様な知の集合体である．

　私たちは，地域の環境課題の解決と地域社会の持続可能な開発に関連した，社会のなかに実在する多様な知から構成される総合的な知識システムを，地域環境知と名づけ，その構造，働き，意義，そしてその生産と流通・活用のプロセスを理解することを目指してきた．地域環境知は，科学知だけでなく社会のなかのさまざまな知識システムが統合されたものである．したがって，その生産プロセスは，専門分野に分かれた従来の科学が生産する知識を統合する学際的（インターディシプリナリー）なものであると同時に，社会の多様なステークホルダーによるきわめて多様な知識生産を包含するトランスディシプリナリーな知識の協働生産（知の共創）プロセスでもある．また，このようなトランスディシプリナリー・サイエンス（Transdisciplinary Science）は，科学者・専門家に分類されてきた人々と社会の多様なステークホルダーが，知識生産のすべてのプロセスを通じて密に協働することによって実現される．そして，このプロセスに参加するすべての人々は，相互作用を通じてともに学び，新たなアイデアや着想を得て，自らの思考を拡大し，発展させるというクリエイティブないとなみを楽しむことができる．私たちは世界に先駆けて，持続可能な未来の実現を阻む複雑かつ困難な課題の解決を目指すトランスディシプリナリー・サイエンスを実践しつつ，地域環境知の生産流通の仕組みを理解し，新しい科学のあり方を提案して社会に実装することを試みてきた．これが地域環境学（Transdisciplinary Local Environmental Studies）である．

　2012年4月から5年間にわたって実施された大学共同利用機関法人人間文化研究機構・総合地球環境学研究所の地域環境知プロジェクト（「地域環境知形成による新たなコモンズの創生と持続可能な管理」）は，世界各地における持続可能な未来の実現に向けたトランスディシプリナリーな知識生産プロセスの比較研究を通じて，多様なアクターによる意思決定とアクションを支える知識基盤としての地域環境知が形成されるプロセスと，その際の科学者・専門家と多様なステークホルダーの相互作用・相互学習のメカニズムを探究してきた．それによって，知識を基盤として社会が順応的に変化し，持続可能性の実現に向

けた転換が促される仕組みを解明しようと試みてきたのである．

　本書は，このプロジェクトの成果にもとづいて，ステークホルダーと協働した知識の共創を通じて多様なアクターによる意思決定とアクションを支えるトランスディシプリナリー・サイエンスのあり方を明らかにすることを目指すものである．本書の各章は，環境問題に代表される複雑で困難な地域課題の解決と持続可能な未来に向けた社会の転換を促すために，世界各地の地域社会に密着して地域環境知の生産と活用を促してきた多様な研究者・実務家による地域環境学の実践を紹介している．これらの事例を集大成することを通じて，地域環境学という課題駆動型で問題解決志向の知の共創プロセスを体系化することが本書のねらいである．それがどの程度成功したかは，読者のみなさんの判断に委ねることにしよう．そして，みなさんは地域環境知プロジェクトに参加した多様な人々が，地域環境学の実践を通じて知的刺激を受け，思考を深め，新たな学問の創出プロセスを心から楽しんできたようすを垣間見ることができるだろう．読者のみなさんが本書を通じて地域環境学という新しい学問の船出に立ち会い，私たちの知的な冒険をともに楽しんでいただき，持続可能な未来に向けた社会の転換への動きを少しでも加速していただけることを，心から楽しみにしている．

佐藤　哲

目次

はじめに　**佐藤 哲**……………………………………………………………………… i

序章　意思決定とアクションを支える科学
　　──知の共創の仕組み　**佐藤 哲**……………………………………………… 1

I　知識を創りだす

1 | 伝統農業の知識に学ぶ
　　──トルコ乾燥地帯の地下水資源管理　**久米 崇, エルハン・アクチャ**…… 19
　1.1　枯渇する地下水…………………………………………………………… 19
　1.2　カラプナールの自然と農業……………………………………………… 20
　1.3　取水制限ショック………………………………………………………… 23
　1.4　ステークホルダーとの協働からみえてきた課題と新たな光……… 25
　1.5　カラプナールの知識生産とその流通………………………………… 31
　1.6　地域環境知の活用による持続的農業への転換に向けて…………… 35

2 | 生業から生まれる知識と技術
　　──里海づくりと自伐型林業　**家中 茂**………………………………… 40
　2.1　生業を構成する知識と技術……………………………………………… 40
　2.2　「里海づくり」を通じたサンゴ礁再生の知識と技術の創出………… 41
　2.3　「自伐型林業」という森林・林業再生の知識と技術の創出………… 48
　2.4　私的権利の枠組みを超える価値創造的コモンズの創生…………… 55

3 | 地域の知と知床世界遺産
　　──知床の漁業者と研究者　**松田裕之, 牧野光琢,**
　　イリニ・イオアナ・ヴラホプル……………………………………… 60
　3.1　地域に役立つ知識を生産する………………………………………… 60
　3.2　知床世界遺産登録と科学委員会の助言……………………………… 64
　3.3　在来知をもとに文書化した知床海域管理計画……………………… 67
　3.4　知床の地域の取り組み………………………………………………… 70

4 | ステークホルダーと科学者による知の共創
　　──フロリダのホタテガイ再生　マイケル・クロスビー，
　　　バーバラ・ラウシュ，ジム・クルター（翻訳：佐藤 哲）……………76

4.1 沿岸環境をめぐる科学と社会のかかわり ……………………………… 76

4.2 サラソタ湾におけるコミュニティ主導型ホタテガイ再生 ………… 81

4.3 小型ホタテガイの生態系における役割とその現状 ………………… 82

4.4 モート海洋研究所の戦略と成果 ……………………………………… 85

4.5 モート海洋研究所コミュニティ・フォーラム ……………………… 89

4.6 知識のトランスレーションと流通の追跡 …………………………… 90

4.7 モート海洋研究所における知識の共創 ……………………………… 93

II　価値を可視化する

5 | 野生復帰が可視化した地域の価値
　　──コウノトリ再生の物語　菊地直樹 ……………………………………99

5.1 コウノトリの野生復帰という物語 …………………………………… 99

5.2 コウノトリとその保護の歴史 ………………………………………… 101

5.3 研究者と行政の協働による野生復帰の「物語化」………………… 103

5.4 野生復帰の物語を共有した多面的な取り組みの展開 ……………… 107

5.5 物語の曖昧さ …………………………………………………………… 108

5.6 「野生」とはなにか …………………………………………………… 110

5.7 物語の「生活化」へ …………………………………………………… 113

6 | シマフクロウがもたらす一次産業のビジョン
　　──西別川の流域再生　北村健二，大橋勝彦 …………………………117

6.1 西別川とその流域 ……………………………………………………… 117

6.2 シマフクロウとの出会い ……………………………………………… 119

6.3 生業の道具や技術の活用 ……………………………………………… 120

6.4 人が集まる仕組みづくり ……………………………………………… 125

6.5 水草をめぐるネットワーク …………………………………………… 126

6.6 流域全体に共有される一次産業のビジョン ………………………… 130

7 | 生業から創発するイノベーション
　　──マウリ湖の自然資源管理　ダイロ・ペムバ，中川千草，佐藤 哲… 135

7.1 後発開発途上国が直面する課題 ……………………………………… 135

7.2 社会的弱者と協働するトランスディシプリナリー研究 …………… 141

目次　vii

7.3　トランスディシプリナリー研究のインパクト ················· 147

7.4　社会的弱者とともに歩む新しい TD 科学の展開 ·············· 151

III　プロセスを動かす

8 | 順応的なプロセス管理
―― 持続可能な地域社会への取り組み　宮内泰介 ················· 157

8.1　制度設計からプロセス・デザインへ ······················· 157

8.2　順応的なプロセス管理の 5 つの鍵 ························· 163

9 | 協働が駆動する社会的学習
―― カナダの生物圏保存地域　モーリーン・リード，
パイビ・アバーンティ（翻訳：北村健二）················· 170

9.1　持続可能性のための学習 ································· 170

9.2　階層をまたぐ社会的学習 ································· 171

9.3　ユネスコ生物圏保存地域とカナダ国内ネットワーク ········· 173

9.4　学習・行動のプラットフォーム ··························· 176

9.5　学習成果 ··· 180

9.6　実践の共同体の意義 ····································· 183

10 | 人材が育つ仕組み
―― 里山マイスターがもたらすもの　中村浩二，北村健二 ·········· 188

10.1　問題の背景と所在 ····································· 188

10.2　里山問題対策としての人材育成 ························· 191

10.3　能登における人材育成がもたらした成果と波及効果 ········· 194

10.4　フィリピンにおける人材育成 ··························· 198

10.5　人材育成における特色と今後の課題 ····················· 200

11 | 地域を動かすカタリスト
―― 白保のサンゴ礁保全　上村真仁 ··························· 204

11.1　石垣島白保地区の人々にとってのサンゴ礁 ··············· 204

11.2　白保地区での持続可能な地域づくり ····················· 208

11.3　地域を動かした 3 つのアクティビティ ··················· 215

11.4　地域に活動が根付き，自ら動き出すために ··············· 219

IV つながりを創りだす

12 | 生産者と世界のつながり
——地域が使いこなす認証制度　大元鈴子 ………………………… 227
12.1 国際資源管理認証とは ……………………………………………… 227
12.2 ローカル認証 ……………………………………………………… 238
12.3 地域の実践の価値を可視化してつながりを生みだす ………… 241

13 | 地域に生かす国際的な仕組み
——ユネスコ MAB 計画　酒井暁子, 松田裕之 ……………………… 245
13.1 制度の概要とこの章の目的 ……………………………………… 245
13.2 国際制度の順応的変容と日本での経緯
　　——地域のための生物圏保存地域 …………………………… 247
13.3 鍵は制度のトランスレーション ………………………………… 249
13.4 さらなる制度の進化に向けて …………………………………… 252

14 | 地域が動かす沿岸資源管理
——海洋保護区ネットワーク　鹿熊信一郎, ジョキム・キトレレイ ……… 259
14.1 海洋保護区ネットワーク ………………………………………… 259
14.2 双方向トランスレーターとしての水産普及員 ………………… 260
14.3 沖縄の地域主体の海洋保護区 …………………………………… 261
14.4 フィジーの海洋保護区ネットワークによる沿岸資源管理 ……… 267
14.5 双方向トランスレーターがつなぐ重層的海洋保護区
　　ネットワークを目指して ………………………………………… 275

15 | 多様な人々をサケがつなぐ
——コロンビア川流域のサーモン・セーフ認証
　ケビン・スクリブナー, 大元鈴子 ………………………………… 278
15.1 サーモン・セーフ認証の成り立ちと現状 ……………………… 278
15.2 米国西海岸におけるフラグシップ種であり,
　　それ以上の存在としてのサケ …………………………………… 281
15.3 サーモン・セーフの原則と基準 ………………………………… 284
15.4 ほかのイニシアティブとの協働 ………………………………… 289
15.5 多様な価値を束ねる手法 ………………………………………… 291
15.6 複数の帽子をかぶり分ける——トランスレーターの役割 ……… 294

V　意思決定とアクションを支える

16 | 選択肢の道具箱
　　——漁業管理ツール・ボックス　牧野光琢, 但馬英知 ·············· 299
　16.1　日本の漁業とその共同管理 ···················· 299
　16.2　理論ツール・ボックスの開発——2009–2012 年度 ·············· 301
　16.3　普及版の共創——2013–2015 年度 ················· 305
　16.4　現場との共有 ························· 313
　16.5　共進化に向けた今後の研究課題 ················· 316

17 | 協働を支えるバウンダリー・オブジェクト
　　——砂漠都市のための意思決定センター　デイブ・ホワイト,
　　ケリー・ラーソン, アンバー・ウティッヒ (翻訳: 竹村紫苑, 佐藤 哲) ··· 319
　17.1　持続可能な水資源管理のための知識の協働生産ツール ·········· 319
　17.2　バウンダリー・オーガニゼーション理論 ·············· 321
　17.3　バウンダリー・オーガニゼーション
　　　　　——砂漠都市の意思決定センター ················ 327
　17.4　バウンダリー・オブジェクト——WaterSim ·············· 330
　17.5　持続可能な水資源管理におけるバウンダリー研究の役割 ········ 339

18 | 地域の取り組みをつなぐ仕組み
　　——地域環境知シミュレーター　竹村紫苑, 三木弘史, 時田恵一郎 ······· 343
　18.1　対話と集団的な思考を促すバウンダリー・オブジェクト ········ 343
　18.2　ILEK-SIM のコンセプト ····················· 348
　18.3　セマンティックネットワーク分析 ················ 352
　18.4　今後の発展と課題 ······················ 355
　　Box　ILEK-SIM 開発の根幹となる理論と技術的な方法論 ·········· 359

19 | 政策形成を支える知識
　　——アメリカのレジリエンス計画　ジェニファー・ヘルゲソン
　　(翻訳: 佐藤 哲) ·························· 363
　19.1　レジリエンス計画の複雑性 ··················· 364
　19.2　NIST コミュニティ・レジリエンス計画ガイド ············ 366
　19.3　現実に実施されている「計画ガイド」
　　　　　——コロラド州の事例と得られたレッスン ············ 370
　19.4　NIST コミュニティ・レジリエンス経済性意思決定ガイド ······· 376

x

19.5「計画ガイド」と「経済性ガイド」の活用に関する追跡調査‥‥‥ 381

19.6 今後の展開 ‥‥‥‥‥‥‥‥‥‥‥‥‥‥‥‥‥‥‥‥‥‥‥ 384

20 | 持続可能な未来ビジョンの共創
——北極圏の広域的トランスディシプリナリー研究
イラン・チャバイ（翻訳：佐藤 哲）‥‥‥‥‥‥‥‥‥‥‥‥ 386

20.1 北極圏内外のつながりと相互作用 ‥‥‥‥‥‥‥‥‥‥‥‥ 386

20.2 北極圏における北極圏のためのトランスディシプリナリー
研究‥‥‥‥‥‥‥‥‥‥‥‥‥‥‥‥‥‥‥‥‥‥‥‥‥‥‥ 390

20.3 研究の協働企画（co-design）のための連携の確立 ‥‥‥‥‥ 391

20.4 学際およびトランスディシプリナリー・プロセス ‥‥‥‥ 396

20.5 シナリオ構築に向けて ‥‥‥‥‥‥‥‥‥‥‥‥‥‥‥‥‥ 398

終章 複雑で解決困難な課題に立ち向かう科学を求めて
——地域環境学のこれから **佐藤 哲**‥‥‥‥‥‥‥‥‥‥‥‥ 403

おわりに **佐藤 哲** ‥‥‥‥‥‥‥‥‥‥‥‥‥‥‥‥‥‥‥‥‥411

索引‥‥‥‥‥‥‥‥‥‥‥‥‥‥‥‥‥‥‥‥‥‥‥‥‥‥‥‥‥ 415

執筆協力者リスト ‥‥‥‥‥‥‥‥‥‥‥‥‥‥‥‥‥‥‥‥‥‥ 426

編者紹介・執筆者紹介 ‥‥‥‥‥‥‥‥‥‥‥‥‥‥‥‥‥‥‥‥ 427

序章 意思決定とアクションを支える科学
── 知の共創の仕組み

佐藤 哲

　人間社会と地球環境が重大な転換点を迎えていることを示すさまざまな知見が蓄積されている．人と自然のかかわりのダイナミックな変化のなかで，人間活動に起因する自然環境と生態系への深刻な負荷が発生し，それが，「持続可能な開発目標（Sustainable Development Goals; SDGs, United Nations General Assembly 2015）」が 2030 年までに解決すべき 17 の項目に掲げる多様な課題を引き起こしている．このような転換期にあって，私たちは人類の未来を大きく左右するかもしれない重大な意思決定を迫られている．日常生活の些末なレベルからグローバルなレベルまで，人と自然のかかわりを問いなおし，持続可能な未来に向けた社会の転換を促すためのさまざまな意思決定とアクションを積み重ねることが，今ほど必要とされたことはない．しかしながら，科学者・専門家がさまざまな環境問題の解決と持続可能な社会の実現に役立つはずの知識・技術を生産しても，それが必ずしも社会に受け入れられず，活用されないという問題が顕在化している（本書では，「科学」という言葉は自然科学だけでなく広範な人文社会科学を含むものとして使われている．また，「技術」には工学的技術だけでなく社会の制度や仕組みなどの社会技術も含まれる）．このような事態は，従来は科学者・専門家以外の多様なステークホルダーが，科学的知識を正確に理解していないことが原因とみなされてきた．この見方は，ステークホルダーに知識の理解が欠けているとみなすという意味で，「欠如モデル」と呼ばれている（Sturgis and Allum, 2004）．しかし，人々の理解が深まることが，環境問題の解決を促すとは限らない．むしろさまざまなコンフリクトを顕在化させ，解決をさらに困難にすることすらある．この課題を乗り越えるためには，科学的知識が回答を与えるという単純な図式ではなく，社会のさまざまな立場・利害をもつステークホルダーによる知識生産の意義と価値を尊重し，多様な人々の協働を促して課題解決のための意思決定とアクションを支える知識生産のあ

り方を検討することが必要である（佐藤，2014）．

　科学的知識生産は，特定の研究領域にかかわる理解を深めようとする科学者・専門家の好奇心に駆動されて進められてきた．研究の自由を最大限に保証しようとするアカデミズムの風土のなかで，好奇心駆動型の科学は大きく発展し，さまざまな科学・技術の発展を通じた人類の福利の向上に大きく貢献してきた．しかし，科学・技術の発展の負の側面として多様な課題が発生し，その解決と持続可能性という価値の実現に向けた社会の転換が必要とされる事態を招いてきた．持続可能性にかかわる課題は，ローカルからグローバルに至るさまざまな時空間スケールで，きわめて多様なかたちで顕在化し，それぞれの課題には異なる価値や利害をもつ多様なアクターがかかわっている．また，個々の課題は相互に深く関連し，ときには1つの課題の解決がほかの課題の悪化を招くというトレードオフが発生する．複雑な人間社会と生態系のふるまいには大きな不確実性がともなっており，そのなかでたえまなく発生する多様な課題に取り組むためには，複雑かつ不確実なふるまいをするシステムに関する多面的な知識基盤が継続的に生産されていることが不可欠である．このような複雑な課題に駆動され，その解決に貢献することを目指す科学は，社会の未来にかかわる意思決定とアクションの主役は地域の多様なステークホルダーであることを前提とする．そして，ステークホルダーによる順応的な意思決定とアクションを，後方から支援する役割を果たす．

　私たちは，このような問題意識にもとづいて，持続可能な未来に向けた社会の転換を実現するために，多様なステークホルダーが協働する取り組みを効果的にサポートできる科学のあり方を探究してきた．森林，沿岸海域，湖沼，農地などの生態系が提供するさまざまな便益（サービス）は，生態系サービスと呼ばれている（Costanza *et al.*, 1997; ミレニアム生態系評価，2007）．生態系サービスは全世界的に劣化しており，それは社会のなかにある不平等や貧困などの課題と複雑に連関している．生態系サービスの持続可能な管理によって自然資源を将来にわたって有効に活用し，不平等や貧困などの社会的な課題を解決していくことは，人類が直面する喫緊の課題である．人間の福利の向上に不可欠な多様なサービスを提供する生態系のダイナミックな変動は，じつは人間社会の動きと切り離してとらえることはできない．自然と人間生活は相互に深く連関して複雑なシステムを構成しており，このような複雑系を社会生態系システ

ムと呼ぶ（Berkes *et al.*, 2003; Folke, 2007; Ostrom, 2009）．生態系サービスの劣化に代表される社会生態系システムが直面する課題は，経済のグローバル化，地球規模での環境変動，人口爆発などの共通の根本原因によって引き起こされており，その現れ方はそれぞれの地域の社会生態系システムに対応してきわめて多様である．そして，自然資源とそれを支える社会生態系システムを管理するためのさまざまな仕組みもまた，世界各地で多様なかたちで発達してきた．したがって，それぞれの地域社会のステークホルダーが，地域が直面する課題の構造をふまえ，地域の社会生態系システムの特徴に照らした意思決定とアクションを積み重ねることが，個々の地域にとっても，またグローバルなレベルでも重要である．

　ステークホルダーが自然資源とそれを支える生態系を協働管理していくためには，協働の基盤となる知識が必要である．そして，各地の地域社会で展開されてきた自然資源の協働管理プロセスのなかで，科学者・専門家だけでなく，それ以外の多様なアクターも，このような知識基盤の創出に重要な役割を果たしてきた．生態系サービスの利用を通じて人々によって培われてきたさまざまな知識に関しては，これまでも多くの研究が積み重ねられてきた．たとえば地域の自然資源の管理に伝統的に活用されてきた地域環境に関する長年の観察と分類にもとづく知識体系は，「伝統的生態学的知識（Traditional Ecological Knowledge; TEK)」「地域的生態学的知識（Local Ecological Knowledge; LEK)」「土着的知識（Indigenous Knowledge; IK)」などと呼ばれている（Berks, 1993; Stevenson, 1996; Johannes *et al.*, 2000）．地域のステークホルダーによる主体的な資源管理と課題の解決には，このような知の体系が重要な役割を果たしうると考えられてきた．しかし，この議論はともすると，科学知とそれ以外の知を対比し，地域の人々が培ってきたさまざまな知識体系は科学を補完する役割を果たすもの，とみなす二項対立的な発想につながってきた．実際には，地域のステークホルダーによる意思決定とアクションを支える知識基盤は，科学者・専門家が生産する科学知と，人々が日々の生業と生活のなかで培ってきたさまざまなかたちの知が相互作用し，融合してダイナミックに形成されているものと考えることができる（Mazzocchi 2006）．それぞれの地域において，多様な課題の解決に向けた取り組みが行われるなかで，科学者自身も含むステークホルダーが相互に学び合い，課題解決を支える統合的な知識基

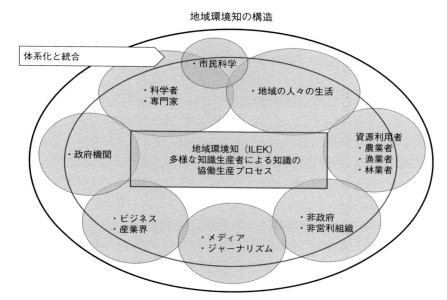

図1 地域環境知の構造と多様な知識生産者．地域環境知は，多様な知識生産者の相互作用を通じて地域の社会生態系システムに関する統合知が共創されるプロセスである (Sato et al., in preparation より)．

盤が構築されている．このような科学と社会の境界を超えた知識の協働生産プロセスは，「トランスディシプリナリー（TD）研究」と呼ばれている (Lang et al., 2012)．

世界各地の地域社会で多様なステークホルダーによる意思決定とアクションに活用されている統合的な知識基盤を，われわれは「地域環境知（Integrated Local Environmental Knowledge; ILEK)」と呼ぶことにした (Sato, 2014)．地域環境知は，地域社会が直面する困難な課題に取り組む現場で，科学者・専門家を含むきわめて多様なステークホルダーによって生産・活用される知識基盤であり，さまざまな分野の科学がもたらす科学知と，人々の生活・生業を通じた経験や直観，地域コミュニティが培ってきたさまざまな知が融合してダイナミックに形成され，たえず変容している（図1）．また，従来の好奇心駆動型の科学によって生産される知識も，課題解決の必要に応じてさまざまなかたちで地域環境知のなかに取り込まれ，それぞれの役割を果たすことになる．その際に問題解決を指向する課題駆動型科学は，異なる価値を背景として生産される

多様な知を，環境問題の解決と持続可能性の実現という視点から体系化し，再統合する役割を担うことになる．したがって，地域環境知とはある時点で多くの人々に共有されている知識の総体を表す静的な概念ではなく，むしろ，多様な知識生産者によるダイナミックな知識生産のプロセスを表す概念と考えるべきである．これまで個々の研究分野のなかで孤立しがちであった科学を超えて，社会の課題解決に資する統合知を TD 研究によってダイナミックに生産することが，科学者・専門家に，そして図 1 に示したすべての知識生産者に求められている．

　地域環境知は多様なステークホルダーと科学者が課題解決に向けた取り組みの現場で相互作用するなかで，つぎつぎに新しく生成され変化していく．そして，TD 研究のプロセスを通じてステークホルダーによる知識の協働生産と活用が実現される結果として，社会のなかの多様な価値をふまえて，具体的な課題の解決への意思決定とアクションを駆動できる実践的な性質をもつことになる．地域環境知の生産には，従来から知識生産者として位置づけられてきた科学者・専門家以外にも，これまでは知識を使う側（知識ユーザー）とみなされてきた多様なステークホルダーがかかわっている．そのなかには，科学の領域に属すると考えられてきた精密な現状分析や因果関係への洞察を含む知識を生産するさまざまなアクターがいることも明らかになっている．たとえば，農業者・漁業者などの一次産業従事者のなかには，生業を維持しながら地域生態系を管理し，地域社会を活性化することに役立つ多彩な知識・技術を生産している事例がある．地域企業のなかにも本来事業を通じてイノベーティブな知識・技術を生産しつつ，それを核として多様なステークホルダーの協働による地域活動を組織化している例など，クリエイティブな知識生産の実例は数多い．行政機関や地域 NGO などにおいても，このような意思決定とアクションを支える知識生産の事例は枚挙に暇がない．

　このような多様なステークホルダーの協働による課題駆動型で問題解決指向の知識生産は，従来の科学的・学術的な知識生産プロセスとは大きく異なるものであり，そこで生産される知識は，多様なアクターによる意思決定とアクションを支える知識基盤としてたいへん有効なものである．私たちはこのような新しい知識生産のあり方を「地域環境学」と呼ぶことにした．本書は地域環境学の理念と手法，新しい学術としての意義を初めて体系化し，その社会的インパ

クトを明らかにしようとするものである.

　世界各地の地域社会で，地域に定住し，地域コミュニティの一員として課題解決指向の知識生産を行っている定住型の研究者（レジデント型研究者）は，地域環境学を推進し，地域環境知の生産と活用を通じて多様なアクターによる意思決定とアクションを活性化して持続可能な未来に向けた社会の転換を促す重要なアクターである（佐藤，2009，2016）．レジデント型研究者は，グローバルな視野をもつ科学者・専門家として，地域の課題に駆動された問題解決指向の知識生産を展開する．同時に地域コミュニティの一員でもあり，ひとりの知識ユーザーとしてほかのステークホルダーとともにさまざまな知識・技術を活用する立場にも立つ．ひとりの生活者として地域の生態系サービスの恩恵を直接・間接に享受し，ひとりのステークホルダーとして地域に対する誇りと愛着を基盤として，社会生態系システムの協働管理に恒常的にかかわり続ける．そして，ひとりの市民として，地域社会の未来のビジョンを共有し，地域政策や日常のさまざまな地域の意思決定にも関与する．レジデント型研究者がこのような複数の顔をもつことが，TD 研究の推進に役立っているものと考えられる．また，遠隔地の都市などに生活と研究の基盤をもちながら，地域社会をフィールドとして問題解決指向の研究を展開する「訪問型研究者」のなかにも，地域社会と長期的なつながりを維持し，ひとりのステークホルダーとして地域環境知の生産と活用に深くかかわり，課題解決への貢献を実現している人々がいることもわかってきた．このような地域社会との多面的なかかわりを維持する科学者・専門家，および地域環境知の生産と活用にかかわる多様な知識生産者・知識ユーザーの相互作用が，地域環境知の生産とダイナミックな変容を支えているのである．

　地域社会と深く長期的にかかわるレジデント型研究者・訪問型研究者は，さまざまな分野の科学知を，地域の実情に合わせて統合・再整理すると同時に，在来の知識・技術を科学の言語で発信する「知識の双方向トランスレーター」としての役割を果たすことが多い．これは，細分化された好奇心駆動型の科学知を，地域のステークホルダーが直面する課題に駆動されるかたちで再整理し，具体的な意思決定とアクションに活用するプロセス全体を推進する機能と考えることができる（Crosby *et al.*, 2000）．同時に地域のさまざまなステークホルダーの協働によって生産される地域環境知を科学の言語に翻訳して発信するこ

序章　意思決定とアクションを支える科学　7

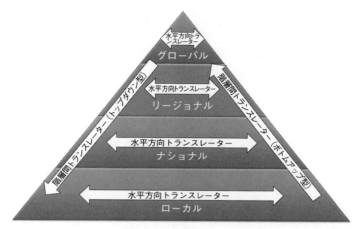

図2　双方向トランスレーターの分類と多様性．地域からグローバルに至るさまざまな空間スケール・ガバナンスレベルにおいて知識の流通を促す水平方向トランスレーターと，階層を超えた知識のトランスレーションを担う階層間トランスレーターが，重層的に機能している．くわしくは本文を参照．

とによって，広域的なインパクトをもたらすことも，双方向トランスレーターの重要な役割である．地域のステークホルダーの側にも，科学者コミュニティの側にも，それぞれの言語体系で地域環境知を流通させることによって，相互作用と相互学習を活性化することが，双方向トランスレーターの本質的機能である．私たちは世界各地の事例の分析を通じて，双方向トランスレーターを「多様なフレーミングから生み出される異質な知識・技術（社会技術を含む）の間のギャップを，知識・技術の課題解決に資する新たな意味を創出することで架橋する役割を担う人または組織・グループ」と定義した（佐藤・大元・北村，未発表）．双方向トランスレーターは，その機能が発揮される空間スケールやガバナンスレベル（たとえばローカルとグローバル）との関係から，「水平方向トランスレーター」と「階層間トランスレーター」に大別できる（図2）．水平方向トランスレーターは，特定の空間スケール・ガバナンスレベルにおいて多様な知識・技術の間のギャップを架橋する役割を担い，当該のスケール・レベルにおける課題解決の文脈から，知識・技術の新たな意味を創出する．階層間トランスレーターは，異なる空間スケール・ガバナンスレベルにおいて生産される多様な知識・技術の間のギャップを架橋する役割を担い，ほかのスケール・レベルにおける課題解決の文脈から知識・技術の新たな意味を創出する．階層間

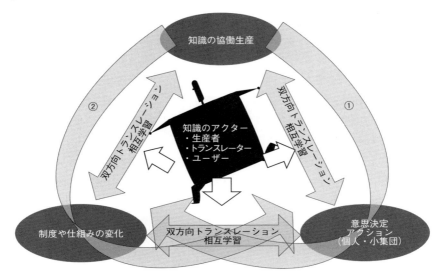

図3 知識にもとづく持続可能な未来に向けた社会の転換の概念モデル，「ILEK 三角形」．「知識の協働生産」「個人・小集団の意思決定とアクション」「制度や仕組みの変化」の3要素の相互作用系として定式化している．くわしくは本文を参照．

　トランスレーターは，よりローカルなスケールの視点からより広域的なスケールの知識・技術の新たな意味を創出する「トップダウン型」と，より広域的なスケールの視点からローカルな知識・技術の新たな意味を創出する「ボトムアップ型」に分類される．本書の各章は，すべてがこのような地域社会との深く多面的なつながりをもつ知識生産者と双方向トランスレーターによって，課題解決に向けた取り組みの現場からの思索と分析にもとづいて執筆されたものである．

　地域環境知プロジェクトにおけるトランスディシプリナリー研究の実践と，そのプロセスと成果の分析を通じて，私たちは，地域環境知などの知識基盤が持続可能な未来に向けた社会の転換を駆動する仕組みを，「知識の協働生産」「個人・小集団レベルの意思決定とアクション」「制度や仕組みの変化」の3要素の相互作用系からなる概念モデル（ILEK 三角形）として体系化してきた（図3）．知識生産が持続可能性の実現に向けた順応的な社会の転換を促すプロセスは，知識が個人または小集団の意思決定とアクションを促し，それが積み重なって社会の制度や仕組みが変化していくプロセス（図3，①）と，知識が直接に制度

や社会の仕組み，人々のネットワークなどの変容を促し，それが個人または小集団レベルの意思決定とアクションを変容させるプロセス（図3，②）に大別できる．この2つのプロセスが，知識の双方向トランスレーションと相互学習を通じてダイナミックに動いていくことが，社会の転換を促すと考えるのである．このモデルの眼鏡をかけて世界各地の実践を分析していくことを通じて，私たちは地域環境知を基盤とした持続可能性に向けた社会の転換を可能にする要因（実現要因）を，以下の5つのカテゴリーに整理した（佐藤・中川・チャバイ，未発表）．

1. 価値の創出と可視化——生産された知識・技術が，地域で共有可能な価値を新たに可視化，あるいは創出し，新しい価値を共有したステークホルダーの行動変容を促す．

2. 新たなつながりの創出——生産された知識・技術が地域内外の多様な主体とのつながり，広域的な課題に取り組む主体とのつながりを開拓し，新たなプラットフォームを創出する．

3. 選択肢と機会の拡大——生産された知識・技術が，意思決定とアクションの際の選択肢と機会を拡大し，ステークホルダーの行動変容を促す．

4. 集合的アクションの創出——生産された知識・技術が集合的アクションを創出し，地域のなかの既存の組織・仕組みを変容させる，または新たな組織・仕組みを生みだす．

5. 重層的なトランスレーション——知識の双方向トランスレーションを担う多様な人材・機能が重層的に働き，知識・技術の新たな意味を創出して社会の転換を促進する．

このうち，「1. 価値の創出と可視化」は，ILEK三角形のなかの知識の多様な知識アクターによる知識の協働生産におもに対応し，「2. 新たなつながりの創出」と「3. 選択肢と機会の拡大」は右回りのプロセス（図3，①），「4. 集合的アクションの創発」は左回りのプロセス（図3，②）をおもに促進し，「5. 重層的なトランスレーション」は3要素の相互作用のすべてのプロセスに関係するものと理解できる．本書では，このモデルを基礎として，環境問題に代表される困難な社会的課題の解決と持続可能な未来に向けた社会の転換を，地域社会の多様なステークホルダーの協働によって実現していくプロセスに，地域環境学という新しい科学が知識生産を通じて貢献できる道筋を，世界各地の事

例から検討する.

　本書は4部からなり，それぞれが持続可能な未来の実現に向けた意思決定とアクションをサポートするために地域環境学がもつべき特質と，地域環境知の生産・流通・活用が社会の転換を促すための5つの実現要因に対応する構成となっている．そして，それぞれの章は具体的な地域社会の現場における知識生産を通じて，現実の課題の解決が促された，あるいはその端緒がつくられつつある事例をもとに記述されている．その意味で，各章は机上の理論ではなく，リアリティのある地域環境知の生産・流通・活用の手引きでもある．各部の構成と各章が伝えようとしている内容とメッセージは，以下のとおりである．

　「第I部　知識を創りだす」は，課題駆動型・問題解決指向のトランスディシプリナリー・サイエンスにおける知識生産のプロセスと，生産される知識（地域環境知）の性質に焦点をあてる．地域社会に深く長期的にかかわり続ける科学者・専門家だけでなく，それ以外のさまざまなステークホルダーによる知識生産のプロセスと，トランスディシプリナリー・サイエンスの視点からみた意思決定とアクションを促す知識の性質を，具体的な事例にもとづいて明らかにする．第1章はトルコ・アナトリア地方の半乾燥地における地下水灌漑の事例から，科学者とステークホルダーの相互作用が課題の構造に異なる角度から光をあて，持続可能性の実現に向けた社会の転換の新たな可能性が抽出されるプロセスを議論する．第2章では日本の漁業者・林業者などによる，生業を基礎とした知識・技術の生産が，持続可能な生業と生態系管理の有機的な接合を実現してきた事例から，このような地域に密着した知識・技術が地域内外のさまざまなアクターの協働を促していく仕組みを検討する．第3章では，知床世界遺産の登録プロセスにおける漁業者と訪問型研究者の相互作用を通じて，グローバルな価値にかかわる知識が地域の実情に合うかたちに再編成され，漁業者による実践の価値が科学の言語で広域的に発信されたプロセスの分析から，知識の双方向トランスレーターの機能を議論する．また，第4章では，米国フロリダ州のレジデント型研究機関であるモート海洋研究所によるステークホルダーと協働した水産資源再生活動のなかで，地域環境知の生産と多様なアクターによる協働がダイナミックに進展してきたプロセスから，科学者・専門家とステークホルダーの相互作用と相互学習のあり方を検討する．

序章　意思決定とアクションを支える科学　11

　科学者・専門家と多様なステークホルダーが密に協働する TD 研究は，多様なステークホルダーが共有することが可能な価値を可視化することを通じて，その価値の実現に向けた意思決定とアクションをサポートしてきた．「第 II 部　価値を可視化する」では地域環境知の生産が共有可能な地域の価値を可視化し，それによって，多様なアクターによるさまざまな価値の実現に向けたアクションが創発するプロセスから，意思決定とアクションの基盤となる共有可能な価値を可視化する知識生産のあり方を議論する．第 5 章では兵庫県豊岡市においてニホンコウノトリという環境アイコン（佐藤，2008）の価値が可視化されることを通じて多面的なアクションが創発し，持続可能な未来に向けた社会の転換を促してきたプロセスから，行政や研究者を含むきわめて多様なアクターの協働を促す仕組みを検討する．第 6 章では，北海道西別川流域におけるシマフクロウのための森づくり事業におけるトランスレーターと多様なステークホルダーの協働が集合的アクションを創発し，それが地域環境知の変容を促して，持続可能な一次産業のビジョンという共有可能な価値を生みだしてきたプロセスを明らかにする．そして，第 7 章では，東アフリカ・マラウィ共和国のマラウィ湖沿岸コミュニティにおいて、脆弱と考えられてきた地域コミュニティの社会的弱者のなかからさまざまな内発的なイノベーションが創発し，新たな価値が生まれている事例から，社会的弱者との協働による価値の創出を可能にする TD 研究のあり方を提案する．

　地域の社会生態系システムはたいへん複雑で，大きな不確実性をともなっている．共有可能な価値の実現に向けたアクションを設計しようとするとき，このような不確実性のもとでは，固定的な目標や将来のビジョンを設定し，そこに単線的に向かうような設計は意味をもたない．必要とされるのは，複数の可能性を視野に入れ，試行錯誤と学習を通じて順応的にプロセスを改善していく仕組みである．「第 III 部　プロセスを動かす」ではさまざまな機会や複数の選択肢を創出することで順応的な改善を促すというプロセス設計のあり方を検討する．第 8 章は日本を中心とした地域の環境ガバナンスと自然資源管理の事例から，順応的であるということが意味するものを再検討し，複雑かつ不確実な社会生態系システムのふるまいに対応できる順応的なプロセスの設計を理論的に検討する．第 9 章では，TD 研究に不可欠な社会的学習のプロセスを駆動するプラットフォームとして，ユネスコによる生物圏保存地域というグローバル

な仕組みと，知識の双方向トランスレーターが果たす役割を，カナダの多様な生物圏保存地域の事例から検討する．また，第10章では，地域社会における持続可能性の実現に向けた転換を担う人材の確保という課題を，能登半島とフィリピンにおける里山マイスター養成への取り組みをもとに検討し，その地域社会に対するインパクトを議論する．第11章は石垣島白保を舞台に，レジデント型研究者がステークホルダーとの信頼を構築し，順応的な意思決定とアクションを促すカタリストとしての役割を果たしてきたプロセスを明らかにする．

　地域社会はそれ自体で完結した閉鎖系ではなく，さまざまな地域内外の仕組みや多様なアクターとの相互作用がたえず発生する開放系とみなすことができる．地域社会における TD 研究による地域環境知の協働生産によって，地域内外の多様なアクターのつながりを創りだす仕組みが創発し，それが地域社会をダイナミックに変容させる重要な要因となっている．「第IV部　つながりを創りだす」ではこのような地域環境知の生産による地域内外のつながりの創発メカニズムと，その際に必要とされる知識の双方向トランスレーターの機能を検討する．第12章では，地域の自然資源の持続可能性を高める仕組みであるさまざまな資源管理認証を分析し，地域の生産者が地域内外のアクターや消費者とのつながりを通じて持続可能な生産活動を展開する仕組みを検討する．そして，第13章では，生物圏保存地域というグローバルな仕組みが日本各地の地域社会・自治体によって活用されてきた経緯から，生物圏保存地域という制度が新たな価値として地域内外に共有されてネットワークが形成されてきたことの意義を議論する．このようなグローバルレベルの仕組みを地域が使いこなすためのトランスレーションとは逆方向の仕組みとして，地域ごとの持続可能性の実現に向けた取り組みをグローバルに発信するボトムアップ型のトランスレーションのプロセスがある．第14章では，地域主導型管理海域ネットワークを通じた地域レベルでの小規模海洋保護区どうしのつながりが，沿岸水産資源管理に関するグローバル，あるいはナショナルレベルの意思決定とアクションに影響を与えてきたプロセスを分析する．第15章は，このような階層間トランスレーターが重層的に重なり合うことで，従来は関係が薄いと考えられてきた異なるレベルの多様なアクターのつながりが創発し，持続可能な未来に向けた社会の転換につながる多様な選択肢が創出されるメカニズムを，米国ワシントン州のサーモンセーフ認証を中心に議論する．

序章　意思決定とアクションを支える科学　13

　ここまでの各章は，地域環境学が TD 研究を通じて生産する統合的な地域環境知が，さまざまなアクターの協働による意思決定とアクションをサポートするプロセスが，有効に機能するための要因を検討するものであった．しかし，これらの要因が満たされれば，自動的に多様なステークホルダーの協働による意思決定とアクションが活性化し，持続可能な未来に向けた社会の転換が進むと期待するのは早計である．最後の「第 V 部　意思決定とアクションを支える」では，地域環境知の基盤となって多様な意思決定とアクションが創発することを促す具体的技術とアプローチを検討する．第 16 章は，日本各地の漁業者によって実践されてきた資源管理の仕組みを集め，漁業者との密な共同と相互作用を通じてそれを整理することで開発された「ILEK 水産ツールボックス」の開発プロセスと機能を紹介し，資源管理の現場で活用できる選択肢（ツール）を可視化して，試行錯誤を通じてツールの改善を促す仕組みを検討する．地域ごとにそれぞれ異なる水産資源管理の実践を集めたこのツールボックスのように，異なるシステムの境界で両者をつなぐ役割を果たす仕組みや概念セットなどを，「バウンダリー・オブジェクト」という．バウンダリー・オブジェクトは，トランスレーターによる知識の流通と統合をサポートするための，実体をもった仕組みである．第 17 章は，米国・アリゾナ州立大学・砂漠都市のための意思決定センターの「意思決定シアター」と，そこで運用されている「WaterSim」というインターアクティブ・メディアの設計思想と構造，機能を分析し，効果的なバウンダリー・オブジェクトのあり方を検討する．また，第 18 章では，地域環境知プロジェクトが開発してきた持続可能性の実現に向けた社会の転換のための意思決定とアクションをサポートすることを目指すバウンダリー・オブジェクト，「地域環境知シミュレーター」の設計理念と機能を紹介し，このようなバウンダリー・オブジェクトの開発が TD 研究に対してもつ意味を議論する．しかし，レジデント型研究者やトランスレーターが地域社会の現場でステークホルダーと協働した地域環境知の生産と活用，さらには社会の転換に資する意思決定を実現するためには，その活動を支えるフォーマル・インフォーマルな制度や仕組みも必要である．第 19 章では，米国における地域コミュニティのレジリエンスを高めるためのさまざまな政策的支援の分析から，政策的意思決定をサポートする制度や仕組みが相乗効果を発揮するための仕組みとして，「副産物としての利益」の重要性を議論する．持続可能性の実現に向けた意思決

とアクションは，システムが大規模かつ複雑になるほど困難が増す．複雑かつ広域的なシステムにおける，価値や世界観が大きく異なるステークホルダーの協働を促す試みとして，第 20 章では，ドイツ・ポツダムの高等持続可能性研究所が進めている「北極圏の資源に駆動された持続可能性への転換様式（SMART）」プロジェクトを取り上げ，多様なステークホルダーのきわめて複雑な協働プロセスの分析から，広域的かつ複雑なシステムのなかで意思決定とアクションをサポートする仕組みを検討する．

　本書を手に取ることによって読者のみなさんは，課題に駆動され問題解決を指向する総合学としての地域環境学の全体像を知るだけでなく，そこで生産される知識が持続可能な未来に向けた社会の転換を促していく具体的なプロセスに接することができ，自らが実践を試みるためのアイデアやヒントを得ることができるだろう．問題解決指向のトランスディシプリナリー・サイエンスとしての地域環境学は，このような具体性と実践性を備えていることが大きな特徴である．本書がみなさんの科学と社会のかかわりに関する思考を刺激し，新しいアイデアや発想の源を提供し，問題解決に向けたイノベーティブな実践のための道標となることを切に願っている．

［引用文献］

ミレニアム生態系評価（横浜国立大学 21 世紀 COE 翻訳委員会訳）．2007．生態系サービスと人類の将来．オーム社，東京．
佐藤哲．2008．環境アイコンとしての野生生物と地域社会——アイコン化のプロセスと生態系サービスに関する科学の役割．環境社会学研究，14: 70–85.
佐藤哲．2009．知識から智慧へ——土着的知識と科学的知識をつなぐレジデント型研究機関．（鬼頭秀一・福永真弓，編：環境倫理学）．pp. 211–226．東京大学出版会，東京．
佐藤哲．2014．知識を生み出すコモンズ——地域環境知の生産・流通・活用．（秋道智彌，編：日本のコモンズ思想）pp. 196–212．岩波書店，東京．
佐藤哲．2016．フィールドサイエンティスト——地域環境学という発想．東京大学出版会，東京．
Berkes, F. 1993. Traditional ecological knowledge in perspective. *In* (Inglis, J. T., ed.) Traditional Ecological Knowledge: Concepts and Cases. pp. 1–10. International Program on Traditional Ecological Knowledge and International Development Research Centre, Ottawa.

序章　意思決定とアクションを支える科学　15

Berkes, F., J. Colding and C. Folke (eds). 2003. Navigating Social-Ecological Systems: Building Resilience for Complexity and Change. Cambridge University Press, Cambridge.

Costanza, R., R. d'Arge, R. de Groot, S. Farber, M. Grasso, B. Hannon, K. Limburg , S. Naeem, R. V. O'Neill, J. Paruelo, R. G. Raskin, P. Sutton and M. van den Belt. 1997. The value of the world's ecosystem services and natural capital. Nature, 387: 253–260.

Crosby, M. P., K. S. Geenen and R. Bohne. 2000. Alternative Access Management Strategies for Marine and Coastal Protected Areas: A Reference Manual for Their Development and Assessment. U.S. Man and Biosphere Program, Washington, D.C.

Folke, C. 2007. Social-ecological systems and adaptive governance of the commons. Ecological Research 22: 14–15. http://dx.doi.org/10.1007/s11284–006-0074–0 (2017.10.15)

Johannes, R. E., M. M. R. Freeman and R.J. Hamilton. 2000. Ignore fishers' knowledge and miss the boat. Fish and Fisheries, 1: 257–271.

Lang, D. J., A. Wiek, M. Bergmann, M. Stauffacher, P. Martens, P. Moll, M. Swilling and C. J. Thomas. 2012. Transdisciplinary research in sustainability science: practice, principles, and challenges. Sustainability Science. 7 (Suppl. 1): 25–43. doi 10.1007/s11625–011-0149-x.

Mazzocchi, F. 2006. Western science and traditional knowledge. Despite their variations, different forms of knowledge can learn from each other. EMBO reports, 7: 463–466. doi 10.1038/sj.embor.7400693.

Ostrom, E. 2009. A general framework for analyzing sustainability of social-ecological systems. Science 325: 419–422. http://dx.doi.org/10.1126/science.1172133 (2017.10.15)

Sato, T. 2014. Integrated local environmental knowledge supporting adaptive governance of local communities. *In* (Alvares, C., ed.) Multicultural Knowledge and the University. pp. 268–273. Multiversity India, Mapusa.

Sato, T., I. Chabay and J. Helgeson. in preparation. Transformations of Social-Ecological Systems: Studies in Co-Creating Integrated Knowledge toward Sustainable Futures. Springer, Tokyo.

Stevenson, M. G. 1996. Indigenous knowledge in environmental assessments. Arctic, 49: 278–291.

Sturgis, P. and N. Allum. 2004. Science in society: re-evaluating the deficit model of public attitudes. Public Understanding of Science, 13: 55–74.

United Nations General Assembly. 2015. Transforming our world: the 2030 Agenda for Sustainable Development. https://sustainabledevelopment.un.org/post2015/ transformingourworld (2017.10.15).

I
知識を創りだす

1 伝統農業の知識に学ぶ
——トルコ乾燥地帯の地下水資源管理

久米 崇, エルハン・アクチャ

　本章では，地下水に依存した乾燥地域の近代灌漑農業が抱える地下水枯渇問題とその対応という課題に取り組んできた事例を紹介する．ここでは，多様なステークホルダーとの相互作用から，対象地域における社会的弱者ともいえるピクルス用メロン農家と天水コムギ農家のもつ地域環境知が，地下水資源の消費圧力を軽減するとともに新たな市場を開拓する可能性をもつことを明らかにした．このことは，大規模な近代灌漑農業（社会的強者）により生じた地域の課題が，社会的弱者のもつ伝統的・文化的基盤をもつ農業の地域環境知により解決が促されうるという新たな発見をもわれわれにもたらした．本章では，多様なステークホルダーとのトランスディシプリナリー・アプローチにより，問題を可視化し，地域環境知を発掘・整理し，それが地域の課題を解決し新たな歴史を創造するためのストーリーの中核となるものであることを議論した．

1.1　枯渇する地下水

(1) 世界の地下水事情

　地球上にある水のうち，淡水はわずか2.5％しかなく，残りの97.5％は海水である．淡水のうち地下水は約30％を占めているといわれ，水全体では約0.75％に相当する．淡水資源の約7割が農業に使われている．

　世界の灌漑農地は約3億haであり，そのうちの38％が地下水で灌漑され，年間545 km^{3}の地下水が使われていると推定されている（Siebert *et al.*, 2010）．

　わが国は，世界でみれば比較的多雨で湿潤な気候であることから地下水涵養量は比較的多く350–400 mm/年程度となる（改訂地下水ハンドブック編集委員会，1980より計算）．これは，降水量の約22％が地下に浸透し，地下水として涵養される計算になる．しかし，わずか300 mm/年程度しか降雨量のない乾

燥地では，そこでの地下水涵養量はほぼゼロに等しく，その涵養は遠くの集水域から地下を流れてくる水のみからなる．

（2）灌漑農業と地下水枯渇問題

このような観点からみると，地下水を用いた灌漑農業，とくに乾燥地では地下水の貯留量や涵養量に細心の注意を払いながら実施していかなければならない．

しかし，豊富な日射と広大な面積をもつ乾燥地では，灌漑，大型機械，化学肥料の投入により容易に生産量が増加し農家は豊かになっていく．その結果，地下水利用に歯止めがかからなくなり，地下水枯渇に向けてアクセルを踏み込み続けることになる．

乾燥地で地下水に依存せねばならない地域は世界中に点在している．地下水枯渇問題は，地域の持続可能な農業のみならず地域社会の変容・崩壊といった社会問題を引き起こす環境問題である．また，地下水が枯渇すればそれまで農作物により被覆されていた大地が露出し，長期間それが続けば風食被害が拡大する（Akca *et al.*, 2015）．それは，やがて砂漠化や黄砂のような大気中の砂塵の供給につながり，点在する各地の環境問題が全球に影響をおよぼす地球環境問題を表象する．

本章では，乾燥地で地下水に 100% 依存する大規模灌漑地域が直面する地下水枯渇問題とその対応という課題の中身を地域の多様なステークホルダーとの対話を通じて明らかにする．そして，その過程を通じて出会った社会的弱者の一形態ともいえる 2 つのマイナーな農業形態が，この課題に対応できうる光であることを描きだす．これらをふまえて，地下水のみに依存しない持続可能な乾燥地農業への転換に向けて，それら農業形態から得られた知識基盤とその活用について議論する．

1.2　カラプナールの自然と農業

（1）砂漠化を食い止めた乾燥地

ここで取り上げる調査対象地域は，トルコ共和国コンヤ県のカラプナール市

図 1.1　地下水位低下によってできた直径 20 m, 深さ 40 m の陥没穴.

図 1.2　干上がりつつある地域のシンボルであるクレーター湖 (メケマール).

である．カラプナールは，年間降水量約 300 mm，夏期の最高気温は 38°C，冬期の最低気温は −10°C という典型的な寒冷乾燥地である．アナトリア高原のほぼ中央部に位置し，標高は海抜約 1000 m でその地形は平坦である．

　乾燥地であるカラプナールでは 1960 年代から砂漠化を植林によって食い止めてきたという歴史がある．ここでの砂漠化防止活動は成功事例としてトルコ内で全国的に知られている．主体となったのは，国家機関である水土および砂漠化防止研究所 (以下，水土研究所) である．この水土研究所は，砂漠化防止事業に加え，地域の灌漑農業についての研究成果を農家に情報提供しているレジ

デント型研究機関(佐藤, 2009)である.

現在ここが抱える環境問題は，地下水枯渇とそれに起因すると思われる巨大陥没穴の形成である(図 1.1). 地下水枯渇は灌漑農業が主要因である. 近隣地域の陥没穴は地下水のくみ上げによって発生する地盤沈下と同様のメカニズムで発生するといわれている(Celik and Afsin, 1998). 陥没穴は 1979 年から 2009 年の間に 33 個形成された(Yılmaz, 2010). さらに，地域的な地下水の低下により，メケマールという地域のシンボルであるクレーター湖の湖水が年々減少し，現在では湖底のほとんどが露出している(図 1.2).

(2) カラプナールの農業

今日の地下水枯渇を招いた主原因である地下水を利用した大規模な近代灌漑農業が始まったのは 2000 年以降である(図 1.3). カラプナールには大小さまざまな農家が存在している. 100 ha を超す農地にセンターピボット灌漑システムを有する大農家から数 ha を有する農家までさまざまである. 灌漑水は 100% 地下水に依存している.

カラプナール市の人口は約 4 万人で，そのうち約 2 万人が農業従事者である. 農業従事者のうち約 1 万 8000 人が農業に関する活動全般をサポートするカラプナール農業室(以下，農業室)のメンバーになっており，この農業室がカラプナールの近代灌漑農業の旗振り役を務めてきた. 農業室のおもな事業は，農業関連ローンの登録，農業技術情報の提供，種子・肥料・農薬などの斡旋などで

図 1.3　地下水に依存する大規模近代灌漑農業.

あるが，土壌検査ラボをもつレジデント型研究機関でもある．

　カラプナールにおける灌漑農業の歴史は比較的新しく 1950 年前後からであり，最初の灌漑用井戸が掘削されたのが 1968 年である．当時は，湿地もあり地下水位がわずか数 m の位置にあったことから土壌水分量は年間を通じて高く，井戸を用いた灌漑も小規模なものであった．かつての湿地帯には余剰水を排水するための大きな排水路が残っている．

(3) 地下水はどこからきているのか

　近年のカラプナールにおける地下水位変動データをみてみると，約 10 年の間に 20 m も地下水位が低下している箇所がみられ，平均で毎年 1–3 m の水位低下がみられる（Dogdu and Sagnak, 2008）．われわれの観測でも 1 年間に 3 m も水位が低下したところがあった．放射性炭素同位体などによる水の年代測定の解析結果によると，現在のカラプナールの地下水は約 1 万年前に 35 km 離れたトーラス山脈から涵養された地下水であるといわれている（Bayari *et al.*, 2009）．

　複数の農家に聞き取りを行った結果，場所によって多少のちがいはあるが，現在の水位は地表面からおおよそ 60–80 m の深さで，深いところでは 100–150 m の深さに達している．水位は年々低下しており，ポンプで水をくみ上げるためにパイプを頻繁に継ぎ足している．

　カラプナールには，地下 150–200 m の深さあたりに岩盤層があり，地下水がそこまで低下すると岩盤層を破壊し，その下にある地下水をくみ上げなければならなくなる．深層の地下水には硫黄や重金属が溶存している可能性が指摘されている．

1.3　取水制限ショック

(1) 国家水利局からの突然の通達

　筆者らがここでの研究をスタートした 1 年目に大きなニュースが飛び込んできた．それは，2013 年 2 月よりカラプナールを含むトルコ全土で地下水の取水制限が法律化されるというものである．国家水利局からの書面によると，地下

水の取水量を年間 200 mm に減らすように指示されていた.

　トルコでは 1960 年に地下水法 167 条が制定されており, その際に井戸の掘削・利用には届出による使用証明書の発行が必要とされている. カラプナールだけの数は明確ではないが, カラプナールを含むコンヤ流域には 20 万個の井戸があり, そのうちの約 9 万個は違法, つまり届出がされていない使用証明書のない井戸である (Yılmaz, 2010).

　無許可の井戸が大量に掘削された結果, トルコ全土での急激な地下水位低下が確認されたため, 1960 年 12 月 16 日付の 126 条 167 号地下水に関する法令第 10 条に下記の項目 (法令を一部抜粋. 以下, トルコ語文献・資料の翻訳はすべて三浦静恵氏 [日本トルコ協会会員, トルコ語通訳者, 考古学者] による) が追加された.

　　「井戸, 地下道, トンネルまたはそれらに該当するものから引かれた地下水量の検出システムを取り付けない場合には使用証明書は発行しない. この検出システムは法令によって決定されたものである」

また, 127 条 167 号法令に下記の仮条項 (一部抜粋) が追加された.

　　「仮条項 3 条——この条項の公表年月日より以前に井戸, 地下道, トンネルまたはそれらに該当するものを確保し証明書を所有している者は, 2 年以内に第 10 条第 2 項にある規定の検出システムを取り付けること. この期間内に検出システムを取り付けない者は, 使用証明を国家水利局総局より取り消され, かつ (井戸などの) 閉鎖に関する費用は所有者が負担することとする」

　文中にある検出システムとは取水量を記録し, 一定水量に達するとその年の取水を止めるための機器類である. 法令が改定された後も多くの井戸などで検出システムが設置されていない違法状態が続いていることも書面で指摘されている. そして, この状態が続くのであれば 2013 年 2 月 25 日付で地下水使用証明書を取り消し, なおかつ電気の使用停止を行うというのがこの法令の意味するところである.

(2) 陳情する農家

　当然農家は大反発した．灌漑水を100%地下水に依存するカラプナールでは，取水制限は死活問題である．たとえば，600 mmの灌漑水で作物栽培している圃場の取水量を200 mmにすることは耕地面積が3分の1に減少することを意味し，収入も単純に3分の1となる．

　農業室ではこれに対し，2012年10月に国会に陳情書を提出している．その内容は200 mmの取水量では灌漑農業に不十分であり，その結果，灌漑面積が減少し収入が激減することなどである．つぎに，作物栽培による土地被覆がなくなれば風食による土壌流亡が発生し，トルコにおける砂漠化防止モデルとなっているカラプナールが再び砂漠化する危険性が生じることをあげている．

　さらに農業室は国家水利局に対して取水量を200 mmに設定した科学的な根拠を明確にする情報開示を求めた．しかし，国家水利局から数字算出の明確な回答は得られていない．これらの陳情と情報開示要求が功を奏したのか，取水制限の開始は二度延長され，いまだに始まっていない．

1.4　ステークホルダーとの協働からみえてきた課題と新たな光

(1) ステークホルダーワークショップのねらい

　取水制限に揺れるカラプナールで調査を進めるなかで，筆者らは2012年4月から2016年3月の間に計3回のワークショップを現地で開催してきた（表1.1）．

表 1.1　ワークショップの概要とおもな参加機関（農家以外）．おもな参加機関の数字は表 1.2 のステークホルダーの数字と一致．

回数	開催日時	参加人数	おもな参加機関	概要（目的）
1回目	2013年2月7日	約60名	1	農業や水問題に関する自由な議論により地域の課題を明確にする．
2回目	2014年10月22日	約50名	1, 2, 3, 4, 6, 7, 8	学生や女性労働者を含む多様なステークホルダーと，地下水問題を主眼として地域の将来について情報交換を行う．
3回目	2016年1月9日	約60名	1, 4, 5, 7	カラプナールの未来にステークホルダーがなにを貢献できるのかを話し合う．

表 1.2　トランスディシプリナリー・アプローチによる本研究への参加者・参加機関.

ステークホルダー名	業務内容など
1. カラプナール農業室	約 1 万 8000 人の農家からなる民間組織. 農家への技術提供, 土壌診断, 銀行の貸し付けの斡旋など, 情報・技術提供により地域の農業に貢献する最大のステークホルダー
2. カラプナール市長	市長
3. カラプナール市行政長	市行政のトップ (公務員)
4. 水土・砂漠化対策研究所	政府系の研究機関. 作物, 水, 経済, 砂漠化などに関する研究を行う
5. コンヤ中央灌漑協同組合	コンヤ県の灌漑施設に関する管理・運営を行っている
6. バフリダーダシュ研究所	元農業省大臣が設立した民間の農業研究所
7. カラプナール商業組合	カラプナールの商業組合で, 農作物の販売・加工・流通を行っている
8. メディア関係者	カラプナール新聞および近隣の新聞記者

また，現地訪問時には農業室を通じて農家を紹介してもらいインタビューを繰り返してきた．それらの目的は，農家の取水制限と地下水の枯渇問題のとらえ方と今後の対応について明らかにすることであった．地域の多様なステークホルダーを集め，さまざまな立場からの意見や知恵を集め，協働の動きを創りだすこともその重要な目的であった（表 1.2）．

結果としてワークショップは，われわれに大きな収穫をもたらすことになった（図 1.4）．地域の抱える課題をあらためて可視化し，新たな光となるヒントをもたらしてくれたのである．以下，「　」内はすべてワークショップないしはインタビューによる現地ステークホルダーの発言である．

図 1.4　ステークホルダーワークショップの様子 (2014 年 10 月 22 日).

（2） 農家と地下水

　地域が抱える地下水問題は「このままではいつか水がなくなることは皆が承知している」「将来を担う子どもたちにどのぐらい水が残せるのかを考えなければならない」というように深刻である.

　地下水保全に対する農家の動きは「水のむだ遣いはしていない」というボトムアップの対応を終え,「国からの補助が十分に得られれば水を多く使う作物から手を引く」「天水農業で補助を受けてやっていけるのであれば, 灌漑に補助はいらない」というトップダウンの施策を待つ受け身の状態に移行しているようにみられる.

　また, カラプナールには河川や集水域がないため, 代替水源の確保について「水がなくなるのであればほかの場所から引いてくれば問題ない」という意見が多数みられた.

　これらの意見を否定する発言は一度もみられなかった. つまり, 少なくともワークショップ参加者の認識は, 自分たちにできることはすべてやったので, 後は政府がなんとかするべきだということでほぼ一致している. これは政府への依存体質ともとれる. また, 前述の発言に加え「国からの補助が得られるという理由で土壌検査を受ける. 補助が打ち切られればだれも検査を受けなくなる」という補助絡みの発言が少なからずみられることからも垣間見ることができる.

（3） どのように灌漑水が使われているのか

　「灌漑水のむだ遣いはしていない」という繰り返しの発言について, 個別に農家を訪問し聞き取り調査を行った. ここでの調査結果は, ランダムに選ばれた5件の農家の聞き取りとワークショップにおける参加者の発言をまとめたものである.

　表1.3からわかるように, カラプナールにおける調査農家での灌漑水量は, FAO（Brouwer and Heibloem, 1986）の定める作物水分要求量に比べると, トウモロコシとテンサイにおいてやや過剰に灌漑されていた. FAOの作物水分要求量はあくまでも目安であり, 土壌や立地その他の条件によって変化することは当然ありうる. トウモロコシについては, 播種時期によって発芽状態がよく

表 1.3 カラプナール (KP) における灌漑水量と FAO (1986) による作物水分要求量.

作物	KP での灌漑水量	FAO による灌漑要求量
コムギ（灌漑）	450–600 mm	450–650 mm
トウモロコシ	950–1400 mm	500–800 mm
クローバー	800 mm	800–1600 mm
テンサイ	900–1400 mm	550–750 mm
メロン（ピクルス用）	150–200 mm	400–600 mm

なく，播種をしなおした農家があったことから，灌漑水量が増加したことがわかっている．

　農家の灌漑水量については，営農条件などを鑑みて判断すると，テンサイでは過剰灌漑の傾向がみられたが，全体としておおむね適切に地下水が利用されているといってよいだろう．

　他方，灌漑のタイミングや回数，1 回の灌漑水量は，見よう見まねで決めていることがわかった．まず，一部の農家が国家水利局，水土研究所，さらには農業室などの農業技術者の灌漑方法を習得する．そして，それを見よう見まねで習得した農家が，各々で改良し継承されていく．科学的とはいえないが，経験にもとづいた適正な灌漑管理がなされているといってよいだろう．

(4) 翻弄される農家とブラックボックス化されつつある近代灌漑農業

　カラプナールは一地方都市でありながらトルコでは有名な地域である．砂漠化防止の植林活動の成功や，降雨量が国内最小の地域であるにもかかわらず，地下水を利用した近代灌漑農業により飛躍的に生産性を向上させた成功物語がその主因である．

　これらの成功物語がカラプナールにさまざまなプロジェクトを呼び込んだ．政府主導型の近代灌漑農業の導入に始まり，矢継ぎ早に立ち上げられる植林事業，工業団地の新設，ソーラー発電ステーション事業，温室農業プロジェクトなどである．カラプナールと名がつけばプロジェクトになり，政府系機関，研究者，NGO，農業関係の民間企業などがこぞってカラプナールで新しいプロジェクトを立ち上げては立ち去っていった．

　新しいプロジェクトが立ち上がるたびに，農家は新たな情報や技術を得ては古い技術を捨てるという動きを余儀なくされた．翻弄された農家は新たな灌漑

施設のために投資を繰り返した．そして，借金を抱え農地を一部手放したりする農家や，自転車操業になる農家も現れた．

　情報に翻弄された農家は「技術は毎年進歩しているのだから，その都度新しい機械を買ったほうがよいはずだ」という．一方で，前農業室長は「農業で得た収入を効果的に投資できていない点が問題である」と述べている．得られた利益で毎年のように自家用車を買い換える農家も少なくない．

　カラプナールの近代農業は，豊富にあった地下水と近代灌漑設備によって花開いた．しかしながら，ワークショップでは，肥料や農薬に対する問題点が多く指摘された．土地が痩せ微生物生態系が破壊され，作物が育ちにくくなった農地の問題が後を絶たない．近代的な灌漑システムでは，「勧められた農薬を考えなしに使う」というようにメーカーの推奨する肥料や農薬を考えなしに使う習慣ができあがり，農業のブラックボックス化が深刻化している．

(5) 地下水枯渇と取水制限をきっかけとした協働のはじまり

　カラプナールは，近代農業によって「黄金時代を迎えた」といわれる．一方で，地下水枯渇問題とその対応という課題に直面している．まさに今，その課題を共有することで，地域が持続可能な農業に向けて，またさらなる社会・経済発展に向けて協働を活性化させようとしている．

　ワークショップの回を重ねるごとに「取水制限の問題により，農家を含む多くのステークホルダーが一堂に会することができるようになった」「農家，農業室，研究者，KOP（コンヤ平原プロジェクト），コンヤ製糖，水土研究所が一緒になって諸問題に取り組んでいく」という姿勢が構築されつつあることがわかった．個別には，農薬や肥料の問題に関して農業研究所の技術者から「足りないのは対話です．われわれ（バフリダーダシュ研究所）は待っています」と農家に具体的に協働を呼びかける声もみられた．

　また，ワークショップでは，「本来，多様な職種の人々や組織を含めて行う集会をわれわれも開かなければならない」「さまざまな人々，農家の方々が参加する集会は必要である」といった発言が行政長や水土研究所所長からなされている．このことから，確実に協働の重要性は認識され，その動きができつつあるといってよいだろう．筆者らもこの協働の流れに乗り，農業室および水土研究所と共同で土壌水分計を用いた水管理に関するトレーニングコースの開講準備

を進めている．カラプナールの将来を担う約 10 名の若い農家を募集し，土壌水分量モニタリングによる適切な水管理のトレーニングを行う予定である．トレーニングを修了した農家には，農業室から修了証が贈られる予定である．

（6）課題をチャンスに転換するストーリーの可視化

ここでの課題に対する一番の問題点は，多様なステークホルダー間に確かな協働の動きがあるにもかかわらず，現実の取水量がいっこうに減らないことである．むしろ，新規に井戸を掘削・登録し，灌漑農業が拡大する動きが継続している．だれもが状況を理解しているにもかかわらず，実際の行動は反対の方向を向いているのである．

カラプナールでは，近代灌漑農業により大規模かつ効率的に作物栽培が実施できている．実際，見よう見まねで習得した灌漑方法で十分な利益が得られている．このような状況で，取水量を減少させるよう農家を説得することは容易ではない．それを実現するには新たなストーリーの可視化と実践が必要なのである．

カラプナールは，砂漠化を植林によって食い止めた輝かしい歴史をもつ地域である．その活動は今でも人々の誇りであり，語り継がれている．そして，その効果は持続しており，植林と灌漑農業による土地被覆が相乗効果を生み，経済的にも目を見張るような発展を遂げてきた．砂漠化という課題を克服し，灌漑農業を発展させてきたストーリーがここにはある．

そして今カラプナールに必要なのは，新たな先端灌漑設備でもなければ，政府による取水制限や農業補助でもない．地下水位がもとの状態にまで回復するというたんなる結果でもない．それは，地域に現存する知識や技術を総動員し，農家の協働によって地下水管理の技術解と社会解（丸山，2009）を求め，カラプナールをあげてそれらによる持続可能な乾燥地農業を世界に先駆けて創出するという新たなストーリーの可視化と実現である．

そこでわれわれは，地域の知の総動員に向けて，社会的強者ともいえる大規模な近代灌漑農家の調査と並行して，ここでの社会的弱者ともいえる比較的小規模な農家の調査を開始した．そして，出会ったのがピクルス用メロンを生産する農家（以下，メロン農家）と，天水コムギ農家である．ここでの社会的弱者であるこれらの農家が地域の新たな光となる可能性をもっていたのである．

1.5 カラプナールの知識生産とその流通

(1) 少量灌漑を可能にしたピクルス用メロン栽培

カラプナールで食事をするとき，テーブル上に無償で提供されているサービス品にメロンピクルスがある．それは成熟する前の全長 15 cm 程度のメロンを収穫して漬けたものである．市の中心部から車を走らせること 30 分，カラプナールのほかの地域と異なる砂質土壌の農地でそれは栽培されている．

聞き取りを行った結果，通常メロンの栽培には 6 回（400–600 mm）の灌漑を必要とするが，このピクルス用メロンの栽培は 2–3 回程度の灌漑ですみ，灌漑水量はわずか 150–200 mm であることがわかった（表 1.3 参照）．奇しくもこの水量は国家水利局が設定した取水制限の 200 mm と同じ量である．ここでは地下水位の低下はほとんどみられず，灌漑期間中に 50 cm 前後の変動がみられる程度だという．

ここでのメロン栽培は 1980 年代に始まった．当初，井戸のなかった農地に国家水利局の支援で井戸が掘られ，その井戸を水管理組合で協働管理しながら灌漑農業を行っている．

驚くことにこのメロンはきわめて高収入になる．通常，メイズ（トウモロコシ）栽培は 1 ha あたり 3030 USD であるが，このメロンは 1 ha あたり 2 万 300 USD になる．ただし，栽培から収穫まで灌漑を除き手作業が多く大量生産がむずかしいという問題がある（図 1.5）．大規模な近代的灌漑農業に比べて手作業が多く労働がたいへんであるものの，短期間に農業労働を集中し，それ以外の時期にのんびりと副業するスタイルを彼らは変えるつもりはないという．

メロンピクルスには各農家オリジナルのレシピがあり，その味を求めて生産者と顧客が長年取引を続けている．また，収穫期には多くの農家が街道沿いに露店を開き直販を行っている（図 1.6）．近年は，このメロンの話を聞きつけた輸出業者が地区を訪れ，サラダ用のメロンとしてイギリスに輸出するために買い付けにくるようになり，メロン栽培はにわかに活気を帯びている．

(2) 紀元前から続く天水コムギ栽培

天水コムギに注目したのは，第 2 回のワークショップ時に行政長が地下水保

図1.5 ピクルス用メロン収穫の様子.

図1.6 早期収穫により灌漑水量の抑制を可能にするピクルス用メロン.

全のために「天水農業も整備しなくてはならない」とその必要性を強調したことに起因する．さっそくわれわれは天水コムギ農家を探した．しかし，農業室に紹介してもらった農家は，今はもう天水農業をやっていないという．さらに，カラプナールには天水農業を行っている農家はないとまでいわれた．水土研究所で灌漑管理の研究を行っているスタッフも「われわれには天水農業は不可能だ」とインタビューで述べている．

　農業室の資料によると，カラプナールにおける2012年の時点での灌漑面積は6万5000 haで，天水農地は3万7000 haとある．いったい，どこでだれが3万7000 haもの天水農地を利用しているのか．市の中心部から離れ，車を走

図 1.7　天水コムギ栽培の様子.

らせること約 1 時間，ようやく天水コムギ農家をみつけることができた．なぜ天水コムギ農家をみつけるのがこんなにむずかしいのかインタビューを通じてわかった．それは，天水コムギ農家は諸般の理由で農業室に所属していないからである．農業室に紹介してもらった天水コムギ農家は，近代灌漑農家に変わっていたのである．

　ここでの天水コムギ栽培は，2 年に一度の休耕を取り入れるナダスシステムという耕作方法を用いている（図 1.7）．ただし，雨量の多い年は休耕をせずに連続して耕作を行う．この方法によるコムギの収穫量は，土壌の水分量，降水量によって大きく左右され，1500–4000 kg/ha であり，灌漑コムギの収穫量（4000–6000 kg/ha）と比べると少ない．

　天水コムギ栽培の基盤であるナダスシステムがいつ，どこで，どのように開発されたのかについて聞き取りを行ったが，ついにそのもとにたどり着くことはできなかった．カラプナール市が発行しているカラプナール史にもその記述はない．ほかの書物などにもその記述をみつけることはできなかった．

　カラプナールを含む中央アナトリア周辺は人類史最古のコムギ栽培地域の 1 つともいわれている（Esin, 2002）．古代の農耕技術に関する文献はないが，乾燥地域に適合するように発展してきたこのナダスシステムも灌漑農業と同様に，見よう見まねと口承により紀元前から伝えられてきたものと考えてよいだろう．

(3) トルコの口承文化と灌漑農業の知識伝達

　古代ギリシャのホメロスに代表されるように，この地中海・エーゲ海周辺は

口承文化圏である．トルコにはその昔，アーシュクまたはオザンと呼ばれる吟遊詩人がいた．彼らが諸国を遍歴し，口承で文化を伝えていたのである．トルコでは，1928年にトルコ建国の父であるムスタファ・ケマル（アタチュルク）によって文字表記が改められるまで文字による情報の伝達がなされておらず（Gencer and Ozel, 2000），今日に至るまでその口承文化が脈々と受け継がれている．1928年以前は，ごく一部の識者や宮廷書記官を除いては読み書きができない人々が大多数を占めていた．

　カラプナールも例外でなく，このような文化と歴史的背景を受け継いでいる．よって，ここで生産された農業知識が多くあるにもかかわらず，それらに関する文字による資料や記録はきわめて限られている．すなわち，農家は，自分の目で見て，話を聞いて農業生産を学んでいく．自分で灌漑記録をつけることをしない．インタビューした農家は，芽が出たら約10日後にバルブを約24時間開けるといった伝聞情報をもとに農業を行っている．

　ある農家に飛び込みでインタビューを行った際に驚いたことがある．それは，その農家がトルコで定番のチャイ（紅茶）屋さんを本業とする新人兼業農家だったことである．チャイ屋さんが副業として始めた見よう見まねの灌漑農業で利益をあげているという．「子どものころに手伝った父の灌漑方法をアレンジして灌漑農業をしている」「わからないことは近隣の農家に聞いている」というように，地下水と近代灌漑施設さえあれば容易に農業に参入でき，利益をあげることができるのがカラプナールなのである．

　この例からわかるように，地域に根付いている口承文化は，適切に灌漑の知識を伝えており，それによって農家は若干の程度のちがいはあるが，科学的ではないものの，灌漑農業を行う技術を体得することができているといえよう．一方では，知識を文字によって体系的にまとめた情報の取得とその伝達がおろそかなため，個々の農家の応用や発展につながらず，結果として農業のブラックボックス化を安易に受け入れてしまった点が，カラプラナールの知識生産とその継承の問題といえよう．

1.6 地域環境知の活用による持続的農業への転換に向けて

(1) それぞれの農業体系がもつ課題

　これまでみてきたように，カラプナールの地下水に依存した灌漑は政府主導で開発が進められたが，地下水枯渇問題を引き起こし，取水規制によって灌漑農業の存続が脅かされつつある．灌漑農家は，ブラックボックス化された効率的な地下水灌漑農業により農業システムを構築してきたが，今ではそのシステムによって自らの首を絞めつつある．

　その一方で，メロン農家と天水コムギ農家は，在来知に科学知を吹き込む新たな知識生産を行っている．この融合された知識の活用は，ブラックボックス化を避け地域に適した持続性の高い農業を実現しているようにみえる．ただし，これらの農業は生産性や規模の面での問題を抱えている．

　ここで，近代的地下水灌漑農業，天水農家およびメロン農家が抱える課題を今一度可視化し，地域が抱える課題を解決に導き持続的な農業への転換を促すための方法について検討してみたい．

(2) 近代灌漑農業の課題からみえたもの

　まず，地下水灌漑農家には地下水枯渇と未施行の取水制限への対応という課題がある．水資源管理にかかわる研究には統合的水資源管理（Hassing *et al.*, 2009）や参加型灌漑管理（Groenfeldt *et al.*, 1999）があるが，これら参加型のアプローチは研究者や政府機関によって設定された枠組みに後から農家が参加することになる．この時点で政策と現場の間にズレ（宮内，2013）が生じ，順応的な水資源管理が機能しづらくなっていると考えられる．

　よって，灌漑開発の前に，「ほんとうにつくりたいのはわれわれにパンをもたらすコムギである」「コムギに十分な補助が得られるのであれば，多量の灌漑水を使うほかの作物を栽培することはしない」というワークショップ参加者の発言を取り入れることが必要であっただろう．もし，これらの意見を反映し，計画当初において天水コムギの買い取り価格や補助金を高く設定し，灌漑投資に対する補助を抑えることができていれば，地下水を取り巻く状況は今とは異なっていたと思われる．

また，「灌漑農業で得られた収入を十分に投資できていない」ならば，地域の共有財産である地下水を使って得られた収入の一部を集め，地下水保全や土壌浸食防止などへの基金として未来に投資することは，収入に経済的な価値以上の価値を生みださせることであり，毎年自家用車を買い換えるよりもはるかに持続可能な農業に寄与することになるだろう．

（3）カラプナールにおける新たな地域環境知

　地域に根付いている農作物を早期に収穫することで灌漑水量を減らし，付加価値をつけて販売する．この一連の知識生産とアクションを体現しているのがピクルス用メロンの栽培である．この知識基盤は地域の食文化，地域に根ざした作物の栽培，近代灌漑施設，手作業による栽培管理などのさまざまな要素からなる新たな地域環境知（佐藤，2015）といえよう．

　同様に，紀元前から続くナダスシステムによる天水コムギ栽培もまた，古今の多様な情報をブレンドし地域に根ざして開発された独自の地域環境知による持続可能な農業である．天水農家は，農業展示会やテレビの農業チャンネルから天水農業以外の情報を得て，ナダスシステムをゆっくりではあるが少しずつ確実に改良している．

　これらの栽培方式をとる農家は，カラプナール内では少数派である．そこで，これらをいかに地域のなかで広げ，根付かせていくかということが課題となる．そのために有効な方策は，ピクルス用メロンと天水コムギを地域ブランド化し，まずは地域内での知名度を高めていくことであろう．「天水農家はもういない」という農家や，「天水農業は不可能だ」という研究者にもその存在を知ってもらうところから始めなければならない．カラプナールのピクルス用メロンと天水コムギはカラプナールという話題性だけでもブランド化には最適である．地域の農家はそれにまだ気づいていない．

（4）新たなストーリーによる持続可能な社会への転換へ向けて

　カラプナールでは，地下水枯渇という問題を契機として地域全体が協働して地下水保全に取り組まなければならないという意識が形成された．そして，多様なステークホルダーからなるワークショップを通じて地域が抱える課題が明確化され，より強く共有された．

ワークショップにおける行政長の発言がなければ，われわれは天水農家に目を向けなかったかもしれない．また，レストランでのメロンピクルスとの出会いがなければメロン農家にコンタクトをとることもなかったかもしれない．多様なステークホルダーとの相互作用とふとした出会いが，われわれ研究者と地域をより強く結び付けてくれた．

ここでのトランスディシプリナリー・アプローチ（Hadorn *et al.*, 2008）による研究プロセスのもっとも大きな特徴は，大規模な近代灌漑農業（社会的強者）のみならず，農業室に所属しない伝統的天水農家や比較的規模の小さいメロン農家（社会的弱者），さらには多様なステークホルダーとのワークショップを通じた協働をしてきたことである．

そして，このプロセスを通じてわれわれが新たに可視化したことは，社会的弱者のもつ地域環境知が，社会的強者の引き起こした問題・課題の解決に資する地域の光となりうるということである．ここにはメロン農家と天水農家以外にも，独自の地域環境知をもつ社会的弱者がいるだろう．それら新たな知を発掘し，口承による情報を文書化して，地域全体でその普及・発展をしていくアクションを創りだす必要がある．

そのためには，地域が動くためのストーリーを協働で創りだし，共有していくことが有効であると思われる．カラブナールが植林によって砂漠化を食い止めた成功の歴史を創ったことになぞらえるのがもっとも地域に受け入れやすいだろう．

すなわち，カラブナールの新たな歴史は，地域環境知を整理・発展させて，地域全体が地下水保全のアクションを起こし，世界に先駆けて持続可能な乾燥地農業を創出するというストーリーを実現していくことで創られよう．メロン農家と天水農家によるこの一連の知識生産とそれによるアクションは，カラブナールだけでなく，同様の問題を抱える世界の乾燥地で適用可能な方法として活用が期待できる．

われわれ研究者グループの課題は，トランスディシプリナリー・アプローチを継続し，口頭で伝承される地域環境知を整理・再構築して文書化していくことである．そして，社会的弱者のもつ地域環境知を用いた地下水保全モデルを構築し，同様の問題を抱える乾燥地の農業の持続可能性向上に貢献していくことである．カラブナール発のそのモデルを広く世界に伝えることが，われわれ

研究者が地域のステークホルダーとの協働から学ばせてもらったことに対する
最低限の恩返しである.

[引用文献]

改訂地下水ハンドブック編集委員会（編）. 1980. 改訂地下水ハンドブック. 建設産業調
　　査会, 東京.
丸山康司. 2009.「地球に優しい」を問う――自然エネルギーと自然「保護」の隘路.（鬼
　　頭秀一・福永真弓, 編：環境倫理学）pp. 171-183. 東京大学出版会, 東京.
宮内泰介（編）. 2013. なぜ環境保全はうまくいかないのか――現場から考える「順応的
　　ガバナンス」の可能性. 新泉社, 東京.
佐藤哲. 2009. 知識から智慧へ――土着的知識と科学的知識をつなぐレジデント型研究
　　機関.（鬼頭秀一・福永真弓, 編：環境倫理学）pp. 211-226. 東京大学出版会, 東京.
佐藤哲. 2015. サステイナビリティ学の科学論――課題解決に向けた統合知の生産. 環
　　境研究. 177: 52-59.
Akca, E., T. Kume and T. Sato. 2015. Development and success, for whom and where:
　　the central Anatolian case. 2015. *In*（Chabay, I., M. Frick and J. Helgeson, eds.）
　　Land Restoration: Reclaiming Landscapes for a Sustainable Future. pp. 533-541.
　　Academic Press, New York.
Bayari, S., N. Ozyurt and S. Kilani. 2009. Radiocarbon age distribution of groundwater
　　in the Konya Closed Basin, central Anatolia, Turkey. Hydrogeology Journal, 17: 347-
　　365.
Brouwer, C. and M. Heibloem. 1986. Irrigation Water Management: Irrigation Water
　　Needs. FAO, Paris.
Celik, M. and M. Afsin. 1998. The role of hydrogeology in solution-subsidence develop-
　　ment and its environmental impacts: a case-study for Sazlıca（Niğde, Turkey）. En-
　　vironmental Geology, 36（3）: 335-342.
Dogdu, M.S. and C. Sagnak. 2008. Climate Change, Drought and Over Pumping Impacts
　　on Groundwaters: Two Examples from Turkey. BALWOIS208, Ohrid, Republic of
　　Macedonia.
Esin, U. 2002. ASIKLI HOYUK. ARKEOATLAS-Yasayan Gecmisim Drgisi. D.B.R Is-
　　tanbul, Istanbul.
Gencer, A.L. and S. Ozel. 2000. Turk Inkilap Tarihi. DER YAYINLARI, Istanbul.
Groenfeldt, D., A. Subramanian, S. Salman, N. Raby, M. Svendsen and J. Schaak. 1999.
　　Participatory Irrigation Management（PIM）Handbook. World Bank, Washington,
　　D.C.
Hadorn, G.H., H. Hoffmann-Riem, S. Biber-Klemm, W. Grossenbacher-Mansuy, D.
　　Joye, C. Pohl, U. Wiesmann and E. Zemp. 2008. Handbook of Transdisciplinary Re-
　　search. Springer, Netherland.
Hassing, J., N. Ipsen, T. Jønch, C.H. Larsen and P. Lindgaard-Jørgensen. 2009. Inte-

grated Water Resources Management in Action. United Nations Educational, Scientific and Cultural Orgainization, Paris

Siebert, S., J. Burke, J. M. Faures, K. Frenken, J. Hoogeveen, P. Döll and F. T. Portmann. 2010. Groundwater use for irrigation: a global inventory. Hydrology and Earth System Sciences, 14: 1863-1880.

Yılmaz, M. 2010. Karapınar Çevresinde Yeraltı Suyu Seviye Değisimlerinin Yaratmıs Olduğu Çevre Sorunları. Ankara Üniversitesi Çevrebilimleri Dergisi, 2(2): 145-163.

2 生業から生まれる知識と技術
——里海づくりと自伐型林業

家中 茂

　この章では，漁業と林業の2つの生業から生まれた知識と技術を取り上げる．前者の「里海づくり」では，海藻養殖の技術をサンゴ養殖に応用した生業技術と，サンゴ礁にかかわるさまざまな立場や業種の人々を巻き込んでいく仕組みづくりがみられた．消費者が積み立てる「モズク基金」が，漁業者によるサンゴ養殖・植付活動を支え，サンゴが健全に育つことで生物多様性が高まり，良質のモズク生産につながる循環を生みだしている．後者の「自伐型林業」では，「壊れない作業道」や「身の丈にあった機械化」という生業技術が，森林を生活のなかに取り戻すための「ツール」となっている．だれもが生業としての林業を通じて森林にかかわることができ，しかも，森林を生かすことにつながる．コモンズの視点からも，このように生業を担う人々のなかから，私的権利の枠組みを超えて，生態系サービスを持続的に享受するための知識と技術が生まれてきていることは注目される．

2.1　生業を構成する知識と技術

　この章では，漁業と林業という2つの生業のなかから生まれる知識と技術について考察する．生業とは，人々の生活のなかでの自然資源の利用であり，人々が生活を成り立たせるために生態系から資源としての生成物を取りだすプロセスとしてとらえることができる．それは，生態系サービスを生活のなかで享受するための知識や技術，制度や仕組みによって構成されるといってよいだろう．

　取り上げるのは，沖縄のサンゴ礁における漁業の事例と日本各地の中山間地域における林業の事例である．この2つの事例は，生態系の特徴も歴史的経緯もたいへん対照的である．しかしながら，つぎのように共通した面もみいだすことができる．

　沖縄の沿岸海域は，1972年の「本土復帰」以降，急速な近代化・産業化のな

かで，公共土木事業による大規模開発やリゾート観光地化という大きな社会的インパクトを受けてきた．そのため，現在，沖縄のサンゴ礁は危機的状況にある（日本サンゴ礁学会，2011）．世界的にも，すでにサンゴ礁の 20% が失われ，10–20 年後に 15% が消滅し，20–40 年後にはさらに 20% が消滅するほどの危機的状況であるといわれる（Wilkinson, 2008）.

　一方，日本各地の中山間地域も，戦後の一斉造林，1980 年を最高値として以降の木材価格の下落，そして，過疎化・限界集落化という大きな社会的インパクトを受けてきた．日本は，国土面積の 3 分の 2 が森林であり，OECD 諸国で 3 位の森林率であるにもかかわらず，木材自給率は 28.6% であり（2013 年），林業従事者の高齢化と減少もあいまって，十分な森林管理が行われず，放置され荒廃する森林が増えている（Forestry Agency, 2015）.

　このようにたいへん厳しい条件の下，どちらも，それまで生業を成り立たせてきた既存の技術や仕組みをダイナミックに組み替える必要に直面せざるをえなくなった．そこに，地域環境知の視点から注目される知識と技術が生みだされることになったのである.

2.2 「里海づくり」を通じたサンゴ礁再生の知識と技術の創出

（1）里海とは

　近年，「里海」という言葉が聞かれるようになった．「人手を加えることで，生物生産性と生物多様性が高くなった沿岸海域」のことである（柳，2010; Yanagi, 2013）．そこには，かつて手つかずの「原生自然」が貴重とされていたのに代わって，「人手が加わった」二次的自然である里山や水田が生物多様性の視点から再評価されるようになった経緯がある（Kumar *et al.*, 2012）．「順応的管理」の考え方からも，「利用しながら保全する」ことがモニタリング機能として重要視されるようになっている.

　沿岸海域の保全・再生を目的とする政策や制度も多くみられる．2007 年第 3 次生物多様性国家戦略，2008 年海洋基本計画において「里海」がうたわれ，環境省によって里海創生支援事業（2008–2010 年度）が実施されている．また，

「水産業・漁村の多面的機能」についても，2001年水産基本法，2007年水産基本計画においてうたわれ，水産庁によって環境・生態系保全活動支援事業（2009–2012年度），水産多面的機能発揮対策事業（2013–2015年度，第2期2016–2020年度）が実施されている（山尾・島，2009）．それらの事業において，藻場，干潟，サンゴ礁など沿岸海域漁場の保全・再生が，漁業者と地域住民の連携を通じて取り組まれている．藻場，干潟，サンゴ礁などは，干潮時にはアクセスしやすく，漁業者以外の人々にとってもかかわりがもちやすい海である．そこでは人々による多面的な関与を通じて「里海」という価値が生みだされていくのである（家中，2012）．

(2) サンゴ養殖のはじまり——海藻養殖技術の応用

恩納村漁業協同組合（組合員数259名．2016年4月現在．恩納村の人口は1万921人）では「漁業活動も生態系の一部」と位置づけ（図2.1），「里海づくり」に取り組んでいる．その取り組みは，大きく2つに分けてとらえることができ

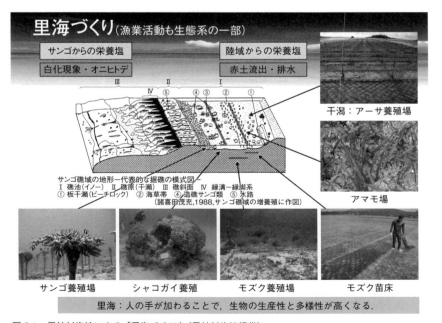

図2.1　恩納村漁協による「里海づくり」（恩納村漁協提供）．

る．1つは，恩納村漁協によるサンゴ養殖・植付である．もう1つは，恩納村漁協が生産する養殖モズクの消費者である生活協同組合や水産加工流通業者との連携による「モズク基金」である．

　1998年と2001年に大規模なサンゴの白化現象が起きた．海水温の上昇（30℃以上）によるストレスからサンゴに共生する褐虫藻が消失し，サンゴが大規模に死滅してしまった．すでに1989年に恩納村漁協青年部によるサンゴ移植の試みはあったが，本格的な取り組みとなるのは1998年の白化現象が契機である．その年，恩納村漁協は沖縄県から漁協管理のサンゴ養殖特定区画漁業権を取得し，翌1999年に漁協内にサンゴ養殖研究会を発足させた．2001年の白化現象を受け，翌2002年には漁協単独ではなく，恩納村役場，恩納村商工会，リゾートホテルとの協議の下に取り組むことが合意された．そして2003年に恩納村漁港敷地内にサンゴ養殖の陸上施設を設置して，サンゴの「植付」事業を本格化させた．

　一般的なサンゴ「移植」と恩納村漁協が開発したサンゴ「植付」には，つぎのちがいがある．「移植」とは，サンゴ片を採取し，ほかの場所へ移して植えることだが，「植付」とは，サンゴ片を採取した後，それを陸上施設の水槽のなかで養殖し，成長したサンゴをサンゴ片に分割し，海中に植え付けて増やしていくのである．サンゴ片を海中に植え付けるには，サンゴを着床させたピンまたは板状の人工基盤を，直接，海底に植え付ける方法と，サンゴを着床させた着脱式の人工基盤を，海底に打ち込んだ鉄筋の上端に取り付ける方法，すなわち，「ひび建て式」がある．陸上施設の水槽の利用は，モズク養殖のときの種付や海ブドウ養殖の経験にもとづいており，鉄筋を使ったサンゴのひび建て式は，モズク養殖のひび建て式を応用した技術開発だった（Higa and Omori, 2014; 図2.2 ①）．

　このようにしてサンゴ養殖・植付を繰り返すなかから，漁業者だからこそその独自の発見や技術の開発があった．ブダイなどサンゴを食べる魚から保護するためにカゴをつけ，なわばりをつくるスズメダイのすみ込みが始まると，保護カゴを外しても食害にあわなくなること（図2.2 ②），サンゴ片の人工基盤への着床は縦向きより横向きがよいこと，サンゴの海底への植付は密集させる「寄せ植え」や大きく成長したサンゴ近くへの「重ね植え」がよいことなどである．

　ひび建て式で海底から離してサンゴを育てると，赤土の堆積を回避できるこ

図 2.2 ① サンゴのひび建て式養殖，② 保護カゴ，③ 中間育成，④ 人工基盤，⑤ 産卵の様子（恩納村漁協提供）．

と，海水温が上昇しても潮の流れがあるために白化しにくいことや海底部からも陽光が反射して届くことなどから，サンゴの生育に適していることがわかってきた．ひび建て式は鉄筋ごとサンゴを移すことができるので，サンゴの生育に適したポイントを選んだり，成長の速さでサンゴを分けるなど，サンゴの生育状況を観察するうえでも有効である．また，陸上施設で養殖したサンゴを，鉄筋に取り付ける前に，海中で「中間育成」すると，その後の生育がよいこともわかってきた（図 2.2 ③）．なお，「中間育成」とは，モズク養殖において，種付後の芽出しを促進するために，網を沖出し前にいったんアマモ類の海草藻場の海底面に接地するように張ることを指しており，恩納村漁協が独自に開発した技術である．

興味深いのは，サンゴ片を着床させる「人工基盤」の開発である．人工基盤の素材には，コンクリートや陶片・セラミックは適さず，はじめサンゴの石垣や高級石材のトラバーチン（琉球石灰岩）を用いたが，シャコ貝養殖の基盤として利用している土壌硬化剤のマグホワイトに変えたところ，着床率が飛躍的に

高まった．人工基盤の形状も，板状から筒状へ，そして角柱状へと変えていくなど，2年ごとに改良を積み重ねて，実績をあげていった（図2.2④）．

　このようなサンゴの養殖・植付技術は，恩納村漁協に蓄積されたモズク養殖や海ブドウ養殖，シャコ貝養殖などの技術の応用であり，漁業者個々の経験や観察にもとづくものだった．恩納村漁協は沖縄で初めて，アーサ（ヒトエグサ）養殖に成功し（1976年），モズクひび建て式養殖を開発し（1977年），糸モズク養殖に成功し，海ブドウ陸上養殖に成功している（1994年）．これらの経験と新たな技術開発や改良へのインセンティブが，恩納村漁協の組合員の活動に強く働いているといってよいだろう．恩納村漁協の生業技術の優位性は，沖縄では養殖がむずかしい糸モズクの生産が県内生産の6割を占めることにも示されている．「モズク基金」の対象商品にしている「恩納モズク」は，褐藻類で初の新品種登録である（2007年）．

(3)「モズク基金」——サンゴの海を育む協同事業

　恩納村漁協は，1987年以来，資源管理型漁業を推進しており，恩納村における水産業の総合計画として「恩納村漁協地域漁業活性化計画——美<ruby>海<rt>ちゅらうみ</rt></ruby>」を策定している．現在で第4次となるその計画のなかで，組合員の「経済的地位の向上」とともに「社会的地位の向上」を目標とし，「里海づくり」を掲げて，行政や地域，他産業との積極的連携をうたっていることが注目される．恩納村への観光客数は年間約200万人であり，沖縄県への観光客の数多くが訪れる一大リゾート観光地であることから，「里海づくり」を地域全体の課題として位置づけ，多様なステークホルダーを巻き込んでいっているのである．

　2003年に始めたサンゴ植付事業は，2004年には県内外の企業十数社が参加する「チーム美<ruby>ら<rt>ちゅ</rt></ruby>サンゴ」へと発展し，ボランティアダイバーを中心とするサンゴ植付ツアーの実施につながっていった．漁協単独では達成できない規模の取り組みが，このようにしてさまざまな立場や業種を超えた連携によって実現されていくことになったのである．この「里海づくり」の活動を飛躍的に広めたのが「モズク基金」である．「サンゴの海を育む協同事業」として，恩納村漁業協同組合（生産者），生活協同組合（消費者），株式会社井ゲタ竹内（水産加工流通業者．本社は鳥取県境港市），恩納村役場による協議会を立ち上げ，養殖モズクの売上げの一部を「モズク基金」として積み立て，サンゴの植付事業を展

図 2.3 「モズク基金」の呼びかけ（コープ CS ネット提供）.

開することにしたのである（図 2.3）.

2009 年 11 月にパルシステム生活協同組合連合会（組合員数 189 万 8000 人．2016 年 4 月現在［以下同じ］）と「恩納村美ら海産直協議会」を設立し，2010 年 4 月に生活協同組合連合会コープ中国四国事業連合（コープ CS ネット）（組合員数 123 万 2155 人）および 2010 年 6 月に生活協同組合連合会東海コープ事業連合（組合員数 84 万 9019 人）と「サンゴ礁再生事業支援協力協定」を締結した．そして，2012 年 3 月に「恩納村コープサンゴの森連絡会」を結成し，その活動を通じて漁協組合員と生協組合員の交流が広がり，サンゴ礁生態系保全や持続的な漁業生産活動についての理解が共有され深まっていった．その動きはさらに，近畿，北陸，九州の生協へと広がりをみせている．

このような取り組みの背景には，モズクの生産・流通をめぐって沖縄の産地における危機的な状況があった．一般的に流通業者は生産者に対して，いかに安くモズクを仕入れるかという利害関心から接する傾向にある．そのために沖縄の養殖モズクは価格が低迷し，品質も安定しないという悪循環に陥ることに

なる．とくに2005–2006年以降，スーパーなど大手流通業者を中心にモズクの低価格化が進んだ．原価kgあたり100円といわれるなかで80円，なかには50円という低価格となり，2009年にはそれに抗議して知念漁協や勝連漁協では決起集会が開かれたほどであった．大手流通業者による低価格化の動きは悪影響をもたらし，消費者の信頼を失いかねなかった．そのようなことへの危機感から，恩納村漁協の長年にわたる赤土流出防止やオニヒトデ駆除などのサンゴ礁保全活動（家中，2000）を商品背景として生協組合員に伝えること，そして生協組合員も消費者であることにとどまらずに，購入を通じて「里海づくり」に参加し，循環型・再生産型の流通を創りあげようということから，「モズク基金」が提案されたのだった．たんにモノの生産だけにとどまらない，価値創造が目指されたのである．

「恩納村コープサンゴの森連絡会」による基金は，対象商品1パック4個入りで1円，1パック6個入りで2円を積み立てることにしている．これまで1300万パックを超える数が購入されており，その基金をもとに植え付けられたサンゴは約1万2000本に達している（2015年度末現在）．恩納村漁協独自による植付と，連絡会以外の生協による植付も合わせると，やがて2万本に達しようとしている．植え付けたサンゴの種類は11科15属54種にのぼる．それらはすべて恩納村海域に生息するサンゴを用いており，遺伝的攪乱に配慮している．2013年5月には植え付けたサンゴが初めて産卵し，ひび建て式で養殖・植付をしたサンゴが3年以内に産卵可能な群体に成長することが確認された（図2.2⑤）．1本（群体）から約12万個の幼生が産出されることから，2万本に達する親サンゴの育成はサンゴ礁再生において大きな効果が期待される．2015年には，これまでの植付（無性生殖）に加えて，サンゴの有性生殖の取り組みも始まった（沖縄県環境部自然保護・緑化推進課，2015）．

サンゴの植付面積は3haに達しており，これまでにない規模であり，生存率も高い．環境省が12年間，石垣島と西表島の間の石西礁湖で実施しているサンゴ植付が0.5haであるのと比較すると，そのことが理解されるだろう．養殖したサンゴ30本（群体）を調べたところ，8科33種以上841個体のサンゴ礁性魚類が確認された．1本（群体）あたり平均28個体のサンゴ礁性魚類がすみ込んでおり，植え付けたサンゴ本数とかけ合わせると53万個体となる．まさしく「人手を加えること」が生物多様性をもたらしているといえる．

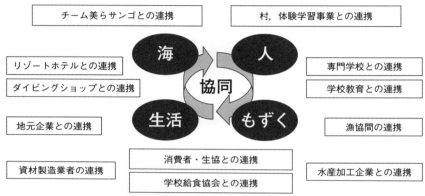

図2.4 多様なステークホルダーを巻き込む「里海づくり」(恩納村漁協提供).

「サンゴの海を育む協同事業」を通じて恩納村漁協は，リゾートホテルやダイビングショップなど観光関連はもちろんのこと，サンゴ養殖のための資材業者，そして小中学校の体験学習や専門学校の実習，学校給食など教育機関にも働きかけ，さらには県内外の生協や都市消費者を巻き込んで，「里海づくり」の多種多様なかかわりを創りだしている（図2.4；佐藤，2015；大元，2017）.

2.3 「自伐型林業」という森林・林業再生の知識と技術の創出

(1)「C材で晩酌を！」——地域通貨を通じた森林コモンズの再創造

2006年，高知県仁淀川流域で画期的な取り組みが始まった．これまで使い途がなく間伐後に林内に放置されていた「林地残材」を，木質バイオマス発電の実験プラントに出荷すれば，1トンあたり6000円の地域通貨と交換するという取り組みである．建築材用途の材をA材，合板・集成材用途の材をB材，そして，用途のない材をC材と呼ぶことから，この取り組みは「C材で晩酌を！」

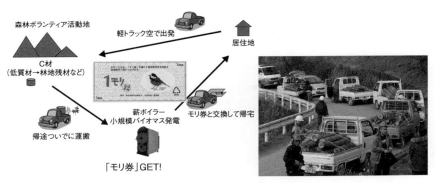

図 2.5 「C 材で晩酌を！」イラスト説明図と仁淀川流域での様子（NPO 法人土佐の森・救援隊提供）．

と名づけられた．それほど大きな稼ぎにはならないが，軽トラック 2 杯分ほど運べば，晩酌代くらいにはなる，ということをたくみに表現したキャッチフレーズである．対価に現金でなく，地域通貨を組み合わせたことが大きな注目を集めた．地域通貨は「モリ券」と呼ばれ，1 枚 1000 円相当で，指定された店で商品と交換したり，飲食したり，またガソリンを入れることができる．つまり，森林整備で得られた地域通貨が地域内を循環することで，森林のコモンズとしての価値を再創造する仕組みが創りだされたのである（中嶋，2012; 家中，2014b; 図 2.5）．

この画期的な仕組みは，NPO 法人土佐の森・救援隊によって考案された．当時，NEDO（独立行政法人新エネルギー・産業技術総合開発機構）の事業として「高知県仁淀川流域地域エネルギー自給システムの構築事業」（2005 年 12 月–2009 年 3 月）が実施されており，そこで使う林地残材を，大規模，中規模，小規模という 3 つのタイプの林業者から収集する計画が立てられた．大規模は，皆伐による大規模な架線集材を行う高知でも最大規模の素材生産（丸太生産）業者である．中規模は，大規模集約した森林の施業を委託され，高性能林業機械で間伐を行う森林組合や素材生産業者であり，現在，日本の林業政策が推進している林業形態である．そして，小規模は，土佐の森・救援隊が呼びかけた一般の参加者である．

「C 材で晩酌を！」の画期的な成功の要因は，土佐の森・救援隊が呼びかけの

対象を限定せずに，仁淀川流域の全住民としたことにあった．当初，大きく期待された大規模も中規模も，林地残材の搬出では採算が合わず，早々と撤退してしまった．一方，小規模は，中山間地域であればだれでももっている軽トラックとチェーンソーさえあれば林地残材は出せることから，参加者数は飛躍的に増加し，その搬出量だけで事業に必要な量をまかなえるようになった．さらに，木質バイオマス利用の林地残材だけでなく，木材市場に出す素材生産も増え続け，それが仁淀川森林組合の素材生産量の2倍以上にもなった．このことは，高性能林業機械を導入せずとも，自伐型林家が多くなれば，大量生産と安定供給という目標をまったく別の方法で達成できることを実証したといえる．自伐型林業は多様な参加形態がとれることから，U・Iターンする若い世代の林業への新規参入という現象をも引き起こした．こうして「C材で晩酌を！」は，「軽トラとチェーンソーで晩酌を！」や「木の駅」などと呼称を変えながら，たちまちのうちに全国各地に広まっていった．

「C材で晩酌を！」が問いかけたのは，つぎのようなことであった．既存の林業政策や研究が決めつけていたように，中山間地域の森林所有者は「林業に対して意欲を失っている」のではなく，適切な指導や機会があれば自分の森林や地域の森林を整備し生かしたいと思っていたのである．地域に代々引き継がれてきた森林を荒廃したままにしておきたくはないという声なき声に耳を傾け，その潜在的な可能性に働きかけたのが「C材で晩酌を！」であった．

土佐の森・救援隊が従来の森林ボランティア・NPOとちがったのは，森林保全活動と生業としての林業の間に「壁」を設けずに，地域住民や森林所有者が

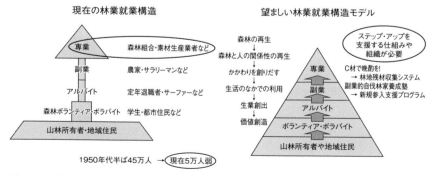

図2.6 林業就業構造とステップアップを支援する仕組みづくり（中嶋健造氏提供）．

ボランティアやアルバイトそして副業から専業へとステップアップしていく仕組みを創りあげたことである（図2.6）.「C材で晩酌を！」はそのための1つの手法であり，ほかに「副業的自伐林家養成塾」（2009年–）や東日本大震災の津波被災地における生業創出など，自伐型林業への新規参入を促す活動を全国各地で展開していった．そして2014年6月には，NPO法人持続可能な環境共生林業を実現する自伐型林業推進協会を設立した．それらの活動を通じて，現在の林業政策が推進する林業形態とは対極にある，森林環境保全と持続的林業経営を両立させる「自伐型林業方式」という生業技術を体系化したのである．

(2) 適正技術としての自伐型林業方式

「自伐型林業方式」は，大きくつぎの3つの要素で構成される（図2.7）．①壊れない作業道（小径高密な路網），②身の丈にあった機械化，③長伐期択伐施業．

「壊れない作業道」とは，大橋慶三郎氏の創案によるもので（大橋, 2001），

図2.7 現行林業（林野庁方式）と「自伐型林業方式」の対比（写真は中嶋健造氏提供）.

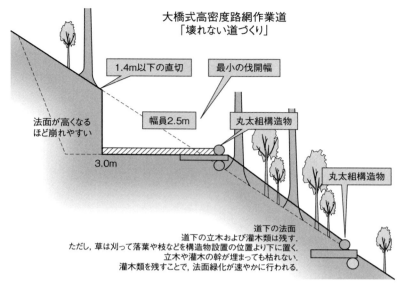

図 2.8 「壊れない道づくり」（清光林業・岡橋清隆氏提供）．

橋本光治氏，岡橋清元氏・岡橋清隆氏が継承・発展させ，現在，自伐型林業推進協会主催の研修を通じて自伐型林業新規参入者に広まっている．橋本氏は徳島県那賀町の自伐林家で，100 ha の所有山林に総延長 30 km の，岡橋氏は奈良県吉野の自伐林家で，1900 ha の所有山林に総延長 90 km の作業道を敷設している（橋本，2013; 岡橋，2014）．

　大橋式作業道では，森林の地形や植生そして水の流れ方などの緻密な観察にもとづいて作業道の路線の設計がなされ，山の尾根筋や棚地形など安定している地形を生かして作業道が開設される．道幅を 2–2.5 m とし，道をつけるために山の斜面を削り取る高さ（切取法高）は 1.4 m 以下とする．道幅をそれ以上広げたり，削り取る高さをそれ以上高くすると，作業道は崩壊しやすくなる．このように作業道の開設による地形の改変を最小限にすることで地形を安定化させ，土の移動量を少なくすることで作業量も作業コストも抑えることができ，また，不必要に木を伐採せずに残しておくこともできる．理にかなった作業道のつけ方である（図 2.8）．

　このような幅の狭い作業道を高密度に網の目状に敷設する．1 ha あたり

100–300 m が敷設されると，作業道と作業道の間は 30 m ほどとなる．そこで木を伐り倒せば，いずれかの作業道にかかることになり，作業はきわめて効率がよく安全性も高まる．段々状に敷設された作業道は砂防の効果もあり，山の安定性を増すといわれる．作業道についての考え方が，伐採のときに一時的に利用する現行林業と，間伐を繰り返し永続的な森づくりのために利用する自伐型林業では根本的に異なるのである．

「身の丈にあった機械化」とは，作業道の開設と材の引き揚げに 3 トンの油圧式シャベル，材の搬出に 2 トン四輪駆動トラックまたは 1–3 トンの林内作業車という必要最低限の小型林業機械の組み合せのことであり，購入費用もそれぞれ 200 万–300 万円ほどである．数千万円する高性能林業機械を 3–4 台必要とする大規模集約型林業と大きなちがいである．木材価格がかつてより 5 分の 1 から 7 分の 1 に下落している現状においてはなおさらのこと，維持経費を含めて低コストで，だれでも新規参入できる生業技術といえる．

現行の林業は，間伐であれ主伐であれ，伐採に特化しており，持続的長期的に森林の育成にかかわるのでなく，伐採を委託された森林を転々と移動する．高性能林業機械による大量伐採は森林に大きなダメージを与え，大型機械の規格に合わせた作業道は，その開設作業の粗さもあいまって，山の崩壊を誘引する．しかも，近年はシカによる食害が深刻で，皆伐すると再造林のための植林はほとんど不可能である．そのため，過度な間伐や皆伐後の再造林放棄の問題も起きている．それに対して自伐型林業は，自己所有の森林か地域の所有者の森林に定着して施業するので，継続的に収益をあげながら持続的に森林を育てていく「長伐期択伐施業」となる．

それでは，なぜ今，自伐型林業が注目されるようになったのだろうか．それは，日本の林業政策のなかでどのような意味をもっているのだろうか．

(3) 自伐型林業による生業創出を通じた中山間地域再生

林業政策において，自伐型林業や家族経営的林業が注目された時期は過去 2 回あった．まず，1950 年代後半から 1970 年代初頭，拡大造林の担い手として農民的林業が評価され，家族労働による農林複合経営が注目された時期である．つぎに，1980 年代から 1990 年代前半，戦後造林した木が成長し間伐期に入り，自ら間伐し林内作業車で搬出した時期である（興梠，2014）．しかし，このよう

な自伐型林業の展開は一部の地域でみられても，日本の林業全体を左右するものではない，なおかつ，自伐型林家は世代交代できず，山村の過疎化とともにいずれ消滅するというのが林業政策研究者の一般的なとらえ方であった（佐藤，2015）．1964年の「林業基本法」には，家族経営的林業，森林組合，大山林所有者が並記されたものの，その後の林業政策は森林組合重視の路線をとっていったのである（泉，2014）．

2009年の「森林・林業再生プラン」では「森林所有者は林業に対する関心を失っており，森林管理能力がない」という決めつけの下に，大規模林業事業体や森林組合を林業の担い手として位置づけ，それに適合するように森林計画や造林補助金の制度を変更した．その結果，小規模林家は林業政策・補助事業の対象外とされ，中山間地域住民の生活からは森林がいっそう遠のくことになった（佐藤，2013，2016b）．国際的には森林・林業をめぐっては保全管理が主たる政策となっているにもかかわらず，日本の林業政策は依然として生産力主義のままなのである（志賀，2015）．

そこに突然，土佐の森・救援隊の「C材で晩酌を！」や「副業的自伐林家養成塾」の取り組みを通じて，これまで林業政策や林政研究者が思いもしなかった層から新規参入者が現れ始めたのである（泉，2014; 佐藤，2015; 中嶋，2015）．若い世代を中心にそれらの人々は，森林をベースとした新しいライフスタイルを創りだそうとしている．そのことは，国主導の「数あわせの林業」から，自立自営の生業創出を通じた「厳しいけれど，やりがいのある愉しい林業」への転換が起きているといってよいだろう（佐藤，2016a）．

このような動向に注目して，自伐型林業を中山間地域再生の「切り札」としてとらえ，条件不利地域への移住定住を促す総務省の「地域おこし協力隊」事業を使って自伐型林業への新規参入者を募ったり，新規参入者向けの研修を自伐型林業推進協会に委託して開催する自治体が各地に現れてきている（高知県佐川町，本山町，広島県広島市，島根県津和野町，益田市，鳥取県智頭町，滋賀県長浜市，米原市，奈良県下北山村，岩手県陸前髙田市，宮城県気仙沼市，群馬県みなかみ町，静岡県熱海市など）．このように生業としての林業を地域に取り戻すことを通じて，中山間地域のコミュニティ機能の回復・再構築を促そうという動きが生まれてきているのである．

2.4 私的権利の枠組みを超える価値創造的コモンズの創生

　この章では，漁業と林業の2つの生業から生まれた知識と技術の事例を取り上げた．「里海づくり」の事例では，まず，長年にわたる海藻養殖の技術をサンゴ養殖にたくみに応用していくプロセスがみられた．そこでは，漁業という生業を通じて培われた観察力と技術の確かさが存分に生かされていた．そして，そのような生業技術と併行して，サンゴ礁にかかわるさまざまな立場や業種の人々を巻き込んでいくプロセスがみられた．それが「モズク基金」である．養殖モズクの消費者の生協組合員が積み立てる「モズク基金」が，生産者の漁協組合員によるサンゴの養殖・植付活動を支え，サンゴが健全に育つことで生物多様性が高まり，それが良質のモズクの生産として戻ってくる．このような循環の仕組みが創りあげられたのである．それはまた，消費者である都市生活者が，たんにモノとしての商品を購入する存在としてではなく，価値創造にかかわる「当事者」として，漁業者とともに「里海づくり」を担う道筋をつけたといえるだろう（家中，2014a；比嘉ほか，2018）．

　「自伐型林業」の事例でも，「壊れない作業道」や「身の丈にあった機械化」という「適正技術」が，国の林業政策や専門的研究とはまったく別に，林業者のなかから生まれてきていた．現行の林業政策が全国一律の基準で施業を規定しているのに対して，自伐型林業は，地域ごとの自然条件や社会条件に応じた森林とのかかわりを創りだし，森林を生活のなかに取り戻すための「ツール」となっている（家中，2016）．低コストで新規参入でき，副業とも組み合わせられることから，新たなライフスタイルを希求する若い世代の人々の間に急速に広まっている．だれもが生業としての林業を通じて森林にかかわることができ，しかも，森林を生かすことができるようになる，そのような意思決定と行動を促す生業技術として機能し始めているのである（図2.9）．

　最後に，これらの生業から生まれた知識と技術が，コモンズの視点からどのようにとらえられるか考察しておきたい．一般的に，漁業権制度や入会権制度は伝統的コモンズの典型として位置づけられるが（Ostrom, 1990; McKean, 1992; Makino, 2011; Murota and Takeshita, 2013; Suga, 2015），その一方で，排他的な私的権利としての性格ももちあわせている．しかしながら，「里海づくり」においては，多様な人々の多様な関与が求められることから，漁業権にも

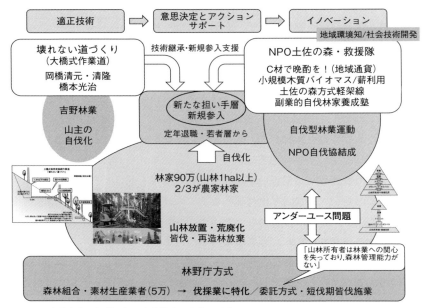

図 2.9 意思決定と行動を促す生業技術・自伐型林業．

とづく資源管理を継続しつつ，私的コモンズの枠組みを超えて，生態系サービスを持続的に享受する仕組みづくりへと発展していっている．一方，「自伐型林業」においては，私的財産としての森林からの収益という利害関心を超えて，地域の森林を守り育てていくという意識が，その担い手や森林所有者の間に芽生えてきている（佐藤，2014）．そこには，私的利益を最大限にしようとして効率性や生産性を追求する現行の施業委託型林業や請負林業とは質的に異なる価値への志向がみいだされる．

　イギリスのコモンズの成立過程を研究した平松紘によれば，コモンズとは，伝統的私的収益権から公的オープンスペースを享受する公益権への展開としてとらえられる（平松，1999）．すなわち，公衆に開くことを通して「囲い込み（エンクロージャー）」に対抗しつつ，コモンズからの享受を維持することに成功したのである．日本とイギリスの歴史的経緯の相違はあるものの，この章の事例でみたように，生業を担う人々のなかから，条件不利な困難な状況を克服するために，排他的私的権利の枠組みを超えて開いたかたちで生態系サービス

を持続的に享受するための知識と技術や仕組みが生まれてきていることは注目される.

　それは，既存の「あたらしいコモンズ論」が生産の視点をもっていなかったのとはちがって（家中，2018），価値創造的な視点から「生産」をとらえなおしているといえよう．「あたらしいコモンズ論」は，過疎化・高齢化のために生産の担い手が減少する事態に対して，たとえば流域共同管理論にみられるように，都市住民や森林ボランティアなどの広範なネットワークのもとに森林の公共的価値を維持していくことを提案していた．しかしながら，「一種の'消費'の対象としてのコモンズを再生したところで意味がない」（宮内，2001）という指摘があるように，そこには日常の生活のなかでの利用や生産の担い手という視点が抜け落ちていたといえる．他方，これまでどおりの 20 世紀型の生産力主義ではもはや立ちいかないことはだれの目にも明らかだろう．たんにモノが大量に生産されることに価値があるのではなく，本章の事例にみられるように，既存の枠組みを超えて知識と技術や仕組みを生みだす創造性の発揮のなかに（Koizumi，2016），「生産」を位置づけてとらえなおすことが，新たなコモンズの創生のうえで重要なのである.

［引用文献］

橋本光治．2013．美しい山づくり——自伐林家として実践から得た経営の三本柱．現代林業，5 月号：54–58.

比嘉義視・竹内周・家中茂．2018（近刊）．モズク養殖とサンゴ礁再生で地方と都市をつなぐ——沖縄県恩納村．（鹿熊信一郎・柳哲雄・佐藤哲，編：里海学——人と海の新たな関わりを紡ぐ）．勉誠出版，東京.

平松紘．1999．イギリス緑の庶民物語——もうひとつの自然環境史．明石書店，東京.

泉英二．2014．シンポジウムを聴いて．国民と森林，128：27–30.

興梠克久．2014．再々燃する自伐林家論——自伐林家の歴史的性格と担い手としての評価．（佐藤宣子・興梠克久・家中茂，編：林業新時代——「自伐」がひらく農林家の未来）pp. 85–27．農山漁村文化協会，東京.

宮内泰介．2001．コモンズの社会学——自然環境の所有・利用・管理をめぐって．（鳥越皓之，編：自然環境と環境文化　講座環境社会学 3）pp. 25–46．有斐閣，東京.

中嶋健造（編）．2012．バイオマス材収入から始める副業的自伐林業．全国林業改良普及会，東京.

中嶋健造（編）．2015．New 自伐型林業のすすめ．全国林業改良普及協会，東京.

日本サンゴ礁学会（編）．2011．サンゴ礁学——未知なる世界への招待．東海大学出版部，

神奈川.

岡橋清元. 2014. 現場図解 道づくりの施工技術. 全国林業改良普及協会, 東京.

沖縄県環境部自然保護・緑化推進課. 2015. 平成 27 年度恩納村海域サンゴ群集再生実証事業報告書, 沖縄.

大橋慶三郎. 2001. 大橋慶三郎 道づくりのすべて. 全国林業改良普及協会, 東京.

大元鈴子. 2017. ローカル認証——地域が創る流通の仕組み. 清水弘文堂書房, 東京.

佐藤宣子. 2013. 「森林・林業再生プラン」の政策形成・実行段階に山村の位置づけ. 林業経済研究, (1) 59: 15–26

佐藤宣子. 2014. 地域再生のための「自伐林業」論. (佐藤宣子・興梠克久・家中茂, 編: 林業新時代——「自伐」がひらく農林家の未来) pp. 11–84. 農山漁村文化協会, 東京.

佐藤宣子. 2015. 日本の森林再生と林業経営——「自伐林業」の広がりとその意味. 農村と都市をむすぶ, 762: 8–14.

佐藤宣子. 2016a.「自伐林業」探求の旅シリーズ 智頭編（後編）生業としての自伐力を育てる——行政, 地域の支援. 現代林業, 606: 38–45.

佐藤宣子. 2016b. 2000 年代以降の森林・林業政策と山村——森林計画制度を中心に. (藤村美穂, 編: 現代社会は「山」との関係を取り戻せるか 年報村落社会研究第 52 集) pp. 31–58. 農山漁村文化協会, 東京.

佐藤哲. 2015. 自然資源管理と生産者. (鷲田豊明・青柳みどり, 編: 環境を担う人と組織) pp. 55–75. 岩波書店, 東京.

志賀和人. 2015. 森林管理の基礎理解と林政研究. (餅田治之・遠藤日雄, 編: 林業構造問題研究) pp. 55–80. 日本林業調査会, 東京.

山尾政博・島秀典. 2009. 日本の漁村・水産業の多面的機能. 北斗書房, 東京.

柳哲雄. 2010. 里海創生論. 恒星社厚生閣, 東京.

家中茂. 2000. 地域環境問題における公論形成の場の創出過程——沖縄県恩納村漁協による赤土流出防止の取り組みから. 村落社会研究（村研ジャーナル）, 7 (1): 9–20.

家中茂. 2012. 里海の多面的関与と多機能性——沖縄県恩納村漁協の実践から. (松井健, 編: 生業と生産の社会的布置 国立民族学博物館論集 1) pp. 89–121. 岩田書院, 東京.

家中茂. 2014a. 里海と地域の力——生成するコモンズ. (秋道智彌, 編: 日本のコモンズ思想) pp. 67–88. 岩波書店, 東京.

家中茂. 2014b. 運動としての自伐林業——地域社会・森林生態系・過去と未来に対する「責任ある林業」へ. (佐藤宣子・興梠克久・家中茂, 編: 林業新時代——「自伐」がひらく農林家の未来) pp. 153–292. 農山漁村文化協会, 東京.

家中茂. 2016. 震災を機に立ち上がった'自伐型林業'の動き——岩手県大槌町, 遠野市, 宮城県気仙沼市. (年報・森林環境 2016) pp. 94–105. 森林文化協会, 東京.

家中茂. 2018 (近刊). 森林・林業を居住者の視点から捉え直す——アンダーユースの環境問題への所有論的アプローチ. (鳥越皓之・足立重和・金菱清, 編: 生活環境主義のコミュニティ分析). ミネルヴァ書房, 京都.

Forestry Agency, Ministry of Agriculture, Forestry and Fisheries, Japan. 2015. Annual Report on Forest and Forestry in Japan Fiscal Year 2014 (Summary).

第 2 章　生業から生まれる知識と技術　59

Higa, Y. and M. Omori. 2014. Production of coral colonies for outplanting using a unique rearing method of donor colonies at Onna Village, Okinawa, Japan.Galaxea, 16: 19–20.

Koizumi, M. 2016. Governance with a Creative Citizenry: Art Projects for Convivial Society in Japanese Cities. Springer, Tokyo.

Kumar, D. A., K. Nakamura, K. Takeuchi, M. Watanabe and M. Nishi (eds.). 2012. Satoyama-Satoumi Ecosystems and Human Well Being: Socio Ecological Production Landscapes of Japan. United Nations University Press, Tokyo.

Makino, M. 2011. Fisheries Management in Japan: Its Institutional Features and Case Studies. Springer, Tokyo.

McKean, M. 1992. Management of Traditional Common Lands (Iriaichi) in Japan. *In* (Daniel, W. B., ed.) Making the Commons Work. pp. 63–98. ICS Press, San Francisco.

Murota, T. and K. Takeshita (eds.). 2013. Local Commons and Democratic Environmental Governance. United Nations University Press, Tokyo.

Ostrom, E. 1990. Governing the Commons: The Evolution of Institutions for Collective Action. Cambridge University Press, Cambridge.

Suga, Y. 2015. Historical Changes in Communal Fisheries in Japan. *In* (Yanagisawa, H., ed.) Commons and Natural Resource Management in Asia. pp. 113–136. National University Singapore Press, Singapore.

Wilkinson, C. 2008. Status of Coral Reefs of the World: 2008. Global Coral Reef Monitoring Network and Reef and Rainforest Research Centre, Townsville.

Yanagi, T. 2013. Japanese Commons in the Coastal Seas: How the Satoumi Concept Harmonizes Human Activity in Coastal Seas with High Productivity and Diversity. Springer, Tokyo.

3 地域の知と知床世界遺産
——知床の漁業者と研究者

松田裕之, 牧野光琢, イリニ・イオアナ・ヴラホプル

　知床世界自然遺産の登録プロセスにおける漁業者と科学委員会の訪問型研究者の相互作用を通じて，世界自然遺産というグローバルな価値にかかわる知識が地域の実情に合うかたちに再編成され，活用されていくメカニズムと，地域の漁業者による実践の価値が科学の言語で広域的に発信されることによって，世界自然遺産に代表される国際的な枠組み自体の再構成を促していくプロセスを解明し，外圧に対する盾としての知識の双方向トランスレーターの機能を議論する．

3.1　地域に役立つ知識を生産する

(1) 知床世界遺産と科学委員会

　知床は 2005 年に世界自然遺産に登録された．知床は，北海道の先端部に位置し，北半球でもっとも低緯度域に到達する流氷（季節海氷）がもたらすオホーツク海のプランクトンに恵まれ，サケ類が河川を遡上してヒグマに捕食されて陸域の栄養塩となる陸と海が連続した生態系であり，オオワシやトドなど希少動物が今なお数多く生息している生物多様性の宝庫である．

　知床世界遺産の登録プロセスは，必ずしも順調ではなかった．手つかずの自然を残すべき世界遺産の，知床の自然の価値に欠かせない海域はびっしりと定置網漁業が陣取る漁場であり，その主要資源の１つであるスケトウダラは，絶滅危惧種のトドの貴重な餌でもある．知床の河川も，数十基もの河川工作物（ダムなど）があり，これまた知床の自然の価値に欠かせないサケの遡上を妨げている．

　知床の登録に際しては，1996 年に日本で初めて世界自然遺産に登録された屋久島と白神に比べて，はるかに厳しい注文がつくことが予想され，環境省は屋

久島や白神にはない「科学委員会」という登録や運営にかかわる科学的助言を行う組織を招集することにした.

　結論を先に述べると，知床の科学委員会は登録とその後の世界遺産の運営に大いに貢献したといわれる．知床世界自然遺産候補地科学委員会（登録後は登録地科学委員会）が評価された理由は，世界標準を地域に押し付けるのではなく，地域に役立つ科学的助言を行い，地域が世界遺産という制度を使いこなす手助けをした点にあると思われる．その顛末を明らかにし，地域環境学者の役割をいくつか提案することが，本章の主題である.

（2）環境政策の意思決定過程における科学者の役割

　本来の生態学（あるいは理学）では，自然は見て調べる対象であり，人間が変えたり利用したりする対象ではない．けれども，人間活動により自然の価値が損なわれる懸念がある．そのため，残された貴重な生態系をどう保全し，損なわれた生態系をどう復元していくかは，生態学と関連する分野の科学者にとって焦眉の課題である．このように，地域の自然資源の持続可能な利用を促進する，土地資源，水資源，生物資源の統合管理のための戦略を「生態系アプローチ」と呼ぶ（表3.1）．これは，従来の科学者が生態系の保全や復元にかかわる際の役割や注意点についての指針とみることができる．本章の主題である「すでに建っている家の設計図を描く」という比喩も，この文脈で説明できる.

　科学委員会などにおける科学者の役割は，自分の思想信条を主張するのではなく，第三者の立場から助言する立場にある．「生態系アプローチの12原則」にあるとおり，「目標は社会の選択」である．社会の選択に委ねる部分と，社会が選択した目的を実現するための科学的手段を考える部分を整理し，後者について，その目的を達成する手段，それを検証する方途を科学者が助言する（浦野・松田，2007）．そして，科学者が立案した実行計画に対して，「3年で解決するのはちょっとむずかしいから，5年にしよう」などという最終判断を地域が決めればよい．何年後に目標を達成すべきかは，科学的に決められることではなく，社会の選択であろう．つまり，このような管理計画の意思決定過程には，地域と科学者の間の球の投げ合いが必要である.

　科学者のもう1つの役割は，論点を整理することである．そして，地域の智恵を科学の文脈で記し，その地域にいない人間にも理解できるかたちの普遍知

表 3.1 生態系アプローチの 12 原則（2000 年の生物多様性条約締約国会議）の抜粋.

1. 土地，水，生物資源の管理目標は，社会が選択すべき課題である.
2. 管理は，もっとも低位の適正なレベルにまで分権化すべきである.
3. 生態系管理者は，近隣およびほかの生態系に対する彼らの活動の波及効果を考慮すべきである.
4. 管理によって得られる潜在的な利益を考慮しつつ，経済的な文脈において以下の 3 点を含むよう生態系を理解し管理すべきである.
   (a) 生物多様性に不利な影響をもたらす市場のゆがみを軽減する.
   (b) 生物多様性保全と持続的利用を促進するためのインセンティブを付与する.
   (c) 実行可能な範囲で，対象とする生態系における費用と便益の内部化を図る.
5. 生態系のサービスを維持するために，生態系の構造と機能を保全することが，生態系アプローチの優先目標となるべきである.
6. 生態系は，その機能の限界内で管理されるべきである.
7. 望ましい時間的，空間的広がりにおいて行われるべきである.
8. 生態系の作用を特徴づける時間的な広がりの相違や作用の時間遅れを考慮し，生態系管理の目標は長期的視点に立って設定されるべきである.
9. 管理に際しては，変化が不可避であることを認識すべきである.
10. 生物多様性の保全と利用の適正なバランスと統合を追求すべきである.
11. （トランスディシプリナリー）科学的知識，土地固有の伝統的知識，地域的知識，革新や慣習を含めたあらゆる種類の関連情報を考慮すべきである.
12. 関連するすべての社会部門，科学分野を包含すべきである.

に翻訳することである．これが表 3.1 の原則 11 に通じる．現在では，これはトランスディシプリナリー・アプローチと呼ぶものに該当する．トランスレーターの役割は，地元のリーダーや長老としての役割とは異なる．ただし，それらを兼ね備えた人物もいるだろう．

　学術論文にするということは，その現場を見ていない人にも追体験でき，価値がわかるように言葉で表すということである．つまり，科学知には本来普遍性がある．在来知を科学知に昇華させることは，科学者の役割である．しかし，1 人の科学者の専門分野は限られている．別の分野の専門家を紹介するというのも，地域にかかわる研究者の重要な役割である.

　地域の問題に取り組む場合，その地域に住みついた科学者が大きな役割を果たすことが多々ある．これが本書で論じるレジデント型研究者である．しかし，外部から地域の問題に意見することもできる．いずれにしても重要なことは，世界標準を地域の取り組みに生かし，逆に地域の取り組みを世界に認知させるトランスレーターとしての科学者の役割である.

　以上をまとめると，世界遺産の管理などにかかわる科学者には，以下のような 3 つの役割があると考えられる．① 世界標準の考え方と背景を地元関係者に

わかりやすく説明する役割，② その保護区の自然の価値と地域の取り組みとその課題を科学的な文脈で世界と地元関係者に明らかにするという役割，③ 一般論では解決できない現場の問題を解決するための論点や方法を現場に提案し，現場の新たな取り組みを世界標準に還元するよう世界に提案する役割，である．

(3) 知床世界遺産における科学者の役割

　知床科学委員会にいる科学者の多くは，知床に住む者ではない．その意味では，彼らは訪問型研究者である．ただし，2014年度までは知床（斜里町，羅臼町）在住の研究者も科学委員会に含まれていた．知床世界遺産のもう1つの特徴は，斜里町主導でつくられた知床財団である．環境省が派遣している国立公園のレンジャー（自然保護官など）に加えて，独自のレンジャーを多数抱えて知床の公園管理を担っている．彼らは地元をよく知るレジデント型研究者としての役割を果たしており，一部は博士号をもっている．知床財団は，科学委員会発足当初から科学委員会に大きな期待を抱いてきた．科学委員会が行政に対して独立した意見をいうことで「上からの行政主導ではなく，地域主導で進める」ことが可能になると期待したと思われる（藤原，2005）．

　世界遺産には「自然美」「地形・地質」「生態学的過程」「生物多様性」などに関する10の登録基準があり，そのどれか1つを満たすことが登録の条件である．この登録基準は，世界遺産が満たすべき世界標準である．ただし，世界標準といえども，すべての地域が合意したことではない．すなわち，世界遺産を目指すことを前提とし，そのために地域に過剰な要求をかけることが正当化されるわけではない．

　① 世界標準の成り立ちや理由をわかりやすく地域に紹介することで，地域が納得することができるかもしれない．また，② 地域の持続可能な自然保護の取り組みを他地域と比較し，科学的な文脈でその特徴を抽出することで，その取り組みの普遍性と意義を明らかにすることができるかもしれない．それはある意味でほかの地域の取り組みの模範となりうる．さらに，③ もともとの地域の取り組みを工夫し，世界標準を満たしつつ地域が受容できるかたちで実現することができれば，その工夫を提案したトランスレーターの媒介はきわめて重要といえる．これらは前節の科学者の3つの役割に符合する．知床の事例で，これら3つのトランスレーターの役割を紹介する．

3.2 知床世界遺産登録と科学委員会の助言

(1) 科学委員会の自主勧告

先に述べたように，知床は 2005 年に世界遺産に登録された．日本の世界遺産のなかで初めて地域に特化した科学委員会が環境省によって組織されたが，当初はほとんどが自然科学者からなる組織であった．現在では，社会科学者も増えている（表 3.2）．

世界遺産は国内審査を経て政府から国際連合教育科学文化機関（ユネスコ）に推薦される．世界自然遺産の場合，それを国際自然保護連合（IUCN）が審査する．IUCN の勧告を受けて政府代表からなる世界遺産委員会の場で，登録の可否が表決される．

知床の場合，2004 年夏に IUCN が公式視察にきて，サケの遡上を妨げるダムの改善と海域の保護水準を高めることを非公式に書簡で求めてきた．せっかくの科学委員会だが，非公式の書簡のことは知らされず，報道により知ることとなった．科学委員会座長は科学委員会を招集し対策を議論したいと環境省に申し出たが受け入れられなかった．

しかし，このときの科学委員会座長は，環境省が招集しないにもかかわらず，メールで意見をまとめ，IUCN からの非公式書簡に対処するための独自の提案をまとめた．当初から設置が決まっていた増えすぎたシカに対する専門部会

表 3.2　知床世界遺産登録地科学委員会名簿．

	2005 年	2016 年
植物	石川幸男，工藤岳，高橋英樹	石川幸男[‡]，工藤岳
森林生態	石城謙吉，五十嵐恒夫	
哺乳類	大泰司紀之，梶光一	梶光一[‡]
鳥類	中川元*	綿貫豊
魚類	小宮山英重	森田健太郎
砂防・河川生態	中村太士	中村太士
海洋生態・水産	桜井泰憲，佐野勉，小林万里	桜井泰憲，志田修
海洋学	服部寛	大島慶一郎
生態学（GIS, 生物資源）	松田裕之[‡]，金子正美	金子正美，愛甲哲也
漁業政策		牧野光琢[‡]
観光		敷田麻実[‡]

注：分野分けは本論文による．*は斜里町または羅臼町在住者．[‡]は北海道外在住者．

第3章　地域の知と知床世界遺産　65

（ワーキンググループ，以下 WG）に加えて，海域 WG と河川工作物 WG の設置を提案した．

　政府はこの提案を取り入れず，追加の保護措置は不要であるという書簡をIUCN に送った．IUCN は再度書簡を送付し，登録海域の拡大などよりあからさまな要求を突き付けてきた．今度はようやく科学委員会が招集され，対処方法を助言することになった．

　前述のとおり，知床の海域は定置網などの漁場である．環境省と北海道は，知床の 4 つの漁業協同組合（漁協）に対して，世界遺産登録にともなって漁協の了解を得ずに新たな規制をしないと約束している．一方，IUCN は海域の保護水準強化を求めている．この両者を同時に満たすことは不可能に思えた．

　科学委員会は，漁協自身が保護水準を強化することを提案した．知床に限らず，日本の漁業者は政府の規制を嫌う．日本の沿岸漁業は，だれでも自由に魚を獲れるわけでなく，共同漁業権といって，地元の漁民に与えられた権利をもつ者だけが資源を利用することができる．国際的には漁業占有利用権（TURFs）と呼ばれるものの 1 つである．地元の漁民は資源を利用する権利とともに，その資源を持続可能に維持する責任を負う．共同漁業権の下では，IUCN の要請に応えるのは，政府でなく漁協の役割ともいえる．

(2) 羅臼漁協の決断

　結果として，羅臼漁協はスケトウダラ漁業の季節禁漁区を自主的に拡大した（図 3.1）．これが，知床が世界遺産登録を実現した決め手になったと思われる．

　スケトウダラは日本の漁業の主要魚種の 1 つであり，1980 年代には 200 万トン以上を漁獲していた．その後資源が激減し，漁獲量も減った（図 3.2）．羅臼漁協ではスケトウダラ漁業を行う漁船の数を，1995 年から 2005 年までに段階的に半分にまで減らした．辞めた漁業者には漁協が補償金を支払った．政府でなく，民間組織である漁協が補償するというのも，国際的にめずらしい．1995年から産卵場の一部を産卵期の一部だけを禁漁にし，保護に努めている（Makino *et al.*, 2009）．

　スケトウダラの資源状態は，このように，あまりよいとはいえない．しかし，さらに漁獲量を減らすべきかといえば，必ずしもその必要性は認められない．羅臼側の資源は根室系群といい，北方領土を実効支配しているロシアも利用し

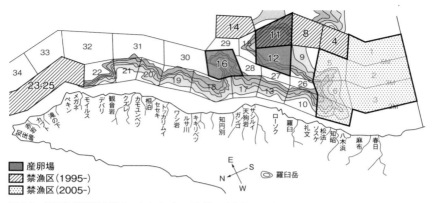

図3.1　知床世界遺産東側のスケトウダラの漁場と季節禁漁区（羅臼漁協資料より改変）．

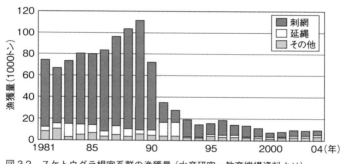

図3.2　スケトウダラ根室系群の漁獲量（水産研究・教育機構資料より）．

ている．日本はトロール漁業による漁獲を規制しているが，ロシア側はトロールで大量に漁獲しているという．日本側だけ規制することは，とても漁業関係者の合意を得られる状態ではない．

　IUCNは二度目の書簡で，登録海域の拡大も求めていた．日本がユネスコに提出した案では距岸1kmを世界遺産海域としていた．より広い海域を国立公園に登録するには追加の国内手続きが必要であった．科学委員会は，この海域の大陸棚を含むように定めるのが適当とし，距岸3kmへの拡張を提案した．

　登録海域を増やしても，漁業が規制されるわけではない．ではなぜ拡張する必要があるのか，登録後になにか注文がつくのではないかと，漁民の間に疑心暗鬼が広がっても不思議ではない．科学委員会は，漁民との直接の対話を求め

た．政府は科学委員会の暴走を懸念したのか，当初はこの会合を設定しようと
しなかったが，強く求めると，ようやく釧路での開催を認めた．その後も漁協
内部はかなり紛糾したようだが，最後は組合長の英断で，世界遺産登録を目指
す取り組みに協力することになったといわれる．

(3) 知床科学委員会が果たした役割

　この過程で，科学委員会は登録に大きな役割を果たしたといえる．第1に，
世界遺産に登録するには持続可能性が担保されていることを国際的に説明する
必要性があるという世界標準を地域に納得いただいた．第2に，地元の漁業者
がもともと行っていた自主管理の取り組みを広く世界に紹介した．そして第3
に，登録に際しても政府の規制でなく自主管理強化という今までにない手段で
IUCNの要請に応える実例を示した．しかし，あくまで解決のアイデアを提案
しただけで，実際に解決のための決断を下したのは漁協である．こうして，政
府が責任をもって自然を守るという従来の世界遺産の管理方式とは異なる，新
たな世界遺産のモデルを世界に示すことができた．環境省は知床の科学委員会
の果たす役割を成功とみなし，「知床方式（Shiretoko Approach）」と呼んで
(Makino *et al.*, 2009; 松田，2016)，その後，既存の世界遺産である屋久島と知
床，その後の登録を目指す小笠原と奄美・琉球にも科学委員会を設置した．
　国際コモンズ学会は2010年にこの顛末を「日本の沿岸漁業の共同管理」と
題して「世界のインパクトストーリー」の1つに選んだ．共同管理（co-manage-
ment）とは，政府による管理だけでなく当事者による自主管理も含めた概念で
ある（松田，2016）．

3.3　在来知をもとに文書化した知床海域管理計画

(1) すぐにできた海域管理計画

　知床世界遺産の登録には，漁業を営む知床世界遺産としての海域管理計画の
策定が必須であった．2004年11月のIUCNの最初の書簡に対する政府回答で
も，漁業者自らが，スケトウダラの資源量の減少に対応し，先に述べたように
産卵親魚保護のための禁漁区の設定，漁船数の削減と漁協自身による辞めた漁

業者への補償，産卵期における禁漁期間の設定，漁具の制限などをすでに行っていること，将来「多利用型統合的海域管理計画」（以下，「海域管理計画」）を今後5年から10年程度をめどに策定することはすでに説明されていた．それでも，新たな規制は不要というだけではIUCNは納得しなかったわけである．スケトウダラの自主的な季節禁漁区拡大を高く評価するとともに，海域管理計画を急いでつくること，2年以内に調査団を招くことを求めてきた．海域管理計画を策定することは，「新たな規制を設けない」ことに矛盾する可能性をはらんでいた．

けれども，科学委員会の戦略は登録時から明確であった．漁協に聞き取り調査をすると，今まで，少なくとも英語では明文化されていないさまざまな取り組みを漁協が行っていることがわかってきた．それを管理計画に書き込めば，新たな規制を設けることにはならない．この作業は，それほどむずかしいことではない．それは「すでに建っている家の設計図を描く」と表現された．前述のとおり，科学委員会には社会科学者が少なかったが，漁業制度の専門家が必要と考え，牧野が海域WGメンバーになった．とくに，世界遺産では英語で論文を書くことがなにより有効だった．これは上述のトランスレーターの第2の役割そのものである．

前述の漁業占有利用権（TURFs）は他国にもあり，日本各地で取り組まれている．知床では，まず2005年2月のIUCNへの回答のなかで，科学委員会の助言にもとづき，以下のような独自の取り組みを説明していた．

安定的な漁業の営みと海洋生物や海洋生態系の保全の両立を目標とする海域管理計画を「現行の漁業関係規則や漁業者・漁業団体による自主管理措置の明文化を含む海域管理計画の素案作成に必要な助言を取りまとめ」，関係行政機関が漁業団体などの地元関係団体，大学・水産試験場などの研究機関と連携のうえ，漁業関連のルールを基調とした海域管理計画を決定する．その際には，漁業者をはじめとする地域関係者への説明会や意見提出手続きなどの公衆関与手続きを通じて合意形成を図り，3年以内の策定を約束した．

海域管理計画の基本方針を以下のように明示した．① 持続的な水産資源利用による安定的な漁業の営みと海洋生物や海洋生態系の保全の両立を目標とする．② 漁業関係規則や漁業者・漁業団体が当海域で実施している自主管理措置といった漁業関連のルールを基調とする．すなわち，現時点ですでに行われてい

る漁業の自主管理を基本としつつ，科学委員会が生態系保全全般に関係することを記述することとした.

このように，海域管理計画は基本的には既存の取り組みを記しただけであり，だからこそ，約束どおり3年以内に策定し合意することができた．明文化することで，その後勝手に変えにくいことになるとすれば，まったく負担が発生しないということではない．しかし，新たな規制ではない．すなわち，世界遺産になることで，漁業者の日常的な取り組みの課題と長所を世界に説明する責任を負い，機会を得たことになる.

トドは絶滅危惧種であったと同時に，定置網を壊してなかのサケを食い荒らすなど，深刻な漁業被害をもたらしていた．水産庁は北海道と青森で個体数を減らさないように駆除数に上限を設けていることを書き込んだ．ただし，羅臼にはトド料理を売る店があった．絶滅危惧種を最少数駆除することは認められた．無駄死にさせることは二重の罪になると意見したが，食用に利用することは残念ながら理解されなかった．世界遺産になることで，トド料理屋を守ることができなかったことは残念である.

(2) ロシアとの関係

漁業者が科学委員会に期待したことがもう1つある．とくにスケトウダラ資源に関するロシアとの共同である．前述のように日本側だけが資源管理を手厚くしても，スケトウダラ資源は回復しない．ロシア側の情報がなければ，日露どちらの漁業の影響がより大きいのか，定量的に比べることもできない．科学委員会の方針は，まず日露専門家どうしが信頼関係を築き，非公式にたがいの情報を共有する．つぎに，全体として効果的な資源管理策をそれぞれの国に対して提案する．公式に政府間で共同管理を実施するのはかなり先のことになるだろう．そもそも，北方領土でのロシアの漁業を日本政府が認めるはずがない.

それと関連して，北海道大学の白岩教授を代表とする日中露の研究者たちが，2011年に「アムール・オホーツク・コンソーシアム」を結成した．ロシアや中国での野外調査にはさまざまな制約があるが，科学者どうしの信頼関係にもとづく共同は確実に進んでいる．また，環境省と外務省は日露隣接地域生態系保全協力ワークショップを継続的に開催している．これらは，上記の漁業者の科学者への期待に応える可能性がある.

3.4 知床の地域の取り組み

(1) 乱獲を防いできた羅臼漁協の取り組み

　漁業者は自らの経済行為のために，漁場をよく理解し，自ら水温などの継続調査もしている．しかし，水産庁が主要魚種に対して行うような資源評価を行っているわけではない．真に持続可能な漁業を行っていることを証明できているとは限らない．そこで，今まで環境省，農水省，北海道や研究機関が行っていた継続調査や基礎研究を集約し，漁協には新たな調査をともなわないかたちで，持続可能性を判断する方法を考えた．

　まず，知床海域の食物網を管理計画に図示した．図 3.3 の丸印の生物は人間に利用され，漁獲（捕獲）統計があることを示す．海ワシ類は利用していないが，鉛中毒死や事故死などによる発見数が把握されている．海域生態系の大半の生物が利用されることで，漁獲統計によって生態系の情報が得られることを示唆している．

　ただし，漁獲重量だけでは持続可能性の証明にはならない．資源が枯渇して

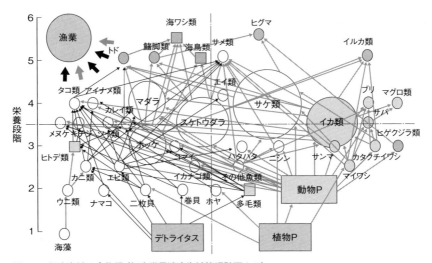

図 3.3　知床海域の食物網（知床世界遺産海域管理計画より）．

第3章　地域の知と知床世界遺産　71

も漁獲量が維持されることは資源の危機を意味する．漁協は漁獲金額も魚種別に集計している．もし，乱獲により漁獲物が小さくなれば，1トンあたりの漁獲金額も減るだろう．したがって，漁獲重量と漁獲金額を管理計画に書き込み，継続調査の対象とすれば，異変が起きている魚種を絞り込むことができる．漁獲量が激減している種や単位重量あたりの漁獲金額が減っている魚種が，すべて乱獲されているとは限らないが，そのような魚種の実態について，説明を求めたり，追加調査をすることで，持続可能性を担保できると思われる．

(2) 観光と自然保護——対立と両得

観光と自然保護はしばしば対立する．知床も例外ではない．知床は全国13地区の環境省「エコツーリズム推進モデル事業」の1つに指定され，世界遺産登録後の2010年には世界遺産科学委員会に適正利用・エコツーリズムWGが発足し，現在ではこのWGと知床世界自然遺産地域連絡会議適正利用・エコツーリズム部会との合同会議「知床世界自然遺産地域適正利用・エコツーリズム検討会議」が開催されている．

エコツーリズムの一般的な定義はないが（Fennell, 2001），自然保護に配慮し，教育に貢献する観光とみなされている（Donohoe and Needham, 2006）．協議会では，知床が目指すエコツーリズムとして，通過型でなく滞在型の観光を目指し，農漁業などの地域産業の発展につながる仕組みをもち，旅行者が地域の歴史・文化への見聞を含むことができる観光を目指す．ここでは，自然保護上問題が生じているとされる知床の観光のあり方について，いくつか紹介する．

知床五湖は，2011年から自然公園法にもとづく利用調整地区に指定されている．5月10日から10月20日までの期間，クマと人の軋轢低減と植生保護のために，講習を受けた観光客がガイド付きツアーを行う季節とした．他方，直接野生動物に近づかないようにした高架木道を設置し，旅行者に開放した．

しかし，このような利用調整ができる場所は限られている．米国などの国立公園と異なり，知床国立公園は民有地もあり，観光客を立入禁止にはできない．岩尾別川では，至近距離からヒグマの写真を撮る観光客が増えており，ヒグマが人慣れして人を避けなくなり，市街地に出没して結果として駆除されることが大きな問題になっている（図3.4）．世界遺産の地でできるだけ捕殺せずに追い払う方針だが，追い払いは実効性に乏しく，人慣れグマが増え続けている．

図3.4　至近距離でクマを撮影する旅行者（知床財団提供）.

　北海道の生物多様性条例では餌やり行為を禁止することはできるが，写真撮影を禁ずる法的根拠がない．2013年に科学委員会が旅行者へ注意喚起の緊急声明を出したが，こちらも効果がなく，写真撮影が続いている．残念ながら，2016年2月時点で，この問題は解決の糸口さえみえない．

　知床世界遺産地域周辺の羅臼のある民宿で，夜行性の絶滅危惧種であるシマフクロウを餌付けし，宿が備えた照明装置でシマフクロウの写真を撮ることが，宿泊客の人気を呼んでいる．2015年12月に全国紙にこのことが取り上げられ，環境省が好意的な意見を寄せたことから問題が大きくなった．シマフクロウは北海道に140羽ほどしかいない絶滅危惧種であり，知床以外では環境省保護増殖事業により給餌されている．せっかく給餌に頼らない，野生度の高い知床のシマフクロウが，民宿の観光のために餌付けされている．この宿で客が説明されることはおもに鳥への負荷の少ない照明の工夫であり，シマフクロウの野生復帰の取り組みではない．さすがに，環境省も事態を重くみて，この観光のあり方の見直しを検討し，餌付けをやめさせるよう指導することにした．

　ウトロでは，観光船が絶滅危惧種のケイマフリの巣に近づき，営巣を妨げているとみなされた．個体数は2011年に93羽まで減少し，科学委員会からも懸念の声があがった．その後，環境省が「知床国立公園ウトロ海域における海鳥の保護と持続可能な海域利用検討」事業を2011年から3年間実施するなかで，観光船がケイマフリを観光資源とみなすようになり，それを保護する行為自体

第3章　地域の知と知床世界遺産　73

を客に説明するようになった．その結果，個体数も回復に向かいつつある．観光業と自然保護団体にとっての保護対象種を観光業者が世界遺産の観光資源とみなした結果，両者の関係は対立から両得関係に変わり始めた．両者が相互理解を経て共存を図ることができたという点で，他地域のモデルになりえる成功事例といえる．

(3) 知床世界遺産という制度を使いこなす

　他章で紹介するユネスコ MAB（人間と生物圏）計画やラムサール条約と異なり，世界自然遺産は利用を含めた保全より原生自然の保護を原則とする．それが守られている限りにおいて，利用することを排除しないが，推奨もしない．前述のトドのように，やむをえず捕獲したトドを利用することもはばかられる．

　知床世界遺産登録のときに，トドと漁業の関係とともに問題とされたのが河川工作物（ダム）であった．これがサケの遡上を妨げていることは論をまたない．2011 年の世界遺産委員会では，知床のルシャ川にあるダムの撤去決議があがりそうになった（図 3.5）．このダムの下流にはサケマス孵化場と漁民の番屋につながる道路があった．ダムを撤去して下流施設に災害がおよぶことになれば，訴訟で必ず国が負ける．登録時から科学委員会は，下流施設を撤去してから河川工作物の撤去を検討すればよいと考えていた．すでに孵化場は撤去された．時間をかけて撤去を実現しようというわれわれの取り組みは理解されず，土足で合意形成の場を荒らされた．幸い，このときは諸外国から支援発言があり，事なきを得た．しかし，2014 年には同様の決議があがっている．

　このように，地域の持続可能な利用のために世界遺産という制度を利用したいという思いと世界遺産の実態には乖離する部分がある．それはある程度どんな制度にもある．重要なことは，地域にとって，その乖離による負担よりも世界遺産であることの利点が大きいかどうかである．つぎに，その負担をできるだけ減らす方途を考えることである．「地元が国際制度を使いこなす」とはそういう意味である．世界遺産になるために，地域の同意を経ずに漁業を放棄したり，施設を撤去するのは政府にとっても大きな負担である．しかし，地域が国策に逆らえない場合もある．

　自然保護は国際標準であるといっても，国際標準はじつは多様である．上記のように，審査機関の意図や行動原理を理解すれば，地域に実現可能な解をみ

図 3.5　第 36 回世界遺産委員会での知床審議（2012 年 6 月 29 日，環境省提供）.

いだすことも可能である．また，それを国際学術雑誌で研究成果として発表することも，その提案を実現し普遍化するうえで有用である．科学委員会は，世界標準と地域を結ぶトランスレーターとして，重要な役割を果たす．地域内の関係者どうしの調停にも役立つことがあるだろう．そのためには，地域に赴き，または張り付き，地域の実情を知り，関係者の意見をよく聞くとともに，いざというときに役立つ多様な分野の専門家を知り，また国際社会における交友関係を深め，信頼を得ておくことが重要である．

[引用文献]

藤原千尋．2005．知床世界自然遺産候補地科学委員会と地域社会——研究者と地域住民の対話のはじまり．農業と経済，6: 65–70.

松田裕之．2016．地域からの発信と世界の目——知床世界遺産の事例から．(大元鈴子・佐藤哲・内藤大輔，編：国際資源管理認証制度——エコラベルがつなぐグローバルとローカル) pp. 96–107. 東京大学出版会，東京.

浦野紘平・松田裕之（編）．2007．生態環境リスクマネジメント．オーム社，東京．

Donohoe, H.M. and R.D. Needham. 2006. Ecotourism: the evolving contemporary definition. Journal of Ecotourism, 5: 192–210.

Fennell, D.A. 2001. A content analysis of ecotourism definitions. Current Issues in Tourism, 4: 403–421.

Makino, M., H. Matsuda and Y. Sakurai. 2009. Expanding fisheries co-management to ecosystem-based management: a case in the Shiretoko World Natural Heritage Area, Japan. Marine Policy, 33: 207–214.

4 ステークホルダーと科学者による知の共創
──フロリダのホタテガイ再生

マイケル・クロスビー，バーバラ・ラウシュ，ジム・クルター
（翻訳：佐藤 哲）

トランスディシプリナリー・アプローチは，地域の社会生態系システムの課題に対する，異なる学問分野の科学者や多様な背景をもつ学術以外のステークホルダーなどが協働する取り組みにおいて，さまざまな知識コミュニティの間の知識のトランスレーションと流通のための鍵となるツールである．この章では，フロリダ州のレジデント型研究機関であるモート海洋研究所が，漁業資源であり地域の環境アイコンでもある小型ホタテガイ（アメリカイタヤガイ）の回復を目的とした科学者と地域のステークホルダーの協働を達成するために実施してきたトランスディシプリナリー・アプローチを分析する．この活動においては，異なる価値，関心，知識をもつステークホルダー間の知識の生産と統合が実現した．多様なステークホルダー間の知識にもとづく協働のメカニズムについて，実務者から専門的な科学者に至る，あらゆる知識の保有者の間の相互作用と相互学習を促進するための効果的な戦略の観点から議論する．

4.1 沿岸環境をめぐる科学と社会のかかわり

海洋環境の全体的な健全性は，陸上および海上におけるさまざまな人為的活動の結果として，過去数十年の間に劣化してきている（Norse, 1993）．自然資源の不適切な管理の結果として，生物多様性の喪失が起こっている（Norse, 1993; Eichbaum *et al.*, 1996; Maragos *et al.*, 1996）．生物多様性の喪失と自然資源の非効果的な管理という問題には，社会，経済，文化，資源管理および科学の多くの側面がかかわっている（Solbrig, 1991）．

海洋資源と生態系の持続可能な管理の必要性は，国際的にも認められ，さらに繰り返し強化されてきた．2015 年に加盟各国によって採択された国際連合の持続可能な開発目標では，その目標 14 に，「海洋と海洋資源を保全し，持続可

能なかたちで利用する」ことを掲げている（UNSDG, 2015）．先進国と開発途上国の両方における海洋および沿岸の生物多様性，レジリエンス，持続可能な資源利用に関しては，人為的活動による海洋生物資源の乱獲（Safina, 1995），有害藻類の異常発生の頻度の増加による沿岸生息環境の悪化（Cosper *et al.*, 1987; Hallegraeff, 1993），非在来種の導入（Bjergo *et al.*, 1995），そして非点源汚染と陸域からの土壌流出（White, 1996）などのきわめて重大な脅威がある．このような活動はすべて，遺伝子レベル，種レベル，ならびに生息環境レベルでの生物多様性の喪失の直接・間接的な原因となり，生態系の微妙な関係性を個別に，あるいは相乗的に変化させる可能性がある．これらの脅威に対応するためにさまざまな取り組みが行われているが，それにもかかわらず，地球環境変動による海洋資源へのストレスが今後さらに増大し，人間の資源利用に関する将来の選択肢を制限し，海洋生態系のレジリエンスを低下させる可能性を示す証拠が蓄積されている．

　かつては，私たちには海洋の生息環境と海洋資源が無限ではないという認識が欠けていた．1つの生息環境が悪化したり特定の漁業資源が枯渇したりしても，その代わりの別のものがつねにあるかのように考えられており，資源の搾取が続いてきた．資源搾取の歴史には顕著な一貫性が認められ，資源は必然的に過剰利用され，しばしば崩壊または絶滅の段階に至る（Ludwig *et al.*, 1993）．権力を発生させる富への期待，科学的知見に関する合意形成のむずかしさ，海洋・沿岸の生態系システムの高度な複雑性，資源などの自然変動の影響などが，このような状態の背景にあったと考えられる．

　20世紀の終わりになって，人類はようやく，人と海洋の関係を管理するために必要な概念を把握し始めた（Kelleher and Kenchington, 1992; Crosby, 1994; Kelleher *et al.*, 1995; Eichbaum *et al.*, 1996）．海洋自然資源の人による持続可能な利用を達成するということは，人間の側の資源の需要とさまざまな自然資源管理目標のバランスを，すべての空間および時間的規模で維持するという複雑な過程を意味している（Crosby, 1997）．そのためには，持続可能な経済生産の促進，海洋環境と密接に関連した文化的価値の維持，海洋環境の状態を把握するための基本的情報の提供，ならびに，海洋自然資源と生物多様性の保全が，もっとも重要である．

　政府間海洋学委員会（Intergovernmental Oceanographic Commission; IOC）

執行委員会は，第 27 回会議（パリ，1994 年 7 月）において，米国海洋大気庁（National Oceanic and Atmospheric Administration; NOAA）と連携して「海洋生物多様性に関する特別協議」の開催を提案し，1995 年 5 月にパリで開催が実現した．この会議において，政府間海洋学委員会は，海洋生物多様性保全を強化するという観点から，IOC の既存の制度および活動を再評価しなければならないという提言を行った．さらに，科学的な研究活動を，地域レベルでの教育，簡便なモニタリング手法開発，持続可能な資源利用と海洋生物多様性の保全のための包括的管理に統合していくことを提案した．

科学者，一般の人々，資源管理者の間の相互作用の向上を目指すこの提言を実現するために，以下の 3 つの重要な課題が提示された（Crosby, 1997）．
- 資源管理者，科学者ならびにステークホルダーのコミュニティ間のつながりが不十分，あるいは希薄である．
- 地域コミュニティの問題に取り組むための，真に管理指向をもつ科学が欠如している．
- 政治的目標と十分な情報がないままでさまざまな圧力が発生することによって，優先すべき科学的支援と資源管理の方針が影響を受けている．

過去千年にわたる古典的「科学的手法」（図 4.1）の展開は，検証プロセスの設計と結果を偏らせる可能性をもつ「外部の」影響を回避し，客観性を追求す

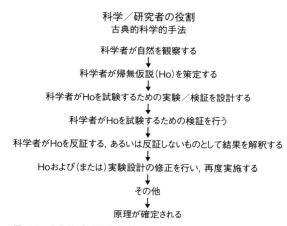

図 4.1　古典的「科学的手法」における科学者の役割．

るという，科学コミュニティの文化を形成してきた．環境管理／環境政策を指向する科学は，科学的観点よりも公的な圧力と政治からの影響を大きく受けてきたという認識が，科学コミュニティのなかで拡大してきた結果（NRC, 1995; Brooks *et al.*, 1996），科学コミュニティのなかにはかなり最近まで，「ほんとうの研究者」は，モニタリング，評価，あるいは管理指向の科学を行わないものだという信条があった．

　図 4.1 に示したきわめて古典的な科学の基本手法には，科学者，一般の人々，ならびにその他の利害グループの間のデータ・情報の交換のためのメカニズムが欠如していることが明らかである．さらに，同じ指標の解釈とそれに対する対応に関して，科学者，資源管理者および政策決定者の間で大きく異なる見方があることが原因で，有意義な情報交換に対する障壁を克服することが困難となってきたと考えられる（Crosby, 1997）．

　科学者とさまざまなステークホルダーの間の新しい知識および在来の知識の流通と共有を促進するために，相互作用を通じて学際的科学，資源管理，および教育／アウトリーチを統合するための，「クロスビーの新パラダイム」が提案された（図 4.2）．この「新パラダイム」を実現するためには，科学者と一般の人々が協働し，海洋生物多様性の喪失ならびに海洋・沿岸生態系の劣化の背景にある環境的，経済的，社会的な要因を明確にし，理解することが必要である．

　自然資源に関する意思決定と管理の調整に，科学者とすべての利害関係グループが参加するプロセスは，「コミュニティ主導型意思決定」と呼ばれる場合が多い（Gilman, 1997）．このプロセスには，社会的実践と科学的実践を統合するトランスディシプリナリー・アプローチが深く組み込まれている（Lang *et al.*, 2012）．その際には，海洋生物多様性と生態系プロセスをより深く理解するために必要なすべてのデータ・情報は，科学者，意思決定者，ならびに一般の人々が利用可能かつ入手可能でなければならない．さらに，情報が使いやすいものであり，有効な分析モデルが利用可能で，異なる管理および政策決定が行われた場合の起こりうる結果を検討できることが不可欠である．したがって，科学者はほかのステークホルダーとのかかわりをさらに深め，さまざまな種類の知識を統合するとともに，経験的知識と専門的知識のトランスレーションと伝達を行う双方向プロセスを担わなければならない．

　将来の自然資源管理の原則に対して，人間の動機づけと反応を，研究・管理

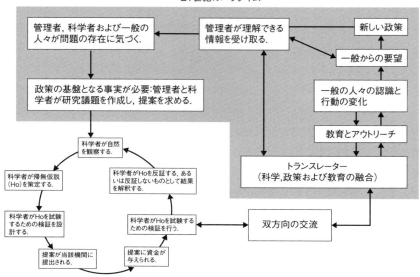

図4.2 学際的科学,資源管理,教育／アウトリーチを統合した「クロスビーの新パラダイム」(Crosby, 1997より改変).

すべきシステムの一部に含むべき,という重要な提言がなされている(Ludwig et al., 1993).われわれは,海洋・沿岸資源を利用する際に,「コモンズの悲劇」(Hardin, 1966)を回避しなければならない.しかし,地域コミュニティは,科学的に有効なアイデアとツールが地域の価値体系と意思決定プロセスに適用可能で使用しやすいものではない場合には,これらを地域の環境管理に採用することについて消極的にならざるをえない.したがって,科学者と一般の人々,資源管理者の間の知識のトランスレーションと伝達を向上させることによって,地域環境知(Integrated Local Environmental Knowledge; ILEK)の形成を促すことが絶対的に必要である.環境の持続可能性に関する一般の人々と科学(社会科学を含む)の間の双方向の相互作用を強化するために,以下のような要素を基盤としてネットワークを形成し(図4.3),拡大していくことが,地域環境知の形成を促進するであろう.

・地域コミュニティと協働することを使命とするレジデント型研究機関
・伝統的な知識および地域固有の知識を含むコミュニティ内のさまざまな種

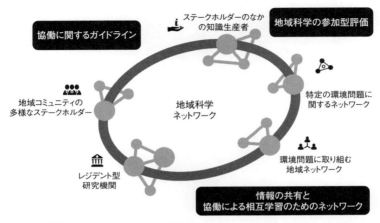

図 4.3　科学者，一般の人々，ならびに複数のステークホルダーのグループが参加し，知識のトランスレーションと共有を実現するための地域ネットワークの役割（地域環境学ネットワーク，2010 より改変）．

類の知識の尊重と反映
- 政府，地方自治体，NGO，企業ならびにボランティアの連携による長期的に持続可能な支援
- 各地域のネットワークをつなぐ国際的ネットワークの設立

つぎの節では，フロリダ州のレジデント型研究機関であるモート海洋研究所が実施した事例研究について紹介する．モート海洋研究所の科学者は，サラソタ湾の在来の二枚貝の個体群を回復するための知識を協働生産して活用するため，地域コミュニティの多様なステークホルダーと協働してきた．この二枚貝は，地域の沿岸・河口域環境の健全性の維持に不可欠な役割を担っている．

4.2　サラソタ湾におけるコミュニティ主導型ホタテガイ再生

米国フロリダ州サラソタ湾における地域環境知（ILEK）共創の試みは，60 年間にわたって地域コミュニティの一部として固有の役割を果たしてきたレジデント型研究機関であるモート海洋研究所が，2012 年から実施してきた在来のホ

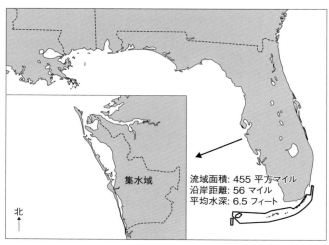

図 4.4 モート海洋研究所のコミュニティ主導型ホタテガイ再生プログラムが実施されたサラソタ湾.

タテガイ個体群再生プログラムのなかで行われた．このイニシアティブは，国際的な研究機関，地域研究機関，地域コミュニティの環境組織が関与して，日本の総合地球環境学研究所が主導する国際的な研究プロジェクト（地域環境知プロジェクト）のなかで，地域環境知（ILEK）の共創に関する事例研究の 1 つとして実施されたものである．フロリダ州中央部のサラソタ湾河口域（図 4.4）におけるコミュニティ主導型の小型ホタテガイ（アメリカイタヤガイ）再生への取り組みにおいて，モート海洋研究所は，国際レベルの科学研究に既存の地域組織の直接的参加を促すという革新的な連携を実現してきた．

4.3　小型ホタテガイの生態系における役割とその現状

サラソタ湾の小型ホタテガイ（アメリカイタヤガイ）は，亜熱帯生物多様性の重要な構成要素であり，健全な沿岸生態系の維持に不可欠である（図 4.5）．このプランクトン食の二枚貝はプランクトンの一次生産によって生産されたエネルギーを食物網のなかに伝達するだけでなく，カキなどほかの多くの貝よりも速い速度で水を濾過し，沿岸全体の水質を維持するとともに，水の透明度を高

第 4 章　ステークホルダーと科学者による知の共創　83

図 4.5　ホタテガイは，大西洋とメキシコ湾岸のさまざまな場所に生息し，その大きさと色はさまざまである．大量の水を濾過し，水質を維持する働きがある．

める働きを担っている．

　小型ホタテガイは，沿岸・河口環境において貴重な生態系サービスを提供する生物であり，長い間地域の環境アイコンとして認識されてきた（NAS, 2010）．この貝は 1960 年代半ばまでフロリダ州で商業的に漁獲されていた．しかし，浚渫や埋め立てによる生息環境破壊，水質の悪化，深刻な赤潮被害，藻場の破壊，乱獲などの人為的な影響が組み合わさって，かつて豊富だったこの資源は，この時代を境にほんのわずかに残るまでに減少した（図 4.6）．その結果，1990 年代初めに，小型ホタテガイの商業的漁獲は行われなくなった．

　フロリダ西海岸のホーモーサッサ川の北部河口域では，季節限定のレクリエーションとして小型ホタテガイの収穫が許可されており（図 4.7），地域に経済的利益をもたらしている．たとえば，フロリダ州シトラス郡では，2003 年のシーズンのレクリエーションによる小型ホタテガイ収穫は，地域経済に 160 万ドルを超える観光収入をもたらした（Stevens *et al.*, 2004）．

　歴史的には，サラソタ湾には豊富な小型ホタテガイ個体群が分布していたが，1990 年代以降には個体群の豊かさを示すデータはほとんどみられない．サラソタ湾における二枚貝を含む軟体動物類のもっとも包括的な調査は，1986 年にモート海洋研究所の科学者らによって行われた（Estevez and Bruzek, 1986）．マナティ郡とサラソタ郡の貝類（カキおよびハマグリ）の水揚げは 1971 年以後

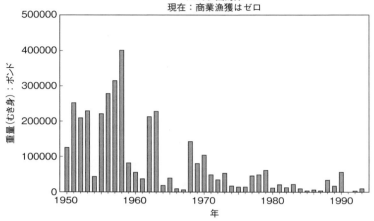

図 4.6　フロリダ西海岸での収穫が行われていた時代の小型ホタテガイ（アメリカイタヤガイ）の収穫量．商業製品としての乱獲がおもな原因となって，ホタテガイ収穫量の急速な減少が1970年代初めに始まった（Arnold, 2009 より）．

図 4.7　ホタテガイ漁はホーモーサッサ川の南では禁止されている．しかし，北部のレクリエーション収穫による圧力によって，南部の個体群にも影響が出ている（Florida Fish and Wildlife Commission ウェブサイト）．

第4章　ステークホルダーと科学者による知の共創　85

ゼロに落ち込み，小型ホタテガイの水揚げも 1964 年以後は同じくゼロであった．結果として，この湾では，商業またはレクリエーション用を問わず，ホタテガイの漁獲は消滅した．

　水質が改善され，生息環境である海草藻場が拡大しているにもかかわらず，タンパ湾以南の中部フロリダ地域では小型ホタテガイの数はまだ回復していない．十分な幼生が供給されないことと，定期的な有毒植物プランクトン（*Karenia brevis*）の大発生（赤潮）が，個体群の回復を妨げている可能性がある．また，サラソタ湾の水循環パターン，食物網の変化（サメ−エイ−ホタテガイの相互関係の変化），および病害虫の動態の変化が，ホタテガイの個体群回復に関連していると考えられるが，その詳細は，まだあまり理解されていない．また，小さな卵を大量に放出する小型ホタテガイ個体群の維持のためには，授精が成功するために生殖期の成熟個体が一定以上の密度で存在することが必要である．

　過去に繁栄し，商業的利益をもたらした種としての小型ホタテガイの歴史，水を濾過することによる生態系のバランスの維持への貢献，食物網のなかでの役割，サラソタ湾全体の環境の健全性への貢献などに，地域観光への効果の可能性が加わって，最近では，サラソタ湾における小型ホタテガイ個体群再生に対する関心が高まってきている．

　しかし，サラソタ湾における小型ホタテガイ再生の取り組みは，過去数十年の間はあまり活発ではなかった．実施された取り組みも，意図は適切ではあったが，限定的な科学的基盤にもとづくアプローチを用いた小規模なものが大半であった．最近になって，モート海洋研究所が，ホタテガイの研究・再生・モニタリングのプログラムを地域の草の根団体との協働によって推進するという新しい取り組みを開始した．このプログラムは，プロセスと成果をコミュニティと共有することを通じて，草の根型の活動を，小型ホタテガイの研究・再生・モニタリングのプログラムと順応的管理に組み込もうとする試みである．

4.4　モート海洋研究所の戦略と成果

　モート海洋研究所の小型ホタテガイ再生プログラムは，サラソタ湾における長期的な持続性のある個体群密度を達成するために，地域コミュニティが主導するコンソーシアムを構築し，コミュニティの直接的な関与のもとに科学にも

とづく再生とモニタリングを実施する，という戦略を採用してきた．この取り組みには，地域のステークホルダーに加えて，モート海洋研究所，地方自治体の連携組織であるサラソタ湾河口域プログラム（Sarasota Bay Estuary Program），NPO法人サラソタ・ベイ・ウォッチ（Sarasota Bay Watch），ベイ・シェルフィッシュ（Bay Shellfish）社（二枚貝の種苗生産業者），サラソタ郡，ニュー・カレッジ・オブ・フロリダ大学，南フロリダ大学サラソタ・マナティ校，フロリダ大学，長野大学（日本），フロリダ州魚類野生生物保全委員会（Florida Fish and Wildlife Conservation Commission; FWCC），米国海洋大気庁（NOAA）など，共通の関心と利害をもつ既存組織が関与している．

また，このプログラムの戦略は，小規模プロジェクトによる小型ホタテガイ再生について，フロリダ州における実現可能性を検討した過去の研究を基礎としている（Arnold *et al*., 2005; Leverone *et al*., 2010）．そして，このプログラムによって，広域的なレベルでの小型ホタテガイ個体群の劇的な再生がこれまで失敗してきたおもな原因は，小規模であったこと，そして，再生に適したサイトの選定に必要な詳細な情報が不足していたことにあることを明らかにしてきた．

一方，ホタテガイの種苗生産システムを改良し，親貝の採取，放卵，幼生の育成，養殖場における給餌，稚貝の放流を成功させるために必要な技術的な専門知識は，ベイ・シェルフィッシュ社の支援を受けたモート海洋研究所の科学者によって提供されている．また，このプログラムは，FWCCの野生生物研究所（FWCC Wildlife Research Institute; FWRI）の貝類研究プログラムとも連動している．孵化場の管理運営，およびモニタリングとデータ品質の保証技術については，ほかのNGOとの協力のもとに，参加する市民科学者への研修がモート海洋研究所の科学者によって実施されている．

モート海洋研究所の科学者とフロリダ州魚類野生生物保全委員会のスタッフの専門的な監修のもとで，戦略設計，繁殖個体の採取，稚貝の放流，モニタリングのすべての側面において，地域組織とボランティア，研修を受講した市民科学者との連携が図られてきた．密な協働を実現するために，モート海洋研究所，サラソタ・ベイ・ウォッチ，サラソタ湾河口域プログラム，およびフロリダ州魚類野生生物保全委員会の各代表者は，2年間にわたって定期的な会合を行ってきた．また，モート海洋研究所は，サラソタ湾の小型ホタテガイ再生に

不可欠な要素に関して最新の科学にもとづく議論を行うために，2回の特別ワークショップを開催し，これには地域の連携機関の代表者と全米から招聘された専門家が参加した．これらのワークショップによって，「サラソタ湾小型ホタテガイ再生のための総合戦略」が合意された．

この総合戦略は，科学的基盤にもとづいて小型ホタテガイの再生活動を実施・展開する際に，利害関係者の協働のための共通の指針として機能することを目的としている．モート海洋研究所，サラソタ・ベイ・ウォッチ，サラソタ湾河口域プログラム，およびフロリダ州魚類野生生物保全委員会は，相互の連携と専門知識，能力および資源の積極的な活用が，サラソタ湾の小型ホタテガイ個体群の再生を達成するために，もっとも効果的かつ効率的なアプローチであるという認識を共有している．利用可能な最善の科学的手法の採用，成功の見込みが高い再生サイトの選定，再生成功を検証可能な定量的モニタリングツールの活用のための取り組みを戦略的に連携させることが，重要な指針となっている．

この取り組みの進捗状況は，伝統的な知識の保有者，科学者，異なる性質の知識をもつ多様なステークホルダーの間の知識の双方向トランスレーションと流通によって（図4.8），小型ホタテガイの価値に関する理解と意識のレベルが高まっているかどうかによって評価することができる．

このプログラムにおける知識の流通の促進ならびに地域環境知の展開のための重要な要素は，以下のように整理できる．

- 科学者ならびに地域のステークホルダーが参加するワークショップの実施．
- 市民科学者の組織化，教育ならびに研修．
- 科学者が指導する小型ホタテガイの繁殖と放流活動への市民科学者の参加．
- 稚貝放流の効果と小型ホタテガイ再生の成果を評価するための，小型ホタテガイの定着，成長および生存に関するモニタリングにおける科学者とボランティアの協働作業．
- 研究者と協働する市民科学者による関連する環境データの収集．
- インターンによる地域の学校のための研修マニュアル，ビデオ，資料，プレゼンテーションの作成．
- ボランティアとモート海洋研究所科学者の協働によるデータの整理と分析．
- 参加者全員の問題認識の変化と解決策についての理解を追跡するための調

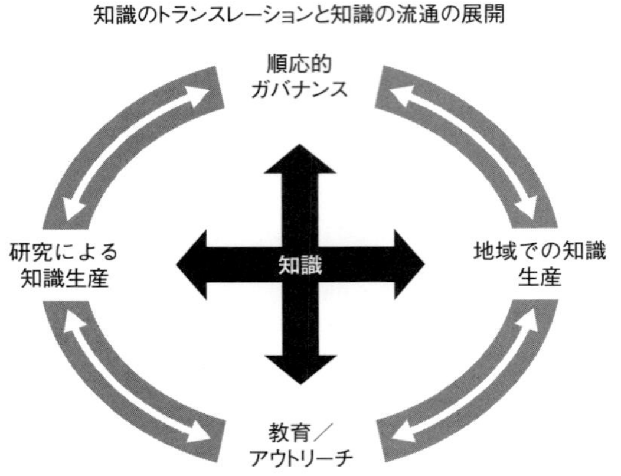

知識のトランスレーションと知識の流通の展開

図4.8　伝統的な知識の生産者と科学的研究にかかわるステークホルダーの間の知識の双方向トランスレーションと流通.

　査の設計と実施.

　このプログラムにおいては，サラソタ，ブラデントン，ヴェニス地域の数多くの献身的なボランティアと市民科学者を集結させたことが重要な要素であった．ボランティアは，このイニシアティブのすべての側面で活躍した．これによって，①労働費用が大幅に削減され，②自然資源の回復に対する地域の関心と関与が高まり，さらに，③サラソタ湾生態系と小型ホタテガイのかかわり，および小型ホタテガイの生態系における役割に対する人々の理解が深まる，という大きな効果がもたらされた．モート海洋研究所が連携しているサラソタ・ベイ・ウォッチは，毎年多くの参加者を集めて，市民による小型ホタテガイモニタリングのイベントである「スキャロップ・サーチ」を実施している．このイベントが多くの参加者を集めていることは，小型ホタテガイ再生に対する地域の人々の理解と支援を示すものである．

　モート海洋研究所の科学者の指導のもとで，高校生，教員，年長者などのボランティアが，研究所施設内にホタテガイ養殖施設を設置した．この養殖施設を使って，種貝を成熟サイズ近くまで成長させ，自然の生息環境に設置した保護ケージ内で産卵させることを試みている．自然条件でのホタテガイ幼生の死亡率は，ライフサイクルの後期（成長した段階）に比べてたいへん高いと考えられる．稚貝を成熟段階まで養殖施設で成長させることで，初期死亡を減少させ

第4章　ステークホルダーと科学者による知の共創　89

図4.9　モート海洋研究所のジム・カルターの指導のもと，高校生が小型ホタテガイの卵と稚貝の採集装置を作成している．

ることができる．さらに，モート海洋研究所の科学者は，サラソタ湾における小型ホタテガイの稚貝の定着をモニターするために，幼生と稚貝の採集装置の作成を高校生に指導する研修を実施した．生徒たちは，柑橘類用の網袋やほかの素材を使用してホタテガイの幼生・稚貝採集装置を数十個作成した（図4.9）．これらを再生サイトに設置することによって，放流されたホタテガイの幼生がそのライフサイクルのつぎの段階への移行に成功したかどうかをモニタリングできるようになる．

4.5　モート海洋研究所コミュニティ・フォーラム

このプログラムの一環として，国際的な科学者，漁業者，100名近くの地域コミュニティのメンバーがモート海洋研究所に集まって，2013年に一般公開フォーラムが開催された（図4.10）．このフォーラムは，日本発祥の「里海」概念に対する世界的な関心の高まりを受けて，世界各地のコミュニティにおける里海を基盤とした科学にもとづく沿岸環境保全をテーマに開催された．里海の概念は，沿岸地域の再生や持続可能な漁業資源管理に広く適用されて，海洋生態系の生産性と生物多様性に調和した人間活動の推進に貢献している．

モート海洋研究所におけるコミュニティ主導型の小型ホタテガイ再生活動と，日本とスペインの里海に関連した活動事例をもとに，フォーラムでは，環境再生と自然資源の持続可能な利用のために，いかにして里海という新しいパラダ

図4.10 2013年5月8日モート海洋研究所で開催された里海に関する一般公開フォーラムのパネリスト（左から順に）スペイン・ヴィーゴ大学のG. マッチョ，モート海洋研究所のM.P. クロスビー，フロリダ州アナマリアのチャイルズグループのエド・チャイルズ，九州大学の柳哲雄，NPO法人INOの柳田一平，総合地球環境学研究所の佐藤哲．

イムが世界中で形成され，目に見える保全効果をもたらしていくか，という点が議論された．

サラソタ湾は里海的な活動の実践に適している．モート海洋研究所の世界レベルの科学者は，草の根型の取り組みと密接に連動し，地域の漁業コミュニティとも強いかかわりをもっている．科学者は自然環境のなかで生活し仕事をしている人々から学ぶことが多く，また，知識の流通と共有は科学者を含むすべてのステークホルダーにとって不可欠であるということが，モート海洋研究所の哲学である．フォーラムの明確なコンセンサスの1つとして，科学的知識と伝統的あるいは地域固有の知識を流通させ，共有するための方法を開発することによって，世界の多くの地域が里海的な活動の実践による利益を享受することになるだろう，というビジョンが形成された．

4.6　知識のトランスレーションと流通の追跡

多様なステークホルダーの間の科学的データと伝統的な知識の双方向トランスレーションにもとづく知識の流通の理論（図4.8）の検証は，モート海洋研究所の小型ホタテガイ再生プログラムの重要な要素であった．サラソタ湾環境の改善に必要な行動に関する認識・意識の形成と変化を追跡するために，科学者とプログラム参加者の間で共有・伝達される知識の調査が実施された．このプログラムに関与する以前の参加者の認識についてのベースライン調査を実施し，参加後に再調査を行うことによって，プログラムにかかわった参加者の認識の

変化の追跡を試みた.

ベースライン調査は以下の2つの質問で構成された.

- あなたの一般的な知識と経験にもとづいて,サラソタ湾の全体的な環境の質をあなたはどのようにランクづけしますか.
- あなたの一般的な知識と経験にもとづいて,つぎの各々の問題がサラソタ湾の小型ホタテガイに対してどのくらいの脅威になっているとあなたは思いますか.

ベースライン調査のそれぞれの質問には,調査回答者が選択可能な複数の選択肢が与えられた.たとえば,最初の質問の回答の選択肢はつぎのとおりであった.「健全,改善しつつある,普通,悪い,わからない」.

プログラム参加後の調査には,ベースライン調査の質問を修正して使用した.

- 小型ホタテガイ再生プログラムにあなたが参加したことにもとづいて,サラソタ湾の全体的な環境の質をあなたはどのようにランクづけしますか.
- 小型ホタテガイ再生プログラムでのあなたの経験にもとづいて,つぎの各々の問題がサラソタ湾の小型ホタテガイに対してどのくらいの脅威になっているとあなたは思いますか.

参加後の調査は,ベースライン調査よりも詳細な内容となっており,参加者の基礎データ,受講した研修,プログラムへの過去の関与,価値に関する特定の意見に関する13の追加質問を含むものであった.

調査対象者をリクルートするために,モート海洋研究所の調査チームが各種の一般向け地域環境啓発イベントに出席し,小型ホタテガイ再生プログラムについて説明するとともに,参加を呼びかけた.関心が示された場合,ベースライン調査に参加するように求めた.

モート海洋研究所,サラソタ・ベイ・ウォッチ,あるいはサラソタ湾河口域プログラムにすでに関係しているボランティアやインターンおよびスタッフにも,調査への協力を依頼した.また,地元の高校をモート海洋研究所の科学者が訪問したところ,海洋科学に興味があり,高校の海洋クラブに参加している生徒などが,ボランティアとしてプログラムに参加することになった.高校生の参加は,ボランティア活動への参加という高校卒業要件を満たすことにも役立った.20名のボランティア,インターン,スタッフならびに学生が,ベースライン調査と後続調査の両方に参加した.

調査結果の分析から，いくつかの興味深い点が明らかになった．まず，サラソタ湾の環境の質に関する一般的な知識が小型ホタテガイ再生プログラムに参加することで増えたという認識が，参加者の間に発生したと考えられる．ベースライン調査の回答者の 10% がサラソタ湾の環境の質についてわからないと回答していたが，参加後では，すべての参加者がこの問題に関してなんらかの見解をもっていた．

サラソタ湾の小型ホタテガイに対する脅威に関してたずねたベースライン調査および後続調査の質問では，認識の変化が明らかになった．脅威とみなされる可能性のある複数の問題に関して，調査対象者はそれらの問題を脅威の程度によって 5 ランク（深刻な脅威，中程度の脅威，わずかな脅威，脅威ではない，わからない）に分類することを求められた．その結果，ベースライン調査回答者の 30% が赤潮を「深刻な脅威」と答えたのに対し，参加後の調査ではこの割合は 60% に増加した．研修のなかでホタテガイの生存に対する赤潮の影響について議論したことが影響している可能性がある．レクリエーションボートに関しては，ベースライン調査回答者の 5% はまったく脅威と感じず，5% が「深刻な」脅威と回答したが，参加後の調査では，30% がレクリエーションボートを「深刻な」脅威とみなし，全員がレクリエーションボートはなんらかの脅威となっていると回答した．海草藻場とその周辺でのレクリエーションボートの被害については研修で議論され，参加者が水中を観察した際にも，ボートのスクリューによる海草藻場の損傷を観察する機会があった．さらに，参加者の 90% が，サラソタ湾の環境の質に影響する要因についての情報の獲得において，このプログラムが「強い」あるいは「中程度の」影響を与えたと感じていた．

モート海洋研究所が実施しているさまざまなコミュニティ活動が，サラソタ湾の小型ホタテガイの再生にどのくらい重要かという質問に対しては，以下の4つの回答項目のそれぞれに対してすべての参加者が「非常に重要」あるいは「重要」であると回答した．① サラソタ湾の環境の質の保持における小型ホタテガイの役割に関するコミュニティの教育，② サラソタ湾の環境改善のためのコミュニティの協働の増加，③ サラソタ湾の回復と保全のための公的機関と民間の連携の増大，④ サラソタ湾の回復と保全のための地域指針の強化を促す科学的・技術的情報ならびに研修機会の提供．「ある程度重要」「重要ではない」，あるいは「わからない」という回答を選択した者はいなかった．

さらに，参加者の 95％ が「科学的知識は重要である」という記述に「強く合意」し，また，45％ が「このコミュニティは役立つ知識をもっている」ことに「強く合意」した．これらの項目について「重要ではない」または「わからない」という選択をした回答者はいなかった．

4.7　モート海洋研究所における知識の共創

　モート海洋研究所によるコミュニティ主導型の小型ホタテガイ再生イニシアティブは，60 年間にわたって地域コミュニティの一部に組み込まれてきたレジデント型研究機関が，地域の社会生態系システムが直面する課題に関する知識の共有と，解決のための価値の共創のための媒体として，どのようにして機能することができるかを示すすぐれたモデルとなった．本章で紹介した事例は，コミュニティが主導する生態系管理に関して，伝統的な知識の保有者，多様なステークホルダー，異なる専門分野の知識を備えた科学者などの間の知識の双方向トランスレーションと流通が果たす機能と，そのなかで地域のレジデント型研究機関が果たす役割の意義を例証するものである．国内外の科学者を招いた一連のワークショップなどを通じた地域コミュニティに対するアウトリーチと相互作用に加え，研究所内およびサラソタ湾の自然環境における小型ホタテガイの養殖，放流，管理のための，科学的に健全で社会的にも妥当なプロセスを設計・実現してきたことが，決定的に重要な役割を果たした．

　このプロセスにおいては，種苗生産と放流の技術開発，放流効果を実証するための簡便なモニタリング，参加者の認識の変化の追跡調査などを通じて科学的な基盤を確立すると同時に，関連する地域内外のステークホルダーや活動に参加するボランティアなどとの密な連携と協働を実現してきたことが，環境アイコンとしての小型ホタテガイとサラソタ湾の環境に関する多面的な知識の共創を促し，新たな価値の創発を促してきたものと考えられる．小型ホタテガイ再生プログラムを通じて構築された地域コミュニティとのネットワーク，信頼関係，そしてサラソタ湾環境に関する強固な科学的基盤が，レジデント型研究機関としてのモート海洋研究所による地域課題の解決に向けたトランスディシプリナリー研究の展開を，将来にわたって支えていくことだろう．

94

[引用文献]

地域環境学ネットワーク. 2010. 地域環境学ネットワークとは？ http://lsnes.org/outline/
（2017.05.01）

Arnold, W.S., N.J. Blake, M.M. Harrison, D.C. Marelli, M.L. Parker, S.C. Peters and
D.E. Sweat. 2005. Restoration of bay scallop (*Argopecten irradians*) (Lamarck)
populations in Florida coastal waters: planting techniques and the growth, mortality
and reproductive development of planted scallops. Journal of Shellfish Research, 24
(4): 883–904.

Arnold, W.S. 2009. The bay scallop, *Argopecten irradians*, in Florida coastal waters. Ma-
rine Fisheries Review, 71 (3): 1–7.

Bjergo, C., C. Boydston, M.P. Crosby, S. Kokkanakis and R. Sayer, Jr. 1995. Non-native
aquatic species in the United States and coastal waters. *In* (LaRoe, E.T., G.S. Farris,
C.E. Puckett, P.D. Doran and M.J. Mac, eds.) Our Living Resources: A report to the
Nation on the Distribution, Abundance, and Health of U.S. Plants, Animals, and
Ecosystems. pp. 428–431. U.S. Dept. of Interior- National Biological Service, Wash-
ington, D.C.

Brooks, A., W.H. Bell and J. Greer. 1996. Our Coastal Seas: What Is Their Future? The
Environmental Management of Enclosed Coastal Seas: Summary of an International
Conference. Maryland Sea Grant College, College Park, Maryland.

Cosper, E.M., W.C. Dennison, E.J. Carpenter, V.M. Bricelj, J.G. Mitchell, S.H. Kuenst-
ner, D.C. Colflesh and M. Dewey. 1987. Recurrent and persistent 'brown tide'
blooms perturb coastal marine ecosystems. Estuaries, 10: 284–290.

Crosby, M.P. 1994. A proposed approach for studying ecological and socio-economic
impacts of alternative access management strategies in marine protected areas. *In*
(Brunkhorst, D.J., ed.) Marine Protected Areas and Biosphere Reserves: 'Towards a
New Paradigm'. pp. 45–65. Australian Nature Conservation Agency, Canberra.

Crosby, M.P. 1997. Moving towards a new paradigm for interactions among scientists,
managers and the public in marine and coastal protected areas. *In* (Crosby, M.P., D.
Laffoley, C. Mondor, G. O'Sullivan and K. Geenen, eds.) Proceeding of the Second
International Symposium and Workshop on Marine and Coastal Protected Areas,
July, 1995. pp. 10–24. Office of Ocean and Coastal Resource Management, National
Oceanic and Atmospheric Administration, Silver Spring, MD.

Eichbaum, W.M., M.P. Crosby, M.T. Agardy and S.A. Laskin. 1996. The role of marine
and coastal protected areas in the conservation and sustainable use of biological di-
versity. Oceanography, 9: 60–70.

Estevez, E.D. and D.A. Bruzek. 1986. Survey of mollusks in southern Sarasota Bay,
Florida, emphasizing edible species. Mote Marine Laboratory Technical Report No.
102. http://hdl.handle.net/2075/15 (2016.12.12)

Florida Fish and Wildlife Commission. n.d. Web site. http://myfwc.com/fishing/saltwater/

recreational/bay-scallops/ (2016.12.12).

Gilman, E.L. 1997. Community based and multiple purpose protected areas: a model to select and manage protected areas with lessons from the Pacific Islands. Coastal Management, 25: 59–91.

Hallegraeff, G.M. 1993. A review of harmful algal blooms and their apparent global increase. Phycologia, 32 (2): 79–99.

Hardin, G. 1966. Biology: Its Principles and Implications, 2nd ed. W.H. Freeman & Co., San Francisco.

Kelleher, G. and R. Kenchington. 1992. Guidelines for Establishing Marine Protected Areas. A Marine Conservation and Development Report. IUCN, Gland.

Kelleher, G., C. Bleakley and S. Wells. 1995. A Global Representative System of Marine Protected Areas. The World Bank, Washington, D.C.

Lang, D.J., A. Wiek, M. Bergmann, M. Stauffacher, P. Martens, P. Moll, M. Swilling and C.J. Thomas. 2012. Transdisciplinary research in sustainability science: practice, principles, and challenges. Sustainable Science, 7 (1): 25–43. doi 10.1007/s1 1625–011–0149-x.

Leverone, J.R., S.P. Geiger, S.P. Stephenson and W.S. Arnold. 2010. Increase in bay scallop (*Argopecten irradians*) populations following releases of competent larvae in two west florida estuaries. Journal of Shellfish Research, 29 (2): 395–406.

Ludwig, D., R. Helborn and C. Walters. 1993. Uncertainty, resource exploitation and conservation: lessons from history. Science, 260: 17–36.

Maragos, J.E., M.P. Crosby and J. McManus. 1996. Coral reefs and biodiversity: a critical and threatened relationship. Oceanography, 9: 83–99.

National Academy of Sciences (NAS). 2010. Ecosystem Concepts for Sustainable Bivalve Mariculture. National Research Council of the National Academies. National Academies Press, Washington, D.C.

National Research Council (NRC). 1995. Science, Policy, and the Coast: Improving Decisionmaking. National Academy Press, Washington, D.C.

Norse, E.A. 1993. Global Marine Biological Diversity: A Strategy for Building Conservation into Decisión Making. Island Press, Washington, D.C.

Safina, C. 1995. The world's imperiled fish. Scientific American, 273 (5): 46–53.

Solbrig, O. 1991. From Genes to Ecosystems: A Research Agenda for Biodiversity. International Union for Biological Sciences (IUBS), Paris.

Stevens, T., C. Adams, A. Hodges and D. Mulkey. 2004. Economic Impact on the Re-opening Scalloping Area for Citrus County, Florida–2003. Florida Cooperative Extension Service, University of Florida, Gainesville, Florida. EDIS Document FE493. https://edis.ifas.ufl.edu/pdffiles/FE/FE49300.pdf (2016.12.02)

United Nations Sustainable Development Goals (UNSDG). 2015. http://www.un.org/sustainabledevelopment/sustainable-development-goals (2016.12.02).

White, N.M. 1996. Spatial Analysis of local coliform bacteria fate and transport. Ph.D. Dissertation. North Carolina State University, Raleigh, North Caroline.

II

価値を可視化する

5 野生復帰が可視化した地域の価値
——コウノトリ再生の物語

菊地直樹

　兵庫県但馬地方では，里の鳥であるコウノトリを軸にして，人と自然のかかわりを一体的に再生する取り組みが進んでいる．コウノトリの野生復帰プロジェクトである．筆者自身が兵庫県立コウノトリの郷公園の研究員として野生復帰にかかわってきた経験もふまえ，コウノトリとの共生という「物語」が共有されることによって，多様な関係者による緩やかな協働にもとづいた多面的な取り組みが創発してきたプロセスを分析する．野生復帰の物語が曖昧であることによって，一見すると矛盾する異質な価値を併存させておくことができ，1つの価値に縛られない多様な取り組みが同時多発的に発生する可能性を高めることができる．ただ，物語は現実を単純化したものであるため，さまざまな齟齬が生じてしまう．物語を地域生活に関連していく「生活化」を進めていくことにより，複数の価値が実現できると考えた．

5.1　コウノトリの野生復帰という物語

　1枚の写真がある（図 5.1）．2008 年に，兵庫県但馬地方で撮影されたものである．水田のなかに 1 羽の大きな鳥がいる．コウノトリだ．背後にもう 3 羽写っている．いや，農作業をしている人たちだ．同じ姿にみえるのは，筆者だけであろうか．

　コウノトリは，農家が稲作をする水田で餌を採り，里山の松の木に巣をかけていた．人々が手を加えてきた環境が生息場所である．この写真は，私たちにコウノトリは人里に暮らす「里の鳥」だと教えてくれる．そのコウノトリは，1971 年，豊岡市で最後の 1 羽が保護された後，死亡した．国内では基本的には野生下では絶滅した．里の鳥の絶滅は，身近な自然とのかかわりが大きく変化したことを象徴するできごとであった．

　現在，国内最後の生息地であった但馬地方では，絶滅したコウノトリを飼育

図 5.1 人里を生息域とするコウノトリ．コウノトリがすめる環境は，人間にとってもよい環境であるはずだ．

下で繁殖させ人里に戻していくコウノトリの野生復帰（以下，野生復帰）が進められている．この写真に写っているのは，野生復帰されたコウノトリだ．

　コウノトリを野生に戻すためには，もちろん飼育下でコウノトリを増やす必要がある．そもそもコウノトリの数が増えなければ話にならない．それらをソースとして野外に放していく．野外に放しても生息できる環境が整備されなければ，死に絶えてしまうだけだろう．生息環境の再生が必要だ．コウノトリの生息環境は，水田や里山といった人との多様なかかわりによって成り立っている．そこは人の生活空間であり，地域住民の営みによって維持される自然である．生息環境の再生とは，人と自然のかかわりの再生にほかならない．しかしながら，農山村の活力が低下したこともあり，水田は維持できなくなり，里山も手入れを重ねなくなった．水田や里山を管理するためには，農山村の活力の維持が不可欠である．コウノトリを地域の生態系の象徴として位置づけることで，自然とかかわる営みを再生していく．これらを一体的に取り組んでいくことが，なによりも必要である (Roberge and Angelstan, 2004; Naito and Ikeda 2007; Naito *et al.*, 2014)．

　野生復帰は「コウノトリがすめる環境は，人間にとってもよい環境」を創造することを目指した取り組みなのだ．このわかりやすい「物語」によって，野生復帰への共感は広がっていった．豊岡市は環境と経済の共鳴を目指した政策を展開し，環境創造型の農法が開発され広がりをみせている．コウノトリは観

光資源としての価値をもち，多くの人を魅了するようになった．多面的な取り組みが展開している野生復帰は，自然再生や地域づくりの成功事例と評価されるようになった．

「コウノトリがすめる環境は，人間にとってもよい環境」にちがいない．ただ，長年にわたって当事者として野生復帰にかかわってきた筆者は，きれいな物語に違和感をももってしまう．あたりまえだが，みんながけっしてコウノトリの野生復帰に共感しているわけではない．ある人はいう．「コウノトリは地域経済を活性化するための資源である」と．ある人は「コウノトリそのものを守っていくことがなによりも大事である」という．別の人はこう問いかける．「コウノトリよりも，人間の福祉のほうが大事だろう」と．コウノトリの価値は多元的であり，野生復帰はさまざまな矛盾を抱えながら進んでいる．これが野生復帰にかかわってきた筆者の現場での実感であった．

では，なぜ野生復帰では，大事にする価値が異なっていても，差異を維持しながら多面的な取り組みを創発することが可能となっているのだろうか．本章では筆者自身の経験も振り返りながら考えてみようと思う．

5.2　コウノトリとその保護の歴史

(1) コウノトリ

コウノトリは，全長が約110 cm，翼長が2 m前後，体重が4–5 kgになる大型鳥類である（図5.2）．全身は白色で，黒い風切羽とくちばしがコントラストになっている．形態はタンチョウなどツルに似ているが，分類上はサギやトキに近い．食性は肉食性で，ドジョウ，フナなどの魚類，カエル，バッタなどの小動物を餌としている．飼育下では1日500 g以上食べるほど大食漢であり，豊富な餌生物を必要とする．松の大木などの樹上に直径1–1.5 mほどの大きな巣をかける．

おもな繁殖地はシベリア東部のアムールからウスリーにかけた湿地帯であり，中国揚子江周辺とポーヤン湖，台湾，韓国，日本に渡り越冬する．基本的に渡り鳥であるが，日本には河川，水田，里山という田園の環境に適応し，留鳥として繁殖する個体群も生息していた．生息数はロシア，中国などを合わせて

図 5.2　コウノトリ．

3000 羽程度と推定され，国際自然保護連合（IUCN）のレッドリストでは絶滅危惧種（En）となっている．

(2) コウノトリの保護から野生復帰へ

　コウノトリは江戸時代後期には日本各地に生息していたが，明治時代に狩猟により個体数は大幅に減少した．そのため，禁猟区を設置するなど保護策がとられ，個体数は回復した．だが，第二次世界大戦中に行われた営巣地の松の木の伐採などにより，個体数は再び減少に転じた．1955 年，官民一体となった保護運動が始まり，1965 年からは人工飼育に取り組まれるようになったが，1971 年に野外では絶滅してしまった．絶滅要因は，① 明治期の乱獲による分布域の減少，② 圃場整備などによる採餌場であった低湿地帯の喪失や営巣場であった松の減少といった生息地の消失，③ 農薬など有害物質による汚染，④ 個体数の減少した時点での遺伝的多様性の減少，が考えられている．いずれも人と自然のかかわりの変化によってもたらされたものである．

　人工繁殖は困難を極めたが，1985 年にソ連（当時）のハバロフスクから 6 羽の幼鳥が贈られたことが転換点となった．ここからペアが形成され，1989 年にヒナが誕生した．以降，飼育下繁殖は順調だ．もともと野生のコウノトリを捕獲したのは，人工繁殖を行い個体群を確立するためであった．そこで野生復帰計画が進められ，1999 年には野生復帰の拠点である兵庫県立コウノトリの郷公

第5章　野生復帰が可視化した地域の価値　103

園（以下，郷公園）が開園した．2002年には，飼育下のコウノトリの個体数が100羽を超え，野生復帰に向けたコウノトリの訓練も始まった（菊地・池田，2006）．

　そして2005年9月24日，5羽のコウノトリが放鳥された．じつに絶滅から34年もの時間が過ぎていた．絶滅した生きものを復活させるのに，いかに時間がかかるかがわかる．2007年には野外での繁殖に成功し，2012年には野外での第3世代の誕生までこぎつけた．2016年現在，80羽近くが大空を舞うに至っている．

5.3　研究者と行政の協働による野生復帰の「物語化」

(1) レジデント型研究機関としての郷公園

　郷公園はコウノトリの野生復帰を目的とした施設である．飼育員，獣医師に加え研究員，環境教育スタッフといった多様なスタッフが集い，種の保存と遺伝的管理，野生化に向けての科学的研究および実験的試み，人と自然が共生できる地域環境の創造に向けた普及啓発などに取り組んでいる．筆者は，1999年から2013年まで，環境社会学担当の研究員として働いてきた．

　郷公園の初代研究部長であった池田啓は，タヌキの生態学者から文化庁の調査官を経て，野生復帰に身を投じた研究者であった．池田は「コウノトリの野生復帰という課題を軸に，あらゆる学問をるつぼにする」必要性を説いた（池田，1999）．野生復帰は総合的な問題であるため，生態学だけでアプローチできるわけではないからだ．その池田は，コウノトリを地域における自然とのかかわりを創りなおすための象徴として位置づけた．

　研究機関としての郷公園の特徴は，第1に野生復帰という課題に即して，保全生態学，鳥類行動学，景観生態学，環境社会学の研究者と獣医師，飼育員という多様な分野の専門家が協働している点である．第2に研究者は兵庫県立大学の教員と郷公園の研究員という2つの名刺を使い分けて活動をすることである．研究のための研究ではない．研究と実践は一体的なのである．第3に研究者たちは豊岡に移り住んだ地域住民としても，野生復帰という課題の解決に向けた実践的な活動を行っていることである（菊地，2015b）．

研究者は専門家であるがゆえに，自分の専門分野の視点にとらわれがちである．こうした複数の立場を往復することで，行政の視点，研究の視点，地域住民の視点を融合させることができる．研究者として培ってきたモノの見方を相対化したり，自分の研究の問いと社会の問いとのズレを認識し，課題解決に向けた実践的な研究を進めていく可能性が広がっていく（菊地，2015a）．郷公園の取り組みに，レジデント型研究とトランスディシプリナリー研究の先駆けとなるアイデアの萌芽をみいだすことができる．

(2) コウノトリ行政の展開

　豊岡市もコウノトリを象徴と位置づけた施策づくりを始めた．コウノトリ行政に長く携わってきた佐竹節夫は，野生復帰に向けて重要なのは生息環境の整備と自分のまちを知ることであり，コウノトリは「農業の豊かさ」を示してくれる指標であるとし，問われているのは人間の生き方であるとした（佐竹，1997）．2002 年，豊岡市企画部にコウノトリ共生推進課が設置された（現在は，コウノトリ共生部）．おそらく日本で初めて生きものの名前が使われた行政組織であろう．同年，兵庫県但馬県民局にコウノトリプロジェクトチームも発足した．兵庫県と豊岡市は 2003 年度から，水田を生きものの生息環境と位置づけ，コウノトリの餌場として機能することを目指して，ビオトープとしての管理に必要な経費や稲作を行わないことによる所得減の補填までを含めて委託料として，農家へ支払う「コウノトリと共生する水田自然再生事業」を実施してきた．後に述べるように，環境創造型農業の確立を目指す取り組みも進めていった．その他に「豊岡市基本構想」（2002），「コウノトリ環境条例」（2002），「豊岡市環境基本計画」（2002），「豊岡市環境行動計画」（2003），「環境経済戦略会議」（2004）といった野生復帰に関連した行政計画が住民参加のもと策定されている．行政施策にコウノトリが取り込まれるようになったのだ．

(3) 野生復帰計画の策定

　2003 年，野生復帰に関する国内で最初の行動計画である「コウノトリ野生復帰推進計画」が，おもに行政と研究者の協働によって策定された（コウノトリ野生復帰推進協議会，2003）．この計画は，「これまで経済重視で進められてきた様々な社会システムの構築を見直し，コウノトリと共生できる環境が人にとっ

ても安全で安心できる豊かな環境であるとの認識に立ち，人と自然が共生する地域の創造につとめ，コウノトリの野生復帰を推進する」と宣言する．

　同年，「コウノトリ野生復帰推進連絡協議会」が組織された．野生復帰は，地域社会の多様な関係者が協働して推進すべきであるとの考えにもとづき，兵庫県や豊岡市など行政，JA や漁協，区長会や農会，学校関係者，環境保全などにかかわる NPO，研究者など多様な団体・個人によって構成されている．既存の地域団体が多くを占めているのが特徴的だ（表 5.1）．推進計画での方針を基礎としてさまざまな自然再生事業が行政施策として展開され，環境保全型農業が進展するなど，多様な人たちによる野生復帰に向けての取り組みが広がってい

表 5.1　多様な団体によって構成されているコウノトリ野生復帰推進協議会．それぞれの論理からコウノトリの野生復帰を意義づける．

		研究	保護・増殖	地域づくり	教育	商業	農林水産業	自然再生
国	国土交通省豊岡河川国道事務所							●
兵庫県	郷公園	●	●	●	●			
	但馬県民局			●			●	●
	但馬教育事務所				●			
豊岡市	市役所			●	●		●	
	農業委員会						●	
	豊岡土地改良事業協議会						●	●
	認定農業者協議会						●	●
地域団体	こころ豊かな美しい但馬推進会議			●				
	但馬夢テーブル			●				
	三江地区区長会			●				
	但馬地区消費者団体連絡協議会			●				
	但馬文化協会			●				
	豊岡商工会議所			●		●		
	但馬地区商工会連絡協議会			●		●		
	たじま農業協同組合			●			●	●
	円山川漁業協同組合						●	●
	北但東部森林組合						●	●
	但馬小学校長会				●			
NPO	たじま緑のネットワーク			●				
	コウノトリ市民研究所	●			●			●
学識経験者	農学	●					●	
	河川工学	●						●
	保全生態学	●	●	●	●			●

る.

　計画策定や取り組みの推進において，現場に郷公園があり，豊岡市役所にコウノトリ共生課が設置されたことは大きい．研究者と行政が物理的に近接した場所で密接なコミュニケーションを行い，相互に学習を重ねていけたからである．一研究員だった筆者は，人とコウノトリのかかわりを明らかにしたり，農業の再生，コウノトリの観光資源化，多様な関係者のコミュニケーションの促進などに関する研究活動に携わってきた．こうした研究を積み重ねていくことで，地域の課題と研究活動の融合を図るようになった（菊地，2015a）．

(4) 野生復帰の「物語化」

　「コウノトリがすめる環境は，人間にとってもよい環境」という物語は，おもに研究者と行政が連携しながら創られたものである．物語について，若干説明しておきたい．

　野生復帰は但馬地方に固有の自然と文化をベースにした取り組みである．固有であるがゆえに，関係者以外，とりわけ地域外の人にとっては理解がむずかしい．地域に固有の知識や文化と，普遍性を志向する科学的知識を組み合わせて，地域内外の人にも理解できるように変換していく．研究的視点が入ることで地域の固有性が普遍的な視点から表現されるようになり，価値の創出につながる可能性が高まる．

　このプロセスを「物語化」と呼ぼう．起承転結のある物語という形式をとることが多いからである．物語が創りだされることで，都市の消費者の共感を呼び込み，消費やファンの獲得につながり，農山漁村の新しい経済のベースになりうる．野生復帰では，「コウノトリは水田など人里にすむ里の鳥である」→「コウノトリが暮らせる環境は人間にとってもよい環境である」→「その環境をつくっているのは農家である」という物語によって，多くの人々の共感を呼び，農産物のブランド化につながる．基本的に物語は地域外に向けて発信する性質をもつが，地域の人たちも物語を共有しながら取り組みを進めるようになる（菊地，2016a）．

5.4　野生復帰の物語を共有した多面的な取り組みの展開

(1)　コウノトリを象徴とした農業の展開

　先行したのは農業分野での取り組みである．コウノトリの餌生物となる水生動物の生息環境を整えると同時に安全で付加価値の高い米を生産する技術体系として提案されたのがコウノトリ育む農法である（西村，2006）．この農法の考えは，コウノトリがすめる環境づくりに寄与することで生産物に高付加価値がつき，高付加価値がつくことで農業が維持されるというものだ．JAたじまの買い取り価格は，慣行栽培が6000円であるのに対して，コウノトリ育む農法（減農薬）では8600円，無農薬では1万800円とかなり高価である．野生復帰が広く知られるようになり，販売実績は好調だ．消費者は野生復帰という物語に付加価値をみいだしているのだろう．2014年現在で，約340 haにまで拡大している．コウノトリ育む農法は生物多様性の向上に寄与する農法として注目されるとともに，生産物は高付加価値のブランド米として注目されている．コウノトリを象徴とすることによって，農家，行政，JAたじま，豊岡農業改良普及センターなどの多様なアクターの協働が進められた好例であろう．

(2)　コウノトリの観光資源化

　2005年の放鳥以降，郷公園には年間30万人前後の来園者が訪問している．地域の自然や文化を地域資源化して，観光からの利益を地域に還元して地域資源の持続可能な利用を図ることによる地域づくりが試みられている（敷田ほか，2009）．筆者らは，コウノトリ放鳥の経済効果を測るため，郷公園の来園者へのアンケートを実施した．満足度と再訪意思がそれぞれ9割を占めていることから，コウノトリは観光領域における重要な地域資源となっている（菊地，2012a）．コウノトリの観光面での豊岡市の経済波及効果は年間約10億円と試算され，地域経済に寄与している（大沼・山本，2009）．再訪者が多いことから効果が継続する可能性が高く，生物多様性の保全と経済が両立している好例と評価されている．

　観光からの利益を農業分野や湿地再生の担い手などに還元することが課題である．生息環境の整備が進展することにより，コウノトリの地域資源としての

108

価値が向上するとともに、持続可能な利用が可能となるだろう（菊地、2012a）.

(3) 市民による生息地再生

コウノトリへの「愛護」をかかげ、その生態や餌生物、採餌環境などに関する調査や生息環境の整備に向けて活動している市民たちが現れている。地域の身近な自然を守るために、多数の市民による環境モニタリングの可能性が唱えられている（鷲谷・鬼頭、2007）.科学知は、科学内部での整合性を重んじるため、野生復帰のような総合的で現実的な問題を扱うのはあまり得意ではない。市民の目線での調査・研究が必要とされるのだ。このような一連の活動は、野生復帰を契機として展開されたもので、人と自然のかかわりのダイナミズムを象徴するものである。多様な主体がかかわることで、野生復帰が重層的に展開してきたことも特筆に値する.

2007年、湿地の保全・再生・創造を行い、人と自然が共生する社会づくりに寄与することを目的とするNPOコウノトリ湿地ネットが設立された。コウノトリ湿地ネットはコウノトリの生息に適した湿地づくりを試行錯誤しており、指定管理者として管理している豊岡市立ハチゴロウの戸島湿地では、2008年から毎年コウノトリの繁殖が観測されている.

5.5 物語の曖昧さ

野生復帰の物語を共有しながら、多方面で取り組みが展開し、複数の価値の実現が図られている（図5.3）.

ただし、野生復帰という物語は共有されていても、個々の取り組みが、必ずしも相互につながっているわけではない。農業と観光は、独立した取り組みとして別々に展開してきたといってよい。農業と市民活動もそうだ。それぞれの取り組みは、緩やかにつながっているが、必ずしも同じ方向を向いているわけではないのだ。ここで浮かんでくる問いは、「必ずしも同じ方向を向いていなくても、こうした取り組みが同時多発的に創発し、複数の価値が実現しているのは、なぜだろうか」というものだ.

考えてみれば、「コウノトリがすめる環境は、人間にとってもよい環境」という物語は、曖昧なものである。コウノトリがすめる環境が人間にとってよい環

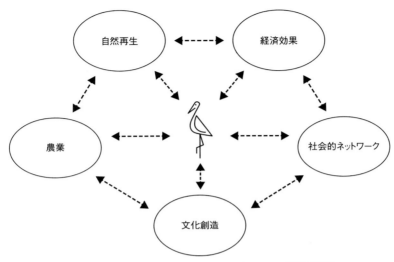

図5.3 コウノトリの野生復帰（イラスト：兵庫県立コウノトリの郷公園提供）．

境とは，単純にいえないだろう．低湿地を好むコウノトリがすめる環境は水害が多い環境でもある．矛盾する環境でもあるのだ．人間にとってよい環境もまた，曖昧である．これでは，なんでもありではないか．そう心配になってしまう人もいるだろう．

　むしろ，ここで問いたいのは，物語が曖昧であることによって，差異を維持した多面的な取り組みが可能になるのではないかということである．その曖昧さゆえに，さまざまな解釈が可能となる．そのことにより，一見すると矛盾する異質な価値を併存させておくことができ，それぞれの関係者が自身の取り組みを野生復帰に関連づけることが可能となるからである．異質な価値の併存を担保することによって，研究者，行政，市民といった多様な人たちが緩やかに協働する可能性を高めることができるのではないだろうか．

　それに対して，生物学的価値といった1つの価値への統合が強く志向されると，研究者以外は，研究者が設定した物語を演じるたんなるアクターと位置づけられるようになる．結果的に，価値をめぐる対立のリスクが高まり，多様な取り組みを創発する可能性は減少するのではないだろうか．

　つぎに，筆者自身の経験を振り返りながら考えてみたい．

5.6 「野生」とはなにか

(1) 給餌をめぐる問題

2007年7月，野生復帰後初めてコウノトリの巣立ちが確認された．郷公園の研究員として巣立ちに立ち会っていた筆者は，違和感をもたざるをえなかった．給餌に依存するペアだったからである．いったい，どこからが野生の鳥といえるのだろうか．定着を目的とした給餌に依存していることから，この巣立ちは人間の管理下なのか．給餌に依存するコウノトリは野生の鳥なのか．

郷公園は，給餌は「野生」化を促進しないので，基本的には行わない方針であった．「野生動物への餌やりは，本来の野生を損なわせる」という考えだ．ただ，コウノトリを豊岡市に定着させて繁殖の可能性を高めるという科学的・政策的目的のために，一時的な給餌は行っていた．それに対して独自に給餌する市民グループも現れた．市民グループの意見は，生息環境の整備は不十分であり，給餌は整備されるまでの支援活動というものであった．繁殖を助けるためのものでもある．「目の前で苦しんでいる動物の保護を考えずに，抽象的に野生動物保護を唱えることは詭弁だ．餌をやることが保護である」という考えだ．

コウノトリへの人間の関与のあり方について，人々の間で意見が分かれていた．給餌への態度は，なにに「野生」をみいだしているかによって異なっているようだった．同じ「野生」という言葉を使っていても，まったく異なった意味を込めているかもしれない．

こうした価値の対立は，さまざまな場面で顕在化した（菊地，2016b）．コウノトリが郷公園周辺に居つき，開放型の公開ケージで展示用に飼育しているコウノトリへの餌に依存するようになった．「野生復帰には餌を公園に依存せず，園外で自力でとる力をつけさせることが必要」と判断した郷公園が，公開ケージで展示用に飼育されているコウノトリを順次収容し，放鳥コウノトリが餌を食べられないようにしようとした．市民や豊岡市から愛護や生息環境の回復が不十分という理由にもとづき，給餌は当然との意見が表明された．郷公園は関係者との信頼関係が損なわれると野生復帰の推進に支障が生じることを理由に，この取り組みを中止した．その後，郷公園は科学的視点にもとづいた「自立」という考えにしたがい，給餌から段階的に脱出する取り組みを進めた（現在，給

餌は行われていない).市民グループも,状況をみて給餌の是非を判断しており,現在は給餌を行っていない.野生復帰における「野生」とはなにか.筆者はこの問いに向かわざるをえなくなったのだ.

(2) 曖昧さの可能性

郷公園は,人が関与しない状態を「野生」と考えていた.「コウノトリによって環境を評価してもらうことが大事である.だから餌は与えない.彼らが自立して生息できる環境は,人間にとってもよい環境だ」.市民グループは人間が愛護をベースに関与する状態であるとした.「コウノトリが生息することによって,自然を再生していく取り組みを進めていくことができる.それによって人間にとってもよい環境ができる」.どちらも野生復帰の物語に則った価値と人の関与のあり方を表明している.「野生」という同じ言葉を使っていても,研究者と市民では価値と人の関与の考え方が大きくちがっていた.矛盾する取り組みが併存する物語の曖昧さゆえに,人の関与をさまざまなかたちで設定することができてしまい,矛盾する取り組みが併存しているように思えなくもない.

野生復帰は矛盾する側面をもっている.不確実性を前提にしながらも科学をベースにしなければならない.科学的な目的を達成することが求められるが,広範な市民の参加が得られなければならない.コウノトリは学術的価値をもっているとともに精神的価値も創出されている.「野生」という名で人の関与を強めたり弱めたりする.目標である「野生」は,たえず揺れ動いていて曖昧なのだ.詳細はほかにゆずるとして(菊地,2008,2016b),筆者は野生復帰の見取り図を提示することで,野生復帰における「野生」という問いに向き合おうとした(図 5.4).

図 5.4 家畜化−再野生化.

対立があるにしても，野生復帰の物語を共有しながら，緩やかな協働関係が創出されているのも事実であった．郷公園も市民グループも，生息地の再生に取り組んでいく点では一致している．「野生」という言葉を使うことで，コウノトリのブランド化も可能になっている．「野生」は取り組みに「もっともらしさ」を加えてくれるのだ．「野生」が曖昧なために対立を招くこともあるが，個々のレベルでは相反していても，多様な関係者がそれぞれの論理にしたがって，取り組みをコウノトリに関連づけることもできる．結果的に複数の価値が実現していく．

　そもそも自然と人間，自然をめぐる人間と人間の関係は，つねに不確実であり，合意点もつねに変わりうる．野生復帰において，自然と社会の不確実性と自然と社会の関係の矛盾が不可避である．筆者が行った聞き取り調査では，かつてコウノトリは「害鳥」でもあり「瑞鳥」でもあり，「ただの鳥」でもあるというように，人間にとって矛盾する存在であった．コウノトリは，人のかかわり方によりその意味が異なってくる多元的な存在であった．コウノトリとの共存とは，矛盾するコウノトリそして自然と折り合うことである．野生復帰の実践的な課題は，矛盾を大きな矛盾にしないコウノトリとの多元的なかかわりの再生であると提示した（菊地，2006）．

　こう考えると，対立や矛盾は解消するものというより，つねに課題に挑戦させ続ける緊張を与えてくれるものといえないだろうか．価値を一元化し，矛盾を解消しようとすると，価値が対立するリスクを高めたり，多面的な活動の創発を阻害してしまう．「野生」が曖昧であることは，さまざまな主体や活動をつなぐ，多義的な概念として機能しうる．「野生」が曖昧で矛盾を含んでおり正解をみいだせないからこそ，異質な価値を相互に承認したり，いくつかの目標を設定したり（宮内，2013），関係者たちが相互に学習したりする機会を与えてくれる．むしろ「野生」を曖昧な多義的な概念としておくことで，1つの価値に縛られない行政や研究者を含む多様なアクターによる差異を維持した協働の可能性は高まっていく．曖昧さがあることにより，価値の対立リスクが軽減されるとともに，複数の価値を実現しうる多元的なかかわりを再生する可能性が広がっていく．

　これが筆者が現場で学んだことであった．

5.7　物語の「生活化」へ

　物語は曖昧さをもっていたほうがよい．ただ，なんでもありといいたいわけではない．要はバランスである．物語は大きな方向性を示すものでなければならない．多くの人が共感できるわかりやすさも不可欠だ．地域の固有性をベースにしながらも普遍的な価値も含めることが必要だ．物語は単純であることにより流通でき，共感を生みだすことにつながる．問題は，物語が肥大化すると，現実とのギャップが大きくなり，関係者たちは物語を演じることを強いられるようになる．その結果，多面的な取り組みが創発する可能性を低めてしまうことだ．

　必要なのは，物語を再び地域生活につなげていくプロセスである．これを「生活化」と呼ぼう（菊地，2017）．表 5.1 でみたように，野生復帰推進協議会は，既存の地域団体が多く構成している．それぞれの組織の論理にコウノトリの論理を入れていくことによって，野生復帰が進められている．コウノトリの論理が加わることで，それぞれの組織の活動が少し上書きされるのだ．より具体的に，コウノトリ育む農法に取り組む農家たちの話に耳を傾けてみよう（菊地，2012b）．ある農家はこういう．「野生復帰の理念に共感したからこの農法に取り組んでいる」と．このような農家ばかりではない．ほかの農家は「この農法は集落の原点」であるといい，集落の維持に結びつけている．生きものがいる「田んぼに子どもたちが帰ってきてくれるとうれしいんだけど」と別の農家は期待する．暮らしのなかにコウノトリをつなげている．農家たちは，それぞれの論理でコウノトリを生活化しているのである．

　物語の生活化があって，物語によって創造された価値は地域に定着する．生活化とは，物語の肥大化を回避するプロセスである．そのプロセスのなかで，再び曖昧さや多義性が物語に組み込まれ，差異を維持した緩やかな協働の可能性が広がり，複数の価値の実現が図られていく．なぜ生活化によって曖昧さが生じるかといえば，生活とはまさに曖昧で多義的な実践であるからである．「野生」をめぐる問題は，曖昧さを含んだ物語を，それぞれの関係者が単純化しようとすることにともなうものであった．

　まとめよう．地域の固有性を反映している野生復帰は，そのままでは広く共感を呼ぶことはむずかしい．科学知とブレンドし物語へと変換することにより，

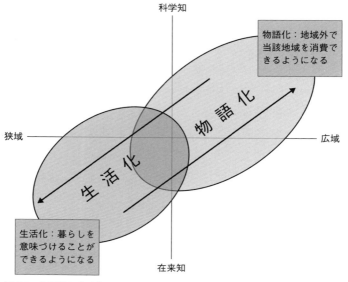

図 5.5　物語化と生活化．

地域外の人も野生復帰の物語に共感できるようになる．物語化によって地域の固有性を広域的に伝えることができるのだ．物語が共感を呼べばよいかといえば，それほど単純ではない．物語が共感を呼べば呼ぶほど現実とのギャップが大きくなってしまうからだ．そうなると，農家や地域住民は物語を演じる客体になってしまう．物語をもう一度，地域生活の文脈につなげていくプロセスが必要となる．物語の生活化である．生活化によって，これまでとは異なった視点から地域生活を価値づける可能性が高まる．

　物語化は空間的にはより広域的な方向に向かう．生活化はより狭い地域へと向かう（図 5.5）．地域の固有性の物語化とその物語の生活化．地域環境知はこの行き来に生成するものではないだろうか．地域環境知が差異を維持した協働を促す知識基盤となるには，多様な解釈を可能とする曖昧さをもっていることが鍵となる．

　こうしたプロセスが動くことにより，さまざまな矛盾と折り合い，差異を維持した協働の可能性が高まり，複数の価値の実現が図られるのではないか．では，協働のプロセスとして，この曖昧さをどのようにデザインしていけばよい

のか．つぎの困難で実践的な課題である．

［引用文献］

池田啓．1999．「環境保全学」を織りだす――すべての学問を坩堝に．エコソフィア，4：
　62–65．

菊地直樹・池田啓．2006．但馬のこうのとり．但馬文化協会，豊岡市．

菊地直樹．2006．蘇るコウノトリ――野生復帰から地域再生へ．東京大学出版会，東京．

菊地直樹．2008．コウノトリの野生復帰における「野生」．環境社会学研究，14：86–99．

菊地直樹．2012a．野生復帰を軸にしたコウノトリの観光資源化とその課題．湿地研究，
　2：3–14．

菊地直樹．2012b．兵庫県豊岡市における「コウノトリ育む農法」に取り組む農業者に対
　する聞き取り調査報告．野生復帰，2:107–119．

菊地直樹．2015a．方法としてのレジデント型研究．質的心理学研究，14：75–88．

菊地直樹．2015b．野生復帰事例――コウノトリの郷の活動．遺伝，69（6）：493–497．

菊地直樹．2016a．持続可能な地域づくりとレジデント型研究者――その多面的役割に関
　する試論的考察．季刊環境研究，180：80–88．

菊地直樹．2016b．給餌と「野生」のあいまいな関係――コウノトリの野生復帰の現場か
　ら考える見取り図．（畠山武道，監修　小島望・高橋満彦，編：野生動物の餌付け問
　題――善意が引き起こす？　生態系攪乱・鳥獣害・感染症・生活被害）pp. 207–226．
　地人書館，東京．

菊地直樹．2017．「ほっとけない」からの自然再生学――コウノトリ野生復帰の現場．京
　都大学学術出版会，京都．

コウノトリ野生復帰推進協議会．2003．コウノトリ野生復帰推進計画．豊岡市．

宮内泰介．2013．なぜ環境保全はうまくいかないのか――順応的ガバナンスの可能性．
　（宮内泰介，編：なぜ環境保全はうまくいかないのか――現場から考える「順応的ガ
　バナンス」の可能性）pp. 14–28．新泉社，東京．

西村いつき．2006．コウノトリ育む農法．（鷲谷いづみ，編：地域と生態系が蘇る水田再
　生）pp. 125–146．家の光協会，東京．

大沼あゆみ・山本雅資．2009．兵庫県豊岡市におけるコウノトリ野生復帰をめぐる経済
　分析――コウノトリ育む農法の経済的背景とコウノトリの野生復帰がもたらす地域
　経済への効果．三田学会雑誌，102（2）：3–23．

佐竹節夫．1997．豊岡市．（日本エコライフセンター・電通EYE，編：環境コミュニケー
　ション入門）pp. 147–155．日本経済新聞社，東京．

敷田麻実・内山純一・森重昌之（編）．2009．観光の地域ブランディング．学芸出版社，
　東京．

鷲谷いづみ・鬼頭秀一（編）．2007．自然再生のための生物多様性モニタリング．東京大
　学出版会，東京．

Naito, K. and H. Ikeda. 2007. Habitat restoration for the reintroduction of the oriental
　white storks. Global Environmental Research, 11: 217–221.

Naito, K., N. Kikuchi and Y. Ohsako. 2014. Role of the oriental white stork in maintaining the cultural landscape in the Toyooka Basin, Japan. *In* (Sun-Kee Hong, Jan Bogaert Qingwen Min, eds.) Biocultural Landscapes. pp. 34–44. Springer, Tokyo.

Roberge, J.M. and P. Angelstam. 2004. Usefulness of the umbrella species concept as a conservation tool. Coservation Biology, 18: 76–85.

6 シマフクロウがもたらす一次産業のビジョン
——西別川の流域再生

北村健二, 大橋勝彦

　北海道東部を流れる西別川の流域では, シマフクロウが生息し続けられるような流域環境の再生・維持を目的とした活動が住民主導で行われている. 活動母体となる「虹別コロカムイの会」の設立以来, 自然環境再生の取り組みはこれまで 20 年以上にわたって展開され, 行政上の境界や利害のちがいを超えた協働の機会を生みだしている. シマフクロウは, アイヌの人たちが古くからコタンコロカムイ (村の守り神) として崇めた生きものであり, 虹別コロカムイの会の活動も, シマフクロウという対象に向かって一貫している. 住民たちは, 生業である一次産業のなかで用いられてきた道具, 知識, 技術を, 工夫を重ねながら活動に活用してきた. シマフクロウに象徴されるのは, 良好な流域環境だけでなく, 酪農や漁業など一次産業を基盤とする西別川流域の持続可能な未来の姿でもある. この流域規模の価値が, 一連の活動を通じて広く共有されてきた. 本章では, この過程を具体的に振り返る.

6.1　西別川とその流域

　西別川は北海道東部を流れる全長約 80 km の川である. 弟子屈町にある摩周湖から地中に浸み込んだ水が標茶町虹別で湧きだして源流となり, 東に向かって流れた後, 別海町で根室湾に注ぎ出ている. かつてアイヌの集落が点在したこの流域に 20 世紀前半から移住者が入植し, 現在の地域の姿の基礎がつくられてきた (虹別開拓 50 周年記念事業実行委員会, 1979). なお, 本章では, 水源の摩周湖も含めて西別川流域と表現することとする (図 6.1).

　サケやマスが生息する西別川では, 古くから漁業が流域の基幹産業であった. 1890 年には虹別にある源流付近にサケ・マスの孵化場が建設され (秋庭・末武, 1984; 虹別市街町内会, 1992), 数度にわたる改修や所有者の変更を経た現在も操業を続けている. 酪農も大きな基幹産業である. 西別川流域を含む根室・

図6.1　摩周湖（写真中央）と，その南東（写真手前）にある西別川源流．

　釧路地域では，1954年から「根釧機械開墾地区建設事業」，また1973年からは「新酪農村建設事業」が実施され，国策として酪農の機械化と大規模化が進んだ．こうした土地利用の変化は，大規模な森林の伐採や汚染排水の川への流入などを引き起こし，西別川の水質にも大きな影響を与えてきた．また，少子高齢化も進み，酪農を中心とする農業や，漁業など一次産業の将来にわたる持続可能性への不安がある．

　河川環境悪化の懸念を背景に，1973年5月28日から31日にかけて，別海町や東京都に住む30代前半の3名がゴムボートで西別川を源流から河口まで下りながら水質調査をする冒険的な計画を敢行した（渡部，1973）．それに続き，同年8月30日からの4日間，別海漁業協同組合青年部を中心とする8名の調査隊がやはり西別川源流から下流まで下りながら，河川が汚染されている状況を映像として記録した（柳沼，1999）．筆者の大橋もその一員であった．北海道全域では，ニシンの漁獲量が激減した原因が森林伐採にあるのではないかとの推論のもと，北海道漁業協同組合婦人部連絡協議会が「お魚殖やす植樹運動」を1988年に開始した．キャッチフレーズは「百年かけて百年前の自然の浜を」であった（柳沼，1999）．

　こうした道内および流域の流れのなかで，シマフクロウを中心に据えた虹別コロカムイの会の活動が始まることとなる（佐藤，2016）．本章では，同会の活動のなかで，とくに生業で培われた在来の知識・技術がさまざまな活動を促し，

6.2 シマフクロウとの出会い

前述のとおり，道内および流域における1970年代以降のさまざまな動向を背景として生まれた虹別コロカムイの会であるが，直接のきっかけとなったのはシマフクロウとの出会いである．シマフクロウは，極東ロシア，中国北東部や北海道など北東アジア地域の固有種で，河畔林の減少や河川周辺の開発などにより個体数が大きく減少し，絶滅の危機に瀕している（BirdLife International, 2001）．全長約70 cm，翼を広げた際の幅は約180 cmにもおよぶ日本最大のフクロウで，国の天然記念物として指定されている（図6.2）．大きな洞のある古木と，冬でも凍らない河川の2つが生息条件である（Slaght and Surmach, 2008）．前者は繁殖期の巣づくりのため，後者は年間を通して魚を捕食するために必要となる．過去の土地利用の変化などが生息環境の悪化をもたらし個体数が大きく減少し，環境省のレッドリストでは絶滅危惧種のなかでもっとも危

図6.2 シマフクロウ.

機度の高い IA 類に含まれている．北海道東部を中心に現在 140 羽程度が生息すると推定されている（環境省，n.d.）．アイヌの人たちは古くからシマフクロウのことを，村（コタン）を守る（コロ）神（カムイ）という意味で「コタンコロカムイ」と呼んでいた（Kameda, 2011）．

　その希少なシマフクロウとの出会いは 1993 年に起こった．筆者の大橋の家業はサケの定置網漁で，西別川の河口が仕事場となっており，住居も別海町の海岸にある．しかし，1980 年代からニジマスの一種ドナルドソントラウトに強い関心をもつようになり，源流に近い虹別に専用の養魚場をつくった．そこに，シマフクロウが現れたのである．大橋は虹別の知人たちを招き，一緒にシマフクロウをみたところ全員が感銘を受け，シマフクロウがずっとすみ続けられるような環境を流域全体でつくっていきたい，という考えで一致した．

　そのための活動母体をつくるにあたり，アイヌの人たちから了解をもらったうえで「虹別コロカムイの会」という名称をつけた．これは，アイヌの人たちが長い年月にわたってシマフクロウのことを神として崇めてきたことに深い意味があると考えてのことである．会は 1994 年 4 月に発足した．

6.3　生業の道具や技術の活用

　じつは，虹別コロカムイの会が正式にできる前の 1993 年から，シマフクロウの巣箱をつくって設置する活動は始まっていた．前述のとおり，シマフクロウは川の近くにある大径の広葉樹の洞に巣をつくる習性をもつが，生息環境の変化が進み営巣に適した木が少なくなってしまった．そのため，環境省では 1984年以来，保護増殖事業の一環として巣箱を調達し設置している（環境省，n.d.）．

　この環境省設置の巣箱とほぼ同じ形状・大きさのものが地域に多く存在することに住民は気づいた．それは，ドラム缶と同じ 200 リットルの容量をもつプラスティック製の容器である．中身のギ酸は牧草の保存に用いられるもので，酪農のさかんな西別川流域で広く普及している．使用後は廃棄物となるこのプラスティック製の容器を譲り受け，虹別コロカムイの会の会員でもある地域の人たちが，手先の器用さを生かして自ら巣箱につくり替えた（図 6.3）．もともと産業廃棄物として処分するにも費用のかかるものなので，容器の提供は所有者だった酪農家にとっても歓迎すべきことである．

第 6 章 シマフクロウがもたらす一次産業のビジョン　121

図 6.3　シマフクロウの巣箱.

図 6.4　漁網保管に再利用されるギ酸容器.

　この容器を有効に再利用する方法には先例もあった．サケの定置網漁では，サケが川に戻ってくる夏から秋までの数カ月に漁期が限られており，それ以外の時期は網をたたんで浜に保管することとなる．その土台として，ギ酸の容器が用いられている（図 6.4）．冬場に漁網が雪に埋もれないようにということもあるが，さらに重要なのがネズミ対策である．ネズミが網の塊の内側に潜り込んで，網を噛み切ってトンネル状の巣をつくることがあり，それを防ぐ目的がある．プラスティック製の容器で底上げすると，地面から一定の高さが確保され，しかも滑りやすい表面なので，ネズミが登りにくいという効果がある．ネ

ズミと漁師の長年の攻防から生まれた一種の生業技術ということができる．もともと身のまわりにある道具を，本来とは異なる目的のために活用する工夫の一例でもある．そのための費用もかかっていない．

　シマフクロウの巣箱をつくるときにも，入口部分に木枠をつけたり，底に木片を敷き詰めたりするという加工が必要となるが，材料はすべて地域にあるものを使っている．また，作業はすべてボランティアなので人件費もかからず，巣箱は実質的に費用一切なしで製作，設置，維持管理までできてしまうのである．

　そのような手づくりの巣箱が実際に機能するのか，という懸念は杞憂に終わった．シマフクロウは，環境省設置の巣箱とほぼ同じ頻度で虹別コロカムイの会設置の巣箱を使っており，これまでに合計30羽近くのヒナが巣立ったことが確認されている．

　虹別コロカムイの会が発足した1994年に，もう1つ大きなできごとがあった．当時，虹別市街のある区画において，森林を伐採して，除雪車などを置くためのスノーステーションという施設を建設することが決まっていた．それに対して虹別コロカムイの会は，それらの樹木を自分たちで別の場所に植え替える提案をした．いわば，森ごと移動させるという発想である．酪農家，漁業者，公務員など多様な構成員をもつ虹別コロカムイの会であるが，プロの林業家はいない．しかし，会員がトレーラーや油圧ショベルなど自ら所有する道具をもちより，労働はすべてボランティアで，この事業を完遂してしまった．かかった費用は重機の燃料代として数万円のみであった．この事業が完遂されたのは1994年の6月のことで，会ができてまだまもないころであった．

　植え替え先はもともと廃棄物処分場だった区画で，廃棄物の上に30–40 cmの盛り土を被せたのみという場所であった．樹木の生育条件としては悪く，数年後に調べると活着率はけっして高くなかったが，植え替えの作業自体は計画どおり実施することができた．この経験を生かし，シマフクロウが生きていけるための河畔の森づくりを本格的に行う方針を決定した．そして，「シマフクロウの森づくり百年事業」と称して，毎年5月に植樹祭を開催している（図6.5）．

　前述の北海道漁協婦人部の植樹にならってこの事業も100年計画となっている．一方，明らかに異なるのは，漁協婦人部の植樹の際に掲げた対象がニシンだったことに対し，虹別コロカムイの会が掲げたのはシマフクロウだったこと

第 6 章　シマフクロウがもたらす一次産業のビジョン　123

図 6.5　シマフクロウの森づくり百年事業植樹祭.

である．ニシンの場合は漁業という特定の生業に結び付く活動になるが，直接の資源として利用されないシマフクロウは，生業や立場のちがいを超えた広い参加を促すことにつながった．植樹祭は，2016 年 5 月までにすでに 23 回にわたり毎年実施されており，合計で約 7 万 5000 本の苗木が植えられた．植樹場所は年によって選定されており，町有地も私有地も含まれる．2014 年からは標茶町との間で協定を結んで町有地での植樹も実施されている．50–60 年前にカラマツの植林をしたところが伐期になってきていて，その伐採した跡を広葉樹に戻そうという趣旨である．行政との連携が具体的になっていることの一例である．

参加者は毎年 200 人から 300 人の範囲で変動している．虹別コロカムイの会の行事としては最大規模のものであり，会員数十名が参加している．それ以外のおもな参加者構成としては，行政では流域の 3 町（弟子屈，標茶，別海）の幹部から若手職員まで多数参加するのが通例となっている．また，環境省，北海道開発局，北海道庁からも職員が参加している．標茶町の小学校，中学校，高等学校からも，野外活動教育プログラム「アドベンチャースクール」などの枠組みにより生徒が多数参加している．虹別コロコカムイの会から積極的に広報することもなく，すべての参加者は無償で労働を提供する形式だが，毎年多くの参加者が集まっている．そのため，3000 本を超える数の苗木を植える作業が，実質 1 時間程度で完了する状況である．

植樹作業の途中の休憩時間には地元産の牛乳が配られるのも通例となっている．植樹場所が別海町のときは別海の牛乳，標茶町のときは標茶の牛乳が提供される．言葉で説明はしないが，参加者は牛乳を飲みながら，酪農という地域の中心産業を思い浮かべることになる．また，作業終了後の交流会では，別海で採れた海産物などをバーベキューで参加者が食べる機会を設けている．川から海までのつながりがあって，それが森によって支えられていることを，海の幸を味わいながら参加者が考えることができる内容になっているのである．

　植樹する木はこの地域で従来からみられる在来種の広葉樹としている．第23回（2016年）に植えたのはミズナラ，エゾヤマザクラ，クルミ，ヤナギなど9種類，合計3300本であった．苗木の半分は，公益財団法人三菱UFJ環境財団が地元の森林組合から買い取って寄付している．これは，第5回から毎年続く長期的な貢献となっている．残りの半分の苗木は虹別コロカムイの会が自ら調達しており，会の役員のなかに苗木づくりを引き受ける人がいて，その人の役割が大きい．地域内で育てた在来種の広葉樹を植えることは，シマフクロウの本来の生息環境を復元するという目的とともに，参加者が地域の環境のあり方について考えるきっかけの役割も果たすことになる．

　植樹の細かい段取りや交流会会場の設営などすべて虹別コロカムイの会の会員たちが自らやってしまうことも1つの特徴である．仮設トイレを設置したり，終わったら撤去したりというような，都市部ならイベント業者の出番となりそうな場面でも会員自身がクレーン付きのトラックで瞬時に作業をする光景が毎年みられる．指示を待たずに会員たちが黙々と作業を進めるのも，20年以上の経験の蓄積の成果となっている．さらに，スタッフと参加者の区別が曖昧なこともこの行事の特徴である．町役場の職員はじめ会員以外の参加者も進んで身体を動かすので，円滑かつ迅速に作業が終わるのが通例である．このほかの重要な関係者が会員の家族であり，20名近くの女性たちが食事の準備や提供などで活躍している．この人たちは虹別コロカムイの会の腕章をつけることもなく，植樹祭参加者にも勘定されないが，舞台裏で大きな貢献をしている．

　森の手入れも，会員たち自身が行っている．苗木がある程度育つまでの数年間は下草刈りが必要で，これも会の活動として会員がボランティアで作業するため，草刈機の燃料代程度の費用ですんでいる．とことんまで手づくりの森林再生事業なのである．

6.4 人が集まる仕組みづくり

　巣箱と植樹に続いて虹別コロカムイの会が取り組んだのは，人が集まる行事を企画して開催することであった．具体的には3つの行事がこれに該当する．1つめは，コンサートの開催であった．シンガーソングライターのしらいみちよさんが虹別コロカムイの会の会長である舘定宣さんと知り合い，会の活動の趣旨に賛同し，虹別まできてコンサートを開いてくれることとなった．これが1995年9月のことであり，「西別川源流コンサート」というのが演題であった．開催経費の一部として，標茶町文化振興補助金を受けたが，基本的にはこれも手づくりの行事であった．

　このコンサートに参加した別海町の住民から，河口のほうでもやりたいという希望が出て，それならこの際，川の流れに沿ってすべての地区でやるほうがよいだろうということになった．そして，翌1996年から，虹別コロカムイの会が中心となって，1週間かけて上流から下流まで5カ所でやることになった．名前も「源流」でなく「西別川流域コンサート」に変更した．コンサートは2005年まで10年間にわたって毎年開催された（図6.6）．

　5地区でやってみると，地区によってそれぞれ運営方法にちがいがあることがわかった．同じ流域といってもさまざまな考えをもつ人たちがいるので，1つの考えを押し付けるようなやり方ではうまくいかないだろうということが感

図6.6　西別川流域コンサート（提供：虹別コロカムイの会）．

じられた.

2つめの行事は「摩周水系西別川流域有名人会議」と称するものであった. 弟子屈町, 標茶町, 別海町の町長たちと虹別コロカムイの会が集まる場を2001年の夏に設けたのがはじまりである. この会議はその後も毎年開催され続けており, 5, 6回目以降は町長だけでなく職員も参加するようになった. その後, 「有名人会議」という名前では多くの人が参加しにくいという意見が出て, 2010年に「摩周水系西別川流域かいわい会議」と改名した. その年から, 農業, 林業, 水産業, 商工業の代表にも参加してもらうようになった. さらに, 2014年からは隣接する中標津町にも声をかけ4町参加となり, より広域での議論の輪ができている.

3つめの行事は,「摩周・水・環境フォーラム」と称するものである. これは, 流域にとって重要なテーマを毎年設定し, 専門家を講師として招いて講演してもらうもので, 2002年から流域3町のもちまわりで開催している. 川と環境を軸に, 西別川流域に特有の問題を学び合う場として機能している. 地域に問題が起こったときに冷静に判断し活動できる人材を増やしていく, という目的もある.

こうした3つの行事を通じて, 流域内のさまざまな人たちが一堂に会する機会を提供しているが, 同時に, 町の境界を越えて流域全体で行政が連携する仕組みをつくりだしたという意味もある. 行政の縦割りを破って連携する体制をつくることはけっして容易でないが, 虹別コロカムイの会では会長が行政の出身であり, その人脈と信頼関係が大きな役割を果たしたことはまちがいない. また, 虹別コロカムイの会は行政から資金を提供してもらおうという意図が一切ないことを最初からはっきり伝えることで, 行政の人に安心して参加してもらう環境をつくった. さらに, 各行事の性質に応じて, 実行委員会など実施体制もそれぞれに適したかたちになるよう使い分けていることも特徴である.

6.5 水草をめぐるネットワーク

発足から20年以上を経て, 虹別コロカムイの会の継続的な活動には安定感がみられるようになっている. その一方で, 近年新たな取り組みも始まっている. それがバイカモの保護である. バイカモは水草の一種で, 漢字では梅花藻

第 6 章　シマフクロウがもたらす一次産業のビジョン　127

図 6.7　バイカモ.

と表記される．その名のとおり，梅に似た直径 1 cm 程度の小さな花を咲かせる植物である（図 6.7）．

　西別川は摩周湖の伏流水を水源とすることから一定の水温が保たれ，周囲のほかの河川と異なり上流域では真冬でも凍ることがない．あたり一面が雪で白一色のときでも川がたえず流れ，そこに心が洗われるような緑色のバイカモがあるという風景は，地域の人たちの心に刻まれている．また，バイカモがあることで，川の流れが少し緩くなるとともに，川底の起伏を生み，魚の生息に適した環境を生みだしている．西別川にはヤマメ，アメマスなどが生息し，稚魚がバイカモをすみ家にしている．そして，トビケラなどの水生昆虫が魚の餌になっている．川の魚はヒグマや猛禽類の餌になって，そのなかにはシマフクロウも含まれる．バイカモが豊かに茂っている川なら，水質も生きものも健全な状態にあるということになる．

　しかし，バイカモは近年減少しており，その最大の原因として有力なのが，冬場に水鳥やエゾシカがほかの栄養源を確保できずバイカモを食べる量が増加することである．とくに，個体数の増加が懸念されるエゾシカは川底の地下茎までこそぎ取ってしまうので，春から夏にかけてバイカモが成長して回復する程度も低下させていると考えられている．

　そこで，川の水面の少し上を網が覆うような状態にして，シカやハクチョウやカモなどがバイカモを食べつくさないようにできないか，ということを虹別

コロカムイの会を中心に関係者が協力して実験を開始した。そこにも在来の道具や、それを活用する知恵が大いにみられる。まず、川の水面近くを覆う網には、定置網に使う漁網を活用している。その網が水のなかに浸からないように「浮き」がたくさん使われているが、これは、シマフクロウの巣箱と同じくギ酸容器の再利用である。先例として、筆者の大橋の養魚場でも一部は水面を網で覆っている。全部でなく一部のみ覆っているのは、全部開放するわけにはいかないが、野生動物に少し食べさせるのはかまわない、という考えにもとづいている。人間の都合と野生動物の都合の折り合いを適度に保っている、ということである。この養魚場で用いていた方法をバイカモの保護にも応用したのである。

　さらに、網の端を固定している金属製の用具も、もとは定置網のサケ漁で使う錨である（図6.8）。このように、ことごとく漁業や農業でもとから使っている身近な道具を、日々の創意工夫によって活用しているのである。身のまわりにあるものを使って、どれだけ工夫できるかというところに、一次産業に従事する人たちの強みが発揮されている。これにより、無用の資金を投じる事態も避けられる。とくに、試験的に実施する段階で資金を使ってしまうと、結果が芳しくないときに各方面に負の影響がおよんでしまうが、身のまわりのものを使っていれば、かりに失敗してもほかの人たちへの影響を防ぐことができる。

　2015年から16年にかけての冬は、バイカモ保護の網を張る実験を始めて3季目となったが、設置と撤去の時期、浮きの位置、作業の段取りなどにおいて少しずつ改良が重ねられている（図6.9）。ここに張られた網も、地域の生業技術の結晶とみることができる。設計図というかたちで示されているわけではないが、実際の設置によりしっかり体系化されている。回を重ねるごとにノウハウが蓄積され、網の構造も洗練されている。

　バイカモ保護活動は、さまざまな人たちとの新たな協働も生みだしている。網を張っている場所が本章の冒頭で紹介したサケ・マス孵化場の敷地内なので、まず孵化場の協力が大きい。ほかに、西別川流域3町の役場、趣味として川で魚釣りをする人たち、水中写真を撮る人たち、また、川にやってくる人たちという意味では愛鳥家など、いろいろな人たちが関係する。バイカモに直接関心があるかないかにかかわらず、網が張ってあるときは一時的には彼らの活動に影響が出てしまうということもある。しかし、バイカモが増え、かつての西別

第6章　シマフクロウがもたらす一次産業のビジョン　129

図6.8　定置網用の錨.

図6.9　バイカモ保護網.

川の環境に近づくことは，長い目でみれば彼らにとっても望ましい状態である．それらの人たちとの話し合いをていねいにすることに努めた結果，これまでに反対の声はあがっていない．そして，西別川のバイカモを10年以上にわたって調査している山形大学農学部の菊池俊一さんという研究者が大きな役割を果たしている．継続的な調査により，科学的なデータが継続的に得られている．このデータは，バイカモの生育状況の変化が川の状態や生態系にどのような影響をおよぼすのかを考えるための参考となる．菊池さんは，地域の人たちとの対話を重ねながら，網かけによる保護の取り組みにも全面的に協力している．

バイカモの保護への実際の効果について性急に結論を求めるべきでないが，菊池さんによると，虹別での網かけの効果はほぼ確かにあることが証明されつつある．今後は，かつてのようにバイカモに覆われた西別川の姿に少しでも近づけるため，菊池さんの協力のもと，植え付けも含めた保護増殖にも取り組むことが検討されている．

6.6　流域全体に共有される一次産業のビジョン

　以上みてきたとおり，流域内にあった知識や技術が，活動の各段階で複合的に組み合わされ活用されてきたのがこの事例の特徴である．たとえば狩猟を主とする生業の技術とともに自然環境と人間社会を一体的にみる世界観を築いた先住民についての分析はすでにあるが（大村，2012），本章の事例では，獲物を分かち合うというような伝統的な規範のない現代の地域社会において，新たな自然環境再生の取り組みを行うために生業技術を応用していることが特徴的である．ここでいう生業技術には，酪農や漁業で用いる道具をあらゆる用途に使いこなす知恵と工夫もあれば，行政経験にもとづいて人を束ねる能力や人的ネットワークの活用など社会技術も含まれる（Heller，1997）．

　住民の日常生活に近い活動であることは，費用を抑えるだけでなく，気軽に参加しやすい印象を与える効果もあると考えられる．そして，ひとたび参加すれば，ほかの仲間たちと連帯し，貢献できたという充実感が生まれる．それが，つぎも参加しようという意欲になる．植樹祭のような大きな行事では，虹別コロカムイの会の会員でなくても繰り返し参加する人たちが少なくないことがそれを示している．流域外に転出した後も植樹祭に手弁当で参加する人たちの姿もみられる．

　シマフクロウの森づくりを大きな柱に据えつつも，虹別コロカムイの会はこれまでつねに複数の種類の活動を同時並行で実施してきた．それぞれに目的があり，組み合わせることによって相乗効果も生まれる．このうち，科学知を取り入れながら流域の課題を頭で考える要素がもっとも強いのが摩周・水・環境フォーラムである．行政や研究者が主導していたらこのフォーラムのような活動が最初に企画されるかもしれない．しかし，虹別コロカムイの会は，体を使った協働の要素の強い身近な活動を先行させ，人のつながりや理念の共有という

第 6 章　シマフクロウがもたらす一次産業のビジョン　131

土台がある程度固まってからフォーラムを実施した．複数の種類の活動をどの順番やタイミングで組み合わせていくか，その判断も社会技術と解釈することが可能である．

　虹別コロカムイの会の活動以外にも，流域の課題解決のためのさまざまな動きが起こりつつある．たとえば，牛の糞尿によるバイオガス生産は，川に流れだせば汚染源となる糞尿を回収し，エネルギー生産のための資源として役立てるという発想の転換である．河川や沿岸海域の水質悪化や富栄養化が軽減されれば漁業にも正の影響が生まれる．ほかにも，一部の牧場が飼料用のデントコーン畑に変わるなどの変化がみられる．飼料生産から始まる酪農サイクルが流域内で完結するというかたちも将来の選択肢の 1 つである．このような新しい動きの背景には，一次産業の将来への不安がある．経済のグローバル化が進み産業構造も変わっていくなかで，流域の人口は減少し高齢化も進んでいる．次世代の担い手が不足するのではないかという懸念もある．酪農のみ，あるいは漁業のみ，というように個別の生業だけ考えていてはもはや問題の解決につながらない．さまざまな生業活動が相互に支え合いながら地域の産業基盤を強化していくことが大切となる．

　このような地域産業の将来ビジョンを考える際に，流域というものが 1 つの適切な単位となる．根本的には分水嶺によって切り分けられた地理的範囲である流域は，水という必要不可欠な資源によって全体がつながっている．流域の環境が良好な状態にあることで，水源涵養，水流の安定，土壌の保持と良質化，森林や野生動物など生態系の保全，観光・レクリエーションなど多様な生態系サービスがもたらされ，農林水産業という一次産業発展の基盤ともなる（Postel and Thompson 2005; Brauman *et al.*, 2007）．下流域や沿岸の環境が上流域の影響を受けることからも，流域単位で課題と対策を考えることの重要性が示される（Millennium Ecosystem Assessment, 2005）．従来の行政の枠組みを超えた自主的で開かれた問題解決の取り組みに適した地理的範囲としての流域の意義もある（Lubell *et al.*, 2002）．

　虹別コロカムイの会のこれまでの活動は，この流域という単位を基本とした協働のプラットフォームを築き，強めていく過程だったと解釈することができる．このプラットフォームにおいては，立場に関係なく，また行政の境界を越えて，参加者が共通の目的に向かって力を合わせることが可能となる．そして，

協働を通じて，一次産業を基盤とする地域経済と，それを支える自然環境がともに持続可能な状態になることの価値が，流域という地理的な広がりをもって共有されてきているのである．

虹別コロカムイの会の1994年の設立趣旨では「ただひたすらにシマフクロウのために」とされていた目的が，西別川流域コンサートの開催主旨では，シマフクロウに加えて「日本一の鮭や牛乳が孫子の代まで川の流れのように続いてほしい」と，一次産業のビジョンも語られている．抽象的すぎず，具体的すぎず，流域に住む人々が共有しやすい表現になっている．このように虹別コロカムイの会が共有を図ってきた価値観は行政の方針にも反映されるようになってきている．下流側の別海町が制定し2014年4月1日に施行した「河川環境の保全及び河川の健全利用に関する条例」（別海町条例第21号）の前文にはつぎの文言が記されている（別海町，2014）．

別海町では，西別岳の麓に源流を持つ西別川をはじめとし，風蓮川，床丹川，春別川，当幌川などが風蓮湖や野付湾，そして根室湾へと注ぎ，この緑豊かな大地と流域で暮らす私たちに多くの恵みをもたらし，豊かな水産資源を育んできました．

しかし，産業活動の活発化から，少なからず河川環境に負荷を与えてきており，このままでは自然環境はもとより，基幹産業である農業・漁業にも影響を及ぼしかねません．

私たちは，このかけがえのない河川を守り，子や孫，そして流域を訪れる全ての人たちのために，この広大な別海の原野を流れる河川の環境保全及び健全利用に努め，多くの恵みをもたらす自然豊かな川として，次の世代へ引き継ぐことを決意し，この条例を制定します．

この条例には生活排水（第10条），洗剤（第11条），農薬（第12条），土砂流出（第13条），事業用排水（第14条），廃棄物投棄（第15条）などを通じた河川環境への負荷を低減する努力を求める内容があるが，基本的に規制をかけて違反者を処罰する性質のものではない．これは，悪者探しをするのではなく，立場や考えのちがいを超えた協働を促す虹別コロカムイの会の活動方針とも共通するものである．

以前から地域の将来についてさまざまな立場の人たちがそれぞれ考えてきたことが，シマフクロウという環境アイコン（佐藤，2008）のもとで1つに結びついたということができる．近年では，これに加えてバイカモという新たな環境アイコンもその重要性を増しているが，これも最終的にシマフクロウとつながる流域全体の生態系の象徴となっている．西別川流域の事例が示すのは，一次産業を基盤とする流域規模の将来ビジョンを共有しながら，生業のちがいや行政や境界を越えた多様な主体の協働が住民主導で展開可能であるということである．

［引用文献］

秋庭鉄之・末武敏夫．1984．根室の鮭鱒——ふ化事業の発展．北海道さけ・ます友の会，札幌．

別海町．2014．別海町河川環境の保全及び河川の健全利用に関する条例 http://betsukai.jp/d1w_reiki/426901010021000000MH/426901010021000000MH/426901010021000000MH.html（2016.05.31）

環境省．n.d. シマフクロウ．https://www.env.go.jp/nature/kisho/hogozoushoku/shimafukuro.html（2016.05.31）

虹別開拓50周年記念事業実行委員会．1979．虹別五十年．虹別開拓50周年記念実行委員会，標茶．

虹別市街町内会．1992年．虹別市街町内会25周年記念誌『虹の歩み』．虹別市街町内会，標茶．

大村敬一．2012．技術のオントロギー——イヌイトの技術複合システムを通してみる自然=文化人類学の可能性．文化人類学，77（1）：105–127.

佐藤哲．2008．環境アイコンとしての野生生物と地域社会——アイコン化のプロセスと生態系サービスに関する科学の役割．環境社会学研究，14：70–85.

佐藤哲．2016．フィールドサイエンティスト——地域環境学という発想．東京大学出版会，東京．

渡部由輝．1973．北帰行．山と渓谷社，東京．

柳沼武彦．1999．森はすべて魚つき林．北斗出版，東京．

BirdLife International. 2001. Threatened Birds of Asia: The BirdLife International Red Data Book. BirdLife International, Cambridge.

Brauman, K.A., G.C. Daily, T.K. Duarte and H.A. Mooney. 2007. The nature and value of ecosystem services: an overview highlighting hydrologic services. Annual Review of Environment and Resources, 32: 67–98.

Heller, F. 1997. Sociotechnology and the environment. Human Relations, 50（5）: 605–624.

Kameda, Y. 2011. Aspects of the Ainu Spiritual Belief Systems: An Examination of the

Literary and Artistic Representations of the Owl God. A Thesis Submitted in Partial Fulfillment of the Requirements for the Degree of Master of Arts in the Department of Pacific and Asian Studies. University of Victoria, Canada.

Lubell, M., M. Schneider, J.T. Scholz and M. Mete. 2002. Watershed partnerships and the emergence of collective action institutions. American Journal of Political Science, 46 (1): 148–163.

Millennium Ecosystem Assessment. 2005. Ecosystems and Human Well-Being: Current State and Trends: Findings of the Condition and Trends Working Group. Island Press, Washington, D.C.

Postel, S.L. and B.H. Thompson. 2005. Watershed protection: capturing the benefits of nature's water supply services. Natural Resources Forum, 29:98–108.

Slaght, J.C. and S.G. Surmach. 2008. Biology and conservation of Blakiston's Fish-Owls (*Ketupa blakistoni*) in Russia: a review of the primary literature and an assessment of the secondary literature. Journal of Raptor Research, 42 (1): 29–37.

7 | 生業から創発するイノベーション
——マラウィ湖の自然資源管理

ダイロ・ペムバ，中川千草，佐藤 哲

　貧困解消は国際的に喫緊の課題である．しかし，複雑な社会生態系システムのふるまいのなかでは，その解決は困難を極める．本章ではこのような複雑で解決困難な課題に取り組むために必要とされるトランスディシプリナリー（TD）研究のあり方について検討する．東アフリカのマラウィ湖沿岸地域において実践してきた貧困層に属する社会的弱者との協働による TD 研究を通じて，これまで援助の対象として位置づけられてきた貧困層のなかから，人々の福利の向上と持続可能な自然資源管理に資するさまざまな内発的イノベーションが創発していることが明らかになった．持続可能性に向けた社会の転換を促すイノベーションを収集したツールボックスを構築することによって，自律的な自然資源管理と生業複合を促す知識・技術の価値を可視化し，人々の福利の向上と資源の持続可能性を実現する試みから，社会的弱者との協働による新しい TD 研究を提案する．

7.1　後発開発途上国が直面する課題

(1) 貧困の現実と課題

　貧困は，人間社会の持続可能性の実現に深い影を落としている．2015 年の時点で，世界の人口の 14% が 1 日あたり 1.25 ドル未満の収入で暮らす極度の貧困状態に置かれている（World Bank, 2015）．貧困層は，就業機会や経済活動の制約を強く受けることから，農林水産業を通じた自然資源の利用をおもな生業とし，自然資源に強く依存した生活を送る場合が多く，生活上の必要が自然資源に対する大きな圧力となっている．また，医療や初等教育の機会などの基本的なサービスが行き届かないことが多く，就学率の低下，乳幼児死亡率の上昇などの，基本的人権にかかわる問題が発生する．その意味で，貧困層は社会的

弱者であり，貧困に対するさまざまな偏見やステレオタイプ的な認識が，貧困層の生活向上への機会をさらにせばめるという悪循環を生んでいる．とくにアフリカに集中的に分布する後発開発途上国においては，国民の大半を占める貧困層に代表される社会的弱者の福利の向上と，地域社会の持続可能な開発を実現することが，国際的に喫緊の課題である（国連開発計画，2013）．2015年9月に国連総会で議決された「持続可能な開発目標（SDGs）」は，「あらゆる場所のあらゆる形態の貧困を終わらせる（目標1）」ことをうたっており，後発開発途上国における極度の貧困の解消，食料の確保と栄養の改善（目標2），農業および水産資源の持続可能な利用とコミュニティのレジリエンスの向上が，最優先で解決を図るべき課題とされている（United Nations General Assembly, 2015）.

　東アフリカの内陸国であるマラウィ共和国では，世界自然遺産に登録されたマラウィ湖とその沿岸環境が提供する水産資源と観光資源，肥沃な大地が支える農業資源（水資源を含む），エネルギー源として不可欠な森林資源など，多様な生態系サービスが沿岸の人々の生活を支え，人々の福利の向上と沿岸コミュニティの持続可能な開発のポテンシャルを提供している（Government of Malawi, 2002）．しかし，国民の50％は貧困状態にあり，25％は極度の貧困にさらされている（Government of Malawi, 2012a, 2012c）．急速な経済発展や気候変動などにともなって，地域の社会生態系システムはダイナミックに，しかも予測が困難なかたちで変動し，つぎつぎと新しい課題を発生させて沿岸に暮らす人々の生活を圧迫している．

(2) マラウィ湖沿岸コミュニティ

　マラウィ湖沿岸に暮らす人々の生活を支えるさまざまな自然資源の現状から，複雑系としての社会生態系システムにつきまとう科学的な不確実性と，そこで発生する解決困難な課題の性質を垣間見ることができる（Biggs *et al.*, 2015）．沿岸コミュニティの人々の多くは貧困層に属し，おもな生業は小規模漁業，あるいは小規模の水産物流通である（図7.1）．また，その大半が自給的農業生産にも従事している．マラウィでは，小規模漁業者は水産物の90％以上を生産し，小規模漁業とその生産物の零細トレーダーによる流通は安価な動物タンパク質を提供すると同時に，沿岸コミュニティの経済を支えている．2012年の

図7.1 漁から戻る丸木舟の漁師．マラウィ湖沿岸コミュニティの漁業者は，このような小規模漁業者が大半であり，その多くが貧困条件下にある．

「マラウィ国水産基本政策（National Fisheries Policy）」によれば，水産業は国民総生産の4%を占め，漁業と関連産業はマラウィ湖沿岸人口の14%（20万人）の雇用を創出し，水産物は国民の動物タンパク質摂取量の70%，総タンパク質摂取量の40%を供給している．漁業と関連産業は参入が容易であり，沿岸に暮らす人々に貴重な雇用機会を提供している（Government of Malawi, 2012b）．また，安価な水産物であるウシパ（Usipa, *Engraulicypris sardella*, コイ科）やウタカ（Utaka, *Copadichromis* spp. カワスズメ科）などを年間を通じて漁獲することによって，国民の大半を占める貧困層に貴重な動物タンパク質源を提供している（図7.2）．しかし，マラウィ湖では一部の魚種で明らかな過剰漁獲と資源量減少が起こっており，それに加えて不適切な水産物の流通管理によって，生産量の40%にものぼる量が消費される前に劣化し，廃棄されていると推定されている．ウシパ，ウタカなどの安価な水産物は，おもに天日干し，または燻製して保存され，広い範囲に流通するが，加工流通過程の品質維持が困難で，深刻な品質低下と損失が発生する．また，水産物の燻製に必要な薪資源にも大きな需要があり，都市部の燃料源としての薪資源の需要の増大と合わせて，森林資源の枯渇に拍車をかけている．

沿岸コミュニティはマラウィ湖の豊富な水資源に恵まれているが，貧困層が利用できる小規模灌漑の仕組みは普及しておらず，雨季の天水に依存した農業

図7.2 ウシパなどの小型魚種は，天日干しまたは燻製によって加工され，遠隔地まで流通して，貧困層にも手が届く安価な動物タンパク質源となる．

生産は気候変動の影響に真っ先にさらされる（Government of Malawi, 2012c）．干ばつや洪水などのリスクにさらされる不安定な農業生産を補うために，マラウィ水産局は農村での小規模水産養殖の普及に努めているが，マラウィ湖の漁獲高が年間7万トン前後であるのに対して，水産養殖の生産量は年間2500トンにとどまっている（Government of Malawi, 2012b）．国民の貴重な動物タンパク質源を確保しつつ貧困層の生活を向上させるために，水産資源の持続可能な管理と漁獲後の損失の低減，および持続可能な農業生産の振興が切実に必要とされている．また，世界自然遺産でもあるマラウィ湖国立公園などの豊かな自然は，観光資源としても価値が高い（図7.3）．マラウィ湖を活用した観光は

図7.3 沿岸の浅い水中を群れ泳ぐ岩礁性のカラフルな小型カワスズメ科魚類（ムブナと総称される）は，貴重なスノーケル観光の資源である．

発展しつつあり，2013年のマラウィ国外からの年間観光客数は80万人に達した．都市部富裕層を対象とした国内観光もさかんになっている．農漁村のコミュニティが主導する観光と，それにともなう新しい生業の創出は，沿岸コミュニティに暮らす人々の福利向上の起爆剤になるかもしれない．このように，地域の複雑な社会生態系システムは，さまざまな課題とその解決のチャンスが複雑に絡まり合いながらダイナミックに変動しており，その将来の姿を描くことには大きな不確実性がともなっている．

さまざまな課題が錯綜し，将来の変化の予測がきわめて困難な状況では，貧困世帯が1つの生業に依存するのではなく，複数の生業手段をもち，必要に応じて柔軟に取捨選択できる生業複合（pluriactivity）が，世帯の生活の安定と福利向上，およびレジリエンス向上の実現に効果的と考えられる（Salmi, 2005）．貧困層に属する世帯にとって，複数の生業の選択肢があることは生活の安定と向上に大きな効果をもたらすだろう．新たな生業手段の追加による収入増加に加えて，資源や社会条件の変動によって特定の生業が困難になった場合でも，代わりの生業手段を確保できるからである．多様な資源を生かした生業複合と持続可能な自然資源管理を実現できれば，沿岸コミュニティの貧困層の福利の向上に貢献できるだけでなく，SDGsが掲げる貧困削減と格差の解消という国際的な課題の解決にも貢献することになる．

(3) トランスディシプリナリー科学の意義

　後発開発途上国においては，これまで自然資源の持続可能な利用を通じた貧困層の福利向上に向けた取り組みが，行政や民間組織によってさまざまなかたちで実施されてきたが，それらは一般に，援助機関や行政，研究者が課題を特定し，制度や仕組みを設計実装するというトップダウン型の構造をもってきた．社会的弱者自身の視点に立って，現実の生活のなかで直面する課題の性質，課題の解決を妨げている要因，解決に向けて弱者自身によって展開されているさまざまな内発的なアクションに光をあてる試みは十分ではなかった．貧困解消という課題の解決のためには，社会的弱者自身がもつ多面的な知識や，課題解決に向けたポテンシャルを信頼し，社会的弱者による内発的なアクションを効果的にサポートする仕組みを創りあげる必要がある．貧困層が強く依存する自然資源の持続可能で効果的な活用を通じて福利向上を実現するためには，社会的弱者との知の共創を促す新しいトランスディシプリナリー（TD）研究が有効と考えられる．社会的弱者が現実生活のなかで直面する多様な課題を可視化し，その解決策を探究する研究の協働設計（co-design），課題の解決に向けた実現可能な具体的知識・技術の協働生産（co-production），ステークホルダーと協働した研究成果の実装と実践（dissemination）の理論と方法論が，切実に必要とされているのである（Mauser *et al.*, 2013）．また，後発開発途上国の困難な状況に適用できる TD 研究を構築することは，グローバルなレベルでの複雑かつ解決困難な課題の解決に対処する科学のあり方を問いなおすことでもある．

　私たちは，これまでマラウィ湖沿岸コミュニティにおいて漁業者・水産物トレーダーなど，貧困層に属する多様なステークホルダーとの協働の基盤を構築し，後発開発途上国の貧困層と密に協働した TD 研究を推進してきた．そして，沿岸コミュニティの貧困層との協働のための TD 研究の方法論を構築し，貧困層が直面する課題を可視化し，貧困層イノベーターのなかからさまざまな生業のイノベーション（以下，ツールと呼ぶ）が各地で創発していることを明らかにしてきた．特定の地域社会で有効であることがわかっているツールをたくさん集めれば，そのなかのどれかがほかの地域でも機能するかもしれない．どれが役に立つか判断がむずかしいので，社会的弱者と協働した TD 研究によってたくさんの選択肢をそろえ，そのどれかが効果をもつ可能性を高めようという発

想が，このプロセスのなかから創発した．多様なツールの開発者・ユーザーである貧困層イノベーターとその活動を後方支援する科学者が，ツールの開発と活用のための TD 研究を実践することによって，人々が自ら選択して活用できる多様な生業複合の選択肢を創出・可視化して，社会的弱者自身による内発的なイノベーションと福利の向上を促すというアプローチを展開してきたのである．

7.2 社会的弱者と協働するトランスディシプリナリー研究

(1) 対話と熟議の方法論

地域に暮らす人々が直面する課題の解決と，持続可能な生業と生活の向上の実現に貢献するための，貧困層に代表される社会的弱者との密な協働による TD 研究とはどのようなものだろうか．社会的弱者，とくに貧困層をパートナーとした TD 研究は，科学がもつ権力性と科学者のパターナリズムによって大きく阻害される．行政や援助機関などの政策やアプローチを支える科学は，外来の強力な権威をまとって貧困層の眼前に出現し，一方的な規制や管理を支えてきた．科学の権力性と，相手を援助や指導の対象とみるパターナリズムに起因する，社会的弱者の科学者に対する不信を払拭することは容易ではない．社会的弱者が強権的な圧力を受けた経験，あるいは期待を裏切られた経験が，根深い不信の原因となっている．また，繰り返し指示を受けること，援助されることに対する慣れが，支援を待つ受け身の姿勢を助長することもある．これまでの科学的知識・技術の普及活動においては，社会的弱者を知識あるいはリテラシーを欠く存在とみなす姿勢が一般的であった．科学者がもつこの根深い欠如モデルは，地域のステークホルダーを指導する，あるいは教え導くという科学者の姿勢を強化してきた．社会的弱者の側にも，地域の外からやってくる科学者を，地域のことを知らない存在とみなす欠如モデルがみられることがある．このような相互の欠如モデルを乗り越え，科学者と社会的弱者の信頼を醸成し，おたがいに信頼できるパートナーとしての協働を実現することはたいへん困難である．相互の欠如モデルは，科学のフレーミングと，社会的弱者がもつ知識基盤，優先する価値，意思決定システムなどの間に大きな乖離を発生させる．この

ギャップを埋めて，科学知・在来知・生活知などに分類されてきた多様な知識を相互に尊重し合いながら，意思決定の基盤となる統合的な知識（地域環境知）を創出し，活用していくことにも大きな困難がともなう（佐藤，2014，2016；Sato, 2014）．さらには，科学的にも社会的にも妥当な解決策がみいだされたとしても，地域の人々がそれを実現する際には，社会的・経済的，文化的なさまざまな制約がある．社会的弱者による意思決定にはとくに強い制約があり，しかも，複雑な社会生態系システムのなかでは，解決策の有効性には大きな不確実性がともなう．そこで，筆者らは 2014 年から，マラウィにおける社会的弱者との協働の経験を基礎として，TD 研究を阻害してきたこれらの要因を克服しつつ，対話と熟議を通じて社会的弱者自身が創発させているさまざまなイノベーションと課題を可視化するための理論と方法論の整理を行った．これが，「生活圏における対話型熟議（Dialogic Deliberation on Living Sphere; DIDLIS）」である．

DIDLIS は，権力性とパターナリズムをまとう科学者が，社会的弱者と信頼にもとづいた対話を行い，弱者の生活にきわめて近い視点からともに熟議を行う手法である．これによって具体的な課題を抽出し，その解決に資する TD 研究を協働設計することを目指している．DIDLIS は TD 研究のたんなる方法と手続きにとどまらず，貧困層との協働を目指す科学者の認識の偏りや偏見を取り除くための新しい眼鏡（認識の枠組み）を提案するものでもある．科学者は，貧困層に属する人々を指導・支援の対象としてではなく，研究のパートナーと位置づけて協働する姿勢をもち，生活のなかで積み重ねられてきた多様な知識と経験を理解し，その価値を尊重する必要がある．貧困層のなかですでに起こっているさまざまな内発的なイノベーションを理解し，人々が問題解決のための選択肢を創発するポテンシャルをもつことを信頼する．この信頼を基盤とすることによって，地球環境問題の解決の糸口は，研究室のなかではなく，解決の主役である人々がすでに実現している社会の実践のなかにあることを確信することができる．また，さまざまなステークホルダーから科学者が学ぶことによって，学術の革新がもたらされる可能性を信じ，そのプロセスを楽しむことが重要である．

DIDLIS は科学者のこのような眼鏡を通じて，権力性とパターナリズムの影響を緩和して相互の信頼を醸成し，欠如モデルを脱却して多様な知識の地域環

境知への統合を促し，さらには社会的弱者が直面するさまざまな意思決定上の制約と複雑な社会生態系システムにつきものの不確実性を克服するための，具体的な手法と作法を整えている．まず，権力性とパターナリズムの緩和のために，対話と熟議は社会的弱者の日常生活圏における生業活動の現場に科学者が出向くかたちで実施し，その際には信頼されているレジデント型研究者・トランスレーターが参加して対話を仲立ちする（佐藤，2009，2016；Sato, 2014）．過去に権力性を帯びて地域にかかわったことがある科学者は，とくに初期段階では対話に参加しないように配慮する．欠如モデルがもたらすギャップへの対策としては，科学者が自らの知識・技術を用いて相手を指導しようとする姿勢を根本から改め，社会的弱者が直面する現実の課題と解決の機会に関する，ステークホルダーの視線に寄り添ったシナリオのない順応的な対話を進める．その際には科学者がオープンに学ぶ謙虚な姿勢をもち，対話を継続的に繰り返すことで相互の信頼の醸成に努めることが不可欠である．科学者は社会的弱者の語りから学びつつ，新たな科学的な発想やアイデア，知識や技術を慎重に熟議のなかに導入することで，熟議の深まりに貢献する．社会的弱者の行動変容の制約と科学的不確実性に対処するためには，貧困層に属する社会的弱者がすでにどこかの地域で実現しており，似たような状況にある人々にとっても実現可能な多様なツールを収集し，後述する「持続可能な開発ツールボックス」のかたちに可視化するというアプローチを採用する．すでに社会的弱者が実現しているツールの価値と効果を，社会的弱者の福利に対する個々のツールの効果の視点から可能な限り科学的に検証することも重要である．

(2) イノベーションと課題の可視化

DIDLISはマラウィ湖沿岸の4地域（図7.4）でTD研究を試行する過程で成熟してきたものである．その過程で，筆者らは貧困層に属する人々がそれぞれの地域に固有の状況で直面している本質的な課題を抽出し，生業複合を通じた貧困層の生活の質の改善と自然資源の持続可能な利用に貢献するさまざまなツールを可視化することに成功してきた．また，自らさまざまなツールを創発している社会的弱者のなかのイノベーターを発掘することもできた．これまで援助の対象とみなされてきた人々のなかに，驚くほどクリエイティブなイノベーションをみいだしたのである．これらのイノベーターは，彼ら自身の人的ネットワー

図 7.4 マラウィ湖沿岸の 4 カ所のコミュニティにおいて DIDLIS による TD 研究を実施してきた.

クを通じてイノベーティブなツール創発につながるアイデアや技術を獲得している事例が多く，このような相互学習のネットワークを TD 研究者も参加できるかたちで拡充していくことの重要性も明らかになった．

　マラウィ湖沿岸コミュニティにおいては，持続可能な自然資源管理，小規模灌漑農業，小規模水産養殖，水産物の付加価値型流通，コミュニティ主導型観光に関して，自律的自然資源管理と生業複合による人々の福利の向上に役立つさまざまなツールが創発していた．チア・ラグーン地域（図 7.4 ①）では，伝統的な燻製技術を用いて高付加価値の燻製を生産している水産物トレーダー組合が，チア・フィッシュマーケットという販売拠点を継続的に運営し，成功を収めている．個々のトレーダーが顧客ネットワークをもち，携帯電話を使ったマーケティングを通じて，顧客の好みに応じた製品を提供できる「顔の見える流通」を実現している．また，先進的農業者が，小規模水産養殖と多様な農産物生産を組み合わせた生業複合を実現している（図 7.5）．しかし，漁業者が主体となった自律的な水産資源管理，農水産物のブランド化と付加価値付与，および燻製

第7章 生業から創発するイノベーション　145

図7.5　コタコタ地区で小規模農業者が創発させてきた小規模水産養殖と多様な農産物の栽培を組み合わせた生業複合のイノベーション．

のための薪資源の持続可能性が課題であることがわかった．サリマ地域（図7.4②）では，1950年代から3世代にわたる伝統的首長のリーダーシップのもとに，漁業者が主導する自律的水産資源管理を実現している．ウタカの漁場であるムベンジー島周辺で季節禁漁を実施し，資源の維持に成功している（Scholz and Chimatiro, 2004）．資源管理の成果を地域の発展に結び付けるための加工流通システム整備と水産物の付加価値型流通などを通じて，資源管理のインセンティブを高めることが課題である．マラウィ湖国立公園内にあるチェンベ村（図7.4③）では，若者による内発的ツアーガイド組合が結成され，観光ロッジとの密な連携のもとに，ツアーガイドという職業のコミュニティ内部での価値の向上につながるさまざまな活動を展開している．女性グループによる在来樹種を対象とした建材・薪資源のための樹木種苗生産が始まり，地元農民による湖水を利用した小規模灌漑の技術開発と商品作物の栽培が軌道に乗っている．保護区と共存した自律型水産・森林資源管理と，観光と漁業のコンフリクト解消が課題である．マリンディ地域（図7.4④）は，伝統的首長のリーダーシップのもとに乾季に漁業，雨季に農業という生業パターンを生みだして，主要魚種の産卵期である雨季の漁獲圧低減を実現している．また，土壌浸食による農地の悪化と沿岸漁場の劣化を防ぐために植林活動を展開している．伝統的首長は主要魚種の産卵場を自律的保護水面に設定するというアイデアを温めており，その実現によって水産資源管理の効果を高めること，および，流通加工過程の

損失低減と地域の農水産物への付加価値付与が課題である.

(3) 持続可能な開発ツールボックス

貧困層に属する社会的弱者が創発しているさまざまなツールを, 各地のコミュニティが直面する課題の解決に生かすためには, 個々のツールが対応できる課題と達成しうる効果, および, そのツールが創発・機能する条件を整理することによって, 人々がそれぞれの地域に固有の状況のもとで意思決定に活用できる仕組みを構築することが不可欠である. 日本の漁業者が各地で実践している多様な資源管理の手法の有効性を評価し, 各地での活用を促すために開発された「資源管理ツールボックス」(牧野ほか, 2011) をヒントにして, 筆者らは後発開発途上国の現状に適用できる「持続可能な開発ツールボックス」(以下,「ツールボックス」) を設計した (図 7.6).

このツールボックスは, マラウィ湖沿岸の 4 カ所のコミュニティで創発し機能しているツールを, 自然資源の持続可能な管理と生業複合への貢献, および貧困層の生活の質と福利の向上の視点で整理したものである. 横軸が貧困層のなかから創発しているツールの性質を資源管理と生業複合に対する効果にもとづいて分類したもので, 縦軸にはこれらのツールに認められる貧困層の生活と福利のさまざまな側面に対する効果を整理した. 4 カ所のコミュニティは○・□などのシンボルで表現し, 白抜きのシンボル (○など) がツール, 黒塗り (●など) が課題を表している. 網かけの部分は, TD 研究を推進する科学者の視点から潜在的なツールを提案できると思われる項目である. この整理によって,

		自然資源の持続可能な管理と生業複合への貢献											
		水産・森林資源管理					生業複合						
		季節禁漁・MPA	アグロフォレストリー	植林	燻製	水産物薬品保存	水産物生鮮流通	付加価値型流通	漁村観光	小規模灌漑農業	小規模水産養殖	樹木種苗生産	生業季節交代
生活の質と福利の向上	食料の確保	□◺	□							△■◣	○		◺
	収入の向上				○	△	△●■	○●■	△ ■	△■◣	○	△	
	リスク低減	□◺●▲	□ ●	◺●▲	▲	△ ▲	△			△ ●	○■▲	●	◺□ ▲
	人間関係・ソーシャルキャピタル	□◺▲		◣		▲		○	△ ▲		○	△ ●	▲
	コミュニティへの貢献	□●▲	□		○			○	△ ▲			●	◺
	評判・誇り	□◺			○	▲	△	○ ■	△		○	△	◺

	ツール	課題		ツール	課題
①チア・ラグーン地域	○	●	③マラウィ湖国立公園チェンベ村	△	▲
②サリマ地域	□	■	④マリンディ地域	◺	◣

網かけ部分は科学者サイドからツールの提案が可能

図 7.6 貧困層から創発しているさまざまな革新的なイノベーションを収集し, 持続可能な開発ツールボックスのかたちに整理して, 活用を試みている.

地域の貧困層が直面する課題と，その解決のために適用可能なツールの性質と所在を明示することができる．

たとえば，サリマ地域（図7.6の□）では地域の漁業者が主導するたいへん効果的な水産資源管理システムが機能しており，それが食料の確保，リスク低減，コミュニティのなかの人間関係や社会関係資本など，人間の福利の多様な側面の向上を促している．しかし，水産資源の持続可能な管理に対する大きな努力が払われているにもかかわらず，そのインセンティブが十分に感じられていないという課題がある．その解決には，水産物の生鮮流通の仕組みや，適切な資源管理のもとに生産された水産物に付加価値を付与する仕組みがあるとよいだろう（図7.6の■）．ツールボックスをみれば，このようなインセンティブを向上させる仕組みは，すでにマラウィ湖国立公園のチェンベ村（図7.6の△）やチア・ラグーン地域（図7.6の○）で実現されていることがわかる．これらの地域は社会経済的状況や文化的背景がサリマ地域と似ているので，これらの地域で実現しているツールのどれかを改良すれば，サリマ地域でもうまく機能する可能性がある．また，こういった新しい流通の仕組みが普及すれば，サリマ地域のコミュニティにとっても，各世帯にとっても，生業複合のための選択肢が増加することになる．ツールボックスをこのように活用することで，それぞれの地域で新しい生業の選択肢が創発し活用されて，自然資源の持続可能な管理と人々の福利の向上が実現されることが期待できる．もちろん，この科学者版ツールボックスは，おもに科学者がツールの性質と活用できる条件を検討するために用いるデータベースである．実際に地域社会の現場で貧困層に属する社会的弱者とともにツールボックスを活用するためには，これをコミュニケーションツールとしてより使いやすいかたちに改良する必要がある．

7.3　トランスディシプリナリー研究のインパクト

(1) 社会が直面する課題の解決に向けて

筆者らは，マラウィ湖沿岸コミュニティで創発しているさまざまなツールの収集・分析を通じて，貧困層に属する人々が直面する多様な課題の実現可能な解決策を集めた「持続可能な開発ツールボックス」を構築することを目指して

きた．このツールボックスを自然資源利用者，沿岸コミュニティのメンバー，地域団体，行政機関，NGO などのステークホルダーと広く共有して活用することができれば，貧困解消というマラウィにとっても，またグローバルなレベルでも喫緊の課題の解決に重要な示唆を得ることができるだろう．そのためには，多様なツールを開発し活用する人々が集まり，交流し，相互に学び合うためのネットワークが必要である（佐藤，2015）．地域の貧困層に属する社会的弱者との深い信頼関係を基盤に TD 科学を推進する科学者も，このようなネットワークの重要なメンバーとなるだろう．いわば，ツールボックスはさまざまな知識・技術を集めた「装置」であり，その装置を有効に活用するためには，関係する人々が集う「プラットフォーム」となるネットワークが必要なのである．このネットワークによって，沿岸コミュニティの持続可能な開発を長期的に支援できる体制を整え，そのなかでツールボックスとそこに集められたツールをテストし，効果を検証し，より使いやすく効果的な仕組みへと改善していくことが，今後の重要な課題である．

　後発開発途上国の貧困層に属する人々による内発的なイノベーションを促し，自律的自然資源管理の実現と人々の福利の向上を促す試みは，ほかの後発開発途上国や，貧富の格差の拡大にさらされている新興国などに対し，新たな資源管理の枠組みと地域開発のフレーミングを提供できる．筆者らの TD 研究の成果にもとづいて国際的な波及効果を実現するためのプラットフォームとして，既存の組織や仕組みを活用することができるかもしれない．たとえば，「漁業者・水産業従事者のワールド・フォーラム（World Forum of Fish Harvesters & Fish Workers）」は，アフリカ，アジアを中心とした各国の小規模漁業者，水産業従事者の国内組織が参加し，交流と相互学習を促している．国際農業開発基金（IFAD）の「農業者フォーラム（Farmers' Forum; FAFO）」は，各国の小規模農家や農業生産者の団体が参加し，各国の連携，交流と相互学習を促している．このような既存の仕組みと接合できれば，グローバルな規模における研究成果の応用の可能性が開けるにちがいない．それによって社会的弱者・貧困層から創発する貧困解消と持続可能な社会の実現に向けた活動を，グローバルに推進していくことができるだろう．

（2）課題解決のための科学のあり方

　TD 研究は社会的インパクトと同時に学術の革新をもたらすプロセスでもある（Lang *et al*., 2012）．DIDLIS を用いた TD 研究もまた，新しい科学の地平を拓くさまざまな視点やアイデアを筆者らにもたらしてくれた．たとえば，サリマ地域におけるステークホルダーとの対話から，季節禁漁という仕組みは，もともと資源管理という側面よりも，島への落雷による漁業者の生命の危険に対する安全管理の側面が強かったことが判明した．これは，持続可能な資源管理という課題の解決策を検討する際に，地域のステークホルダーにとってより切実で緊急性が高い課題（この場合は漁民の安全）への対策の結果として，資源管理も実現されるというアプローチが，ステークホルダーにとって受け入れやすく実現性が高いという，新しい資源管理の視点を提供するものである．また，世界自然遺産でもあるマラウィ湖国立公園は水中禁漁区を有しているが，禁漁の強制力が欠如しているため，いわゆるペーパーパークとして自然保護区管理の失敗例とされてきた（Abbot and Mace, 1999）．しかし，漁業者との密な対話と操業パターンの詳細な分析から，漁業者が保護区の規則を可能な限り尊重するかたちで操業しており，このような姿勢には，規制の強制が行われないことが保護区と漁業者の共存につながってきたことが影響していることが明らかになった（Sato *et al*., 2008; 佐藤，2008）．実際には国立公園管理当局は規則の無理な強制を避け，漁業者とのコンフリクトの発生を防ぐ配慮を行っており，地域のリーダーシップ，保護区設立にともなう湖とその資源に対する認識の変化などの要因も加わって，保護区を意識した自制的な操業パターンが創発している可能性が浮上した（嘉田ほか，2002；佐藤，2016）．これは古典的な規制と強制ではなく，漁業者の内発的な行動変容を促す社会・心理的な仕組みを通じて実効性ある管理を実現するという新しい保護区管理の仕組みを提案するものである．また，観光者としてこの地域を訪れた経験のある国内大都市の顧客を対象に生鮮魚の独創的な流通システムを構築・運用しているイノベーターとの対話を通じて，付加価値型流通，資源管理，国内観光という 3 要素の連関構造（ネクサス）が明らかになった．国内都市部からの観光者がこの村を訪れ，新鮮な水産物の食材としての価値を認識し，それが生鮮流通という新しい付加価値型流通の仕組みの創出と漁獲後の品質劣化の防止を促し，魚価の向上と資源へ

の圧力の低減が実現するというメカニズムが働く可能性がある．このようにして，付加価値型流通，資源管理，国内観光のネクサスにおけるシナジーとトレードオフを解明するという独創的な研究が動きだしている．

　筆者らはツールボックスの開発を通じて，社会生態系システムの複雑性に起因する科学的不確実性と，貧困層に属する社会的弱者が新たな選択肢を実現する際の多様かつ複雑な制約という，2つの科学方法論上の課題を乗り越えるためのTD研究を創出してきた．ツールボックスの開発と改善のプロセスは，それ自体が新しい「社会のための科学（UNESCO, 1999）」を体現している．対話と熟議を通じて貧困層のなかから創発している持続可能な社会につながるポテンシャルをもつ生業と生活の改善のための革新的なツールと，彼らが直面している根本的かつ解決可能な課題を抽出すること（研究の協働企画）が，その出発点である．収集されたツールの科学的・社会的妥当性を貧困層に属するツールの開発者とともに総合的に分析し，それぞれのツールが効果を発生させるメカニズムと条件を明らかにする．また，発生しうる（している）トレードオフ（たとえばツールの適用が新たな社会的弱者を発生させる可能性など）を特定して，そのネガティブな影響の緩和策を検討する．社会生態系システムの複雑性に起因する科学的不確実性と貧困層が直面する制約のなかでは，それぞれのツールがほかのどの地域のどのような課題の解決に貢献するかを特定することは困難なので，想定される資源管理上の効果と人々の福利に対する効果をツールボックスのかたちに整理する．これをコミュニケーションツールとして活用し，各地域のステークホルダーと協働して実現可能な選択肢を地域の実情に合わせて共創する（知識の協働生産）．そして，貧困層と協働した具体的なアクションを設計・試行してそのプロセスを追跡することによって，ツールボックスの内容を改善していく（協働実践）．このプロセスを繰り返すことで，新たなツールと課題が発掘され，新たなイノベーターの参加が得られ，それぞれの沿岸コミュニティに適用可能なツールが拡充し，それが新たなアクションを創発させる．TD研究の順応的なプロセスを通じて，科学者と社会の多様なステークホルダーの間に相互の信頼が醸成され，相互学習が起こることで，深刻かつ解決困難な社会的課題に立ち向かうさまざまな動きが地域から創発することが期待できる．

7.4 社会的弱者とともに歩む新しい TD 科学の展開

　地域の社会生態系システムの複雑性に正面から対峙しようとするとき，地域社会の現場から離れて構築される知識・技術にもとづく解決策の限界は明らかである．科学的・技術的に妥当な解決策が，地域社会の複雑性と多様な制約のために実効性をもたない，という状況はありふれている．しかし筆者らは，マラウィにおける TD 研究のなかで，オープンな姿勢で社会的弱者に分類される人々の発想や具体的な取り組みに接することによって，地域の課題の解決に具体的インパクトをもつさまざまな内発的かつイノベーティブなツールを抽出できることを明らかにしてきた．これは，一見社会的弱者に分類される人々はたんに弱者にとどまる存在ではなく，そうしたレッテルをはねのけるだけの知識と経験をもっていることを再認識させてくれるものだった．しかし，こうしたイノベーションの場になんらかの事情でアクセスできない人々もおり，社会的弱者は再生産され続ける点にも科学者は留意しておく必要がある．

　社会的弱者と協働した TD 研究は，問題の構造や背景が複雑で，解決をもたらす条件やプロセスが一義的に定義できない多くの課題の解決に貢献することを目指す科学に，新しいパラダイムを提供するものである．複雑な社会生態系システムにかかわる科学技術の最先端は，地域の実践の現場にある．地域のなかで具体的な効果を発揮しているツールに関して，地域のステークホルダーと協働して実効性をもたらす条件や仕組みを明らかにし，それを普遍的な科学の言語で記述することによって共有可能な知へと昇華させていくことが，筆者らの TD 研究のもっとも独創的かつ斬新な側面である．本書の第 3 章では，このような研究を，日本における知床世界遺産の登録プロセスを例に，「すでに建っている家の設計図を描く」と形容している．社会のなかで実現しているイノベーション（すでに建っている家）について，イノベーター（その家を建てた人）と協働して設計の考え方や具体的な工夫，システム運用の要件などを科学的に解明して共有することが，課題の解決（家を建てること）に関する社会的インパクトをもたらすと同時に，科学的な革新を生みだすのである（Makino *et al.*, 2009）．

　社会的弱者と協働した TD 研究が貧困の解消という困難な課題の解決につながる科学のパラダイムシフトをもたらしつつある．このプロセスは筆者らの科

学者としての発想やものの見方を大きく変容させるものだった．まず筆者らは，
貧困層に代表される社会的弱者を，援助・指導の対象ではなく対等な研究と実
践のパートナーとしてとらえる視点を身につけ，相互の信頼にもとづく真摯な
対話と熟議を基盤に，課題解決に向けた協働を実現することができた．社会的
弱者との協働による TD 研究は，それに参加した人々の視野を大きく拡大し，
TD 研究の新たな地平を開拓することになった．そして，筆者らは科学者とし
ての好奇心を強く刺激され，TD 研究のプロセスを心底楽しんできた．貧困層
に代表される社会的弱者と協働した TD 研究のプロセスは，科学者にとって，
かけがえのない学習と成長の機会を提供するものなのである．

［引用文献］

嘉田由紀子，中山節子，ローレンス・マレカノ．2002．ムブナはおいしくない？ アフリ
　　カ，マラウィ湖の魚食文化と環境問題．（宮本正興・松田素二，編：現代アフリカの
　　社会変動――ことばと文化の動態観察）pp. 260–283．人文書院，京都．
国連開発計画，2013．人間開発報告書2013．http://www.jp.undp.org/content/dam/tokyo/
　　docs/Publications/HDR/2013/UNDP_Tok_HDR2013Contents_20150603.pdf
　　（2017.02.08）．
牧野光琢・廣田将仁・町口裕二．2011．管理ツール・ボックスを用いた沿岸漁業管理の
　　考察――ナマコ漁業の場合．黒潮の資源海洋研究 Fisheries Biology and Oceanogra-
　　phy in the Kuroshio, 12: 25–39.
佐藤哲．2008．地域環境をめぐる科学と社会――外来の知識と土着的知識体系のかかわ
　　り．（松永澄夫，編：環境――文化と政策）pp. 159–184．東信堂，東京．
佐藤哲．2009．知識から智慧へ――土着的知識と科学的知識をつなぐレジデント型研究
　　機関．（鬼頭秀一・福永真弓，編：環境倫理学）pp. 211–226．東京大学出版会，東
　　京．
佐藤哲．2014．知識を生み出すコモンズ――地域環境知の生産・流通・活用．（秋道智
　　彌，編：日本のコモンズ思想）pp. 196–212．岩波書店，東京．
佐藤哲．2015．サステイナビリティ学の科学論――課題解決に向けた統合知の生産．環
　　境研究，177: 52–59.
佐藤哲．2016．フィールドサイエンティスト――地域環境学という発想．東京大学出版
　　会，東京．
Abbot, J. I. O. and R. Mace. 1999. Managing protected woodland: fuelwood collection
　　and law enforcement in Lake Malawi National Park. Conservation Biology, 13:
　　418–421.
Biggs, R., C. Rhode, S. Archibald, L. M. Kunene, S. S. Mutanga, N. Nkuna, P. O.
　　Ocholla and L. J. Phadima. 2015. Strategies for managing complex social-ecological

第 7 章 生業から創発するイノベーション 153

systems in the face of uncertainty: examples from South Africa and beyond. Ecology and Society 20 (1): 52. http://dx.doi.org/10.5751/ES-07380-200152 (2017.02.10)

Government of Malawi. 2002. Malawi State of the Environment Report. Department of Environmental Affairs, Lilongwe.

Government of Malawi. 2012a. Malawi Growth and Development Strategy II (MGDS II) 2011–2016. Ministry of Finance and Development Planning, Government of Malawi, Lilongwe.

Government of Malawi. 2012b. National Fisheries Policy 2012–2017. Ministry of Agriculture and Food Security, Lilongwe.

Government of Malawi. 2012c. Integrated Household Survey 2010–2011. National Statistical Office, Zomba.

Lang, D. J., A. Wiek, M. Bergmann, M. Stauffacher, P. Martens, P. Moll, M. Swilling and C. J. Thomas. 2012. Transdisciplinary research in sustainability science: practice, principles, and challenges. Sustainability Science, 7 (Supplement 1): 25–43. doi 10.1007/s11625–011–0149–x.

Makino, M., H. Matsuda and Y. Sakurai. 2009. Expanding fisheries co-management to ecosystem management: a case in the Shiretoko World Natural Heritage Area, Japan. Marine Policy, 33: 207–214.

Mauser, W., G. Klepper, M. Rice, B. S. Schmalzbauer, H. Hackmann, R. Leemans and H. Moore. 2013. Transdisciplinary global change research: the co-creation of knowledge for sustainability. Current Opinion in Environmental Sustainability, 5: 420–431. doi 10.1016/j.cosust.2013.07.001.

Salmi, P. 2005. Rural pluriactivity as a coping strategy in small-scale fisheries. Sociologia Ruralis, 45: 22–36. doi 10.1111/j.1467–9523.2005.00288.x

Sato, T., N. Makimoto, D. Mwafulirwa and S. Mizoiri. 2008. Unforced control of fishing activities as a result of coexistence with underwater protected areas in Lake Malawi National Park, East Africa. Tropics, 17: 335–342.

Sato, T. 2014. Integrated local environmental knowledge supporting adaptive governance of local communities. In (Alvares, C., ed.) Multicultural Knowledge and the University. pp. 268–273. Multiversity India, Mapusa.

Scholz, U. and S. Chimatiro. 2004. Institutionalizing traditional community based natural resource management. IK Notes, 64: 1–4.

UNESCO. 1999. Declaration on Science and the Use of Scientific Knowledge. http://www.unesco.org/science/wcs/eng/declaration_e.htm (2017.02.10).

United Nations General Assembly. 2015. Transforming our world: the 2030 Agenda for Sustainable Development. http://www.un.org/ga/search/view_doc.asp?symbol=A/70/L.1 (2017.02.10).

World Bank. 2015. Poverty Overview. http://www.worldbank.org/en/topic/poverty/overview (2017.02.10).

III
プロセスを動かす

8 順応的なプロセス管理
——持続可能な地域社会への取り組み

宮内泰介

　これまでみてきたように，持続可能な地域環境をつくっていくためには，科学者や地域住民が相互にかかわりながら問題解決志向の知識生産をし，さらに共有可能な価値を可視化していくことが重要である．しかしむずかしいのは，地域の自然も社会も不確実性に満ちていて，どういう知識をつくりだせばよいのか，どういう社会的な制度をつくりだせばよいのか，最初から答えがはっきりしないことだ．固定的な制度，固定的な価値は，一時うまくいっているようにみえても，しだいにうまくいかなくなることがある．そこで，自然や社会のダイナミズムを認め，たえず動くプロセスを重んじるというやり方への転換が求められる．そうしたプロセスをうまくハンドリングするためには，以下の5点が鍵となってくる．① 多元的な価値を承認する．② 単一の目標を設置することを避け，複数のゴール，複数の制度を用意する．③ たんにステークホルダーを集めて意見の一致を確認する合意形成でなく，多面的でダイナミックな合意形成を目指す．④ 地域内外について共同で学習する．⑤ 双方向的な支援を順応的に実現する．

8.1　制度設計からプロセス・デザインへ

(1) 協議会方式？

　ある都市近郊の森の話．荒廃しかかった森を再生させよう，と地域住民，行政（自治体），環境保全団体が立ち上がった（以下は，筆者が知っているいくつかの事例や文献で報告されたいくつかの事例を組み合わせて想定した，仮想的な事例である）．近くの森はすでに開発が進み，木が倒されるだけでなく，その後の土砂が採掘され，その跡地は資材置き場になってしまった．行政も制度上そうした事業に許可を出さざるをえなかった（こうした行為を抑制する制度は

いくつかもっていたが，うまく適用できなかった）．このままだと森がなくなっ
てしまうかもしれない．そういう危機感を感じた住民たちは，残った森を守ろ
うと考えた．もちろんすべての住民たちがそう考えたわけではないが，近隣住
民の相当数，とくにこの森から徒歩10分以内の住民たちを中心に，「森を守る
会」が結成された．町内会もそれを後押しした．残った森の土地所有者（一部
は地域住民，一部は遠く離れた町に住む人）とも話をした．「森を守る会」のメ
ンバーに，林学出身の人がいたので（専門家というほどではないが，ある程度
の知識をもっている），森の保全の仕方，利用の仕方についてその人を中心に勉
強会も開いた．そうしたなかから，外部の環境保全団体とも連携ができ，野鳥
のこと，植物のことなども学んでいった．行政の環境部局もこうした動きを好
ましく考え，場合によっては活動助成を行ってもよいと言明した．地域住民で
もある一部土地所有者が，その森を使ってもよいという許可を出したので，活
動助成金を使って「森を守る会」と環境保全団体とで森の再生と保全を行おう
と考えた．行政は，この地域全体の森を対象に，土地所有者や町内会，あるい
は地域の学校なども加えて「協議会」を結成することが望ましい，助成金もそ
の「協議会」へ出したいと提案した．さまざまなステークホルダーが協働で森
の再生・保全に取り組むのは大きな意義があると「森を守る会」のメンバーも
考えたので，それに賛同し，「協議会」が発足した．

　協議会が発足し，この地域の森の再生・保全が目標として設定され，そのた
めの各ステークホルダーの役割分担が決められた．

　ここまでは，理想的な森の保全の体制，協働の体制とみえた．実際当初はう
まく進んでいた．しかし，話はしだいに怪しくなる．

　まずは「森を守る会」の活動への地域住民の参加がしだいに少なくなってき
た．代わりに，環境保全団体を介して入ってきた外部の市民が多数を占めるよ
うになってきた．彼らが車でやってきて森づくりの作業に励む姿を，地域住民
が遠くから眺めることが多くなった．もともと「森を守る会」に参加している
地域住民の間にも温度差があった．ただ景色としての森を求める人，森のなか
の散策を楽しみにしている人，森そのものにはそれほど関心がないが，なんら
かの地域活動に参加することに意義をみいだしている人，そこで知り合いをみ
つけたい人，などその動機は一様でなかった．森づくりそのものに関心がある地
域住民は引き続き活動に参加したが，それ以外の住民はしだいに退いていった．

行政は「協議会」方式にこだわり，また「成果」を求めた．「地域住民による森づくり」のモデルとして喧伝しようとシンポジウムの開催を進めた．あるときの協議会ミーティングは，行政主導で，どうやってシンポジウムを成功させるかという話ばかりになった．

環境保全団体は，生物多様性の回復を中心的な目標に置いていた．森づくりの作業もその視点で行うことを主張した．とはいえ，環境保全団体のなかもじつは一様ではなかった．生物多様性のなかでも外来種対策に重きを置こうとする人，薪炭材といった生態系サービスの充実に重きを置こうとする人，昆虫にフォーカスする人などのバリエーションがあった．

町内会は，ちょうど衰えてきた町内会組織の維持のためにこの森づくりがよいと考えて参加したが，しだいに活動からは退いていった．町内会の役員になっている住民のなかには参加を続ける住民もいたが，それは町内会とはとくに関係がなくなっていった．

土地所有者は，とくにこの土地を活用しようという考えもなかったので，地域のためになるならと無償で場所を提供した．それによって森林の手入れがなされるのであればよいと考えていたが，終始それ以上でもそれ以下でもなかった．

協議会に加わったほかのステークホルダー，たとえば学校などは，けっきょくなにもしないまま，ただ協議会に集まるだけに終わった．

(2) 社会の複雑性

以上は仮想的な事例だが，この事例からなにが学べるであろうか．

さまざまなステークホルダーが集まって協議会をもち，協働で環境保全を進める，というモデルは，悪いモデルではない．森の再生も生物多様性も住民参加もすべて理念としては正しい．

正しい理念，正しい手法がうまく通用しなかった原因はなんだろうか．

森の再生・保全という点で皆は一致していた．森の再生・保全，環境の保全ということで反対する者はだれひとりいなかった．しかし，森の再生というものが実際のところなにを意味するのか，なにをもって再生されたというのか，ステークホルダー間にはさまざまな相違があった．相違，というよりも，力点の置き方のズレがあった．あくまで木中心なのか，あるいは生物多様性なのか，

森と人のつながりなのか，人と人のつながりなのか，などなど，同じ森の再生といっても具体的に想定される中身にはちがいがある．

とはいえ，だからこその協議会であった．さまざまな方向性があることは想定の範囲内だった．方向性のちがうステークホルダーが複数存在していることは前提だった．そこで行政は協議会を提案し，ステークホルダー間で合意形成する仕組みをつくった．

問題はなんだったのか．

問題は，協議会が「社会」を反映していなかったということだ．協議会のような固定的な仕組みは「社会」を反映しにくい．

行政は，すべての市民を公平に扱わなければならないと考えがちである．だから特定のグループだけに利益がおよぶのはよくない，とステークホルダーを集めた協議会をつくった．

そこには，社会に対する単純化した見方が反映されている．

いろいろな考え方の人，いろいろな方向性のステークホルダーがいるのだから，それらを集めて話をし，合意形成すればよいのではないか，と考えるのは，社会というものに対する単純化された見方によっている．

単純化された社会像と実際の社会とのちがいはなにか．

第1に，単純化された社会ははっきりした枠があり，その枠のなかに社会を構成する単位としての個人が集まっているか，あるいはそのなかがいくつかのグループに分かれているというものだが，実際の社会はより複雑で重層的である．個人として存在もしているが，集団としても存在し，集団もはっきりした集団や曖昧な集団・ネットワークなどが複雑に入り組んでいる．1人の個人は複数のグループやネットワークに所属し（いや，所属しているかどうかも曖昧なことが多い），グループとグループの間の関係も複雑だ．

第2に，単純化された社会は，1つの価値，あるいは，あらかじめ想定されるいくつかの価値からなっているが，実際の社会はじつに多様な価値からなっている．価値と明確にいえるかどうか曖昧なものも含め，もろもろの価値は輪郭がはっきりせず，かつ多層的である．1人の人間のなかに複数価値が併存していることもある．

第3に，単純化された社会は固定的だが，実際の社会はつねに動いている．固定的な制度は変わらなくても，その向こうにあるもろもろの小さな社会は，

第8章　順応的なプロセス管理　161

日々動いている．グローバルな動きの影響で動くこともあるし，もっと小さな
個人レベルの変化にともなって動くこともある．それにともない，価値もまた
動く．

　第4に，単純化された社会は全体が把握可能だと想定されているが，実際の
社会は把握不可能である．見えていると思われている「社会」は，表の社会で
あって，そもそも社会の範囲がどこなのさえわからない．だれとだれがつながっ
ていて，どんな価値がうごめいているか，その全体を1人の個人が把握すること
は不可能である．ある人に見えている社会と別の人に見えている社会は，大き
くちがっていることが通常である．

　協議会方式は，単純化された社会像を想定している．固定化された社会の枠
のなかに価値観や立場のちがう複数のグループがあるので，それぞれのグルー
プの代表に出てもらい，話し合って一致点をみいだし，合意するという考え方
である．しかし実際の社会は重層的で，価値もじつに多様であり，かつ動いて
いる．しかも見えない部分が大きい．協議会が失敗するのも当然だろう．

　そもそも協議会の設置という方法が，ステークホルダーが参加するといいつ
つ，けっきょくはトップダウンでなされ，さらにそこで議論される内容も限定
されることが多い．

　静岡大学の富田涼都が霞ヶ浦の自然再生事業について行った研究では，設置
した協議会が機能しなくなった事例が報告されている（富田，2014）．ある地区
の自然再生について協議会が設置され，住民から多くの公募委員が入った．住
民たちは身近な霞ヶ浦の水環境について大いに関心があったから協議会に参加
した．しかし，協議会で話されることは事業そのものに限られ，たとえば霞ヶ
浦全体の水質の問題，あるいは水質にかかわる水位の操作といった住民たちが
強い関心を抱く問題については，議論の範囲外とされて取り上げられなかった．
住民たちはしだいに協議会から離れていった．

　北海道札幌市の自然再生の事例では，合意がなされたと思っていたら，それ
が後で別の方向からくつがえされる，ということが起きた（平川，2005）．札幌
市の豊平川河川敷で行われた自然再生の事業では，周到な市民参加の手法で計
画が策定された．しかし計画がほぼ決まってきた段階になって，近隣町内会の
会長から会議について知らされていないと抗議があった．計画が決まった後は，
計画に携わった市民たちが引き続き自然再生の活動を続けたが，そのなかで，

今度はこの活動に参加していなかった人物による「勝手な」植栽が行われるという「事件」が発生した．また，隣接するアパートの住民から草を刈るように要望があった．オープンな市民参加で合意があったと思われたにもかかわらず，その合意の場に参加しなかった人間から，合意をくつがえすようなことが起きたのである．

(3) プロセスを重んじる

複雑でダイナミックに動いている社会．そのことを逆手にとって環境保全の仕組みづくりを考えたとき，協議会などの固定的な仕組みをつくることに奔走するのではなく，そのダイナミズムを認め，たえず動くプロセスを重んじるというやり方への転換が求められる．

プロセスを重んじる，とはどういうことだろうか．

第1に，大事なのは制度づくりではなく，事態が動くことを前提とした対応ができることである．こういう課題がある，だからこういう制度をつくりました，で終わるのではなく，制度をつくってもまた事態が変化して制度がすぐに合わなくなることがある，そのときにちゃんと動けるような仕組みにしておくこと，動けるような構えにしておくことが大事である．

第2に，社会も自然も把握できていないことが多く，いくらがんばっても全部把握するのは不可能なのだということを前提としなければならない（Holling, 1978）．こういう課題があるからこういう体制をつくりました，しかし，見えない課題はたくさんあるかもしれないから，それが出てきたら体制を変えられるという構えをしておくことが求められる．

プロセスを重んじるとは，第3に，試行錯誤をすること，あるいは試行錯誤を保証することである．試行錯誤を認めない固い仕組みを避け，不確実性をともなった状況変化に対して，たえずこちらも変化しながら対応できるような仕組みや環境にしておくということであり，したがって当然失敗も認めることである．

プロセスを重んじるということは，このように，変化しながら対応するその過程を重視するということである．また，プロセスに順応性（adaptability）を確保しておくということでもある（Folke *et al.*, 2005; Olsson *et al.*, 2006; 宮内, 2013）．制度をデザインするよりも，プロセスをデザインすることへの発想の

第 8 章　順応的なプロセス管理　163

転換が求められている.

　変化するプロセスを認めるのだから, あらかじめこういうプロセスにしよう
とデザインすることはできない. プロセスをデザインするとは, つまり, プロ
セスをうまくハンドリングしながら推移していくということである (宮内,
2017).

　では, そのようにプロセスをうまくハンドリングするためにはなにが鍵となっ
てくるだろうか. 順応性の確保のためにはなにが必要だろうか.

8.2　順応的なプロセス管理の 5 つの鍵

(1)　多元的な価値を承認する

　プロセスの順応的なハンドリングにまず必要な第 1 は, 「価値」に着目する
ことである. ここでいう「価値」は, なにがよいか, なにが正しいかというこ
とに関する考え方や態度を指す.

　冒頭の森の事例でいえば, 森の再生についてさまざまな価値がそこにみられ
た. 生物多様性の保全のためだと考える価値, 景観としての美しさを求める価
値, 森づくりを通して自分たちの健康を増進したいという価値, 地域の人たち
が森を通してつながり支え合うという価値. こうした価値は, 重なり合うこと
もあるし, ときにぶつかり合うこともある.

　価値は個人的なものというより社会的な背景をもったものである. それぞれ
の個人, それぞれのグループの社会的位置, たどってきた歴史, 階層, 年齢,
ジェンダー, そうしたもろもろが反映して, 価値のバリエーションを形成して
いる.

　こうした複数の価値があることに気がつかないと, コンフリクトを生んでし
まいがちだ. おたがい同じものを目指していると思ってやっていたら, ある問
題にぶつかったときにその対応がちがう. 同じ価値のもとでやっていると思っ
ていたので, そのちがいを意外に思い, おたがいを説得しようとする.

　価値のちがいに気がついていれば, そして複数の価値が存在することをよし
と考えていれば, おたがいのちがいを尊重しながらやろうということになる.
あるいは, いつも一緒にやらなくてもよいことに気がつく.

さらにいえば，それぞれの価値自体が変化することも前提だと考えたほうがよい．個人の価値も，社会全体の価値も，不変ではない．そもそも個人のなかの価値も複数存在していることが多く，ときによってある価値のほうが前面に出たり，ときによって別の価値のほうが前面に出たりする．そのことも認識しておいたほうがよいだろう．

(2) 複数のゴール，複数の制度

環境保全はいつも複合的な価値の束である．

とすれば，環境保全の政策や活動においては，単一の目標を設置することを避けたほうがよい．

たとえば当初「この地域の生物多様性を高めよう」という目標で各ステークホルダーが集まり，そのための5カ年計画を立てた．しかし，集まって活動していくうちに，農業の再生に重きを置く人たち，地域のつながりの再生に重きを置く人たちなどに分化していった．そこでそれらの「分派活動」を切り捨てるのではなく，複数のゴールを設定しなおす．それらも含めて全体で広い意味での地域再生，自然再生ができればよいという具合に考える．複数の価値に応じて複数のゴールを設定する．それらのゴールはおたがい一見矛盾していてもよい．

担い手についても，無理に1つにまとめようとせず，複数のゴールのもと，複数の担い手グループがいて，ばらばらにやってもよい，あるいはときに一緒にやってもよい．そんなふうに考える．

制度も，そうした複数の価値，複数のゴールに応じて複数あってよい．

じつは，環境保全にかかわる制度は複数のものが併存していることが多い（これは日本に限らない）．

青森県八戸市の種差海岸では，同じ場所に対して県立自然公園という制度と国の「名勝」という制度が二重に覆いかぶさっていた．

岩手大学の山本信次の研究によると，この種差海岸の再生を図ろうとしたとき，昔馬の放牧をしていたところから生まれた天然芝生地や草地の景観を取り戻すか，1950年代以降の植林によって形成されたクロマツ林の景観を取り戻すか，という問題があった．どちらを再生するのが正しいかという答えはないが，いくつかの理由のもとで（つまり複数の価値のもとで）芝生地・草地の景観を取

り戻すことになった．このとき，その再生のための制度として，県立自然公園より「名勝」制度のほうが選択的に利用された．というのも，芝生地・草地の景観へ戻すという方向性には，専門家主導の県立自然公園制度より地域のステークホルダーがよりコミットしやすい「名勝」制度のほうが使いやすかったからである（山本・塚，2013）．

　単一の制度だけでは，可変的な複数の価値に対応しにくい．複数の制度が併存していることが順応性をつくりだす．

(3) 順応的な合意形成

　多様な価値が存在するなかでは，なにが正しいか，なにを行うかは，最初から決まった答えがあるわけではない．社会のなかで「なにが正しいか」を議論しながら決めていくしかない．「なにが正しいか」議論して合意されたことが「正しい」のである（暫定的にであるが）．

　合意形成は，このように多元的な価値のなかでの環境保全において必須なプロセスであり，中心的なプロセスである．しかし，合意形成が単純な「意見の一致」でないことは注意しなければならない．少ない情報のもとに話し合って，すぐに意見が一致するほど，自然も社会も単純ではない．かといってすぐに多数決で決めてしまうのは合意形成とはいえない．そこでは十分な情報を共有しながらの熟議（deliberation）が必要になってくる（篠原，2004）．

　しかし，合意形成はたんなる（十分に議論をするという意味での）熟議でもない．合意形成は議論して納得し合うことである．そして，納得には，たんなる議論だけでなく，信頼関係が重要になってくる．たとえば，意見が平行線だった複数のステークホルダーが，なにかの作業を一緒にすることで，おたがいへの信頼が生まれ，その結果，譲歩し合って合意が得られる，ということはよくみられる現象である．

　合意形成は，たんに話し合いの場のみで形成されるものではない．たんに制度として設定された議論の場でのみ生まれるものではない．日常的なコミュニケーション，身体的な共通体験などからも生まれてくる．さまざまな場で複層的に行われるプロセスこそが合意形成である．

　さらにいえば，「1つの意見にまとまる」ことだけが合意形成ではない．必ずしも1つの意見にきれいにまとまらなくても，複層的なコミュニケーションを

通じて，その問題についての認識が全体として広がり，賛成の人も反対の人も増えた，というのも，じつは合意形成のバリエーションの1つである（黒田，2005）．意見の一致はみないけれど，その問題に多くの関心が向いたということ自体が合意プロセスの進展とみることができる．

また，いったん合意したことがまた修正をみることもよくあることだ（平川，2005）．合意は，あくまでその時点での合意であって，それがまたひっくり返され，さらに合意形成が試みられる．そうした合意と不合意のプロセスそのものが合意形成である．

本章冒頭で取り上げた協議会形式の失敗は，本来の合意形成がもっているこうした多面的でダイナミックな側面を切り捨て，形式的で単線的な合意の場になってしまったためだといってもよい．

合意形成の本質は，日常的で多角的なコミュニケーションにもとづく納得のプロセスであり，本来順応的なものである．

(4) 学習

環境保全のプロセスをうまくハンドリングしていくためには，「学び」が欠かせない．外部から知識を与えてもらうのではなく，環境保全に携わる各ステークホルダーが自ら「学ぶ」ことが大事だ．順応的なプロセス管理のなかでは，できあがった制度に乗っかって粛々と事を進めていくのでなく，変化のなかでつぎの一手を考えなければならない．変化に順応して適切な手法，適切なアイデアを打ちだしていくためには，学びが欠かせない．

それでは，なにをどんなふうに学ぶことが順応的にプロセスを管理していくために欠かせないだろうか．

第1には，さまざまな知識を学ぶことである．生物多様性とはなにか，他地域ではどんな環境保全の取り組みがなされているのか，制度や政策にはどういうものがあるのか，そうしたことを学ぶことがまず求められる．

この学びの営みは，たんに外部の知識を取り入れる，ということではない．自分たちの地域，自分たちの歴史をたえず照らし合わせながら，そうした外部の知識を解釈しなおし，使いこなすというかたちでの学びである．

外部の知識は権力をともなっている場合があるので，受動的に学んでしまうと，自分たちの実情に合わないかたちで知識を地域に押し込んでしまおうとす

ることにつながってしまう．これは学びではない．

第2に，そのことを回避するためにも，学びは外部の知識に向けられるだけでは不十分である．学びの半分以上は地域のなかに向けられる．

地域の自然はどういう歴史をたどってきたのか，地域における人と自然の関係はどうだったのか，地域の環境容量はどういう状況か，などを学ぶ．専門家の助けも得ながら，まち歩き，フィールド調査，聞き取りなどによって，地域のなかをもう一度探りなおす．地域にはたくさんの資源が眠っていて，地域環境の持続的な保全や活動には，まずそれらを知る必要がある．資源は，自然そのものかもしれないし，眠っていた地域のなかの技術かもしれないし，人そのものかもしれない．そうした地域資源を掘り起こす学びがあって初めて，私たちは環境保全のプロセスを持続的にハンドリングしていくことができる．

第3に強調したいことは，そうした学びを通しての関係づくり，ネットワークづくりが大事だということである．「学び」の効果は，たんに学ぶ内容だけでなく，学びを通して関係が構築されることである．環境保全を始めようとして動くと，そこでさまざまなステークホルダーと関係を結ぶ必要があることを知る．ちがう知識と価値観をもったステークホルダーと出会うことは，そうしたちがう知識や価値観を学ぶことでもある．さらには，制度や仕組みについても学ばざるをえないことを知る．

学びは，どんな学びも社会的な学びである．社会（大きな社会というよりむしろ地域のなかの「社会」）について学ぶことでもあり，社会を新たにつくりなおす学びでもある．

社会的な学びは新たな集合的記憶を再構築し，「物語」をつくりだす．グローバルな価値とローカルな価値をつなぎ，人と人をつなぎ，物語と物語をつないで，新たな物語をつむぎだす．学びの役割はそこにある．

(5) 順応的な支援

環境保全のプロセスをうまく運んでいくために，さまざまなかたちの支援が必要であること，また支援が有効であることは，経験的によく知られている．それは専門的な知識の提供という支援であったり，外部からのボランティアであったり，金銭的な支援であったりする．あるいは環境保全の活動を組織したりネットワークをつくったりするためのコーディネートの支援などもよく行わ

れている.

　しかし，一方で，支援がうまくいかなかったり，逆の効果をもたらすことがあることも，しばしば報告されている．支援する側が知識や手法について主導権を握ってしまい，当事者の主体性を奪ってしまいがちになること，支援者側の方向性が当事者とうまくかみ合わず，ときにコンフリクトを生むことさえあるなど，支援はそれほど簡単ではない．

　どのような支援が順応的なプロセス管理には適しているだろうか.

　じつのところ，どういうかたちの支援が必要だという定式はない．むしろ，プロセスを順応的にデザインしていくためには，支援そのものも固定的なものではなく，順応的に変化させていくことが重要になってくる.

　支援には，たとえば，① 知識の提供 (専門的な知識，制度などに関する知識)，② マンパワーの提供，③ 寄り添いながらニーズをすくい取るかたちの支援 (三上，2017)，④ 人と人をつないだり，組織と組織をつないだりする媒介型の支援，⑤ 金銭的な支援，などがある.

　これらの支援は，環境保全の順応的なプロセスのなかで，その状況やステージによって，① が中心的に必要な場面，③ と ④ が必要な場面，② と ⑤ が必要な場面，といったかたちで変化していく.

　今どういう支援が必要か，支援する側もされる側も見極め，状況に応じた支援を考えなければならない.

　支援において注意しなければならないもう 1 つは，支援が一方通行にならないことだ．一方通行にならない支援のほうが有効であることが経験的に知られている.

　「生物多様性」というグローバルな価値を専門家が教えることが支援ではない．専門家がもっている知識や価値を地域でもっている知識や価値とつき合わせ，相互に学び合い，場合によっては両方の価値を融合させる．そうした知識の相互流通が，順応的なプロセス・デザインに求められる支援のあり方である.

　そのためにも，そうした知識の相互流通のハブになるような人がいたほうがよい．専門性をもって地域のなかで生きる研究者 (レジデント型研究者) は，そうした役割を果たしうる．訪問型の研究者や，自治体職員，地域団体の人間なども含め，双方向型の支援を媒介できる人間の存在が鍵になる.

第 8 章　順応的なプロセス管理　169

［引用文献］

平川全機. 2005. 継続的な市民参加における公共性の担保——ホロヒラみどり会議・ホ
　　ロヒラみどりづくりの会の 6 年. 環境社会学研究, 11: 160–173.

黒田曉. 2005. 河川改修をめぐる不合意からの合意形成——札幌市西野川環境整備事業
　　にかかわるコミュニケーションから. 環境社会学研究, 13: 158–172.

三上直之. 2017. 協働の支援における「寄りそい」と「目標志向」——北海道大沼の環境
　　保全とラムサール条約登録をめぐって.（宮内泰介, 編: どうすれば環境保全はうま
　　くいくのか）pp. 189–217. 新泉社, 東京.

宮内泰介（編）. 2013. なぜ環境保全はうまくいかないのか. 新泉社, 東京.

宮内泰介（編）. 2017. どうすれば環境保全はうまくいくのか. 新泉社, 東京.

篠原一. 2004. 市民の政治学——討議デモクラシーとは何か. 岩波書店, 東京.

富田涼都. 2014. 自然再生の環境倫理——復元から再生へ. 昭和堂, 京都.

山本信次・塚佳織. 2013.「望ましい景観」の決定と保全の主体をめぐって——重複する
　　「保護地域」としての青森県種差海岸.（宮内泰介, 編: なぜ環境保全はうまくいか
　　ないのか）pp. 122–146. 新泉社, 東京.

Folke, C., T. Hahn, P. Olsson and J. Norberg. 2005. Adaptive governance of social-eco-
　　logical systems. Annual Review of Environment and Resources, 30: 441–473.

Holling, C. S.（ed.）. 1978. Adaptive Environmental Assessment and Management. Wi-
　　ley, Chichester.

Olsson, P., L. H. Gunderson, S. R. Carpenter, P. Ryan, L. Lebel, C. Folke and C. S.
　　Holling. 2006. Shooting the rapids: navigating transitions to adaptive governance of
　　social-ecological systems. Ecology and Society, 11（1）: 18.

9 協働が駆動する社会的学習
——カナダの生物圏保存地域

モーリーン・リード，パイビ・アバーンティ

（翻訳：北村健二）

　順応的ガバナンスと持続可能性を達成するための手段に学習があるが，異なる規模をまたいだ連携にもとづく学習については，これまであまり議論されてこなかった．この章では，カナダの生物圏保存地域（Biosphere Reserve; BR）にかかわる研究者，実務者，ならびに政府担当部局などによる，規模をまたぐ連携事業について紹介する．2011 年に開始されたこの連携事業は，15 カ所の生物圏保存地域の実務者に加え，研究者，政府担当者の参加により進められた．本章で述べるのは，社会的な学習・行動の周期に沿って構築されたプラットフォーム上で，階層をまたぐ連携が一，二，三重の回路をもつ学習成果をどのようにもたらしたかということである．とくに着目するのは，①学習するのはだれか，②学習する内容はなにか，③社会的学習はどうすれば実現可能か，という 3 つの論点である．本連携事業では，実施過程で経験と信頼が蓄積され，それにより，先住民族を含む関係者が，持続可能性と順応的ガバナンスのための相互学習に取り組み，学習成果を深化させることにつながった．

9.1　持続可能性のための学習

　　個人，組織，ならびに社会が，変化と不確実性を通じて，協働により学習する能力を強化することは，環境・資源管理ならびに持続可能性科学にとって本質的なことである（Armitage *et al.*, 2008）．

　持続可能性の課題は複雑で，正確に理解・予測したうえで対応することはむずかしく，社会の多様な組織の間の対話と協働につながる順応的な働きかけが必要である（Berkes, 2009）．その際，共通認識（Diduck, 2010a）と相互学習（Plummer and Armitage, 2010; Crona and Parker, 2012）の促進が成功の鍵とな

る．振り返り，評価，フィードバックによる学習は，持続可能性のためのガバナンスの重要な要素である（Wildemeersch, 2007; Cundill, 2010; Plummer and Armitage, 2010; Berkes, 2010; Diduck, 2010a）．しかし，社会において異なる規模の空間，ガバナンス，影響をまたいだ連携による学習に対しては，これまでほとんど注意が向けられてこなかった（たとえば，Armitage *et al.*, 2008 を参照）．

9.2　階層をまたぐ社会的学習

(1) 学習するのはだれか

　社会転換につながる学習をする主体が個人と集団のどちらなのかという議論は続いているが（Wildemeersch, 2007; Diduck, 2010b; Crona and Parker, 2012），ガバナンスの制度や仕組みが順応的であれば，多様な見解や利害の折り合いをつけ，課題に対応するために，社会の複数の階層をまたいだ学習を実践することは可能である（Diduck, 2010b）．ここでは，5 つの学習の階層とそれぞれの階層における実践過程，そして筆者らの事例への適用の仕方について整理した（表 9.1）．

　多様な構成員からなる大規模な集団において，協働のプラットフォームをつくることはむずかしい．社会的学習が発生する可能性がより高いのは，類似した考えをもつ集団においてであり，すなわちこれは集団の大きさに制約があることを示唆している（Reed *et al.*, 2010）．しかし，複雑な社会生態系システムの問題に取り組む際に，特定の考えをもつ集団のみを相互学習の対象とすることは現実的ではない（Brown, 2008）．また，連携に参加する人たちの利害が異なる場合に，社会的学習の便益が均等に分配されにくいという指摘もある（Wildemeersch, 2007; Glasser, 2007; Armitage *et al.*, 2008; Cundill, 2010）．したがって，多様な考えを含む複雑な社会的学習が発生する過程に注意を払う必要がある．そこで，筆者らは，参加者の間の不均等な利害関係に配慮した学習プラットフォームの構築を試みた．

表 9.1　学習の階層と過程（Diduck, 2010b より改変）.

学習の階層	過程	適用
個人	その人の知識, 技能, 信念または行為が経験の結果として変わる過程.	生物圏保存地域実務者, 学生, 学術研究者, 政府代表者を含む個人.
活動集団 結束しているが比較的非公式の団体で, 特定の目標や任務をもつ複数の個人で構成され, 存続期間が短い場合が多い.	個人の学習成果が, 複数の個人の集合体において共有され, 全体的な相互成果の一部となる過程.	実践の共同体として形成された「連携」. 上欄の参加者を含む.
組織 活動集団に似ているが, 存続期間がより長い場合が多く, その所掌がより複雑で, 通常は公式の構成員と制度によって枠組みが設定されている.	個人または活動集団の学習成果が, 日常業務などを通じて組織内で蓄積, 活用される過程.	カナダ生物圏保存地域協議会. カナダ MAB 委員会とカナダ・ユネスコ国内委員会はそれぞれ独立した組織で, 連携事業に間接的に参加する.
ネットワーク 政治的, 社会的, 経済的, 環境的, 文化的な利益を共有する複数の組織の集合体. 公式の構成員ならびに制度上の規則がある場合とない場合がある.	組織的学習成果が, 複数の組織の集合体において教諭され, 全体的な相互成果の一部となる過程（これにともなってネットワーク階層の性質が変化する）.	カナダ生物圏保存地域協議会. カナダ MAB 委員会, カナダ・ユネスコ国内委員会, 学術研究協力者, 政府機関.
社会 慣習, 組織, 法律を共有する特定の地域または国で生活する人々の共同体.	中核となる社会の制度や仕組みが, 社会や環境の変化に応じて変化する過程.	期間や対象範囲の観点から本連携事業の対象外.

(2) 社会的学習とはなにか

　筆者らが用いる社会的学習の定義は, 「異なる個人および集団が人間と環境の相互関係の改善を図る際に発生する集合的な行動と振り返り」である（Keen *et al.*, 2005）. 教育論や組織論において学習は一, 二, 三重の回路によって分類される. 一重回路の学習は, 新しい技能など手段の習得を意味する. 二重回路の学習は, ガバナンスや対話形態の変化を促進するものである. 三重回路の学習は, 人の価値観や世界観が個人あるいは集団の意思決定能力を向上させるものである（表 9.2）. なお, 参加者の学習を平等で確かなものにするには, 熟練した進行支援が必要である.

表 9.2　学習理論と学習の深さ.

理論	学習の「深さ」		
社会転換理論 提唱者 Mezirow, 1994 環境管理における例: Sinclair *et al.*, 2008	手段の習得 技術による対処 能力を高める.	対話の支援 人々が, 自分にとっ ての意味, 意図, 価 値を示す際に役立 つ.	抑圧からの解放 個人の力を高めることで, 不 均等な資源分配への批判が可 能となり, 学習者を抑圧的な 社会的関係から解放する.
組織理論 提唱者 Argyris and Schon, 1978 環境管理における例: Pahl-Wostl, 2009; Plummer and Armitage, 2010	一重回路 向上した技能, 行動, 戦略およ び実践を通じ て, より大きな 成果を目指す.	二重回路 実施手段と根本的な ガバナンスのあり方 の両方を評価し, 変 化を生みだす. 価値 の明確化, 仮説の再 検討, 対話実践の改 善を支援する.	三重回路 権力構造が特定の特権集団や 規範に過大に肩入れしていな いかを問う. 価値, 知識体系, 世界観に関する根本的な問い かけを含み, 個人や集団の力 を高めることにつながる.

(3) 社会的学習はどうすれば実現可能か

　多様な深さをもつ学習成果を促進し, 複数の階層をまたぐプラットフォーム
を構築する具体的なアプローチとして,「実践の共同体」(community of prac-
tice) がある (たとえば, Wenger, 2003; Brown and Lambert, 2013).

　実践の共同体による社会的学習の過程についてはすでに研究が進んでおり (た
とえば, Wildemeersch, 2007; Cundill, 2010), 以下の要素が示されている
(Bacsu and Smith, 2011).

　1.　定期的な交流機会の提供

　2.　その時々で変化可能な参加形態

　3.　交流のための公的・私的空間の提供

　4.　活動・目標・成果の記録

　5.　高度な技能をもつ人たちの存在の把握

　6.　構造化された振り返りと評価による, 共同体自体の価値の明確化

　これらの知見は, 筆者らの学習プラットフォームにおいて活用された.

9.3　ユネスコ生物圏保存地域とカナダ国内ネットワーク

　ユネスコの人間と生物圏 (MAB) 計画の下で 1970 年代半ばに始まった生物

圏保存地域（Biosphere Reserve; BR）は，生物文化多様性保全の推進，持続可能な開発に向けた目標達成の進展，ならびに 研究，学習，教育の支援という 3 つの機能を果たすこととされた（UNESCO, 2000）．生物圏保存地域は，国またはそれに準ずる階層の法令によって保護された核心地域を含むと同時に，資源利用の程度を段階的に定めたゾーニングを採用している．生物圏保存地域は，「生きた実験室」または「学習現場」として，科学者，実務者，また最近では地域コミュニティが生物多様性の保全と持続可能な開発の達成方法の理解を深める際に役立っている（たとえば，Batisse, 1982; Schultz and Lundholm, 2010）．そして，環境に関するモニタリング，政策，管理方法の試行の場とされている（Batisse, 1982; UNESCO, 2007）．

　生物圏保存地域には国内および国際的なネットワークがある．たとえば，ユネスコはつぎのように説明している（UNESCO, 2005）．

　　　生物圏保存地域は，複数の階層におけるガバナンスに対する革新的なアプローチである．地方においては社会的エンパワーメントと計画のための強力なツールであり，国レベルでは国内において模範的な学習拠点となり，国際的にはほかの国々との協力の手段となる．

　現在，生物圏保存地域は，セビリア戦略および生物圏保存地域世界ネットワーク定款（UNESCO, 1996），ならびに MAB 計画によって約 10 年ごとに設定される戦略的な計画に準拠している．筆者らの連携事業は，2008–2013 年のマドリッド行動計画に準拠する時期であった．同計画では，「強力な学習組織の構築を目的とした生物圏保存地域世界ネットワーク（WNBR）の能力を向上させる」という目標が示された．生物圏保存地域世界ネットワーク定款の制定以来，各生物圏保存地域には 10 年ごとの定期審査が義務づけられている．しかし，学習機能の評価基準ははっきりと決まっておらず（Reed and Egunyu, 2013），複数の生物圏保存地域をまたぐ学習の仕組みも示されていないという問題があった．

　カナダでは，生物圏保存地域は場所と組織の両方を指す．この定義は，持続可能性を目指す地域コミュニティの要望を反映したものである．住民が自分の地域を生物圏保存地域にしたいと求める場合は，まず地元自治体に申請し，州

第 9 章 協働が駆動する社会的学習　175

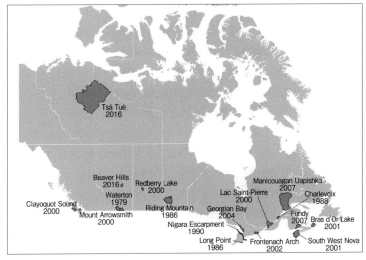

図 9.1　2016 年カナダ生物圏保存地域の所在地ならびに登録年

政府および連邦政府によってこれが承認され，最後にユネスコによって認可されなければならない．カナダ・ユネスコ国内委員会は，カナダ国内の国連関連の諸事業について責任を有しており，カナダ MAB 委員会から活動の助言を受ける．カナダ MAB 委員会は，新規の生物圏保存地域申請の検討，生物圏保存地域世界ネットワーク定款の適用，定期審査の監督，ならびに個別の生物圏保存地域に対する上位の責任を負っている．個々の地域においては，地域の委員会または理事会が管理主体となり，各種事業や補助金獲得などの任務を担う．これらの委員会は，規制や意思決定の権限をもっておらず，州および連邦政府の法的枠組みのなかで運営しなければならない．通常，1 つの生物圏保存地域と複数の自治体の間に異なる利害が含まれている．

　連携事業の計画時にカナダ国内には 15 カ所の生物圏保存地域があった（図 9.1）．16 番目の登録地は，連携事業開始直後にネットワークに加わった．財政や人員の規模はそれぞれ大きく異なるが，2009 年から 2012 年までは，連邦政府が，各生物圏保存地域に対して担当者 1 名，全国組織の最高経営責任者 1 名，ならびに非常勤財務責任者 1 名の人件費を提供した．実施される事業は，森林回廊の保護，持続可能な食料や観光のネットワーク化の促進，コミュニティ・

ガーデンなどモデル事業の立ち上げ，公立学校におけるカリキュラムの導入，社会生態系に関する研究の支援・実施など多様である．活動の多くに共通性がある一方で，西海岸から東海岸まで6000 km を超える距離があること，不均一な財政規模，さらに，生態系および文化の相違（言語障壁を含む）によって，実務者が，国内のほかの生物圏保存地域実務者からの支援を求めたり，ネットワーク形成を行ったり，相互学習したりすることはそれまで困難だった．

9.4　学習・行動のプラットフォーム

　連携事業は 2011 年 6 月に開催されたワークショップによって始まった（詳細は，Reed *et al.*, 2014 を参照）．筆者らはこの過程を，直線的な進行とは異なる，集合的学習の「サイクル」としてとらえた（表 9.3）．筆者らが示すこのサイクルでは，始まりと終わりがともに振り返りである．現場の実務者が現状を振り返り，評価することは，事業の必要性の明確化と全体目標の決定を行ううえで不可欠である．各段階の進行は専門のファシリテーターが支援した．そして，先行研究を参照し，各段階の活動の意義を解釈した．

（1）振り返りと評価

　この連携を始める以前，当時の生物圏保存地域ネットワーク組織の最高経営責任者は生物圏保存地域の問題点として，たえまない活動実施と補助金獲得にたえず追われていること，また，優良実践事例の共有や普及促進の仕組みがないことをあげていた．そのため，教訓は共有されず，各生物圏保存地域がそれぞれ一からつくりなおしていることを彼は指摘した．結果として，MAB 計画で明示された「学習機能」は大きく制限されていた．彼の批判的な振り返りとネットワーク全体の俯瞰のおかげで，生物圏保存地域を孤立した単位でなくネットワークとして機能させるための補助金獲得意欲に拍車がかかった．複数の登録地での活動経験があり，彼と同じくカナダ MAB 委員を務めていた研究者に彼は協力を求めた．

（2）問題設定

　学習のためのネットワーク化されたプラットフォームがないことを考慮し，

第 9 章　協働が駆動する社会的学習　177

表 9.3　社会的な学習・行動のサイクル.

行動*	連携のための行動	連携の参加者ならびに知識文化／保有者
振り返りと評価	連携に対する意欲の見極め	個人の知識および地域固有の知識を備えた実務者
問題の設定 現状分析と参加. 鍵となる主体と課題の特定. 異なる見解の明確化と受容	提案の執筆と目的の設定	個人の知識, 地域固有の知識, 専門の知識を備えた主要実務者ならびに研究者
活動への参加 概念から段階的な実行への転換. その試行	詳細一覧 活動テーマ群の決定	個人の知識, 組織の知識, 専門の知識を備えたすべての実務者ならびにファシリテーター
共有と対話 意識の啓発, 問いと脱構築への取り組み 基準とする世界観や枠組みの理解, 明確化, 批判的考察	優良実践事例の情報整備と共有	個人の知識, 地域固有の知識, 専門の知識, 組織の知識を備えた実務者, ファシリテーター, 研究者ならびに政府関係者
統合と共創 基準とする枠組みの開発と共有	優良実践事例の検証と共有のための共通様式の作成と活用	全体的な知識を生みだすすべての階層のすべての参加者
協議と意思決定 行動の実践	資料作成 カナダのネットワークおよび外部に対して共有する内容と方法の決定 国際的な対象者に向けた出版物作成, ワークショップ進行支援および口頭発表	全体的な知識を生みだすすべての階層のすべての参加者
振り返りと評価 基準とする枠組みを改変する際に, 懸念や課題がどの程度反映されたかの評価	アンケート 聞き取り 評価の枠組み 事業のフォローアップへの評価の組み込み 構造化されたワークショップによる振り返り	全体的な知識を生みだすすべての階層のすべての参加者

*以下をもとに改変: Keen *et al*., 2005; Wildemeersch, 2007; Brown, 2008; Cundill, 2010; Cheng and Sturtevant, 2012; Brown and Lambert, 2013.

2011 年にカナダ生物圏保存地域協議会（CBRA）と研究者は研究連携を開始し, 生物圏保存地域の間の交流, 学習, ネットワーキングによる集団的な学習・行動に特化した「実践の共同体」を展開することとした.

(3) 活動への参加

　参加型アクションリサーチの特徴は，振り返りによって，研究協力者のニーズ変更に順応できることである（Kemmis and McTaggart, 2008）．たとえば，最初のワークショップで実務者たちは，カナダ MAB 委員会，ユネスコ・カナダ国内委員会および学術研究者らとともに，以後 3 年間の活動ビジョンを設定する作業を行った．実務者たちは，この作業は刺激的だが，資金の制約などを考えると優良実践事例の評価作業をすることはむずかしいと感じた．むしろ，すでに実践されている活動の詳細な一覧を作成することのほうが重要だと彼らは考えた．ファシリテーターは，年次報告書，戦略計画文書，ウェブサイトのほか聞き取りをもとに，カナダの生物圏保存地域がかかわる 430 件の事業のデータベースを作成した．この詳細一覧は，後に事業実践の評価に役立つテーマ群の設定に活用された．

　詳細一覧とその作成過程にはつぎの 2 つの効果があった．最初の効果は，実務者が自ら主体的に取り組んだ活動がデータとして示され，達成感と誇りがもたらされたことである．2 番目の効果は，ほかの生物圏保存地域にも参考になる優良事例を集める際のテーマが以下の 3 つに特定されたことである．
　　① 持続可能な観光における管理とガバナンス
　　② 土地管理ならびに生態系がもたらす財とサービス
　　③ 持続可能な開発のための教育

(4) 共有と対話

　3 テーマそれぞれに関して，平均 5 つの生物圏保存地域がチームを組んで担当することとした．各チームは，2011 年 9 月から 2012 年 8 月にかけて事例を選択し，個別の実践について調査したうえで，決められた様式にしたがって結果を資料としてまとめることとした．

　各々の実践の共有はむずかしいと多くの実務者たちが当初考えていた．たとえば，愚鈍な印象を与えることを恐れて発言に消極的になっている参加者がいるとファシリテーターは感じた．また，よい考えがあっても，ほかとの競合を避けるように理事会から指示されていた参画者もいた．このような事態の突破口を開き，参加者間の交流を促進させた重要な要素は，ていねいな進行支援と

第9章 協働が駆動する社会的学習　179

各チーム内からのリーダーの出現であった.

(5) 統合と共創

　各チームが選び資料化された優良実践事例は，2012年9月の第2回ワークショップに活用された. この資料には，各事例におけるテーマや課題のほか，事業内容などがくわしく示された. ワークショップには14カ所の生物圏保存地域の実務者に加え，研究者，ファシリテーター，カナダMAB委員会，ユネスコ・カナダ国内委員会の代表者，連邦政府からカナダ国立公園局の代表者が参加した. 各チームからの優良実践事例発表をもとに，事業全体から学習したことを参加者は振り返るとともに，利点と欠点，成功の鍵となる要素，つぎの段階への提言についても検証した. これらの新たな考察結果は，アンケートによって記録された.

(6) 協議と意思決定

　カナダ生物圏保存地域協議会と個別の生物圏保存地域に対する連邦政府からの補助金が2011年の6月に打ち切られたため，第2回ワークショップの開催は困難なものとなった. それにもかかわらず，実務者は相互支援がこれまで以上に必要であると考え，連携事業を継続した. さらに，彼らは，2013年秋にカナダで開催される北米・欧州生物圏保存地域国際会合 (EuroMAB) に貢献する方針を再確認した. この会合に向けて，実務者は，優良実践事例集を各国参加者にとって価値のある資料にするための検討を始めた. ユネスコ・カナダ国内委員会は，各国参加者に配布するため，フランス語と英語で優良実践事例の報告書を作成することを提案した (Godmaire *et al.*, 2013).

　2013年のEuroMABは，高い目標と明確な期限をもった重要な会合となった. カナダがEuroMAB会合を主催したのはこれが最初で，このときのテーマはコミュニティとの協働であった. 北米・欧州27カ国から190名の科学者，カナダMAB委員会メンバー，実務者らが参加した. それまでカナダからEuroMAB会合への参加はほとんどなかったが，2013年の会合では，カナダ国内15カ所の実務者，連携事業ファシリテーター，研究者らが，半日にわたり発表ならびに過去2年間に学習した内容に関するワークショップを主導した. そこでは，優良実践事例とその評価方法，ならびに得られた教訓の移転や適用の仕方

について議論が行われた．また，カナダの実務者らは，自らの優良実践事例やネットワーク化戦略を共有するためにほかの多くのセッションも主催した．この会合によって，カナダの実務者は，受け身の傍観者から，広域の国際 MAB ネットワークのリーダーへと変化した．

(7) 振り返りと評価

　連携事業の評価は，事業の進行と並行して行われ，アンケートと面談が事業開始時に実施された．最初の評価結果は平易な言葉による報告書で共有され，その後，2回目のワークショップにおいて口頭で発表された．さらに，中間時点と終了時に評価が実施された．事業全般に関する検証結果を共有し，参加者からフィードバックを得ることを目的として，平易な言葉による報告書を2つ研究者が作成した．筆者らは，2013年10月の EuroMAB 会合と2014年のカナダ生物圏保存地域協議会年次総会において口頭発表を行った．なお，連携事業実施中に「先住民族との協働」が新たな重要テーマとして浮上し，次節で述べるように新たな協働につながった．

9.5　学習成果

　この事業を通じていくつかの学習成果が達成された．共通の学習成果のほとんどは各生物圏保存地域において共有され，実践につながった．このような成果は，特定の知識や技能の向上に関するもので，手段の習得あるいは一重回路の学習に分類することができる（表9.2）．たとえば，「驚くべき場所」（Amazing Places）と称する取り組みがニュー・ブランズウィック州のファンディ生物圏保存地域で最初に実施された（Godmaire *et al*., 2013）．これは，仮想的および実際の訪問者に対してガイド付きのハイキングを可能にするように設計され，双方向型のウェブサイト，携帯電話ならびにパンフレットを組み合わせたものである．その目的は，たんに観光と地域の経済的利益を強化するというものではなく，その地域の自然および文化遺産について地域の人々と訪問者が同じように学べるようにすることであった．この実践事例は，その後，全国的に導入が進んだ．

　二重回路の学習は，連携内の異なる階層から発生した（表9.2）．1995年以

来，MAB 計画は，すべての生物圏保存地域が定期審査を 10 年ごとに受けることと定めている．連携事業実施時にはカナダの大半の生物圏保存地域は 10 年未満であり，実際の審査を受けたものは少なかった．このため，審査過程の指針はまだ開発されておらず，審査過程が不明確かつ過重負担であると実務者は感じていた．そこで，監督組織と実務者の双方を支援するため，2011 年から2012 年にかけて筆者らと大学院生 1 名が参加型アプローチを用いて，カナダの生物圏保存地域の定期審査過程を体系的に検討した（Egunyu and Reed, 2012; Reed and Egunyu, 2013）．カナダ MAB 委員会はこの知見を活用して定期審査過程の再構築を行うとともに，国際的要件に準拠する評価様式を採用し，連携事業が審査過程にかかわるかたちにした．各生物圏保存地域の実務者が，カナダ MAB 委員会やユネスコ・カナダ国内委員会のメンバーと対話や討議を行うためのプラットフォームをともに構築したことが連携事業の成果となった．

　ガバナンスに関する初期の作業は二重回路の学習と同時に三重回路の学習の基礎ともなった（表 9.2）．この種の学習は，関係性の変化を促す深い振り返りをともなうため，学習の成果が表面化するには時間を要する．生物圏保存地域への先住民族の参画は，三重回路の学習の成果の兆しの 1 つである．カナダでは，連邦政府とカナダ先住民族の間の合意により，土地および資源に関する権利と責任が規定されている．このため，カナダの先住民族の参画は，公正な自然資源管理の重要な要素となっている．また，先住民族の生物圏保存地域への参加を促す国際的な指針（たとえば，UNESCO, 2008）や 2007 年採択の「先住民族の権利に関する国際連合宣言」という重要な方針がある．しかし，先住民族がカナダの生物圏保存地域組織において積極的に協力している例はほとんどない．

　先住民族に関する過去の不当な扱いや現在の権利・責任に関して，カナダでは細心の注意を払って議論する必要がある．人種差別的思想に根差した植民地的慣行を認めたうえで，先住民族の人たちの知識や考え方を尊重した新たな関係構築のための根本的な再考が，先住民族との協働には不可欠である．連携事業の展開につれて，カナダの生物圏保存地域が先住民族との間で直接の協働を行うのは容易でないことが明らかになった．持続可能性に関する課題に取り組む際に先住民族との協働の推進が不可欠であることを認識している一方で，そのことに高い優先順位をつける実務者はほとんどいなかった．たとえば，2011

年の調査で，先住民族組織が8カ所の生物圏保存地域の行事ならびに7カ所の事業実施に参加していたことが報告された．しかし，先住民族組織と継続的なやりとりをしていると答えたのは3カ所だけで，理事会に先住民族の代表者を含んでいると報告したのは2カ所だけであった．唯一の明確な例外はクレイオクォット・サウンド生物圏保存地域で，その理事会では先住民族の代表者1名と非先住民族の代表者1名が共同座長を務め，地域内の先住民族とそれ以外の人たちがともに理事会メンバーとなっている．しかし，これは，この地域における長年の取り組みと信頼構築の結果である．ほかのほとんどでは，比較的先住民族の人口が多い地域に位置しているにもかかわらず，先住民族とのかかわりが歴史的にきわめて少なかった．

連携事業参加者間の信頼構築によって，このような課題に対処することができるようになった．連携事業実施中の新たな動きの例として，2012年にカナダMAB委員会は先住民族代表者1名の議席を設けた．これは，すべての生物圏保存地域に対して先住民族との協働の重要性を伝える効果をもつ．2013年のEuroMAB会合においては，先住民族に関する作業部会が設けられ，先住民族とその知識を生物圏保存地域のガバナンスに組み入れるという考えを広めることを目指した．2014年には，作業部会メンバーが，カナダ生物圏保存地域協議会でのワークショップ進行を行った．その結果，協議会が関心をもつ生物圏保存地域の代表者を集めてクレイオクォット・サウンドで2日間のワークショップを実施し，先住民族による取り組みを学習できる機会をつくることとなった．

連携事業の期間を超えた三重回路の学習の効果の一例として，2016年の年次会合においてすべての生物圏保存地域が参加した「語らいの輪」があげられる．この語らいの輪では，長老1名を含む3名の先住民族代表者が進行役を務めた．この語らいの目的は，人々が対話を始め，直接質問し，ブレーンストーミングを行い，学びの場をつくることであった．連携事業が，より深い学習のための基盤となり，信頼づくりの契機を提供した．

三重回路の学習には長い時間が必要であり，具体的な成果にはすぐにつながらないことがある．しかしながら，以下の例では，社会転換につながるさらなる学習がネットワーク全体で行われていることを示唆している．2010年には，ある生物圏保存地域が，定期審査をもとに数多くの提言を受けた．その後の4年間，ガバナンス構造を解体し，先住民族協力者との関係構築に時間を費やし

た結果，この先住民族協力者は新たなガバナンス組織の構成員となった．同様に，比較的新しい生物圏保存地域のうちの１つが，2013年のEuroMAB会合に先住民族の理事会メンバーを参加させるために自らの資金を提供し，先住民族との協働に対する積極性を明示した．2014年には，ある地域の先住民族組織のメンバーがクレイオクォット・サウンドでの年次会合とワークショップに参加し，生物圏保存地域に関心があることを宣言した．彼らは，ネットワークが彼らの参加を歓迎するものか否かを判断するため，多くの質問を重ねた．結果として，彼らの地域は，先住民族の力のみによって設置されたカナダで最初の生物圏保存地域となった．このような活動が行われるにつれて，先住民族との協働経験がない生物圏保存地域が，ほかの経験を学習し，近隣の先住民族に接触し始め，共通の利益を明確にし，ともに事業を行うようになった．現在では，全18カ所のうちの9カ所ほどが先住民族と連携を図っており，このうち5つが生物圏保存地域のガバナンスに彼らを直接関与させている．

このような取り組みは，社会転換につながる学習，すなわち三重回路の学習に向かう動きを示しており，日常業務から学習方法までさまざまなかたちの変化をともなう．2016年3月には，先住民族とそれ以外のカナダ人が文字どおりともに立ち上がり，リマ行動計画という国際的方針の草案の一部に異議を唱え，国際的組織であるMAB委員会から改訂の提案を求められることとなった．これらの改訂案の多くが実際に採用され，2025年まで有効な新規の行動計画に反映された．このことから，カナダの生物圏保存地域のすべてが実践を劇的に変えたといえば過言になる．しかし，一連の三重回路の学習成果が，個人から国際規模まで複数の規模をまたぐネットワークに浸透してきた兆しであることは確かである．

9.6 実践の共同体の意義

入念な設計と進行支援をともない構造化されたプラットフォームを通じて，複数の階層をまたぐ大規模なネットワークの全体で社会的学習が発生しうることを本章で示した．この連携は，地域の活動と国際的な優先事項の結び付きを強め，さらに，政策に生かすことが可能な知識をともに創りだした．2013年にEuroMAB会議を主催して以来，カナダは，国内および国際的なMABネット

ワークにおける関係を強化した．

　複数の階層をまたいだ社会的学習は，たんに人々を集めれば自然発生するものではなく，体系的なアプローチと構造化された進行支援を必要とする．連携事業における社会的学習は，資金面の支援（会合開催など），知識面の支援（平易な言葉による報告書や口頭発表など），ならびに進行支援（高い資質をもつファシリテーターの起用など）を受けながら実践された．「学習するのはだれか」「学習する内容はなにか」「学習はどのように実現可能か」という3つの論点を問い続けながら社会的学習のためのプラットフォームを構築し，それが複数の階層をまたぐ一，二，三重回路の学習成果を達成するための鍵となることを証明した（Reed and Abernethy, 2016）．

　公的補助金を受けての連携事業は終了したが，とくに先住民族とのかかわりといった主要な問題に関する学習を支援するため筆者らは引き続きネットワークと協働しており，これはつぎの理論の実践例となったものと筆者らは考える．

　　　行動，人間関係形成，知識共有，ならびに組織間交渉の場として，［実践の］共同体は，人々の生活に実際に影響を与えるような真の社会転換への鍵を握っている（Wenger, 1998）．

　複数の階層をまたいだプラットフォームを舞台とした実践の共同体は，生物圏保存地域が持続可能な開発の模範となることを支援してきたのである．

［引用文献］

Argyris, C. and D.A. Schon. 1978. Organizational Learning: A Theory of Action Perspective. Addison-Wesley Publishing Company, Reading.

Armitage, D., M. Marschke and R. Plummer. 2008. Adaptive co-management and the paradox of learning. Global Environmental Change, 18: 86–98.

Bacsu, J. and F.M. Smith. 2011. Innovations in Knowledge Translation［Electronic Resource］: the SPHERU KT Casebook. Saskatchewan Population Health and Evaluation Research Unit, University of Saskatchewan, Saskatoon.

Batisse, M. 1982. The Biosphere Reserve: a tool for environmental conservation and management. Environmental Conservation, 9: 101–111.

Berkes, F. 2009. Evolution of co-management: the role of knowledge generation, bridging organizations and social learning. Journal of Environmental Management, 90: 1692–1702.

Berkes, F. 2010. Devolution of environment and resources governance: trends and future. Environmental Conservation, 37: 489–500.

Brown, V. 2008. Collective decision-making bridging public health, sustainability, governance, and environmental management. *In* (Soskolne, C.L., ed.) Sustaining Life on Earth: Environmental and Human Health through Global Governance. pp. 139–154. Lexington Books, Latham.

Brown, B. and J. Lambert. 2013. Collective Learning for Transformational Change: A Guide to Collaborative Action. Routledge, London and New York.

Cheng, A.S. and V.E. Sturtevant. 2012. A framework for assessing collaborative capacity in community-based public forest management. Environmental Management, 49: 675–689.

Crona, B.I. and J.N. Parker. 2012. Learning in support of governance: theories, methods, and a framework to assess how bridging organizations contribute to adaptive resource governance. Ecology and Society, 17:32. http://dx.doi.org/10.5751/ES-04534-170132 (2016.12.27)

Cundill, G. 2010. Monitoring social learning processes in adaptive co-management: three case studies from South Africa. Ecology and Society, 15:28. http://www.ecolo gyandsociety.org/vol15/iss3/art28/ (2016.12.27)

Diduck, A.P. 2010a. Incorporating participatory approaches and social learning. *In* (Mitchell, B., ed.) Resource and Environmental Management in Canada: Addressing Conflict and Uncertainty, 4th ed. pp. 495–525. Oxford University Press, Toronto.

Diduck, A.P. 2010b. The learning dimension of adaptive capacity: untangling the multilevel connections. *In* (Armitage, D. and R. Plummer, eds.) Adaptive Capacity: Building Environmental Governance in an Age of Uncertainty. pp. 199–221. Springer, Heidelberg.

Egunyu, F. and M.G. Reed. 2012. Learning from the Periodic Reviews of Biosphere Reserves in Canada. Report to Canada-MAB. April 2012. University of Saskatchewan, Saskatoon. Available from the authors.

Glasser, H. 2007. Minding the gap: the role of social learning in linking our stated desire for a more sustainable world to our everyday actions and policies. *In* (Wals, A.E.J., ed.) Social Learning: Towards a Sustainable World. pp. 35–61. Wageningen Academic Publishers, The Netherlands.

Godmaire, H., M.G. Reed, D. Potvin and Canadian Biosphere Reserves. 2013. Learning from Each Other: Proven Good Practices in Canadian Biosphere Reserves. Canadian Commission for UNESCO, Ottawa.

Keen, M., V.A. Brown and R. Dyball (eds.). 2005. Social Learning in Environmental Management: Towards a Sustainable Future. Earthscan, London.

Kemmis, S. and R. McTaggart. 2008. Participatory action research: communicative action and the public sphere. *In* (Denzin, N. and Y. Lincoln, eds.) Strategies of Qualitative Inquiry, 3rd ed. pp. 271–330. Sage, Los Angeles.

Mezirow, J. 1994. Understanding transformation theory. Adult Education Quarterly, 44: 222–232.

Pahl-Wostl, C. 2009. A conceptual framework for analysing adaptive capacity and multi-level learning processes in resource governance regimes. Global Environmental Change, 19: 354–365.

Plummer, R. and D. Armitage. 2010. Integrating perspectives on adaptive capacity and environmental governance. *In* (Armitage, D. and R. Plummer, eds.) Adaptive Capacity and Environmental Governance. pp. 1–22. Springer, Berlin.

Reed, M.G. and F. Egunyu. 2013. Management effectiveness in UNESCO Biosphere Reserves: learning from Canadian periodic reviews. Environmental Science & Policy, 25: 107–117.

Reed, M.G., H. Godmaire, P. Abernethy and M.A. Guertin. 2014. Building a community of practice for sustainability: strengthening learning and collective action of Canadian Biosphere Reserves through a national partnership. Journal of Environmental Management, 145: 230–239.

Reed, M.G. and P. Abernethy. 2016. In review. Knowledge co-production and use in an action research partnership: scaling and extending integrated local environmental knowledge among biosphere reserve practitioners in Canada. Submitted to: Society and Natural Resources.

Reed, M.S., A.C. Evely, G. Cundill, I. Fazey, J. Glass, A. Laing, J. Newig, B. Parrish, C. Prell, C. Raymond and L.C. Stringer. 2010. What is social learning? Ecology and Society, 15, r1. http://www.ecologyandsociety.org/vol15/iss4/resp1/ (2016.12.27)

Schultz, L. and C. Lundholm. 2010. Learning for resilience? Exploring learning opportunities in BRs. Environmental Education Research, 16: 645–663.

Sinclair, A.J., A.P. Diduck and P.J. Fitzpatrick. 2008. Conceptualizing learning for sustainability through environmental assessment: critical reflections on 15 years of research. Environmental Impact Assessment Review, 28: 415–522.

UNESCO (United Nations Education, Scientific and Cultural Organization). 1996. Biosphere Reserves: The Seville Strategy and the Statutory Framework of the World Network. UNESCO, Paris. http://unesdoc.unesco.org/images/0010/001038/ (2016.12.27)

UNESCO. 2000. Solving the Puzzle: The Ecosystem Approach and Biosphere Reserves. UNESCO, Paris.

UNESCO. 2005. Biosphere Reserves: Benefits and Opportunities. UNESCO, Paris.

UNESCO. 2007. 3rd World Congress of Biosphere Reserves: Biosphere Futures, UNESCO Biosphere Reserves for Sustainable Development. Background Paper to the Palacio Municipal de Congresos, Madrid. SC–08/CONF.401/5. Paris, 25 October 2007.

UNESCO. 2008. Madrid Action Plan for Biosphere Reserves 2008–2013. UNESCO, Paris.

Wenger, E. 1998. Communities of Practice: Learning, Meaning, and Identity. Cambridge University Press, Cambridge.

Wenger, E. 2003. Communities of practice and social learning system. *In*（Nicolini, D., S. Gheradi and D.A. Yanow, eds.）Knowing in Organizations: A Practice-Based Approach. pp. 76–99. M.E. Sharpe, New York and London.

Wildemeersch, D. 2007. Social learning revisited: lessons learned from North and South. *In*（Wals, A.E.J., ed.）Social Learning: Towards a Sustainable World. pp. 99–116. Wageningen Academic Publishers, The Netherlands.

10 人材が育つ仕組み
——里山マイスターがもたらすもの

中村浩二，北村健二

　日本の面積の 4–5 割は里山であり，古くから人が農林業の活動を通して，自然環境に手を加えることにより形成され，生態系サービスを生みだし，人々の暮らしを豊かにしてきた (Takeuchi, 2010)．しかし，近年の里山地域では人口減少，少子高齢化が進行し，農地や造林地の管理放棄が拡大し，生態系サービス（生産，環境調節，伝統文化の継承など）や景観が劣化し，一部では集落が崩壊しつつある．人の活動により維持される二次的自然である里山環境の劣化と地域社会の衰退という悪循環を打破し，地域を再活性化し，持続発展させるためには，それを担う人材が欠かせない．しかし，人材の重要性について異論がないとしても，担い手人材を育てる「仕組みづくり」は簡単ではない．本章では，能登の里山を舞台にした地域再生と変革を担う人材育成の仕組みづくりと実践の過程を述べるとともに，能登のノウハウをフィリピンのイフガオ棚田の人材育成に活用する試みを紹介する．

10.1　問題の背景と所在

(1) 地球・国家規模の問題

　近年の地球規模の環境劣化に対して，国連は 1992 年以来 3 回の地球サミットを開催しており，生物多様性条約締約国会議 (CBD-COP) を隔年開催している．2010 年に愛知県名古屋市で開催された生物多様性条約第 10 回締約国会議 (COP10) では，「SATOYAMA イニシアティブ国際パートナーシップ (IPSI)」が発足した．これは日本の里山コンセプトのもとに，世界各地の「里山」が集まり，各地で進行する大規模開発に抗し，持続可能な農業を維持し推進するネットワークである．世界的には，大規模開発と人口爆発が深刻であるが，韓国，中国はじめ多くの国の高齢化・人口減少が予測されており，すでに過疎高齢化

が深刻な日本は，世界の「トップランナー」といえる．里山コンセプトにもとづく対処法を実践し，日本国内だけでなく，世界に貢献することが目標である．

国連が2001–2005年に実施した地球レベルの環境評価であるミレニアム生態系評価（Millenium Ecosystem Assessment; MA）の地域版（Sub-Global Assessment; SGA）として「日本の里山里海評価（Japan Satoyama Satoumi Assessment; JSSA）」が2007–2010年に実施され，MAの手法を日本の里山と里海に適用した．この里山里海の歴史的変遷，現状評価と将来シナリオの提示が，里山里海の持続発展に向けた人材養成の必要性と方向性の指針となっていることは重要である．JSSAでは，日本全国レベルと国内5地域（クラスターと呼ぶ）ごとに分析され，国レポートと5クラスターレポートが出版された．能登が属する北信越クラスターでは，灌漑施設の整備により水資源管理がシステム化された反面，里山において文化的価値を含め重要な役割を果たしていた「ため池」の劣化・放棄が進んでいることなどが明らかとなった（日本の里山・里海評価［JSSA］——北信越クラスター，2010）．JSSAはグローバル視点での里山問題の指摘と処方箋を示しており，IPSI設立に大きな役割を果たした．また，日本とフィリピンの里山問題を正しく把握し，後述のとおり能登の人材育成のノウハウをイフガオへ移転することを可能にした（図10.1）．

里山に親和性の高い制度に世界農業遺産がある．これは，国連食糧農業機関（FAO）が推進し，英語では「Globally Important Agricultural Heritage Systems; GIAHS（「世界重要農業遺産システム」の意）」と呼ばれるものである．背景には，化学肥料，合成殺虫剤，エネルギーの大量使用による近代農業のいきすぎた生産性への偏重が，世界各地で森林破壊や水質汚染などの環境問題を引き起こし，地域固有の文化や景観，生物多様性の消失を招いていることへの反省がある．世界農業遺産の目的は，近代化のなかで失われつつあるその土地の環境を生かした伝統的な農業・農法，生物多様性が守られた土地利用，農村文化・農村景観などを「地域システム」として一体的に維持保全し，次世代へ継承していくことである．

(2) 石川県内の問題

石川県域の約7割は里山であり，また能登半島，加賀海岸は里海であり，自然と伝統文化が豊かである．その石川県の施策として，里山里海の保全活用に

図10.1 日本とフィリピンにおいて人材育成活動を展開した地域．右：日本（金沢，能登半島），左：フィリピン（イフガオ州と4自治体）．

よる地域活性化が重視されている．生物多様性条約の第9回（2008年）および第10回（2010年）締約国会議では石川県が中心となってサイドイベントが開催され，里山里海の重要性が議論された．そして，農林水産省（北陸農政局），国連大学，FAOなどと連携のうえ，「能登の里山里海」の世界農業遺産認定申請が行われ，2011年に認定された．これを受けて，認定地域にある9自治体による能登GIAHS推進協議会と，石川県が主導し，9自治体などを含む「能登の里山里海」世界農業遺産活用実行委員会がそれぞれ設置された．同委員会は，シンポジウム，スタディツアー，高校生による地域住民を対象とした聞き書きなどいくつかの事業を組み合わせて世界農業遺産を通じた地域の活性化に取り組んでいる．

また，石川県は，国連大学サステイナビリティ高等研究所いしかわ・かなざわオペレーティングユニット（UNU-IAS-OUIK）を2008年に金沢市に招致した．これは石川国際研究協力機構という組織を発展改組して国連大学の支所として設立されたもので，世界農業遺産など国連認証の取得とフォローアップに大きな役割を果たしている．

しかし，行政によるこれらの施策をもってしても，過疎高齢化の波にさらされた地域の問題がすぐに解決できるわけでない．地域の中長期的な持続可能性

を考えるときに必要となるのが人材であり，将来にわたって地域づくりを担うことのできる若い世代の人材育成の仕組みづくりが鍵となる．

10.2　里山問題対策としての人材育成

日本には2種類の「里山問題」がある．第1は，経済成長にともなう開発による都市周辺の緑地，農林地の破壊であり，これに対して，1980年代から「身近な自然を守れ」という都市住民の環境保全運動が活発化し，ボランティアが養成された．第2は，大都会への人口集中により地方の過疎化，高齢化が進み，人手不足から農地や森林の放棄が進んだことによる里山の荒廃である．地方の過疎高齢化は1960年代から進行していたが，近年厳しさを増しており，地域の消滅すら危惧されており，地域再生，活性化を担う人材の養成が急務となっている．このような背景のもと，金沢大学では，里山問題に対して以下の取り組みが行われた．

(1)　角間キャンパス内での自然学校とボランティア活動

金沢市郊外に造成された角間キャンパスには「里山ゾーン」と呼ばれる土地がある．これは，合計74 haの放棄された里山林と耕作地跡である．金沢大学は，里山ゾーンを大学の教育研究に用いるだけでなく地域に開放するため，1999年に「角間の里山自然学校」を開設した．地域住民を中心としたボランティア人材の育成と保全活動に教職員も参加して取り組んでおり，現在も継続している．

2010年には全学の取組体制を強化するため「角間里山本部」を設置した．また，2014–2015年に民間基金を活用して「角間里山ゼミ」を実施した（中村，2013）．こうした角間キャンパスでの活動が，以下に述べる能登の里山での人材育成に生かされることとなった．

(2)　能登半島における地域再生人材の育成

現在の日本では，地方の過疎高齢化と関連した第2の里山問題（前述）への取り組みが至上課題となっている．金沢大学が角間キャンパス内の自然学校活動を現在まで継続しながらも，能登半島へ転進し，以下に述べる人材育成事業

を開始したのは，そのためである．能登半島は，自然と伝統文化に恵まれており，前述のとおり2011年に世界農業遺産の認定を受けた．しかし，人口減少や高齢化が急速に進んでおり，集落の維持すら困難な地域もあり，厳しい現実に直面している（図10.2）．

能登における最初の活動は，2006年10月に開設された「能登半島里山里海自然学校」である（赤石，2010）．活動資金として，民間助成金を3年間獲得した．活動拠点として，廃校になっていた珠洲市内の小学校の校舎を珠洲市の協力のもと再整備し，金沢大学能登学舎として設置した．

つぎに能登学舎では，「能登里山マイスター」養成プログラムを実施した．2007年度から5年間，文部科学省科学技術戦略推進費を得て，次世代の能登を担う人材育成に取り組んだ．同プログラムでは，能登が必要とする次世代の人

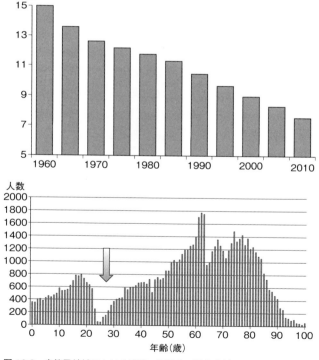

図10.2　奥能登地域における過疎・高齢化の進行（上）とその影響（下）．

材像として，① 環境に配慮した農業に取り組む「篤農人材」（実際には農業だけでなく，林業，水産業も対象），② 一次産品に二次（加工），三次（サービス）の付加価値をもたらす「ビジネス人材」，③ 篤農人材やビジネス人材をつなぎ，地域ぐるみで新事業を創造する「リーダー人材」，などを想定した（金沢大学，2012）．

　このような人材を養成するため，45 歳以下の若手社会人を対象とした 2 年間コースを立ち上げた．社会人対象のため，開校日は金曜夜と土曜日とした．プログラム期間の 5 年間に 62 人の修了生が巣立った．そのうち東京など都会からの移住者 14 人が能登に定住し，活躍の場を広げつつある．

　金沢大学，奥能登地域の自治体，石川県，地域住民らはマイスター育成を通じて強い協力関係を築いており，「能登里山マイスター」養成プログラムが 2012 年 3 月に完了した後も，5 年間の成果を継承し，さらに発展させる新たな事業が必要であるという共通認識を有していた．そこで，石川県，奥能登 4 自治体（輪島市，珠洲市，穴水町，能登町），金沢大学ほか 3 大学が「能登キャンパス構想推進協議会」を 2011 年に設立し，1 年間にわたる協議の結果，第 2 期プログラムである「能登里山里海マイスター」育成プログラムを立ち上げた．事業期間の制約や受講生にとっての利便性から 1 年コースとし，陸域の里山だけでなく，沿岸域における人と海のつながりを示す里海（Yanagi, 2013）を加えることで，水産業を含む，より広い対象の人材の育成を目指した．

　第 2 期プログラムの特色は，第 1 に，国の補助金に頼らず，それぞれが資金をもちよったこと，第 2 に，珠洲市にある能登学舎だけでなく，輪島市，能登町，穴水町にも拠点を設置し，地域課題に沿ったプログラムを立ち上げたこと，第 3 に，能登に限らず，グローバルに活躍できる人材育成を目標としたことである．これは後述するフィリピンのイフガオ棚田での人材育成との連携につながっていく．

　2012–2015 年の 3 年間に，上記の 3 目標を達成しながら，66 人のマイスターを育成することができた．また，2016 年からは，さらに第 3 期として 3 年間の事業が進行している．2016 年には 16 人が修了し，これまでの 3 期間の修了者の総合計は 144 名となった．

　マイスター育成プログラムでは，修了生に対してもさまざまな支援策を講じている．農業，飲食業，農家民宿など里山里海における生業を長年続けている

先駆者を任命した「里山駐村研究員」や，先進農家からなる「マイスター支援ネット」の設立など多様な人材ネットワークを通じた支援である．また，石川県，自治体，地元信用金庫などによる助成制度による支援があるほか，マイスター育成プログラムの専任スタッフによるフォローアップを行った．フォローアップでは，修了生の現状報告と問題解決のためのワークショップが開催され，とくに第2期終了後の2015年10月から2016年3月には，10種類の活動分野に関する5回の連続ワークショップを開催し，70名近くの修了生が参加した．さらに，修了生自身がネットワークを形成し，マイスター修了者以外の若者にも広く呼びかけ，ワークショップ，異業種交流マーケットなどを開催している．

　マイスター育成プログラムと並行して，能登学舎を拠点とした複数のプログラムが進められた．前述の「能登半島里山里海自然学校」をはじめ，同様に民間基金の支援を受けた「のと半島里山里海アクティビティ」という事業が2009年から3年間実施された．同事業では，都市と能登の若者交流のための協働ディレクターが雇用され，能登の自治体との協議会をつくり活動を展開した（水口，2015）．2010–2013年には「能登いきものマイスター」養成講座が別の民間基金の支援を受けて実施された．これは，里山里海マイスター育成プログラムの軽量版のようなかたちで，生物多様性に焦点をあてて実施された．

　里山里海自然学校とマイスター事業をサポートするために，「NPO能登半島おらっちゃの里山里海」（「おらっちゃ」は「自分たち」という意味の珠洲地域の方言）が2008年に設立された．自治体職員，農業者など地域住民により運営されるこのNPOは現在も活動を続けており，独自に活動資金を得て，マイスター修了者の活動ともリンクしている．これら一連の取り組みが1つのパッケージとして運営され，マイスター事業の裾野を広くし，地域との連携を深めることにつながった．

10.3　能登における人材育成がもたらした成果と波及効果

(1) 成果

　能登におけるマイスター育成事業では，第1期（2007–2012年）には，62名が修了し，そのうち14名が移住者であった．第2期（2012–2015年）では，66

名修了のうち，移住者 16 名であった．また，金沢や県外からの通学者が受講者の約半分を占めた．このように，他地域から新たな人材を呼び込むことにつながったことが 1 つの特徴である．受講生の多様性はきわめて高く，農業，観光業，自治体職員，市会議員，加工業など多岐にわたっている．女性の割合も高く，受講者の 3 分の 1 から半分を占めた．

　マイスター育成事業の進展につれて，多様な関係者のネットワークが多層的に形成されたことも特徴である．前述の「マイスター支援ネット」が，マイスターの就農希望者支援などをしているほか，修了者の組織である「能登里山里海マイスターネットワーク」がマイスターどうしの連携促進を図っている．また，修了生は，マイスター以外のさまざまな関係者とともにワークショップやイベントを開催している．マイスタースタッフや修了生の活動は，新聞，テレビなどで頻繁に報道され，各地のワークショップなどへも招へいされている．

　マイスター育成事業の成果は，2013 年の地域づくり総務大臣賞や 2015 年のプラチナ大賞など表彰につながり，それにより事業の知名度がさらに上昇し，各地の人材育成と地域活性化の参考事例としていっそうの関心を集めるに至っている．

(2) 石川県内自治体への波及効果

　能登のマイスター育成事業の第 1 期終了時には，文科省の補助金に頼らず独自予算により第 2 期実施を目指す気運が高まり，金沢大学，石川県，奥能登 4 自治体が「能登キャンパス構想推進協議会」を 2011 年に設立した．協議会により，実施構想と財源案が策定され，第 2 期マイスターがスタートした．その後，この協議会は，石川県内の 3 大学が加わり，自治体と大学の協働のプラットフォームとして，マイスター育成以外にもさまざまに機能している．たとえば「地域・大学連携サミット」を毎年 1 回，奥能登 4 自治体を巡回して開催した．全国の先進地域からゲストを招へいし，地域再生・人材育成のあり方を議論した．この協議会は地域・大学連携の全国のモデルケースとなっている（能登キャンパス構想推進協議会，2014）．

　第 2 期には，珠洲市の能登学舎だけではなく，輪島市，能登町でも両自治体のイニシアティブにより，地域ニーズをより強く反映したマイスター・サテライト校を開講し，3 年間維持した．両市には財源が不足し，専任教員を配置で

きなかったので得られた成果は限定的であったが，人材育成システム運営について多くの教訓を得ることができた．能登町当目では，廃校となった小学校校舎を活用して，2016年に「里山稲作農林資料館」がオープンし，里山の生態系，農業などに関する資料を展示する地域拠点となっている．関係者の多くは，マイスター事業となんらかのかかわりを有している．

　波及効果は，能登以外の石川県内にもおよんでいる．加賀地区の小松市では，里山をキーワードに地域活性化を図るため，地域の団体や小松市などによる協働プラットフォームとして「こまつSATOYAMA協議会」を2010年に設立した．この協議会は，廃校となっていた小学校校舎を拠点とした「里山自然学校こまつ滝ヶ原」を開設し，地域のリーダーたちが自分の知見を生かして農業，生物，観光など合計7分野の「塾」を運営するほか，地域の食文化を生かした食堂もある．さらに，石川県立大学との連携により，大学生が地域で住民とともに学んだ成果を共有する場として「環境王国こまつ里山学会」を毎年開催するなど多彩な活動を展開している．上記の能登町当目や小松市の活動は，角間の里山自然学校や能登マイスターの活動の波及例である．とくに小松市の活動では，能登マイスター事業の関係者が委員長やアドバイザーとしてノウハウの共有を図っている．

(3) 国内の地域再生拠点への波及効果

　過疎高齢化の進行による地域社会の劣化，崩壊に対する対抗策として，最近，全国の大学では，地域密着型，フィールド重視，地域のステークホルダー（自治体，民間企業，農林水産業者などの住民）参加型（あるいは学生が地域に入り込む）の教育システムが提案されており，新学部の設立や組織改編が相次いでいる．能登マイスターは，全国の大学から注目されており，全国から視察者が訪れている．

　宇都宮大学では，能登のマイスター育成プログラムを参考にした人材育成の仕組みを設計し，実施した．シカ，イノシシなど野生鳥獣の農業被害という地域課題を発端として宇都宮に合った設計となっている．そのような設計方針自体も能登や後述のイフガオの取り組みと共通するものである（宇都宮大学，2014）．

（4）国際プラットフォームへの波及効果

　2011年に「能登の里山里海」が世界農業遺産に認定された理由の1つに，「能登里山マイスター」養成プログラムが成果をあげていることがある．現在，里山と里海は，SATOYAMA，SATOUMI として国際的に高く評価されており，能登マイスター事業は，里山里海の自然・文化資源の国際的価値を認識し，地域再生と持続発展に活用できる人材育成の成果をあげている．

　石川県では，能登の世界農業遺産のほかに，片野鴨池ラムサール条約登録湿地，白山ユネスコエコパーク，世界無形文化遺産（奥能登における伝統儀礼「あえのこと」および七尾市における「青柏祭の曳山行事」）が認証されている．どの認定地域でも事業を継承，発展させる人材の不足が深刻である．マイスター受講生は，国際認証の重要性を意識しながら自分の課題に取り組んでいる．

　金沢にある国連大学の支所である OUIK では，これら認定地域の有機的連携を図り，世界に発信するためのプラットフォームづくりの中核となっている（渡辺，2015）．2016年10月には，能登の七尾市において第1回アジア生物文化多様性会議が，国連大学（OUIK）・石川県・ユネスコ・生物多様性条約事務局により共同開催された．分科会では人材育成に関するセッションが設けられ，能登とイフガオの人材育成の事例が発表され注目を集めた．

（5）学術的な展開

　能登においてマイスター修了者が中心となり，マイスター教員，地域住民とともに繰り広げている活動は，科学的成果と里山の保全・活用の両面において実績をあげている．その例として以下がある．

　第1に，環境教育グループ「まるやま組」（輪島市三井）の活動は，能登の里山の宗教儀礼を含む伝統知識，農法の継承，生物多様性の保全とモニタリング，農業生産物の加工販売など多岐にわたるすぐれた成果をあげている．この活動に対して，2014年に環境省から生物多様性アクション大賞が授与された．

　第2に，マイスター修了生が経営する珠洲市の大野製炭工場の活動は，自伐／植林型の林業であり，生態学研究者であるマイスター教員，都市域のボランティアとの協働により，付加価値の高いお茶炭が生産され，その森林施業が，地域の生物多様性を豊かにしていることが長期モニタリングで実証された．

以上のような，能登の里山里海の生態系の物質循環，生物多様性などの変遷，現状，将来予測は，金沢大学里山里海プロジェクトの総合報告書にまとめられた（中村，2015）．このなかには，地域住民と研究者が協働しながら課題を特定し，その課題に対する研究を設計し実施したものもある．新たな水稲栽培方法の導入が生態系に与える影響と，農業経営への示唆に関する研究はその例である（伊藤ほか，2015；小路ほか，2015）．このような能登における研究の進展は外部の関心を集め，能登学舎には多くの研究者，行政関係者らが来訪し，ヒアリング，共同ワークショップ，ステークホルダー会議などが実施されている．

10.4 フィリピンにおける人材育成

日本の里山の重要性と，その里山をもつ地域が過疎高齢化に直面していること，それを克服し地域を活性化し，持続発展させるための若手人材養成が必要であることが，能登マイスター事業の展開とともに国際的に知られるようになった．前述の日本の里山里海評価（JSSA）は，国レベルと地域レベル（北陸クラスターなど）の両面からの里山と里海に関してあらゆる主体が協働する研究である．JSSA では，能登のマイスターが人材育成のモデルケースとして高く評価され，参加者間で共有された．また，JSSA の成果は国内外へ発信され，ここで紹介するイフガオのように各地に人材育成の新事業を生みだしている．

SATOYAMA に強い共感を示した機関の 1 つがフィリピン大学オープンユニバーシティ（UPOU）であり，同様の問題を抱えるフィリピンのイフガオ棚田でも人材育成が必要であることを訴えた．こうして，能登マイスターのノウハウをイフガオに適用するための日本・フィリピン共同事業が始まった．

イフガオ棚田は，ルソン島北部山岳地帯にあり，マニラから 450 km 離れ，車で 9 時間かかる．イフガオ棚田は，1995 年にはユネスコにより世界文化遺産，2005 年には FAO により世界農業遺産と，2 つの世界遺産に認定されている．ユネスコは，人手不足と無計画な観光開発による棚田の劣化を危惧して，イフガオ棚田を「世界危機遺産」に 2001 年に認定した．それは 2012 年に解除されたが，問題はまだ十分に改善されていない．イフガオ住民は，棚田でのイネ栽培，祭祀，工芸などの伝統文化の維持に熱心であるが，棚田では機械が使えず，人力の重労働のわりに収入がよくないので，若者が都会に出ていき，農

図 10.3 イフガオ棚田の過去（左）と現在（右）．手入れ不足により荒廃が進行しつつある．

業後継者の不足により，先祖伝来の棚田の継承が困難になりつつある（図 10.3）．そこで，イフガオの棚田と伝統文化を守り，地域を持続発展させる若者を育てるため国際協力機構（JICA）草の根技術協力事業により「イフガオ里山マイスター」養成プログラム（ISMTP）を，2014–2017 年の 3 年間にわたり実施した．農業，食品加工，ツーリズム，行政などに従事する多様な人材を育てるため，能登マイスターのノウハウをイフガオに移転する試みである．

実施体制として，人材育成拠点を置く国立のイフガオ州大学（IFSU），マニラ近辺にある UPOU の 2 大学，イフガオ州政府，州内の世界遺産の棚田がある 4 自治体と金沢大学が協定を結び，イフガオ GIAHS 持続発展協議会（IGDC）を設立した．イフガオでは，受講生が遠隔地に住んでおり，月 1 回しか開講できないが，3 年間に合計 51 名が修了した．ISMTP では，能登マイスター育成事業と同様に，多様な目標をもつ受講生がそれぞれ修了課題をもち，IFSU と UPOU などの教員が担任となり，修了論文を公開で発表し修了判定を受けた．受講生の課題は多岐にわたり，棚田での稲作の改良，棚田の伝統米でつくるライス・ワイン醸造，有機養豚，ツーリズムなど生計に直接かかわる課題，棚田に生息する固有生物種の保全，有害外来種駆除など生物多様性に関するものもあれば，伝統的な宗教儀式やシャーマンが果たす役割に関するものもある．このようなテーマを，地域の若い世代が学び将来に生かそうとするところにマイスタープログラムの特徴がある．能登において伝統神事「あえのこと」やキリコ祭りがマイスター受講生の研究テーマとなり，実際に地域づくりに活用されていることと共通する．

表10.1　日本（能登）とフィリピン（イフガオ）における人材育成事業の展開.

西暦（年度）	事項
1999	金沢大学角間の里山自然学校設立
2006	能登半島里山里海自然学校設立
2007–2011	能登里山マイスター養成プログラム
2009–2011	のと半島里山里海アクティビティ
2010–2012	能登いきものマイスター養成事業
2012–現在	能登里山里海マイスター育成プログラム
2014–2016	イフガオ里山マイスター養成プログラム（フェーズ1）
2017–2019	同上（フェーズ2）

　ISMTPでは毎年，担当教員と受講生（合計約20名）を，金沢，能登に招へいし，能登の里山里海の生産現場の視察，能登マイスターとの交流などを実施した．修了生は，自らのネットワークをつくって活発に活動しており，地域に里山マイスターの知名度が高まりつつある．修了生の一部には，イフガオ州政府や自治体，フィリピン政府の地方事務所などから資金援助や技術支援を受けるものも出ている．

　ISMTPでは能登マイスター事業の経験を活用しつつも，能登の方法をそのままイフガオにもちこむのでなく，イフガオにおいて現地の当事者たちが工夫してプログラムを設計・運営することができるような側面支援をしている（JICA北陸，2016）．このように，能登とイフガオにおける人材育成は，相互に連携しながら並行して進められてきた（表10.1）．

10.5　人材育成における特色と今後の課題

　以上紹介した人材育成プログラムの特色として3点あげることができる．第1は育成対象となる人材の多様性である．地域に住み続けてきた人，他地域にいったん出てUターンした人，他地域からIターンした人など，多様な人たちが含まれる．農業，エコツーリズム，自治体職員，福祉，製造業，伝統文化，市会議員など職種も経歴もさまざまであり，その多様性が大きな特徴となっている．能登の受講生には海外青年協力隊など国際経験を有する者も多く，イフガオ里山マイスター養成プログラムとの連携など，国際的な展開につながっている．

　第2は生業と定住の重視である．受講者の職種や経歴の多様性を尊重しつつ

も，事業の目的として共通しているのは，地域に住み，地域にある自然や文化を資源とする生業を通じて地域づくりを担う人材の育成が目標となっていることである．ボランティアでなく生業を営みながら定住できるようになることが重要であるとの考えにもとづいている．

　第3は大学が果たす役割である．人材育成プログラムには多様なテーマに関する講義，実習，フィールドワーク，ゼミが設けられている．能登の人材育成プログラムでは，金沢大学はじめ全国の大学，研究機関，NPOなどから，その分野の第一人者とともに学ぶ機会が受講生に提供されるとともに，地域の篤農家や有識者，リーダーとの交流の機会が設けられている．また，能登学舎には博士号をもつ5名の教員が常駐し，受講生に対して入念な個別指導を実施している．こうした学習環境のもとで，受講者は各自が目標とする生業の創出，改善などの活動計画を修了課題論文として完成させる．論文は公開発表会の場で受講者自身が発表し，審査を通過した者が修了する．このように研究と教育を基盤とした人材育成は，大学ならではのものである．そして，その際に，里山里海を舞台とする社会人の人材育成という特殊な目的に大学側も適応してプログラムを設計・実施していることも特色としてあげることができる．

　以上のような特色をもつ人材育成の仕組みを地域環境学の視点からみると，知識の重層的なトランスレーションが鍵となっていることがわかる．プログラムを修了したマイスターたち自身は，自らが住む地域の自然や文化が，学術研究や地球規模課題など広域的なテーマとどのような関連をもつのかを理解し，それを地域のほかの住民に対して伝えるとともに，広域に向けた発信を行うことで，双方向トランスレーターの役割を果たすこととなる．知識が翻訳されることは，地域住民にとっても，また，広域のステークホルダーにとっても，地域の自然や文化への新たな意味づけとなり，地域内外の多様な主体の協働が促進されるきっかけとなりうるものである．

　マイスター人材の育成過程においては，大学教員，行政職員，地域住民，国際機関職員NPOスタッフなど多様な立ち位置の人たちも知識のトランスレーターとしての役割を果たしている．たとえば，金沢大学では，マイスター事業において，外部人材を特任教員として採用し，石川県庁の農業部門の幹部職経験者が能登学舎長として，また，報道機関経験者が企画調整コーディネーターとして，それぞれプログラム運営の要所を担当した（川畠，2010；宇野，2010）．

本来の組織的な性質や目的の異なる多様な主体が協働して地域づくりを担う人材育成という共通の活動を実施するためには，人や組織のつなぎ役となって事業を動かすこのようなトランスレーターの存在が重要となる．

　能登とイフガオにおける人材育成の経験は，世界農業遺産国際会議では，国を超えた 2 つの認定地域による相互連携（GIAHS Twinning）のモデルケースとみなされている．このような国際連携の意義は必ずしもまだ浸透しておらず，今後，能登やイフガオのマイスター関係者（スタッフ，受講生，修了生ら）が，世界農業遺産国際会議のほかに，世界生物圏保存地域会議，生物多様性条約締約国会議へも積極的に出かけていき，サイドイベントなどを行うことが期待される．マイスター事業で育成された人材が，地域の中と外を国際的な規模でつなぐトランスレーターの役割を，具体的にどのようなかたちで果たしていくか．それがこれからの大きな課題である．

［引用文献］

赤石大輔．2010．里山里海に生きる——常駐研究員の挑戦．（中村浩二・嘉田良平，編：里山復権——能登からの発信）pp. 178–193．創森社，東京．

伊藤浩二・小路晋作・宇都宮大輔・中村浩二．2015．地域連携による能登の里山での生物多様性保全・活用．（中村浩二，編：持続可能な地域発展をめざす「里山里海再生学」の構築——能登半島から世界への発信）pp. 33–43．金沢大学，石川．

JICA 北陸．2016．2016 年度草の根技術協力事業フィリピン国世界農業遺産（GIAHS）『イフガオの棚田』の持続的発展のための人材養成プログラムの構築支援事業（地域経済活性化特別枠）終了時評価調査報告書．独立行政法人国際協力機構，東京．

金沢大学．2012．地域再生人材創出拠点の形成事後評価「能登里山マイスター」養成プログラム（報告書）．金沢大学，石川．

川畠平一．2010．奥能登の地域再生と里山マイスター養成プログラム．（中村浩二・嘉田良平，編：里山復権——能登からの発信）pp. 104–123．創森社，東京．

小路晋作・伊藤浩二・日鷹一雅・中村浩二．2015．省力型農法としての「不耕起 V 溝直播農法」が水田の節足動物と植物の多様性に及ぼす影響．日本生態学会誌，65: 279–290．

水口亜紀．2015．能登の里山里海をテーマとした地域交流と教育プログラム．（中村浩二，編：持続可能な地域発展をめざす「里山里海再生学」の構築——能登半島から世界への発信）pp. 115–117．金沢大学，石川．

中村浩二．2013．大学キャンパス内の森づくりと人材養成「金沢大学角間里山本部」からのメッセージ．Green Letter, 35: 33–35．

中村浩二（編）．2015．持続可能な地域発展をめざす「里山里海再生学」の構築——能登

半島から世界への発信．金沢大学，石川．

日本の里山・里海評価（JSSA）──北信越クラスター．2010．里山・里海　日本の社会
　　生態学的生産ランドスケープ──北信越の経験と教訓．国連大学，東京．

能登キャンパス構想推進協議会（編）．2014．地域大学連携サミット 2014 in 穴水　地域
　　に学び，地域を元気にする──地域再生に向けた学生・研究者との交流拡大を目指
　　して．能登キャンパス構想推進協議会，石川．

宇野文夫．2010．地域連携コーディネーターという仕事．（中村浩二・嘉田良平，編：里
　　山復権──能登からの発信）pp. 195–208．創森社，東京．

宇都宮大学．2014．地域再生人材創出拠点の形成事後評価「里山野生鳥獣管理技術者養
　　成プログラム」（報告書）．宇都宮大学，栃木．

渡辺綱男．2015．都市と里山里海の連携による新たな文化創造を目指して．（国連大学サ
　　ステイナビリティ高等研究所いしかわ・かなざわオペレーティングユニット，編：石
　　川−金沢　生物文化多様性圏──豊かな自然と文化創造をつなぐいしかわ金沢モデル）
　　pp. 54–57．国連大学，東京．

Takeuchi, K. 2010. Rebuilding the relationship between people and nature: the Satoyama
　　Initiative. Ecological Research, 25: 891–897.

Yanagi, T. 2013. Japanese Commons in the Coastal Seas: How the Satoumi Concept Har-
　　monizes Human Activity in Coastal Seas with High Productivity and Diversity.
　　Springer, Tokyo.

11 地域を動かすカタリスト
──白保のサンゴ礁保全

上村真仁

　サンゴ礁の生物多様性の保全を進めるためには，地域に暮らす人々の参加と協力が必要不可欠である．サンゴ礁が直面する脅威の多くが沿岸域に暮らす人々の営みと切り離すことができないからだ．これは，サンゴ礁保全を進める自然保護団体の立場から地域へ働きかけを行う理由である．しかし，地域に暮らす人々は多様な価値観を有しており，抱えている課題もさまざまである．必ずしも住民のすべてがサンゴ礁の保全に積極的であるとはいえない．このため地域をあげたサンゴ礁保全への取り組みはかんたんには実現しない．では，どのようにすれば地域を動かすことができるのであろうか．

　筆者は，2004 年 1 月に石垣島白保地区にある WWF サンゴ礁保護研究センター（しらほサンゴ村）に赴任し，地域に住む専門家として，2016 年 3 月までの間，白保の人々とともに，さまざまな村づくりに取り組んだ．

　本章は，2004 年以降の白保地区でのサンゴ礁保全と地域づくりのプロセスに着目し，地域のカタリストとしてかかわった専門家の立場から，その役割と課題，そして可能性について議論する．

11.1　石垣島白保地区の人々にとってのサンゴ礁

(1)「サンゴ礁文化」を受け継ぐ白保地区

　石垣島は，沖縄本島より南西に約 400 km 離れた八重山諸島の経済・文化・行政の中心地である．世界有数のサンゴ礁を有しており，西表・石垣国立公園に指定されている．白保地区は，その東海岸に位置し，人口約 1600 人，約 700世帯が暮らす古くからの農村集落である（図 11.1）．

　白保の暮らしは，サンゴ礁の多様な恵み（生態系サービス）と密接なかかわりをもったものであった（表 11.1）．長年，八重山の自然保護運動に取り組んでき

図 11.1　白保集落の位置.

表 11.1　白保地区でのサンゴ礁生態系と暮らしのかかわり.

生態系要素	利用形態	生態系サービスの分類
海岸植生	防潮防風林，夏場の夕涼みの場	調整サービス
	ヤシガニ，アダンの新芽などの食料調達の場	供給サービス
	民具や工芸品の材料の調達の場	
	民具，工芸技術の発達への寄与	文化的サービス
土壌	サンゴ礁由来の堆積物の風化土壌が豊かな農地を形成	基盤サービス
地形	サンゴ礁の礁原は天然の防波堤として島の浸食を防ぐ	調整サービス
水産物	農作業の合間に海に下りて，海藻や魚介類を採る	供給サービス
	サンゴ骨格やサンゴ礫を建材として使用	
	貝殻やサンゴ礫を漁具の材料として使用	
	貝殻やサンゴ礫を装飾，神事，魔除けなどに使用	文化的サービス
島を取り囲む海	神様が海からくると考える．また，災厄を海に流す	文化的サービス
	シュノーケル観光の場として使用	
	子どもたちの環境教育の場として使用	
海水	海水から塩をつくる	供給サービス
	島豆腐を固めるニガリとして海水を使用	
	葬儀の際，死者の身を清めるために海水を使用	文化的サービス
生物，水質など環境	研究フィールドとしてさまざまな研究者が利用	文化的サービス
環境の悪化	サンゴ礁保全の場としてボランティアなどが活動	文化的サービス

資料）白保集落での「白保今昔展」に向けた聞き取り，参与観察などをもとに整理した．

た島村修さんらは，白保の人々とサンゴ礁とのかかわりを掘り起こす研究のなかで，こうした暮らしを「サンゴ礁文化」と呼んだ（島村・石垣，1988）．戦前には，白保では人々のほとんどが農業を営んでいたが，干潮時に畑仕事の手を休めて海に下り，貝やタコ，小魚や海藻などの日々のおかずを得る半農半漁の暮らしを営んでいた．当時の面影を今にとどめる白保の集落を歩くと，現在もなお，そこここにサンゴ礁の海とのつながりをみることができる．伝統的な町並みを特徴づける石垣はサンゴの骨格を利用したものである．広い敷地には，枝状のサンゴが砕けた礫を運び，きれいに敷き詰めている．木造家屋の柱を支える礎石には，キクメイシ類やノウサンゴ類の骨格が使用されている．沖縄独特の赤瓦をとめる漆喰は，かつてテーブルサンゴを焼いてつくられていた．神事や祭事のなかにも海とのつながりがみられる．供物の塩は，集落内で海水からつくられた．現在も香炉にはサンゴ由来の砂が使用されている．

　筆者が白保について理解するために行った高齢者への聞き取りでは，海の恵みへの感謝が数多く語られた．戦時中農作業ができないときや日照りで農作物が不作のときなど，海に下りればなんらかの食べものを手に入れることができた．人々は海に感謝し，白保の海を「宝の海」「命継の海」と呼んだ．こうした感謝の気持ちは，今も多くの人々に受け継がれている．

(2) 新石垣空港問題とサンゴ礁保全

　そんな人々の暮らしとサンゴ礁のつながりは，1979 年大きな危機に直面した．サンゴ礁を埋め立てて新石垣空港を建設する計画が発表されたのだ．白保の人々は，この計画に反対した．1985 年，WWF（世界自然保護基金）などが支援し学術的な調査が行われた．その結果，世界最大級のアオサンゴ群落（図11.2）などの白保サンゴ礁の学術的な価値が明らかとなった．しかし，空港の建設計画は変わることがなかった．空港問題が長期化するなかで，白保地区は，「賛成」「反対」でコミュニティが二分することとなった．

　白保村史によると，1985 年から 1994 年の 10 年間，地域自治を担う白保公民館が 2 つ存在していた．空港建設による経済的な発展を望む住民が新たに白保第一公民館を設立したことにより地域が 2 つに分裂した．この間，豊年祭をはじめ成人式や生年祝賀会などは「賛成」「反対」で別々に行われた．

　1992 年，沖縄県は空港建設候補地を白保サンゴ礁から内陸部に移した．空港

図11.2 世界最大級の白保のアオサンゴ群落（2015年撮影）.

反対運動が国際的な自然保護運動に発展したことで，サンゴ礁の埋め立てを回避する決断がなされた．WWFは1992年，白保地区にサンゴ礁の保護・研究のための拠点を整備することを発表した．1995年には白保第一公民館が解散し，白保地区では公民館が1つに統合された．これを機に，白保公民館の運営審議委員が改選され，空港の「賛成」「反対」を乗り越えた村づくりが目指されることとなった．

しかし，新たな候補地，宮良牧中地区が優良農地であったため，農地保全のための反対運動が巻き起こった．1999年，沖縄県は建設位置を見直すこととした．専門家と地元関係者からなる新石垣空港建設位置選定委員会を設置し，4つの候補地（白保サンゴ礁を埋め立てる案，白保カラ岳陸上案，宮良案，冨崎野案）から絞り込むこととなった．WWFも委員として加わった．学識部会，地元部会，全体委員会での15回におよぶ議論の末，2000年3月，白保カラ岳陸上案が選定された．白保公民館の代表は賛成を表明した．WWFはその案に反対した．大規模な造成工事による土砂流出など，サンゴへの影響が懸念されたからだ．しかし，ほかの委員が賛成および容認を表明したことから，WWFも環境検討委員会の設置や赤土対策の徹底など，サンゴ保護のための条件を付して，この決定を容認することとした．白保公民館は臨時総会を開き，16項目の地域振興策を条件とした（上地, 2013）．1979年の計画発表以来，20年におよぶ混迷の末，建設位置が決定した．2000年4月，WWFは，WWFサンゴ礁保

護研究センター（以下，しらほサンゴ村）を開設した．空港建設は，2002 年に
環境アセスメントがスタート，2006 年着工，2013 年供用を開始した．

　サンゴの保護が争点となった空港問題により，島の人々の意識のなかに「サ
ンゴの保護」＝「空港反対」というイメージが強く印象づけられた．このこと
がサンゴ礁保全への住民参加をよりむずかしいものにした．

(3) 白保サンゴ礁が直面する脅威

　現在，世界的にサンゴが減少している．地球温暖化による海水温の上昇や，
陸域からの土砂の流入，埋め立て，観光や漁業による破壊など，その要因のほ
とんどが人間活動による影響だ．WWF オランダが 2003 年に発表したレポー
トでは，すでに地球上の 27% のサンゴ礁が消滅し，2030 年までに世界のサン
ゴ礁の 60% が消失する可能性が指摘されている（WWF-Netherland, 2003）．

　白保サンゴ礁も 1998 年の世界的な白化現象の影響で大幅にサンゴが死滅し，
海底面を覆うサンゴの割合が低下している．筆者が赴任した 2004 年 1 月は，空
港建設が劣化するサンゴ礁にさらなる追い打ちをかけることが懸念されていた．

　空港の建設地が陸上となったことで，埋め立てによる直接的なサンゴ礁の破
壊は免れた．しかし，土地改良事業による農地の拡大により，赤土の流出によ
るサンゴ礁環境の悪化が問題視されるようになった．赤土とは琉球列島特有の
粒子の細かな赤褐色の土壌のことで，水に溶けやすいため降雨のたびに海に流
れだし，サンゴ礁劣化の要因の 1 つとされている（上村，2012b）．

　白保サンゴ礁の被度は，2004 年には 1998 年の白化以前の状況にまで回復し
た．しかし，2007 年の夏に再び白化が起こり，サンゴの被度が低下した．しら
ほサンゴ村の開設以来，11 年にわたる環境モニタリングの結果，サンゴ群集の
健全性が大きく損なわれたことが明らかになった（WWF ジャパン，2016）．
2016 年夏も高水温が続いたことで広範囲で白化現象が確認されている．

11.2　白保地区での持続可能な地域づくり

(1) 住民主体の持続可能な白保地区の目標像

　2004 年は空港建設の見通しが不透明な時期であった．反対運動によるトラス

ト地の存在，工事にともなう赤土流出の防止など解決すべき課題があったためだ．こうしたなかで白保の人々とサンゴ礁の保全に取り組むためにはさまざまな工夫が必要であった．空港反対運動では，自然保護団体や研究者などのさまざまな人たちが運動を支えた．その結果，埋め立ては回避されたが，地域のなかにはそうした外部からの働きかけに拒否反応を示す人も少なからずいた．

　白保は，地縁や血縁の絆の強い，自治意識の強い地区である．筆者はサンゴ礁の保護についても地域が主体的，内発的に実施することが重要であると考えた．サンゴの保護に関心や理解のある白保の外の人々と"白保の海"の保護を進めるのではなく，時間がかかろうとも白保地区の人々と白保地区の課題に対応した包括的な地域づくりのなかでサンゴの保護活動に取り組むこととした．

　筆者は，自然は人々の豊かな暮らしを実現するうえで必要不可欠な資源だと考えている．白保地区での聞き取りでも，多くの人々が海への誇りや愛着について語り，その恵みに感謝していた．人々が対等に議論することのできる場があり，関係者の合意のもとで地域づくりを進めていけば，自然を大きく破壊することはない．

　筆者は，それまでの持続可能な地域づくりの研究経験から，サンゴ礁文化を継承する地域づくりを進めていくことは，結果としてサンゴ礁の保全につながるはずだと信じていた．しかし，この考え方が白保地区やWWFのなかで理解

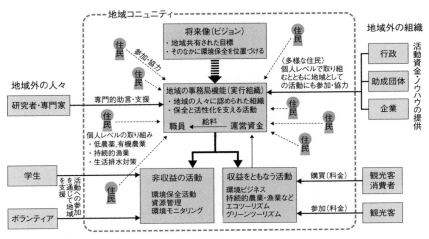

図11.3　白保地区の持続可能な地域の目標像．

されるのには多くの時間を要した.

　図11.3に，持続可能な地域の目標像を示した. サンゴの保護といえば，地域ではボランティア活動ととらえられていた. しかし，ボランティアではなく，地域の経済活動のなかで，無理なく続けられる仕組みを目指すこととした. サンゴ礁保全につながるさまざまなコミュニティ・ビジネスを立ち上げ，地域で雇用を生みだすとともに経済的な活性化につなげることを意識した. 継続的に地域づくりを進めるためには，それを生業とする仕組みが必要だからだ.

　行政やWWFなどの外部組織はあくまでも支援団体であり，活動の主体は地域コミュニティである. 筆者自身も，地域の人々の活動の立ち上げ期においてはきめ細かなサポートを行うが，いずれ現場を離れ地域に活動のコーディネート役を委ねるというスタンスで地域とかかわった.

(2) 地域づくりに欠けているピースを埋める役割

　地域で環境保全がうまく進まない理由は，活動の担い手となる適切な組織や，人材，資材，財源，時間のいずれか，あるいはそのいくつかが不足しているということである. 地域が動くためにはさまざまな条件が必要となる. 北海道大学の宮内泰介教授は，環境保全がうまくいかない理由として，外部からかかわる研究者と地域社会の間にある「問い」の立て方のちがいによるズレをその要因の1つとして指摘している（宮内, 2013）. 筆者は加えて，研究者の考える理想的な保全活動を進める条件が地域に整っていないこともその要因だと考えている. 環境保全を進めるためにはだれかが，意識的に保全のための仕組みを組み立てていかなければならない. 人々がボランティアで動くのは，地域の危機的な状況など，切実に課題解決が求められる場合だ. 人々の興味や関心に沿った楽しいもの，地域社会のなかで義務づけられた活動でなければ長続きしない.

　地域の人々にとってメリットがある目標像が示されたとしても，その実現までのプロセスにはさまざまな課題がある. だれが，どのように進めていくのか，地域が動くためには中核となる人材や組織が必要なのだ. 筆者は，持続可能な地域の目標像と2004年時点の白保の間のギャップを埋めるための活動をデザインし，その実現を目指した（図11.4）.

　外部からの有益な情報を収集し，地域内の人々をつなぐ. 必要であれば，外部の専門家へ協力を要請し，外部資金の申請・獲得を担う. もちろん，行政か

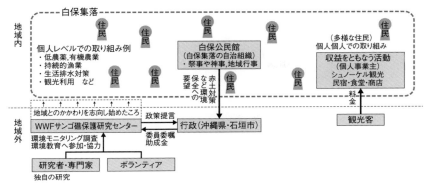

図11.4　2004年の白保地区の状況.

ら求められる各種の許認可手続きなども引き受けた．地域だけでできない部分を補ったのだ．こうした活動の進捗を地域内で共有し，活動をオープンにし，さらなる人々の参加を促した．

　筆者は，この「地域に欠けているピースを埋める役割」を地域のカタリスト（触媒 catalyst）と呼んでいる．カタリストとは化学用語の触媒という意味であり，地域のさまざまな利害関係者の協働を促すために，「地域の人々の行動を呼び起こし」「地域での実践活動を促し」「地域に大きな変化をもたらす」役割を担う専門家のことと定義した．

　地域の人々は，成功体験を積み重ねることで，より積極的に地域づくりへ関与するようになっていく．地域に暮らす人々が主体的に参加する活動には，多くの人々が共感し「参加の連鎖」が広がっていくのだ．カタリストの役割を担う人材が地域で育つことで，活動が定着していく．地域は段階的に変容し，動きだしていくのである．

(3) 地域での活動のプロセスに応じて役割を変える「カタリスト」

　地域づくりは，そこに暮らす人々が進めていくものである．筆者はあくまでもカタリストとして地域の活動がうまく進むための支援を行った．支援は，活動のプロセスに応じてさまざまに変化した．活動のプロセスごとにカタリストの視点からみた「働きかけのねらい」「地域コミュニティの目標」「地域のカタリストの役割」を表11.2に整理した．

表 11.2　持続可能な地域づくりの活動のプロセスと地域のカタリストの役割.

活動のプロセス	人々の参加の機運を高める		地域に活動を定着させる		活動がコミュニティ内で継承される
働きかけのねらい	オーナーシップの醸成	キャパシティビルディング	地域内ネットワーク化	エンパワーメント	地域間ネットワーク化, サスティナビリティ
地域コミュニティの獲得目標	信頼	自覚	自信	責任	誇り（新たな伝統）
地域のカタリストの役割	その気にさせる（コミュニケーションを通じた関心の喚起）	一緒にやってみる（やり方, 仕組みを伝え, 成功体験を積み上げる）	地域が動ける体制づくり（組織を立ち上げ, 1サイクル回してみる）	継続する仕組みづくり（地域に任せ, 後方支援に徹する）	外からの刺激を与える（広域ネットワーク化, ストーリー, 経緯を伝える）
カタリストの地域での役職	・魚湧く海保全協議会事務局長 ・公民館運営審議委員 ・憲章推進委員会事務局長 ・白保日曜市代表	・魚湧く海保全協議会事務局長 ・公民館運営審議委員 ・憲章推進委員会事務局長 ・白保日曜市世話役	・魚湧く海保全協議会理事 ・公民館運営審議委員 ・憲章推進委員会事務局長 ・NPO夏花アドバイザー	・魚湧く海保全協議会理事 - ・憲章推進委員会委員 ・NPO夏花理事	・多様なサポーターの1人としての関与
白保での活動年次	2004–2007	2008–2011	2012–2015	2016–2019	2020年以降

　最初の1年間は, 白保の暮らしとサンゴ礁のかかわりを学び, 地域の人々の村づくりに対する思いを把握することに注力した. サンゴ礁とともに生きてきた暮らしを記録するドキュメンタリーフィルムの作成などを行った. 地域の文化を掘り起こし, その価値を再評価することで, サンゴ礁の海への「オーナーシップの醸成」を目指した. また, 並行して地域のビジョンづくりに取り組んだ. 白保公民館が進めた「白保村ゆらてぃく憲章」の制定への参加である. 地域の暮らしや文化を軸としたコミュニケーションは, 筆者が白保地区についてくわしく知る機会となるとともに, 多くの人々との接点を生みだした. それまでの空港に反対するための団体とのWWFに対する誤解を払拭し, 多様な住民との関係の構築につながった.

　続いて, 人々が「やってみたいけど無理だろう」「こんなことできたらいいが, どうすればいいかわからない」と考える地域課題について, 解決の道筋を一緒に考え, その実現をサポートした. 伝統的漁具の復元による人々とサンゴ礁との接点を再生・創造する活動や, サンゴ礁保全のためにグリーンベルトを

設置する活動などである．こうした取り組みは，人々のサンゴ礁保全への関心の喚起につながった．

つぎに，地域での組織の立ち上げと能力強化を進める「キャパシティビルディング」に取り組んだ．カタリストが，地域の課題解決につながるさまざまな活動の企画や計画づくり，その実行を支え，地域の人々と一緒に事業を実施することで，地域の成功体験を積み重ねるのである．達成感や効力感は，参加した人々や地域組織の能力を引きだし，高める．人々に手応えを感じてもらうために，カタリストは黒子に徹し，地域の自立的な取り組みを促していった．

振り返ってみると最初の1年間が，その後の活動を円滑に進めるうえでも，重要な意味をもった．聞き取りから人々の多くがこの島で暮らすうえでサンゴ礁はなくてはならないと考えていることがわかった．このため筆者は，白保らしい豊かな暮らしの実現が，サンゴ礁の持続可能な利用を達成すると考えることができた．この確信があればこそ，WWFのミッションと地域で直面する現実との間のズレによる葛藤を乗り越えることができた．立ち上げの段階では，地域の成功体験は，カタリストと地域との相互の信頼関係を構築し，活動をさらに推し進める原動力になる（図11.5）．

地域に相応しい"やり方"が地域のなかで共有されることで，初めて「地域に活動を定着させる」ことができる．筆者は，それまでカタリストとして担ってきた役割を"見える化"し，その機能・役割を地域内の人材や組織が代替するための方法を地域の人々と議論した．そして，地域の合意のもとNPO法人を設立することとなった．限られた地域のマンパワーを効率的・機能的に生かすことができる体制をつくることとしたのである．既存の組織の活動を統合・連携する「地域内のネットワーク化」を進めた．そして，地域課題に対応した村づくりに取り組むNPO法人夏花が設立され，活動が定着しつつある．

地域づくりは，「エンパワーメント」のプロセスに進んだ．地域に相応しい"やり方"は，地域の人々が自分たちで考え，活動するなかでできあがっていく．筆者は，関与する範囲を段階的に縮小することと協働の期限をあらかじめ関係者に示すことで，地域で立ち上げた組織が責任をもって活動を継続していくことができるよう各種の役割や権限の移管を進めた．さらに，石垣島から転居し，物理的な距離をあけることで，さらなる地域の主体性を高めた．筆者がいるから続く活動ではなく，筆者がいなくとも続けられる活動とならなければ，地域

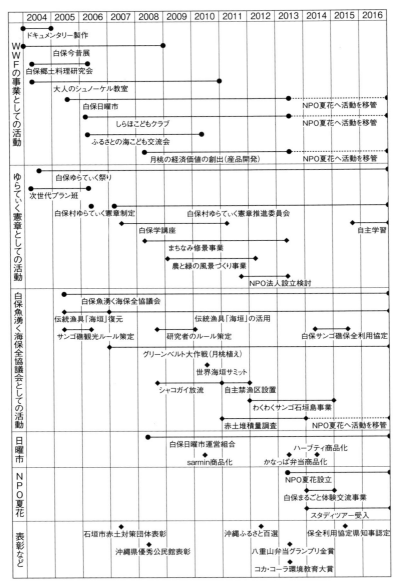

図 11.5 白保で実施された持続可能な地域づくりにかかわる取り組み（白保魚湧く海保全協議会などの資料をもとに作成）.

に根付いたとはいえないからだ．カタリストが担ってきた役割は，すでに地域へ手渡された．

　ここからは，近い将来に期待されるプロセスだ．定着した地域の“やり方”をつぎの世代に引き継いでいくための仕組みづくりである．活動をコーディネートする人材を地域内で育成し，活動を継承することは，ある意味，最初のプロセスに戻り，「関心を喚起し」「成功体験を積み重ね」「自律的に活動する」サイクルを回すことだといえる．立ち上げにかかわった筆者も，外部からさまざまな応援を続けていくこととしている．

　地域のカタリストは，すべてのプロセスを通して，活動の担い手となる地域の人々の状況に合わせ，地域の内発的な思いをかたちにするために，地域の人材，ノウハウ，技術を生かしながら，多様な主体が協働し，持続可能な地域づくりを進めることのできる体制を構築するための働きかけを行ってきた．

11.3　地域を動かした 3 つのアクティビティ

(1)「白保村ゆらてぃく憲章」の制定

　サンゴ礁保全活動を地域に根付かせるためには，地域自治の中核的な役割を担う人々の理解を得る必要がある．白保で活動を始める際に，活動の趣旨や目標を地域の人々と共有してから活動を始めることに気をつけた．地域の理解を得ずに，アクションを起こすと地域の反発にあうことがあるからだ．

　2004 年 2 月，白保公民館長のもとを訪ね，住民意識調査の許可を求めた．地域とともにサンゴ礁保全を進めるには，地域のニーズを把握する必要があった．しかし，「WWF が住民意識調査を実施することは不可能だ」といわれた．筆者は，何度も足を運び，空港反対のためでなく，空港供用の先を見据えた村づくりのためであることを説明した．

　その年の 5 月，館長の推薦で，過疎・離島ふるさとづくり支援事業「白保村ゆらてぃく体験 2004」のメンバーに選ばれた．次世代プラン班の一員として村のビジョンづくりに取り組んだ．聞き取りやアンケート調査，座談会での議論をもとに，地域の人々の思いをかたちにし，多くの人々が合意できる内容となることを意識し，とりまとめを行った．公民館の合意形成のプロセスを経て，

> 白保村ゆらてぃく憲章制定までの経緯
> 憲章制定主体: 白保公民館
> ＜憲章策定経緯＞
> 憲章原案作成: 平成16年度離島・過疎地域ふるさとづくり支援事業
> 「ゆらてぃく白保村体験2004」次世代プラン班により作成
> (筆者は, 次世代プラン班, 副班長として原案づくりに参加)
> 原案作成期間: 平成16年5月31日にスタート. 12月10日第1回白保ゆらてぃく祭りにて, 村づくり基本方針提案として提案 (同案では, 村づくり6箇条であった).
> 憲章素案作成: 平成17年5月公民館総会において, 憲章づくりの推進について次世代プラン班が正式に付託を受ける.
> 平成18年4月公民館運営審議委員会へ案を提案, 審議後, 素案となる.
> 憲章の制定 : 平成18年5月白保公民館定期総会に素案が提案され, 承認され制定される.
> 憲章推進委員会の設置: 平成19年2月白保公民館長から委嘱 (筆者が事務局長となる)
> ＜住民意向の把握方法＞
> ・小中学生の作文・図画コンクールによる魅力的な白保の資源の把握
> ・古老や有識者へのヒアリングによる史跡や文化遺産の掘り起こしと記録
> ・資源マップの作成
> ・住民アンケート調査の実施 (中学生以上の全住民対象)
> ・座談会の開催 (9回)
> ・次世代プラン班会議 (5回)
> ・白保公民館運営審議委員会での議論
> ・白保公民館総会での審議・承認

図11.6 白保村ゆらてぃく憲章制定までの経緯 (「白保村ゆらてぃく体験2004」報告書などをもとに作成).

2006年「白保村ゆらてぃく憲章」が制定された (図11.6; 上村, 2010).

同憲章の村づくり7箇条の1つにサンゴ礁保全が位置づけられた. これにより, 空港の反対運動ではなく, 村づくりとしてサンゴ礁の保全に取り組むことができるようになった. 筆者は, 憲章をとりまとめたことで認められ, 白保村ゆらてぃく憲章推進委員会事務局長と白保公民館運営審議委員に任命された.

白保村ゆらてぃく憲章制定への参加は, その後の村づくりにかかわるための「レジティマシー (正統性)」の獲得につながった. また, なによりもこの活動が地域との信頼関係の構築につながった. その間に得た「信頼」がベースとなり, その後の活動に多くの人々が参加することとなった. 筆者は, ゆらてぃく憲章の制定過程で地域自治の仕組みを理解し, 正式な合意形成のプロセスに則り地域の内発的な活動をつくりだすことが多くの人々の参加を促すうえで必要不可欠であることを経験した (上村・山崎, 2015). ゆらてぃく憲章というサンゴ礁保全とサンゴ礁文化の継承を地域の人々の手によって実施するための素地

が整ったことで，プロセスを 1 つ進めることができた．

(2)「白保魚湧く海保全協議会」の活動

　白保地区の人々は，イノー（礁池）と呼ばれる集落のすぐ前のサンゴ礁の浅い海を，共同所有（総有）の海として認識していた．沖縄大学の上田不二夫名誉教授によると，沖縄の沿岸部では，地先の村落住民の利用が専業の漁業者の利用に優先されてきた歴史があり，イノーは，実質的に地先住民に権利があった（上田，1996）．しかし，2004 年，さまざまな場面で，空港の反対運動にかかわった人々の権利意識が強いことを感じた．サンゴ礁の保全を進めるためには多くの村人の協力が必要不可欠である．とくに，農家と海とのかかわりを再生し，地域の総有の海としての当事者意識を取り戻す必要があった．

　生業として海にかかわる漁業者やシュノーケル事業者に加え，公民館や老人会，婦人会，畜産組合，農業者などの地域の多様な人々が海の保全と活用にかかわる場として，2005 年 7 月白保魚湧く海保全協議会（以下，協議会とする）を設立した．設立趣旨には「海とともに暮らしてきた先人の生活文化に敬意を表し，伝統的なサンゴ礁の利用形態を維持・発展させるとともに，集落をあげて白保の海とその周辺の自然環境・生活環境の保全と再生を図り，適切な資源管理を進めることで地域の持続的な発展に寄与すること」（白保魚湧く海保全協議会，2016）が明記された．

　協議会は，海を利用するルールづくりを行った．シュノーケル事業者（当時ほとんどが漁業者の副業）が率先して環境保全と安全対策を行うことで，総有の海を守る活動への地域の人々の協力を得るためであった．2006 年 6 月「シュノーケル観光事業者の自主ルール」を策定し，2010 年には資源増殖のため放流を行ったシャコガイ（固着生の二枚貝）を保護する自主禁漁区を設置した（上村，2011b）．2015 年には 12 の観光事業者が「白保サンゴ礁地区保全利用協定」を締結，沖縄県知事の認定を受けた．その時々の地域の課題に応じ，海面利用に関するさまざまな自主ルールが設けられた．

　また，農家の協力を得るため，伝統的な定置漁具「海垣」の復元を行った．「海垣」は，浅瀬に半円形に石垣を積み，潮の干満を利用して魚を捕る漁具で，海のそばに農地をもつ農民が築き，利用したものである．復元には，かつて「海垣」を利用していた人々や協議会のメンバー，白保小学校，中学校の児童，生

徒，PTAが参加した．「これまで漁業者や遊漁船業者に遠慮していたが，これからは海のことについて発言してもよいはずだ」と意見が出るなど（上村，2007），海へのオーナーシップの再獲得につながった．「海垣」での体験を通じて農家にも海の環境悪化が認識され，農地からの赤土流出防止のために，畑の周囲にゲットウ（月桃）を植えるグリーンベルト大作戦が始まり，定着している．また2010年，「世界海垣サミット」を開催した（上村，2011a）．

　一連の活動により，それまで実施することがむずかしかった農地での対策が行われるようになった．プロセスをまた1つ進めることができた．

(3)「白保日曜市」の開催とサンゴ礁保全型産品の開発

　自然の恵みを利用した食文化や手工芸などは，サンゴ礁文化を構成する重要な要素の1つである．身近な自然の資源を活用する知恵や技に光をあてて，地域の特産品として産業化することは，サンゴ礁文化を継承する持続可能な地域づくりの重要な活動となる．

　筆者は，白保の人々との協働による最初の活動として，2004年5月郷土料理研究会を立ち上げた．白保の人々が参加しやすいテーマとなるよう，直接的なサンゴの保護活動ではないかたちで活動を始めることとしたのだ．

　70歳代，80歳代のおばぁに呼びかけ，白保地区で受け継がれる郷土料理を教えてもらうこととした．研究会には，伝統的な食文化を学びたい若いお母さんたちも参加した．2年間，自然の恵みの収穫方法から調理法までを学んだ．これらの経験と人脈を生かし，2005年9月に自然の恵みを生かした品々をもちより直売を行う「白保日曜市」をスタートさせた．白保日曜市には，2004年12月に憲章の制定作業と並行して準備・開催した白保ゆらてぃく祭りに出店した手工芸や民具づくりを行う人々にも声をかけた．しらほサンゴ村の回廊で，月1回で始めた市は，反響を呼び，2012年8月から毎週開催され，2013年3月の新空港の開港以後には石垣島の人気観光スポットの1つとなった．白保日曜市では，グリーンベルトに植栽したゲットウを原料とする産品の開発にも取り組んでいる．ゲットウの葉を買い取ることで，協力農家への経済的なインセンティブをつくりだすためだ．グリーンベルトの設置は，赤土の流出を防ぐという効果はあるものの，作物の植え付け面積の減少や農業機械の取り回しのじゃまになるなど弊害も多く，協力農家の拡大が課題となっていた（上村，2012a）．

図11.7 学生のデザインによる月桃茶のパッケージ.

現在,ゲットウの葉や茎から抽出したフローラルウォーターや月桃茶などが商品化されている.これらの原料は,これまでに地域で植え付けを行ったグリーンベルトのゲットウが利用されており,商品の売上金の一部もグリーンベルトの維持管理などの財源として使用する仕組みとなっている.

2014年,総務省の交付金を獲得し,大型乾燥器や粉砕機などの設備を導入した.2015年,ゲットウ商品事業の拡大のために専従で取り組む人材として地域おこし協力隊の派遣を石垣市に要請した.その結果,2016年9月石垣市地域おこし協力隊として吉田礼さんがNPO夏花の商品開発や販路開拓,日曜市の運営支援のために派遣された.彼女は2008年夏の1カ月間,学生ボランティアでしらほサンゴ村に滞在し,日曜市の運営サポートをした経験をもつ.筆者も新たな赴任地の福岡県太宰府市にある筑紫女学園大学の学生たちとゲットウ商品の販売促進や販路開拓を支援する活動を始めた(図11.7).これらの活動が定着することで,グリーンベルトの設置農家が拡大することが期待される.

サンゴ礁保全の取り組みと密接につながった経済活動が定着したとき,持続可能な地域づくりがつぎのプロセスに進むこととなる.

11.4 地域に活動が根付き,自ら動き出すために

白保での地域住民の手による一連のサンゴ礁保全につながる活動を地域に定着させるために有効なのが,経済的な活動に結び付けた仕組みを構築すること

だ.

　しらほサンゴ村には，環境教育や環境保全活動への参加について多くの問い合わせが寄せられていた．筆者は，島外から訪れる人々にサンゴ礁文化やサンゴ礁保全の体験プログラムを提供することで地域に活動が定着する仕組みができるのではないかと考えた．憲章推進委員会の活動として，2007年から「白保学講座」を開講し，地域の歴史や文化資源とともに，島おこしの事例を学習し，地域の人々の盛り上がりを待った．2011年度には，修学旅行の受け入れを行った．農業体験などを含むこの受け入れは，関係者の大きな自信につながった．その結果，2012年度の公民館総会でNPOの設立が認められ，2013年5月に県知事の認可を受けNPO夏花が誕生した（NPO夏花, 2016）．

　夏花は，白保地域住民の有志からなる村づくりNPO法人である．それまで筆者もかかわってきた，村づくり活動を地域に根付かせることが目標となった．組織の運営や活動をコーディネートするための専従の職員を雇用するなど，若者の就業機会を創出している．2017年，フルタイムとパートタイム合わせて3名が雇用されている．夏花は，地域資源を活用したスタディツアーを収益の柱としている．ツアーには，サンゴ礁でのシュノーケリングやグリーンベルト植栽による赤土対策に加えて，サンゴ礁文化を受け継ぐ人々の暮らしに触れるホームスティを盛り込み，地域活性化とサンゴ礁保全の両立を目指している．

　2004年から白保地区でかかわってきた活動は幅広い分野におよんでいる．これは多くの地域住民との関係を構築するためであった．多様な活動を同時並行的に進めることで，そのうちのいくつかでも地域のなかに定着してほしいと考えた末の戦略でもあった（表11.3）．

　振り返ると，白保地区での多様な活動は，2004年でなければスタートすることが困難であったかもしれない．サンゴ礁文化を軸にした持続可能な村づくりを進めるためには，サンゴ礁とのかかわりの深い暮らしの文化を受け継ぐ人々の存在が不可欠だからだ．70歳代，80歳代の実際にサンゴ礁の恵みを利用してきたおじい，おばぁから直接，話を聞き，活動をともにすることが，サンゴ礁文化についての理解と共感を深めたといえる．

　地域の未来を担うのはそこに暮らす人々である．地域にはさまざまな価値観の人がいて，それぞれが抱える課題も異なる．持続可能な地域社会を実現するためには，多様な立場や意見を尊重しながら，地域にとって望ましい方向につ

第 11 章　地域を動かすカタリスト　221

表 11.3　白保での各取り組みとコミュニティビジネス化.

活動の分類	2004–2007	2008–2011	2012–2015	2016 コミュニティビジネス化の状況
地域での活動を牽引するための組織の立ち上げ（組織づくり）	・魚湧く海保全協議会 ・憲章推進委員会 ・白保日曜市	・白保日曜市運営組合	・NPO 夏花	・NPO 夏花を窓口とする各種コミュニティビジネスの展開
サンゴ礁とかかわりの深い暮らしの文化の掘り起こしと活用（コミュニケーション）	・ドキュメンタリー製作 ・郷土料理研究会 ・ゆらてぃく地図 ・文化財リスト作成	・白保公民館文化財指定 ・「古文書に見える白保村」発行	・指定文化財標識設置 ・文化財ガイドブック作成	・集落散策ガイドコースの設置
多様な利害関係者の協議を進め地域の目標を定める取り組み（ルール化）	・ゆらてぃく憲章制定 ・海面利用の自主ルール（シュノーケル事業者，観光マナー）	・海面利用の自主ルール（研究者のルール） ・シャコガイ自主禁漁区	・海面利用の自主ルール（サンゴ礁保全利用協定）	・シュノーケル観光ツアー実施
多様な参加機会を生みだし担い手となる人材を育成するための取り組み（人づくり）	・しらほ子どもクラブ ・大人のシュノーケル教室 ・ゆらてぃく祭り ・白保小学校環境教育	・やまんぐぅキャンプ ・白保学講座開講 ・白保中学校環境教育 ・まち並み修景事業 ・世界海垣サミット開催		・自然体験プログラムの実施 ・サンゴ礁文化体験プログラムの実施
継続した活動を担保するための仕組みづくり（産業づくり）	・白保日曜市（月 1 回） ・ふるさとの海子ども交流会	・白保日曜市（月 2 回） ・月桃商品開発（サーミン）	・白保日曜市（毎週） ・月桃商品開発（ハーブティ） ・かなっぱ弁当 ・スタディツアー ・白保の暮らし体験 ・月桃加工施設整備	・白保日曜市（毎週） ・月桃商品製造・販売 ・スタディツアー ・大学研修の受け入れ ・民泊事業の展開
サンゴ礁保全と資源管理・活用のための方法確立（保全活動）	・海垣の再生活用 ・グリーンベルト大作戦	・農と緑の風景づくり ・シャコガイの放流	・月桃圃場整備 ・赤土モニタリング調査 ・ナショナルトラスト管理	・海垣の利活用（漁業体験ツアー実施） ・サンゴ礁保全体験の実施（グリーンベルト大作戦） ・環境モニタリング調査ツアーの実施

注）2015 年以前はそれぞれの活動が開始された期間に記入した．2016 年についてはコミュニティビジネスとして実施されているものを記入した．

いて忍耐強く議論していく必要がある．そこには，人々の地域への強い思いと，その思いをかたちにする仕組みの両方が必要なのだ．

　カタリストとしてのかかわりには困難もつきまとう．地域の信頼を得て，ともに活動できるようになるためには，活動自体が頓挫しないよう，欠けているあらゆるピースを埋めなければならない．しかし，地元のあらゆる要求に応じているとカタリストへの依存度が高まり，かえって自立的な取り組みが阻害さ

れる．また，地域を支える黒子に徹することは，ときに外からみえにくく，その役割について評価がなされないことが起こりうる．強い信念をもってかかわらなければ，モチベーションを維持することが困難である．

　最後に，筆者が，地域のカタリストとして重視した3つのポイントを示してまとめとしたい．

　1つは，地域に学ぶという姿勢だ．長い歴史のなかで受け継いできた自然や文化などの地域の資源を積極的に評価し活用することは，郷土への誇りや愛着を高めることにつながる．

　2つめは，人々が活動の成果を感じることのできる"効力感"を創出していくことだ．自分の活動の成果が目にみえると，参加者の満足度が高まり，活動の連鎖が起こる．

　3つめは，地域が目標に向かうように，さまざまなしかけを行うことだ．地域のなかに活動が定着するには時間がかかる．地域の状況に合わせて，かかわり方を変えながらも地域に寄り添い目標に向かって働きかけることが重要である．

　筆者が，ボトムアップによる持続可能な地域づくりに取り組んだのは，地域のカタリストの重要性が認識され，専門職能として確立することで，技術やノウハウをもった専門家が日本各地で個性豊かな地域再生に取り組む時代がくることを期待したからである．

　2016年，環境省は「サンゴ礁生態系保全行動計画2016–2020」を策定した．このなかには重点課題の1つとして「地域の暮らしとサンゴ礁生態系のつながりの構築」が掲げられ，白保の活動が取り組み事例として紹介されている．また，2017年には，そのモデル事業として，喜界島を対象に白保での活動の水平展開に着手されている．

　地域の環境再生と持続可能性を目指した「地域環境学」が確立されることで，持続可能な地域づくりの活動が世界に広がるときがくることを楽しみにしている．

[引用文献]

上村真仁．2007．石垣島白保「垣」再生——住民主体のサンゴ礁保全に向けて．地域研

究，3：175–188.

上村真仁．2010．生物多様性の保全は地域づくりから——しらほサンゴ村の取り組みを通じて．（沖縄大学地域研究所，編：第453回沖縄大学土曜教養講座生物多様性地域戦略フォーラム）pp. 47–53．沖縄大学地域研究所ブックレット，沖縄．

上村真仁．2011a．「里海」をキーワードとした生物多様性保全の可能性——世界海垣サミット in 白保を通して．地域研究，8：17–28.

上村真仁．2011b．沖縄県・石垣島白保集落でのコミュニティによる海洋生物多様性の保全．（財団法人東洋水産振興会，編：海洋の生物多様性保全と持続可能な利用）pp. 24–41．水産振興第517号（第45巻，第1号），東京．

上村真仁．2012a．石垣島白保集落におけるサンゴ礁保全と持続可能な地域づくり——農村集落のサンゴ礁とのつながりを掘り起こしながら．農村計画学会誌，31（1）：96–98.

上村真仁．2012b．石垣島——土地改良事業は豊かな暮らしを生み出したか．（桜井国俊・砂川かおり・仲西美佐子・松島泰勝・三輪大輔，編：琉球列島の環境問題）pp. 127–135．高文研，東京．

上村真仁・山崎寿一．2015．沖縄県石垣島白保集落における自然環境保全と地域づくりの仕組み——地域住民の来歴に着目して．住宅系研究報告会論文集，10：43–52.

宮内泰介．2013．なぜ環境保全はうまくいかないのか——順応的ガバナンスの可能性．（宮内泰介，編：なぜ環境保全はうまくいかないのか）pp. 14–18．新泉社，東京．

NPO夏花．2016．夏花とは．http://natsupana.com/aboutus/（2016.05.21）

島村修・石垣繁．1988．予備研究報告「サンゴ礁文化圏の自然生活誌——八重山白保部落のイノーと暮らし」．魚垣の会，沖縄．

白保魚湧く海保全協議会．2016．規約　改定2010.5.18（PDF）．http://sa-bu.natsupana.com/aboutus/（2016.05.21）

上田不二夫．1996．サンゴ礁の漁業権と海の利用．（浜本幸生，監修：海の『守り人』論徹底検証漁業権と地先権）pp. 181–192．まな出版企画，東京．

上地義男．2013．新石垣空港物語——八重山郡民30年余の苦悩と戦いの軌跡．八重山毎日新聞社，沖縄．

WWFジャパン．2016．石垣島・白保（しらほ）での活動について．http://www.wwf.or.jp/activities/nature/cat1153/cat1187/index.html（2016.05.21）

WWF-Netherlands. 2003. The Economics of Worldwide Coral Reef Degradation. Cesar Environmental Economics Consulting, Netherland.

IV
つながりを創りだす

12 生産者と世界のつながり
——地域が使いこなす認証制度

大元鈴子

「地域が使いこなす認証制度」には，2つのタイプがある．1つは，国際的な枠組みを地域の課題解決の視点から活用するもの，もう1つは，地域独自の制度を地域がオーダーメイド的に創りだすものである．前者は，「国際資源管理認証」と呼ばれ，資源管理をおもな目的として全球的に適用され，「ユニバーサルな価値」を伝える役割を果たす．他方，「ローカル認証」は，特定の地域のみに適用され，また，その地域の社会，環境，文化，地域資源などに鑑み，それぞれの地域の農水産業に適したきめ細やかな基準をもつ．いずれも，制度的アプローチによって地域の課題の解決を模索する術であり，共通することは，地域ならびに地域内で生産活動を行う生産者を外部とつなぐ役割を果たすことにある．つまり，認証制度とは物質的価値以外の地域や生産物の価値——たとえば環境配慮による持続可能性——を，その価値を評価する流通経路と消費者に伝える役割を担うのである．

12.1 国際資源管理認証とは

(1) 物事が動かないというリスク

自然資源には，再生可能なものとそうでないものがある．たとえば，石油や石炭は，使えば使うだけその埋蔵量は減っていく．一方で，森林や水産資源は，適正な量の使用を継続する限り，植林することで，また水産資源は，人間が手を加えなくても，十分な数の親魚を海に残すだけで再び増えてくれる貴重な自然資源である．

国際資源管理認証（大元ほか，2016a）とは，このような特定の資源の再生可能な特性を利用し，その持続可能な利用を市場，つまり，需要と供給の仕組みを活用して，環境に配慮した製品への需要を生みだし，生産者の持続可能な生

産物の供給を促進することをそのおもな目的としている．これは「市場原理に
もとづいた解決策」（Dietsch and Stacy, 2008）と呼ばれ，この仕組みにより，
直接確認できない生産物の「持続可能性」という価値を，エコラベルを通じて
消費者まで伝える役割を担っている．

　FSC（森林管理協議会）や MSC（海洋管理協議会）などの国際資源管理認証
制度は，近年ごく身近になったが，その歴史は，1990 年代にさかのぼる．1992
年の環境と開発に関する国際連合会議（地球サミット）で採択されたアジェンダ
21 には，以下のように認証制度を指すと考えられる内容が盛り込まれている．

　　4.21. 政府は，産業とその他の関係する団体との協力により，消費者のイン
　　フォームド・チョイス（理解したうえでの選択）を補助するように設計され
　　た環境ラベルとその他の環境に関連する製品情報プログラムの発展を促進
　　しなければならない（筆者訳）．

　FSC は，地球サミットの翌年の 1993 年に創設された，持続可能な森林資源
の管理を目的とした国際資源管理認証である（表 12.1）．それまでの森林保全活
動は，環境保全団体が森林伐採にかかわる企業に対するロビー活動（とくに 1980
年代には，アマゾンの熱帯雨林の伐採に反対する運動が欧米を中心にさかんに
行われた）をするのが，一般的であった．また，熱帯材に対する不買運動も起
こり，これに対して，熱帯材生産国は不当な貿易障壁だと反発した．このよう
な状況のなか，国際的な自然保護団体である世界自然保護基金（WWF）と企業
との協働が FSC の設置を通じて実現する．森林保全の現場では，抗議活動によ
り政府を動かし，規制が施行されるのを待つというスタイルに限界を感じてお
り（Auld, 2014），企業側も，批判が企業活動そのものに影響することを懸念し，
無責任な森林伐採に加担していない証拠のアピール方法を模索していた．その
両者の共通の目的「持続可能な森林の利用」をつないだのが FSC 認証であり，
そのために FSC は大きな注目を集めることになった．この森林管理に関する企
業と環境 NGO の協働（Business-NGO partnership; Murphy and Bendell,
1999）は，現在ではめずらしくないが，当時は，加害者と抗議者が一緒に活動
を始めたということで，「グリーンウォッシュ」（見せかけだけの環境保全）で
あるという批判を多く受けた．

第 12 章　生産者と世界のつながり　229

表 12.1　国際的認証制度の歴史 (大元, 2016 より改変).

1928	世界初の環境配慮ロゴマークの登場 (Demeter・有機農産物)
1972	世界初の国際認証 (Demeter)
1977	世界初の国レベルのエコラベルの登場 (Blue Angel・ドイツ)
1980	IFOAM (International Federation of Organic Agriculture) 設立
	・有機農業の共通定義
	・国・地域ごとの有機認証を相互認証する機能
1982	Naturland 設立
1992	地球サミット開催 (リオデジャネイロ)
	・アジェンダ 21 にて国別の規制中心の資源管理から, 世界的な協働や環境に関するラベルなどを使った取り組みへの移行を促した
1993	FSC (Forest Stewardship Council; 森林管理協議会) 設立
	・企業と NGO の協働の実現
1995	Naturland が有機水産物の基準を導入 (コイなど)
	その他魚種についても順次導入
	・サーモン (1996 年)
	・イガイ (1999 年)
	・トラウト (2000 年)
	・エビ (2001 年)
1997	MSC (Marine Stewardship Council; 海洋管理協議会) 設立
	・WWF とユニリーバにより設立
	・FSC をモデルに, 天然漁獲の漁業に対する基準を設定
1999	PEFC (The Programme for the Endorsement of Forest Certification; PEFC 森林認証プログラム) 設立
	・8 カ国の森林認証制度の代表により設立
	・国や地域ごとの森林認証の相互認証を行う
2002	ISEAL (International Social and Environmental Accreditation and Labelling Alliance)
	・各持続可能性に対する認証制度がメンバー
	・基準設定のガイドライン「社会環境基準設定のための適正実施規範」を提供
2004	RSPO (Roundtable on Sustainable Palm Oil) 設立
	・WWF を含む 7 団体により設立
	・7 つのセクター (パーム耕作者, パーム油プロセッサー, 環境 NGO, 社会 NGO, 銀行・投資家, 小売業, 消費財産業) の関係者により運営
2009	FAO (国際連合食糧農業機関)「海洋漁業からの漁獲物と水産物のエコラベル認証のためのガイドライン」発行
2010	ASC (Aquaculture Stewardship Council; 水産養殖管理協議会) 設立
	・WWF と IDH (Dutch Sustainable Trade Initiative) により設立
	・魚種ごとに基準を策定
	・基準は, アクアカルチャー・ダイアログ (水産養殖管理検討会) と呼ばれるステークホルダーによる円卓会議にて策定

　資源が国の境を越えて, 世界中で取引されるようになると, 国だけの規制ではなく, 国際的な管理枠組みが必要となる. しかしながら, 国際条約や国際的管理枠組みの策定には, 非常に長い時間がかかる. 国際資源管理認証の功績の

1つは，ある程度迅速な資源管理が可能になったこと，つまり，「物事が動かないというリスクを避ける」ことができる点にある．それまでの資源管理は，国による法律や規制に頼っており，それらが策定され施行されるまでには，ずいぶんと時間がかかる．認証制度は，任意の制度であり，規制とちがって強制的にしたがわせることは無理だが，その仕組みに賛同する資源利用者が，比較的短期間で審査を受け，持続可能性を証明することができる．さらに，法律や規制では，消費サイドからのかかわりはもてなかったが，認証された生産物にエコラベルを添付して販売することにより，一般の消費者までもが，資源管理に携わることができるようになったのである．

　1993年設立のFSCにより認証制度が機能することがわかると，1999年には，天然水産物を対象とするMSCが活動を始めている．基本的には基準による審査とエコラベルによって構成される国際資源管理認証であるが，対象とする資源の特性や産業の構造に応じて多くのちがいがある．FSCをモデルとしたMSCの対象資源は，おもに食用（FSCにも食用となる認証取得製品，たとえばシイタケやハチミツ［林産物］がある）となる水産物である．資源が移動可能であり，たとえば高度回遊魚（マグロ類やサケ）などは，所有権が曖昧な資源である．目で数えたり，確認することができないため，認証審査の際の資源量の推定には，より科学的データを必要とする．そして2010年に創設されたASC（水産養殖管理協議会）は，直接的な天然資源の利用ではなく，生態系サービスを利用して，効率よく水産物を生産する仕組み「生態系の改変をともなう資源利用活動」の管理を目的としており，ほかの生態系サービスとトレードオフ関係にある資源利用活動（水産養殖，アブラヤシ生産など）である水産養殖の持続可能性のための認証制度である．こちらについては，養殖に必要とされる化学薬品に対する基準の国際平準化（ある国で許可されている薬品が，別の国では禁止されていたりする）や餌として使用される天然魚の持続可能性などを，養殖活動の持続可能性の評価に組み込む必要がある．また，ヤシ油やコーヒー栽培など，プランテーションで生産される生産物に対する認証制度などについても，資源の特性やかかわる主体のちがいにより，その仕組みにはそれぞれ特徴がある．これら国際認証の歴史，共通点とちがいは，表12.1などにくわしい（大元，2016）．

(2) 国際資源管理認証の基礎的要件

現在，世界で広く活用されている国際資源管理認証が共通にもちあわせている基礎的要件というべき要素がいくつかある．これは，表 12.1 のように，たとえば，ISEAL（International Social and Environmental Accreditation and Labelling; 国際社会環境認定表示連合）や FAO（国際連合食糧農業機関）によるガイドラインにもとづいて，信頼される国際的認証制度が備えるべき要件としてあげられているものである．その要件は，① ボランタリーな基準，② 国際的な枠組みへの準拠，③ 第三者認証，④ CoC 認証とエコラベル，⑤ 信頼性担保の仕組み，である．

国際資源管理認証は，まったく任意（ボランタリー）な仕組みであり，基本的に強制力や法的拘束力はない．法律や規制が環境に負荷をかける活動を罰するのに対し，資源管理認証は，環境への配慮を褒賞し，エコラベルを通じて周知する仕組みであるからである．そのため，上記で述べたように，国際的に取引されたり，所有権が曖昧なために（とくに水産物）国レベルのみの規制では解決がむずかしい資源に広く活用されるようになった．つまり，任意ではあるが，より広域的な資源管理を実現するためのツールでもある．そのため，法律や規制ではなく，企業が認証原材料を選び，消費者が認証製品を選ぶこと，つまり市場における取引を通じた管理という意味で，「政府ではない，市場に駆動された権威」（Cashore, 2004）などと呼ばれたりもする．

国際的に広く活用されている持続可能性認証やフェアトレード認証の多くが ISEAL に加入している．ISEAL は，持続可能性の担保を目指す認証制度の質や基準の向上を監督する団体であり，"ISEAL Code of Good Practice for Setting Social and Environmental Standards"（ISEAL 社会環境基準設定のための適正実施規範；2014 年 12 月改定 ver. 6.0）において，社会的・環境的持続可能性を目指す認証制度の規範を定め，信頼しうる認証制度の原則，認証基準の設定の手順や一貫性，審査への関係者の参加，認証基準の見直しと改定，また各地域に適用可能基準の設定，などについての指針が示されている．ISEAL に正会員として加盟する団体は，この文書に表現されている項目に準拠している，ということを各認証制度のウェブサイトなどで明記することによって，一定の基準を満たしていることをアピールしている．また，漁業の世界では，FAO が，

「海洋漁業からの漁獲物と水産エコラベルのためのガイドライン」（2009）を発行しており，漁業が持続可能と判断され，その漁業からの水産物にエコラベルを表示するための「管理体制」「当該資源の状態」「生態系に係る考慮すべき事項」について，最低限必要な要件と基準を示している（大元，2014）．FAOは，水産養殖についても，養殖認証に関する技術的ガイドラインを2011年に発行している．これらのFAOによるガイドラインは，あくまでガイドラインであり，審査や会員制度ではなく，その準拠が自己申告であるという点で，ISEALとはちがう．しかしながら，2013年に設立されたGSSI（Global Sustainable Seafood Initiative；世界水産物持続可能性イニシアチブ；水産関連の企業，NGO，専門家，政府機関，国際機関で構成される情報共有と協働のプラットフォーム）が，持続可能性をうたう漁業認証が，FAO文書にもとづく国際的な要求事項に合致しているかどうかの審査・認定を開始している．先のMSCは，2017年3月にこの認定を受けている．これにより，漁業の持続可能性を評価する認証制度の信頼度の認定を行う機関が登場したことになる．

　つぎに第三者認証についてであるが，認証制度は，基準への合致を審査する主体とそのプロセスのちがいによって分類することができる．第一者認証（first-party certification）とは，会社や生産者が，自分たちが達成したい項目についての基準を自分たちで定め，その遵守を自ら審査することであり，つまり内部監査，自己申告である．つぎに，第二者認証（second-party certification）は，組合や協会のような業界団体がその会員の製品を，もしくは，小売りがそのサプライヤーの製品を，基準を定めて審査することで，取引関係にある2者間の認証である．そして，第三者認証（third-party certification）では，審査基準は，基準設定団体（standard setting organization）により策定される．認証の取得を希望する主体（生産者）に対する審査を行うのは，基準設定者から独立した第三者機関（認証機関と呼ばれ，その多くが，安全や品質管理などの認証審査も行う営利企業である）である．第三者機関（＝認証機関）は，取引関係にはないまったく独立した機関であり，認証を授与するのは，基準設定団体のFSCやMSCではなく，認証機関である（授与される認証書には，認証機関が発行している旨が明記されている）．さらに付け加えると，ISEALの正会員の1つであるASI（Accreditation Service International）は，各認証機関が認証基準を正しく理解し，また，一貫性のある質の認証・審査サービスを行うための認定（資

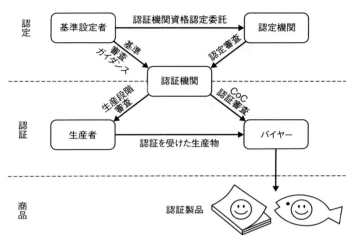

図 12.1　第三者認証の仕組み.

格審査）を行う団体である（図 12.1）.

　認証制度とエコラベルは，対になるプログラムであるが，このペアが実現するには，CoC 認証（Chain of Custody; FSC, MSC, ASC の場合）や RSPO（Roundtable on Sustainable Palm Oil; 持続可能なパーム油のための円卓会議）における SCCS（Supply Chain Certification System）が別途必要となる．認証を受けた生産物のみにエコラベルを表示することを保証するための，いわゆるトレーサビリティー認証である．つまり，エコラベルは，その製品が認証を受けた原料を使って生産されたことを保証し，生産における環境への配慮を，サプライチェーンを通じて最終消費者にまで伝える役割を担う．

　最後に，信頼性担保の仕組みについてだが，審査は，科学的根拠にもとづいており，認証の根拠となる審査基準は公開されている．基準づくりへの関係者の参加，審査経過の公表，審査員の氏名・専門，審査への情報・意見のインプット，認証結果の明示や各評価項目の根拠（と点数）の公表などにより，基準と審査の透明性を確保している．

(3) 消費サイドの視点と生産者の視点の区別・転換

　国際資源管理認証は，資源を利用する企業の持続可能なビジネスモデルの構築や，CSR（企業の社会的責任）の実施のためのツールとして，世界中で広く使われるようになり，消費者が資源管理に参加するという視点からも，さまざまな研究がなされてきた．たとえば，企業が取り組む保全活動が企業にとってのコストではなく，資源管理認証を活用することで，事業の一部，もしくは，事業そのものとすることは，経済的メカニズムによる生物多様性の保全であると考えることができる．また，消費者の認知度についての調査・研究もたいへん多く行われており，消費者への選択肢の提供という視点が強調されてきた．これらは，資源の持続可能性を目指す認証制度が，資源を利用する側，つまり企業や消費者にとって，いかに有益かを示している．

　その一方で，実際に資源をわれわれが利用できるかたちにしてくれるのは生産者であり，生産者が活用できる資源管理認証の仕組みでなければ，長期的な取り組みにはつながらず，根本的に意味がない．また，生産者のみならず，生産活動が行われる地域にとっての波及効果も望めるほうが，産業を支え，より長期的な取り組みへとつながっていく．このような生産者の視点から，国際資源管理認証を活用している3事例を紹介したい．

(4) 伝統養殖から最新のエコ養殖へ——ベトナムにおける粗放エビ養殖に対する有機認証

　ベトナムのメコンデルタ地域は，エビの養殖がたいへんさかんであり，大きな輸出産業となっている．ベトナムのエビ養殖は，その他の東南アジア諸国に比べ，集約的な養殖の技術導入が遅く，水田からの転換による養殖池が生産量の増加をもたらしてきた．しかしながら，集約的または準集約的なエビ養殖の2003年の割合がたった3%だったのに対し（Thi, 2007），2011年の文献では，10–15%に増加している．それでも，エビ養殖の多くが，25万件の小規模家族経営の農家によって行われている（Nhuong *et al.*, 2011）．そのような小規模な家族経営によるエビ養殖の1つの方法として，マングローブを利用した伝統的な無給餌粗放養殖がある．通常，エビ養殖池を造成するには，沿岸のマングローブを切り，そこに稚エビを入れ，エサを投入することで，高密度で短期間にエ

図12.2　マングローブが生育するエビ粗放養殖池.

ビを育てる．この養殖の様式は，エビの酸欠を防ぐために小型の水車を回しているので，遠くからでも確認することができる．エビの密度は，1 m^2 あたり，15–30匹程度と高く，病気対策の薬品や抗生物質を与えることも多い．

　一方，カマウ省などで営まれる伝統的な粗放養殖では，養殖池のなかにマングローブが生育しており，エビ養殖池だとは一見わからない（図12.2）．また，稚エビを導入する以外は，一切の餌や薬品は使用せず，ごく自然に近い方法でエビを育てる．自然の潮の満ち引きにより池に入り込むその他のエビ，カニ，魚は，農家の副収入やおかずにもなる．この養殖方法で育てられたエビが，2001年からNaturlandというドイツを拠点とする認証制度の基準を使い，「有機エビ」として認証を受け，ヨーロッパに輸出されている．池の面積に対するマングローブの割合の基準を満たすために，植林の必要がある場合もあるが，そもそもの養殖方法が有機基準にほぼ合致していたので，小規模家族経営の多くの農家が認証を取得している．

　この有機エビは，ヨーロッパにおいて消費者がエビ養殖によるマングローブの減少について知るようになったことで，需要が生まれた．集約養殖に向かうベトナムにおいては，この伝統的な養殖方法は，「遅れた」方法であったが，国際的な認証を受けることにより，それが最新の「エコ養殖」となったのである．グローバライゼーションによる情報の流通が生産国の環境負荷を消費国に伝達し，国際認証が生産国に残る持続可能な手法を再評価し，環境に対して倫理的

な製品を求める消費者に認証製品と生産地域の情報を届ける役割を担っている. しかしながら, 国際認証の導入により, トレーサビリティーの担保の必要から, エビ生産者の売り先の選択肢がせばまり, 必ずしもより高い価格でエビが取引されていない場合があることも明らかになっている (Omoto and Scott, 2016).

(5) 過密養殖のジレンマ回避のための ASC 認証——南三陸カキ養殖の復興

2016 年 3 月に宮城県南三陸町のカキ養殖 (宮城県漁協志津川支所戸倉出張所「カキ部会」) が, 養殖水産物に対する国際資源管理認証制度である ASC 認証を日本で初めて取得した. これは, 2011 年に起こった東北沖地震と大津波から, ちょうど 5 年の節目のできごとである.

震災前, このカキ養殖は, 過密になりすぎたカキ筏により, 思ったような品質のカキがつくれず, また養殖期間も 3 年必要であった. 皆がどうにかしなければと思っていたところに, 皮肉にも津波が襲い, 養殖施設のすべてが流失した. 津波後, 適正な養殖密度をめぐり, 生産者間での議論が続いた. 結果, 筏の数を 3 分の 1 にすることなどを決め, 結果として, ASC 認証の取得に至る. もちろん, 認証によりカキに付加価値をつけるという目的もあったが, それ以上に, 震災に強い養殖の確立 (筏の数が減れば, つぎの災害の被害が減る) や震災復興補助金による共同操業から個人経営への移行 (震災前の体制に戻す) の際の支えとしての国際認証の取得であった (前川, 2016). 認証取得による直接的な効果ではないが, 筏を減らした結果, 3 年かかっていた養殖期間が 1 年に短縮され, また, 十分な量のプランクトンを摂取して育ったカキの品質も向上した. この認証取得は, 自然保護団体である WWF ジャパンが支援している. 南三陸の ASC 認証の取得は, 適正な養殖密度の指針として, 明確に定義された基準をもつ国際資源管理認証を取得することで, 生産者全員でルールを共有し, 公平な資源利用の配分を行い, 地域産業の長期的な持続可能性につなげている (大元, 2016c).

(6) 気仙沼のサメ漁業

以上, すでに国際認証を取得している 2 事例に加えて, 現在 MSC 認証の取得を目指している漁業を紹介したい. 宮城県気仙沼市は, サメの町として有名だ. サメの水揚げが日本で一番多く, しかもサメのさまざまな部位の利用が昔

から根付いている地域であるからだ．サメ肉は，はんぺんなどの原料となり，また，ヒレはフカヒレ，皮やその他の部分もレザー素材や医薬品・化粧品の原料として利用される．

　世界中で，サメ漁業の禁止やフカヒレの提供を中止する法律や自主規制が相次いでいる．それは，付加価値の高いフカヒレ生産のために，サメのヒレだけを切り取って，魚体を海に投棄するいわゆるフィニングという方法が明るみとなり，動物愛護団体，環境保全団体による数々のキャンペーンが行われたことによる．また，比較的過激な環境 NGO やメディアによる抗議が，直接生産者に届くこともめずらしくなくなり，クジラやイルカ漁とよく似た対立が発生している．フィニングに対する抗議やそれにともなうマーケット縮小の影響は，フィニングを行わない漁業である気仙沼市を本拠とする延縄漁業にもおよんでおり，震災からの復興を遅らせる要因ともなってきた．

　この気仙沼市のサメ漁業は，震災直後から MSC 認証の取得を目指している．それは，持続可能なフカヒレという世界市場を形成するためであり，フィニングによるフカヒレと自分たちのフカヒレを明確に区別するツールとして，MSC 認証を選択したからである．動物愛護的観点からの批判に対して，科学的根拠にもとづく保証を提示する戦略である．

　以上の事例から，国際資源管理認証は，企業や消費者だけでなく，生産者からも積極的に活用されつつあることがわかる．しかもそれは，単純な製品価格の向上や差別化ではなく，地域から国際にわたる幅広い課題の解決の糸口としての活用であることにも注目したい．ここにあげた事例以外にも，国際資源管理認証を導入することで，（または，取得を検討するだけでも）人々のネットワークが異業種にも波及し，つながりを生むことがわかっている．つまり，国際資源管理認証は，多様なステークホルダーをつなぐ「プラットフォーム」を提供する（大元ほか，2016b）．国際認証制度は，直接生産現場に赴かなくても環境配慮を確認できるツールとして，企業・消費者に広く受け入れられてきたが，それをきっかけとした直接的な関係にも発展していることは，特記すべき重要な点である．

　ちなみに，国際的な制度的アプローチとしては，近年，持続可能な土地利用や生産活動に対する国際的な認定制度の地域による活用が注目を集めている．

国際認定制度とは，ユネスコによる世界自然・文化遺産やエコパーク，また，FAO による世界農業遺産などを指す．国際認証とのちがいは，国際認証が一定の基準を満たすものをすべて認証するのに対し，国際認定制度は，唯一無二の貴重さや，その他の地域のモデルとなる地域を認定することで，その地域に価値を与える．世界自然・文化遺産が，顕著な普遍的価値を有する自然地域の保護・保全，いいかえればそのままのかたちで遺すことを目的とするのに対し，ユネスコエコパークは，生態系の保全と持続可能な利活用の調和を目的としており，自然地域の保護・保全に加え，その自然地域と人間社会との共生に重点が置かれている．世界農業遺産は，日本では 8 地域がこれまでに登録されており，それには，日本特有の農業・土地利用として，水田（棚田），草地，茶畑，焼畑などが，動的景観（working landscapes）として評価されている．ユネスコエコパークに関しては，第 13 章でくわしく述べられている．

12.2　ローカル認証

　冒頭で，資源管理を目指す認証制度には，地域が使いこなすという視点が重要であり，その仕組みには，地域が活用する国際認証と，地域が創る「ローカル認証」があると述べた．国際資源管理認証は，国際レベルでの「ユニバーサルな価値」を与えるものだが，つぎに地域発信型の認証制度として，「ローカル認証」を取り上げる．ローカル認証とは，「国際」認証に対しての「ローカル」であり，特定の地域にのみに適用される認証制度のことである．ローカル認証は，つぎのように定義される．

　「地域の気候，生態系，土壌環境などの特徴を活かし，地域の状況に即した基準を設けた認証制度で，特定の生態系の保全だけではなく，地域全体の持続可能性を目指す取り組み，と定義する．また，経済的利益を中心的目的とせず，地域的な課題の解決を組み込み，社会，文化，環境的な地域づくりを重視し，経済と農環境の多様性，地域農水産物の加工と販売を向上させる仕組み」（大元，2017a）．

　1 つのローカル認証が対象とする地域の設定は，それぞれに非常に多様ではあるが，地理的もしくは環境的にある程度共通の基盤をもつ地域であり，また，その特徴に重ねて語ることのできる社会的・文化的・産業的なストーリーをも

つ範囲である．ローカル認証を運営する主体については，国内の場合には行政が担うことが多いが，NPO のような独立した団体が担っていることもある．ローカル認証がイメージづくりによる地域ブランディングとちがう点は，「認証という仕組み」が説明責任を果たすことのできる根拠を提示することができる点にある．ローカル認証は，既存の仕組み（すでに活用されているその他の認証との相互認証や，行政・地域の仕組み）をうまく組み込むことで，コストをかけずに根拠を示し，これによってコストを下げ，地域の生産者が広く参加できるように設計されている．

（1）地域マーケティング

　地域マーケティングという言葉がある（Kotler［1993］の marketing of places にあたる日本語）．一般的にマーケティングとは，「顧客に向けた価値の創造と，価値の発信・提供の仕組みである」（宮副，2014）．地域マーケティングとは，「まちづくりや地域の問題解決のためにマーケティングの理論や手法を適用すること」（宮副，2014），あるいは，「何らかの目的のために地域を選択する人々や組織に対して，ほかの地域ではなく，自身の地域を選択してもらうための活動，あるいは標的とする相手の望む地域価値を創造し伝えていく活動」（佐々木ほか，2014）である．この地域マーケティングに CSV（Creating Shared Value；共有価値の創造，企業活動による経済利益と社会課題の解決を同時に達成すること）的思考を合わせたものが，ローカル認証だととらえることもできる．つまり，ローカル認証は，「地域の農水産物等の地域資源の特性を保持したかたちで，商品やサービスを開発することが，地域の社会的・環境的課題の解決を同時に達成する」仕組みである（大元，2017a）．ローカル認証がユニークなのは，ある程度信頼のおける根拠とその保証の仕組みを備えているが，それはけっして国際認証の縮小版ではないところにある．つまり，特定の地域にだけうまくフィットするように細やかに設計してあるのである．

（2）地域課題を価値に変えるローカル認証

　ローカル認証の事例を 1 つ紹介する．
　［事例］農業者によるコウノトリの餌場づくり（コウノトリの舞，兵庫県豊岡市）
　兵庫県豊岡市は，1971 年に絶滅したコウノトリ（*Ciconia boyciana*）が最後

に生息していた場所である．コウノトリは，水田で採餌することも多く，絶滅の原因としては農業手法の変化（乾田化）や，大量に散布された農薬がコウノトリの餌となる生きものを減らしたことだといわれている（大沼・山本，2009）．現在では，生産者の高齢化により，休耕田がめだつようになってきているという地域的課題もある．一時は日本の空からその姿を消したコウノトリであったが，人工繁殖の試みは続けられ，2005年には，最初の野外放鳥が行われた．その後，順調に自然界での数を増やし，現在，90羽のコウノトリが野生下で生息している（豊岡市ウェブサイト）．コウノトリを野外に放すにあたり，餌場の確保として，休耕田のビオトープ化などの事業が行われた．そして，一連の活動の一環として，豊岡市が2003年から開始したのが，「コウノトリの舞」というローカル認証であり，米や野菜，ソバ，大豆，果樹，加工品に対する認証とラベル表示が可能である．その認証基準は，

・豊岡市内で生産された農産物または農産加工品である，

・兵庫県が認証する「ひょうご安心ブランド食品」の認証を受けている，

ことを必須要件とし，さらに米については，対象の農薬・化学肥料の使用が地域慣行一般レベルの2分の1以下であり，生きものを育む栽培技術を実施して栽培し，出荷記録による管理がなされている生産物が対象である．科学的根拠となる残留農薬検査については，兵庫県による既存の認証を組み込むことで保証し，生産者の手間とコストを下げる工夫がされている（大元，2016d）．この認証制度は，豊岡市役所の「コウノトリ共生課」というめずらしい課によりデザイン・開始された経緯がある．農政課といった農業を専門とする部署ではなく，コウノトリとの共生を広める部署が認証を構築したこともユニークである．

たとえば，コウノトリは，地域の文化的・生態的資源であるが，公共財的資源としての要素が強い（大沼，2014）．つまり，コウノトリそのものを販売して（観光資源ではあるが，特別天然記念物ということもあり，直接的利用はできない），地域の活性化を図ることのできない資源である（地域資源には，無形・有形，直接的な加工販売が可能なものとそうでないものがある）．地域課題の解決をローカル認証というかたちで制度化するメリットは，「コウノトリの舞」というローカル認証を通じて，公共財的資源としてのコウノトリを稲作などの一次産業とリンクさせ，持続可能な地域づくりに役立てられることにある（大元，2017b）．

アイコンとなる動物種を冠したローカル認証としては，第15章に登場する
サーモン・セーフもある．これはサケの視点からの土地利用管理という地域的
特性を十分に利用したローカル認証となっている．また，ローカル認証には，
制度としての認証だけではなく，地域資源のもつアイデンティティーを保持し
たままで製品をプロデュースし，消費者と生産者間の情報交換のハブとなる役
割を担う地域密着型の企業による活動も含めることができる．たとえば，味付
けモズク製品を通じて，沖縄のサンゴを再生する活動の中心的役割を担う企業
（鳥取県の株式会社井ゲタ竹内，第2章参照）や，絶滅しかけた和リンゴ品種を
使用したシードル開発を行い，地域の農業多様性をあげることに貢献している
企業（長野県の株式会社サンクゼール）などがこれにあてはまる（大元，2017a）．

12.3　地域の実践の価値を可視化してつながりを生みだす

(1) 認証制度の活用――ダウンサイジングな地産地消ではなく知産知消へ

　現在，主流な大量生産・大量消費による食への代替的動きとして，食の供給
システムであるフードシステムの地域化＝ローカライゼーションの動きが世界
各地で起こっている．現代のフードシステムの地域化には2つの意味がある．
狭義には，「地産地消」や「顔の見える」に代表されるような，地理的な近接を
重視し，地域内での供給-消費の完了を目指し，地域での自給率の向上を実現す
るかたちでの地域化がある．広義には，地理的距離に関係なく，生産・流通経
路の透明性を高め，生産物に生産地や生産者のアイデンティティーをひも付け，
地域固有の価値の発信を行うことを指す．つまり，地産地消から生産地と生産
者の価値や課題を知ったうえで消費することを意味する，知産知消（窪田，
2009）への転換である．この場合，距離的近さや顔の見える関係による信頼は，
認証やラベルなどの「証明」機能により，補足・代替されることもある（Guth-
man, 2004; 大元，2017b）．

(2) 生産者と世界を価値でつなぐ認証制度

　冒頭で述べたように，認証制度は，チェーン型の流通をネットワーク化し，
そのネットワークには，モノの取引にかかわる人々だけではなく，たいへん多

様なステークホルダーがかかわっている.

　エコラベルを添付した商品がほかの商品より環境配慮という点で価値があるとされ，それを消費者が選択的に購入するというこの仕組みは，今ではあたりまえとなっているが，1992年にFSCが始まった当初は，まったく新しい社会経済的仕組みの登場であり，賞賛と批判が入り乱れていた（国際資源管理認証については，今でもそうである）．今では多くの人が，あたりまえのように理解する仕組みだが，新しいテクノロジーが生活に浸透していくように，資源管理認証が，徐々に「社会経済的イノベーション」から，通常の仕組みになじんできたといって差し支えないだろう.

　ウェストリーは，世の中を煩雑（complicated）とみるのではなく，複雑（complex system）とみることを勧めている（ウェストリーほか，2008）．複雑系においては「関係」が重要で，複雑系がどのような動きをするかは，その関係により変わる．これは，ソーシャルイノベーションによる変革に関する記述だが，多くの異種のステークホルダーが集まり対話することを可能にする認証制度にも同じことがいえるのではないだろうか．また，地域課題は，環境的，社会的課題が同時に複雑にからまっていることが多いが，これについても関係性を構築していくことで，今までみえなかった解決の糸口がみえてくる．資源管理を目的とする国際資源管理認証，そして，地域の持続可能性を目指すローカル認証は，解決したい課題の種類やガバナンスレベルはちがえども，食の生産や資源活用を担う生産者がさまざまな価値を発信し，より広域的な価値を共有するだれかとつながることができる仕組みなのである.

［引用文献］

ウェストリー・フランシス，ツィンマーマン・ブレンダ，パットン・マイケル・クイン（東出顕子訳）．2008．誰が世界を変えるのか──ソーシャルイノベーションはここから始まる．英治出版，東京．
窪田順平．2009．モノがつなぐ地域と地球．（窪田順平，編：モノの越境と地球環境問題──グローバル化時代の知産知消）pp. 1–14．昭和堂，京都．
前川聡．2016．海の再生と水産養殖認証─震災と南三陸町の水産業．（大元鈴子・佐藤哲・内藤大輔，編：国際資源管理認証──エコラベルがつなぐグローバルとローカル）pp. 66–83．東京大学出版会，東京．
宮副謙司．2014．地域活性化マーケティング．同友館，東京．

第 12 章　生産者と世界のつながり　243

大元鈴子. 2014. 持続可能な漁業の要件——FAO 海洋漁業からの漁獲物と水産物のエコ
　　ラベルのためのガイドライン. 日本水産学会漁業懇話報, No. 63. 日本水産学会.
大元鈴子. 2016. 国際資源管理認証の機能と歴史.（大元鈴子・佐藤哲・内藤大輔, 編：
　　国際資源管理認証——エコラベルがつなぐグローバルとローカル）pp. 16–29. 東京
　　大学出版会, 東京.
大元鈴子・佐藤哲・内藤大輔. 2016a. 国際資源管理認証とはなにか——価値を付与する
　　仕組み.（大元鈴子・佐藤哲・内藤大輔, 編：国際資源管理認証——エコラベルがつ
　　なぐグローバルとローカル）pp. 1–11. 東京大学出版会, 東京.
大元鈴子・佐藤哲・内藤大輔. 2016b. 生産現場から考える資源管理認証——地域づくり
　　のプラットフォーム.（大元鈴子・佐藤哲・内藤大輔, 編：国際資源管理認証——エ
　　コラベルがつなぐグローバルとローカル）pp. 221–232. 東京大学出版会, 東京.
大元鈴子. 2016c. シーフードのエコラベル——持続可能なエビとカキ. UP, 527:
　　30–35.
大元鈴子. 2016d. フラグシップ種を活用したローカル認証の役割——コウノトリ育む農
　　法とサーモン・セーフ認証. 人と自然 Humans and Nature, 27: 109–115.
大元鈴子. 2017a. ローカル認証——地域が創る流通の仕組み. 清水弘文堂書房, 東京.
大元鈴子. 2017b. 町おこし資源を活用した地域マーケティングに果たす地域企業の役割
　　——長野県飯綱町の「高坂リンゴ」を事例に. 日本地域政策研究, 18: 82–88.
大沼あゆみ・山本雅資. 2009. 兵庫県豊岡市におけるコウノトリ野生復帰をめぐる経済分
　　析——コウノトリ育む農法の経済的背景とコウノトリ野生復帰がもたらす地域経済
　　への効果. 三田学会雑誌, 102 (2), 191–211.
大沼あゆみ. 2014. 生物多様性保全の経済学. 有斐閣, 東京.
佐々木茂・石川和男・石原慎士. 2014. 地域マーケティングの核心——地域ブランドの
　　構築と支持される地域づくり. 同友館, 東京.
豊岡市. 2017. コウノトリ情報. http://www.city.toyooka.lg.jp/www/contents/1247133496338/
　　（2017.03.29）
Auld, G. 2014. Constructing Private Governance: The Rise and Evolution of Forest, Cof-
　　fee, and Fisheries Certification. Yale University Press, New Haven.
Cashore, B., G. Auld and D. Newsom. 2004. Governing through Markets: Forest Certifi-
　　cation and the Emergence of Non-state Authority. Yale University Press, New Ha-
　　ven.
Dietsch, T.V. and M.P. Stacy. 2008. Linking consumers to sustainability: incorporating
　　science into eco-friendly certification. Globalizations, 5 (2): 247–258.
FAO. 2009. Guidelines for the Ecolabelling of Fish and Fishery Products from Marine
　　Capture Fisheries. Revision 1. Food and Agriculture Organization of the United Na-
　　tions, Rome.
ISEAL. 2014. The ISEAL Code of Good Practice for Setting Social and Environmental
　　Standards. ISEAL Alliance, London.
Guthman, J. 2004. The 'organic commodity' and other anomalies in the politics of con-
　　sumption. In (Hughes, A. and S. Reimer, eds.) Geographies of Commodity Chains.
　　pp. 233–249. Routledge, London, New York.

Kotler, P. 1993. Marketing Places: Attracting Investment, Industry, and Tourism to Cities, States, and Nations. The Free Press, New York.

Murphy, D. and J. Bendell. 1999. Partners in Time? Business, NGOs and Sustainable Development. UNRISO Discussion Paper No.109, UNRISO.

Nhuong, T.V., C. Bailey and N.Wilson. 2011. Governance of global value chains impacts shrimp producers in Vietnam. Portsmouth, USA: Global Aquaculture Advocate: Global Aquaculture Alliance, November/December.

Omoto, R. and S. Scott. 2016. Multifunctionality and agrarian transition in alternative agro-food production in the global South: the case of organic shrimp certification in the Mekong Delta, Vietnam. Asia Pacific Viewpoint, 57 (1): 121–137.

Thi, N.D.A. 2007. Shrimp Farming in Vietnam: Current Situation, Environmental-Economic-Social Impact and the Need for Sustainable Shrimp Aquaculture. 7th AsiaPacific Roundtable for Sustainable Consumption and Production, Hanoi.

13 地域に生かす国際的な仕組み
——ユネスコ MAB 計画

酒井暁子，松田裕之

　ユネスコ MAB 計画による生物圏保存地域というグローバルな仕組みが，日本の地域社会に受け入れられた経緯とその理由，課題，そして今後の方向性について検討する．国際制度を活用するためには，制度のトランスレーションによってさまざまな集合的アクションが励起されるプロセスが必要で，生物圏保存地域の場合には，国レベルでは自治体が主体になるという制度翻訳，地域レベルではレジデント型研究者の役割がとりわけ重要だった．今後，MAB の世界理念を実現するための社会的学習のプラットフォームとして発展するためには，どのような地域を登録し，どのような運用が求められるのかを具体的事例にもとづいて論ずる．

13.1　制度の概要とこの章の目的

　生物圏保存地域（Biosphere Reserve; BR，国内通称：ユネスコエコパーク）は，ユネスコの政府間学術プログラム「人間と生物圏（Man and the Biosphere; MAB）」計画において，その MAB 国際調整理事会が当該国からの推薦を受けて審査，認定する．生物圏保存地域は自然と共生する持続可能な社会を世界で実現するためのモデル地域である（酒井・松田，2016）．1976 年に登録が始まり，2017 年 9 月現在，120 カ国・669 地域が登録され，日本には 9 地域があり，さらに複数の地域で申請の準備が進められている．各国の法制度によって保護が担保されている学術上重要な自然を「核心地域」，そのまわりを囲む「緩衝地域」，そして人々が生活する「移行地域」が設定される（図 13.1）．日本では国立・国定公園（環境省）の特別保護地区や森林生態系保護地域（林野庁）の保存地区を核心地域として，それ以外の保護が優先される公有地を緩衝地域，農地や市街地など民有地が多いエリアを移行地域とするのがおおむねのパターンである．空間的な規模は，市町村単体もあれば県をまたいで 10 以上の市町

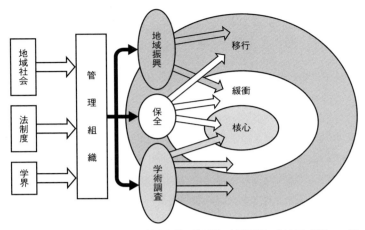

図13.1 ユネスコエコパークの管理組織，諸活動と地域区分の概念図（崔清一，私信より改変）．

村に広がる場合もある．文部科学省に事務局を置くユネスコ国内委員会とそのMAB計画分科会（以下，MAB分科会）が国内活動，国際対応を統括する．自然保護だけでなく，自然環境保全型の産業の振興や環境教育などを通じた地域社会の発展を促し，住民らが地域の自然を自らの社会・文化的資本として守る意識を育むこと，また地域や世界的課題を解決するための学術研究に資する場として期待されている．

この章では，この国際制度が地域に受け入れられたプロセスと理由，課題，そして今後の方向性について論ずる．主要アクターとしては以下があげられる．意思決定機関であるMAB分科会とそれを所轄する文部科学省，国内自然保護区を管轄する環境省と林野庁，生物圏保存地域の管理運営主体として急速に存在感を増した地方自治体の担当部署，MAB計画が学術プログラムであることから黎明期より科学者とりわけ生態学者の関与が深く，加えて社会科学者などの研究者で組織する日本MAB計画委員会（以下，計画委員会），生物圏保存地域事務局の情報交換の場である日本ユネスコエコパークネットワーク（詳細後述），地域の課題に向き合うなかで生物圏保存地域の導入に貢献したレジデント型研究者，そして真の主役としての市民である．

13.2 国際制度の順応的変容と日本での経緯
——地域のための生物圏保存地域

　日本の生物圏保存地域は1980年に4カ所が登録されたが（表13.1），それ以後の約30年間，地元自治体の職員や地域住民からほとんど忘れ去られていた．1970年代当時は開発に対抗する自然保護制度としての機能，そして登録地の自然の価値に関する基礎研究の蓄積が必要であった．エリア区分は核心地域と緩衝地域のみで移行地域はなかった．そのため日本でも，環境庁（当時）が中心となって候補地が選定され，関係自治体には，義務は発生しないのでとくになにもしなくてよいと説明された（岡野，2012）．生物圏保存地域の連絡窓口は環境庁の国立公園事務所が担当した．一方，MAB計画にかかわる国内研究者も，開発圧力にさらされ状況がより深刻な東南アジアの沿岸地域の研究などに集中した．国内での活用は，生物相の調査や，志賀高原で環境調査の国際研修が行われた程度であった．

　MAB計画には広範な課題がある．しかし1995年のセビリア戦略において，今後はMAB計画としては，独自性の高い取り組みである生物圏保存地域を中

表 13.1　ユネスコ MAB 計画に関する内外でのおもなできごと.

年	できごと
1971	ユネスコ MAB 計画発足，日本が MAB 国際調整理事会（ICC）理事国に（2005 年まで）
1976	生物圏保存地域（BR）登録開始
1980	志賀高原，白山，大台ヶ原・大峰山，屋久島の 4 地域が新規登録
1987	Japan InfoMAB 第 1 号発行，この前年ごろから日本 MAB 計画委員会が活動開始
1995	第 2 回世界生物圏保存地域会議（セビリア）「セビリア戦略と世界生物圏保存地域ネットワーク定款」
1996	鹿児島市と屋久島で東アジア生物圏保存地域ネットワーク（EABRN）会議開催
1999	国内委員会編「日本のユネスコ／MAB 生物圏保存地域カタログ」発行（2007 年第 2 版）
2008	第 3 回世界生物圏保存地域会議（マドリッド），マドリッド行動計画（2008–2013）
2010	生物多様性条約第 10 回締約国会議（名古屋）で持続発展教育と MAB に関する副行事開催
2011	ユネスコ総会で日本が MAB-ICC の理事国に復帰
2012	環境大臣が生物圏保存地域，世界ジオパークと国立公園との連携を強化すると発言
2012	綾生物圏保存地域新規登録（日本で 5 番目，32 年ぶり）
2013	第 1 回日本ユネスコエコパークネットワーク（JBRN）会合を只見で開催
2014	南アルプス，只見が新規登録，志賀高原が拡張登録
2015	第 14 回 EABRN 会議と第 3 回 JBRN 会議開催（志賀高原）．JBRN 規約改定，改組
2016	第 4 回世界生物圏保存地域会議（リマ）に日本人 13 名参加．リマ行動計画
2016	白山が拡張登録，大台ヶ原・大峯山・大杉谷，屋久島・口永良部島が拡張改名登録
2017	祖母・傾・大崩，みなかみが新規登録

心とした課題に集中する方針が示された（UNESCO, 1996）．同時に生物圏保存地域の役割についても，移行地域の設定とそれを生かした管理計画の策定が義務づけられるにともない，自然保護との調和を図りながら持続可能社会を実現するためのモデル地域となることが強調されるようになった．これは，セビリア戦略によれば，生物多様性条約が生物多様性の保全，生物資源の持続可能な利用，遺伝資源の利用から生ずる利益の公正かつ衡平な配分の三原則を策定したことを受けた動きである．

　日本はこの大転換の動きを早い段階から知り，1987年には，人々が農業などの生業を行う，移行地域に相当するエリアをすでに含めていたヨーロッパの生物圏保存地域の視察によって，そのあるべき姿について洞察した人もいた（岡田，1988）．しかし，なかなか舵が切れなかった．そして2008年からのマドリッド行動計画（UNESCO, 2008）と2013年の国際調整理事会において，移行地域のない既存生物圏保存地域は，2015年までにこれを新設した拡張申請を行わなければ撤退勧告が示される可能性が生じるに至った（UNESCO, 2014）．

　2010年前後に宮崎県綾地域で新規登録を目指す活動が始まり（朱宮ほか，2013），これが日本のターニングポイントになった．綾の動きを追いかけるかたちで，ユネスコ国内委員会では，市民が親しめる通称としてユネスコエコパークの名が2010年1月に採用され，2011年には国内審査基準が整えられ，自治体を中心とした組織体制をつくることが要件となった．国内推薦に至る手続きも試行錯誤しつつ整えられた．日本では地方自治体が地域社会のマネージャーとして機能している．逆にいうと，自治体が主体的に取り組まないと生物圏保存地域が機能することはむずかしい．自治体は議会と住民に対して申請理由を説明する必要があり，地域振興の側面が強調されるようになった．このように，生物圏保存地域の体制，機能，手続きが再構築されたことで，日本MABは復活を果たした．その引き金を引いた綾町は，自然保護と地域振興を結び付けた長年の取り組みによって成功した地域として，かねてより研究対象や施策の参考とされている（朱宮ほか，2016）．

　綾が2012年に日本の32年ぶりの登録地となり，2014年に只見，南アルプス，2017年に祖母・傾・大崩，みなかみが新規登録を果たした．既存4地域の移行地域設定を含む拡張申請についても，2014年と2016年にすべて承認された（表13.1）．いまだ移行地域の設定を果たせない古い登録地が世界には多く，

日本の変容ぶりが驚かれている.

　登録・拡張申請書の様式は質問形式になっており，その地域の自然環境の保護区としての学術的価値や地域区分プランの説明に加え，登録の目的，文化，歴史，MAB 計画の理念に合致した住民や行政の取り組み，組織体制，管理運営計画などの記述，および関係者の署名が求められる（UNESCO, 2013）．まずは申請書を仕上げるためにも，自治体は多様なステークホルダーを集めて協議会を設立し，議論と合意形成を行う必要がある．そして自治体職員自らも資料収集やコンセプトや文章の作成，住民への説明や各方面との調整を行う．その過程はすでに生物圏保存地域としての活動といえる.

　MAB 計画ではネットワーク活動の重要性が古くから繰り返し指摘されており，各生物圏保存地域は承認と同時に世界生物圏保存地域ネットワークに登録される．東アジア生物圏保存地域ネットワーク（EABRN）など地域レベルのものがあるが，これは国単位の加盟である．日本の国内ネットワークは，計画委員会の提案でメーリングリストとして立ち上げ，広く関係者を含めた．2013 年には当時登録申請中の只見から，会場提供と参加費支援の申し出とともに会議開催の提案があり，第 1 回ネットワーク会議が開催された．各地域の担当者に加え，国内委員会事務局，計画委員会，関係省庁といった日本 MAB の主要関係者が初めて一堂に会した.

　2015 年には志賀高原で EABRN 会議とともに国内ネットワーク会議が開催され，登録地単位で会員資格をもつ日本ユネスコエコパークネットワーク（JBRN）が発足した．白山市は日本ジオパークネットワーク（JGN）の地域事務局も司り，その経験が JBRN にも生きている．たとえば，JBRN は JGN にならって会費制で運営されているが，これは MAB 計画では国際的に異色である．会費をとることで自治体の活動に位置づけられ，求心力につながっている．白山は国連大学サステイナビリティ高等研究所いしかわ・かなざわオペレーティングユニット（UNU-IAS-OUIK）と連携し，国際会議での講演など国際交流も熱心に行い，日本の取り組みを世界に紹介している（飯田・中村，2016）.

13.3　鍵は制度のトランスレーション

　生物圏保存地域に移行地域を設定する趣旨は，その地域に暮らす人々が持続

可能社会の当事者意識を育むことであろう．しかし現実問題として，そのための管理運営組織については，MABが定める登録基準において「管理組織は，生物圏保存地域の設計と機能を担う適当な範囲の公的機関，地域共同体や関心ある個人が参加して運営されるべきである」（生物圏保存地域世界ネットワーク定款第4条第6項；UNESCO, 1996）とのみ定められていて，だれが活動母体を組織し，対外的な窓口になるのかが不明である．国の見解が未定のうちに，綾では申請の段階で，日本の既存の生物圏保存地域とは異なり，移行地域の行政を司る綾町役場が主体となることになった．国ごとの実情の変化に合わせて管理主体は変わりうる．それは国内委員会の決定でなく，綾生物圏保存地域の申請過程で綾から先行事例がつくられた．

　上述したように日本では，まず綾地域において，MAB計画が想定するような多様な関係者の協議の場があり，そこで町が主体となる決定が行われ，それを追認するかたちで制度が整えられた．このようにボトムアップ的なプロセスを経たことの意義はたいへん大きい．

　自然環境を適正に維持するための方法は，トップダウン方式とボトムアップ方式に整理できる．トップダウン方式は統一的な行動をとりやすく，うまく機能すれば強力である．その典型例は世界自然遺産である．世界遺産条約を批准した各国政府は国際審査基準にしたがって候補地を選定し，推薦地を決める．日本では環境省が科学的な根拠によって推薦地を決め，国際的審査を経て登録される．しかし，この方式では地域社会が主体性を発揮しにくい．一方，ボトムアップ方式で成功している自然保護活動は，国内でも草の根市民活動として数多くみられる．

　現在のMAB計画はそれ自身がユネスコのトップダウン活動でありながら，地域アクターの参加というボトムアップ方式を求めている．1980年に登録した4地域も，地方自治体が主体となるルールが国内で確立したことによって，地域にとっての価値が認識され，拡張申請を決めた．次いで登録地間の自主的協議によって国内ネットワークが整備された．2008年の世界生物圏保存地域会議には，日本からは1人も参加しなかったが，2013年のリマでの世界生物圏保存地域会議では，JICAや国連大学の関係者を含め13名が参加した．「冬眠」していた日本が急に活発になったこと自体が世界の関心をひき，ある生物圏保存地域事務局担当者が旅費付きで外国から招待されるなど，今では世界ネットワー

クのなかでの存在感と発信力を増している.

　他方で，国際調整理事会での決定をふまえて国内委員会が統括，審査を行い，また関係省庁の意向が強く影響する体制は維持されている．つまり上からの流れと下からの流れが歴史的にも現在でも入り混じっている．さらに横や斜め方向，たとえば省庁間，省庁と登録地間，国内委員会，登録地，計画委員会といったセクター間の意見交換も重要である．当初は消極的だった関係省庁も，積極的に生物圏保存地域との連携を考えるようになった．日本では，このように重層的トランスレーションが2010年代前半に一挙に巻き起こり（表13.1参照），その結果，突然のように世界の一線に復帰したのである．

　地方自治体は，生物圏保存地域の理念を実践するうえで必要な，人々の直接的な対話によるさまざまな合意形成を行い，自然環境・資源の保全とそれをベースにした経済振興に取り組むのに，比較的適当な空間スケールをもつ．ジオパークやラムサール条約登録湿地の管理運営主体も自治体である．このように地方自治体が自然環境保全の担い手となる傾向は，国の政策や人々の意識を背景にして2000年代以降に顕在化した（白井，2015）．それは日本の地方分権の動きとも関係している．各自治体は，その地域の状況や住民ニーズを分析し，将来像を明確にし，それを実現する施策を立て，それらを住民や国に説明する．

　国民の多くは，自然とのふれあいの機会を増やしたいと考えている（内閣府，2006）．それは自然保護だけでなく，観光や移住，ふるさと納税といったかたちですぐれた自然環境を有する地域に実利をもたらす．国土の8割を占める中山間地や奥山の集落を抱える多くの日本の自治体にとって，低成長経済の時代にもはや大規模開発も望めないなか，残された豊かな自然環境は有望な資産である．国際制度の導入はその資産価値を高めるだろう．只見の登録経緯には，その典型例をみることができる（鈴木ほか，2016）．

　以上のように，① 自然環境保全の担い手として，② また協働的社会運営の枠組みとして地方自治体が期待され，あるいは実際にその機能が高まっている．このことが，地方自治体が生物圏保存地域の管理運営主体となった社会的背景にあるだろう．いいかえれば，日本の生物圏保存地域の審査基準で自治体主導を求めていることは，このような日本の地方分権の流れと合致している．

13.4　さらなる制度の進化に向けて

　地方自治体が主体となる制度を確立したこと，すべての古い登録地が移行地域を含める拡張登録を果たしたこと，登録地による国内ネットワークがつくられたこと，さらに後述するモデル性のきわめて高い登録地の存在によって，日本 MAB は世界でも注目される存在になった．ここまではおおむね成功しているといえる．しかし，以下のように大きな課題を抱えているのも事実である．

　日本では，自治体が生物圏保存地域に申請しやすい環境が整っている．研究者の密度が高く自然環境の学術的記述が比較的容易であり，歴史や文化の独自性や継承の努力を記述する材料にも恵まれている．そのため国立公園など法的に担保された自然保護区が存在する地域であれば，どこでも生物圏保存地域に登録できるかもしれない．しかし書類上は審査基準を満たしても，実際の活動がともなわないことがありうる．現に生物圏保存地域の意思決定組織である協議会の開催実績がほとんどない事例もみられる．実態をともなわない登録地の存在は，制度全体の価値を下げ，ほかの登録地にも悪影響をおよぼす．したがって，新規登録地の推薦について，現状の国内審査基準だけでなく，より慎重で戦略的な検討が必要である．

　生物圏保存地域は MAB 計画の実践フィールドであって，ユネスコないし国が登録地を経済的に支援する制度ではない．究極的には世界全体の持続可能性を高めるための，その方策を検討するためのモデルとなる地域である．その観点から地域を選ぶことが重要である．

　綾は世界的にみてもモデル性がきわめて高い登録地である．核心地域の照葉樹林は西日本から中国にかけての気候的極相林であるが，開発が進み，日本では発達した森林は本来の 3% しか残存しない（大澤，2008）．綾にはその最大規模の森林が存在し，その学術的価値はきわめて高い（朱宮ほか，2013）．しかし，かつての町の基幹産業は林業であり，原生林の伐採が進んでいた．約 50 年前，環境破壊をともなう非持続的な資源利用に依存した経済に危機感をもった当時の町長が，「照葉樹林文化論」（中尾，1966）にその保全意義をみいだし，原生林の伐採停止を決断した（郷田，1998）．その代わりに有機栽培農業の導入や照葉樹林の観光資源化に取り組むなどして，産業の構造転換を成し遂げた．それを可能としたのは町長のリーダーシップと，役場職員の献身的努力と，「自

第 13 章　地域に生かす国際的な仕組み　253

治公民館活動」による直接民主主義的な町民の社会参画のシステム，および地
域外からのさまざまなかたちでの支援である（朱宮ほか，2013，2016）．

　今では，中山間地域にあって人口を維持している日本では希少な自治体であ
る．全国の自治体さらには海外からも年間 100 件程度の視察があり，また町が
制定した有機栽培農業の認証制度は JIS 規格の参照とされるなど，全国の施策
にも影響をおよぼしている．つまり綾では，自然環境の価値そのものだけでな
く，それを生かすさまざまな取り組みが直接・間接的に地域経済を支えており，
持続可能な発展のモデルとしてほかの地域に参照されている．これは「ユネス
コ MAB 計画及び世界生物圏保存地域ネットワークのためのリマ行動計画
（2016–2026）」（UNESCO, 2016）が目指す生物圏保存地域の理想像そのもので
ある．それは綾が生物圏保存地域になってから実現したのではなく，すでにそ
れを実現していた綾町が世界のモデルとして登録されたのである．綾には計画
委員会から申請をもちかけた（朱宮ほか，2013）．今後もこのようなモデル地域
を発掘して声をかけることが重要であろう．

　MAB 計画は学術プログラムである．世界の持続可能性を高めるために，生
物圏保存地域では，環境保全や地域振興に関する実践的活動のみならず，学術
的な研究を自ら進め，研究の場や機会を提供することで研究拠点として機能す
ることが求められている．登録と維持の要件としても，地域の自然環境，とり
わけ核心地域の学術的重要性の説明とモニタリングを行う必要がある．役所で
対応できない専門的なことをコンサルタント業者に委託する発想は安直にすぎ
る．自治体が研究者を雇用する，地域内外に人材を求めて科学委員会を組織す
る，博物館や研究センターを設置して学術拠点を形成する，助成金制度を設け
て地域内での研究活動を支援する，地元の大学と連携協定を結んだり，研究室
のサテライトオフィスを誘致したりするなどが考えられ，これらはすでに実例
がある．

　綾はこれらの点でも充実しているが，只見にもさまざまな取り組みがある（鈴
木ほか，2016）．只見は，綾と同様，原生林（ブナ林）の伐採反対運動が地域振
興の方針転換を図る契機となった．綾と異なり新たな産業の振興はいまだかな
わず過疎化が進行しているが，ブナ林を中心とした豊かな生態系を拠りどころ
として地域づくりを行うことを宣言している．綾町は「国際照葉樹林サミット」，
只見町は「ブナ林世界サミット」を主催して，国内外の研究者を招いてシンポ

ジウムを開催した経緯がある．その後只見町では，町の行政機構のなかに環境政策を統括する「只見町ブナセンター」を設置し，研究教育・博物館機能をもつミュージアムを併設した．研究者を招聘し，学術調査・研究，教育研修を推進し，その拠点化を図っている．研究成果を掲載するブナセンター紀要を毎年刊行している．

　2016年にはブナセンターが起草した「只見町の野生動植物を保護する条例」が公布された．特定の動植物だけではなく地域の野生生物を包括的に扱う条例は，基礎自治体ではきわめてめずらしい．最近では，希少生物が生息する湖沼地帯での新規の歩道整備をとりやめ，代わりに隣接する森林生態系保護地域への編入とその後の保全と利用のあり方を検討する総合学術調査を進めている．生物圏保存地域への登録は，このような以前からの町の方向性を強化した．

　そうした研究や保全活動も，自治体の財源を用いて行われる以上，地域社会への貢献が求められる．只見町ブナセンターには町行政の幹部クラスも所属しており，町長との距離も近い．研究者が町行政全般に影響力をもち，地域社会に貢献する立場にある．野生生物の保護条例も，大量に商用昆虫を捕獲する地域外業者などへの対策として，町議会も歓迎した．一方，町の研究助成金を受けた者は，町民向け公開報告会で成果発表を行う義務を負う．地元の自然環境や文化への町民の関心は高い．また只見町ブナセンターでは，只見生物圏保存地域の活動を推進する中核的な組織として，自然環境の研究と保全活動だけではなく，普及啓発，教育活動，文化や伝統技術の継承のための資料収集や活動支援，地域産品の商品化など，生物圏保存地域として価値を高めるためのさまざまな取り組みを企画から実践まで一括して行っている．対象となる学問分野は自然科学から民俗学まで多様である．大学の研究や実習，社会人研修など目的をもった来町者を期待し，受け入れ体制を整えようとしている．やがてそれらが地域のブランド価値を高め，雇用を生み，ＵターンやＩターンによる町民人口の増加と交流人口の拡大につながることが，只見では期待されている．

　生物圏保存地域で求められているのは，地域住民やあらゆる関係組織が連携し，よく話し合ったり学び合ったりしながら，協力して地域のさまざまな課題に立ち向かうことである．日本の生物圏保存地域では，窓口を国立公園事務所から自治体に変えることで，この流れが一気に加速した．この変容ぶりが，ボトムアップの重要性を証明したといえる．具体的には，自治体が事務局となっ

て協議会を組織・運営する．産官民学による協議会の構成を考えて参加の合意をとりつけるのは役所ならではの仕事である．生物圏保存地域は世界遺産などとは異なり，登録そのものの効果は小さく，地道な取り組みを通じてその価値を高める必要がある．また日本では国の生物圏保存地域への直接的な財政支援は行われていない．そして，登録の間接的な恩恵が保証されているものでもない．そうしたなか，市町村の役所が生物圏保存地域の運営主体である事務局を担うことは，MAB 計画の実効性を高めるうえで高い可能性をもつ．行政組織は取り組み（事業）と予算化と人員配置あるいは担当部署の設定がセットになっており，予算化されれば，少なくともある期間は事業の継続が保証されるからである．

しかし，住民にとって市町村職員は権力をもった為政者であり，役所の取り組みは住民の取り組みとはいえない．MAB 理念の実践において住民自らが主体的に取り組みを進めるために，中央政府よりも自治体のほうが，よりきめ細かく身近に寄り添って支援できる立場にあるだろう．しかし，それは行政組織としての施策であり，住民の自主的活動とはおのずと異なる．地域住民の創意と工夫，そして行政との共同なくしては，この制度は形骸化してしまうだろう．

地域に対して責任感をもち，地域に在住してさまざまな課題の解決に包括的にあたる「レジデント型研究者」（序章参照）の存在はきわめて重要である．前述した綾や只見が成功した大きな理由の 1 つがそこにある．只見や綾はレジデント型研究者が橋渡しをすることによって，外部からの訪問型研究者をじょうずに利用することで前に進んでいる．さまざまな分野の研究者による支援委員会や課題別のワーキンググループを組織，あるいは大学との連携を進め，知識やアイデア，労力をその地域のために振り向けさせる機会を創っている．われわれ訪問型研究者は，地域の事情を知らずに誤解や的外れの発言をしてしまうことがある．地域を熟知するレジデント型研究者が場を取り仕切ってこそ，自由にアイデアを出し合うことができる．訪問型研究者に対しては，地域のコーディネーターも研究者であるほうが具合がよい．地域のある課題について，さまざまな分野の研究者が顔をつきあわせ，行政の当事者の意見も聞きながら議論を行うのは，訪問型研究者にとっても貴重な経験である．外部の研究者を生かすためにも，各登録地がすぐれたレジデント型研究者を確保することがきわめて重要である．

レジデント型研究者にとって，特定の専門知識そのものが役に立つ場面は限られており，専門以外のことも論じ，外部の研究者集団を組織して統括する必要がある．つまり専門知識以上に見識の広さとトランスレーターとしての対話能力が求められる．ポスドクを雇えばすむという話ではない．専門用語を並べて煙に巻くようなタイプや研究者仲間から信頼されないような人も困る．ほかの地域でも，綾や只見のようにすぐれた研究者を抱えられるかどうかが，生物圏保存地域の制度普及のネックになるかもしれない．

生物圏保存地域は地域が主体になるという意味で地域のための制度といえる．MAB計画は登録地のためにある制度ではない．世界全体で持続可能な社会を築くために，MAB計画は「持続可能性科学」のプラットフォームを目指している．生物圏保存地域登録地はそのための実践フィールドである．それぞれの登録地ではその地域の発展のために最善の行動を選択すべきである．しかし，それが世界モデルとして機能するためには，制度全体を包含する視点が必要である．

日本のもう1つの特殊性として，国内委員会MAB分科会のほかに科学者が自主的に形成して維持してきた「日本MAB計画委員会」の存在がある．MAB分科会も委員は科学者であるが，これは全体の意思決定を担う組織なので，学術活動を維持するために1986年ごろに当時のMAB分科会座長が諮問機関として組織したのが計画委員会である．当初は関連する海外研究プロジェクトを遂行するために組織され，登録地の定期報告（村上ほか，2007）も作成した．その後，筆者らが委員長と副委員長の立場で参画して以降，日本でのMAB計画の再興のために，国内委員会事務局への提案や，シンポジウムの開催および地域支援がおもな活動内容となった．委員の構成も，かつては自然科学系の基礎科学者が占めていたが，各地域で活動の中心となる人や制度政策の専門家を意識的に加えるようになった．制度の再設計が進んだ今，この制度を学術面から支えるという理念を再確認し，組織強化を行いたい．なお，世界では国内委員会が地域支援も行う国が多いようである．ほかの類似制度にもそれに近いかたちがみられる．しかし，審査を含む意思決定のための組織と，地域支援や学術的意見を述べる組織を分けることは重要であろう．国内委員会以外に学術支援組織があることは，日本MABの長所といえる．

第 13 章　地域に生かす国際的な仕組み　257

［引用文献］

郷田実．1998．結いの心――綾の町づくりはなぜ成功したか．ビジネス社，東京．

飯田義彦・中村真介（編）．2016．白山ユネスコエコパーク――ひとと自然が紡ぐ地域の未来へ．UNU-IAS OUIK，石川．

村上雄秀・鈴木伸一・林寿則・矢ヶ崎朋樹．2007．日本のユネスコ／MAB 生物圏保存地域カタログ ver. II．生物圏保存地域カタログ編集委員会，東京．

内閣府．2006．自然の保護と利用に関する世論調査（平成 18 年 6 月調査）．内閣府，東京．

中尾佐助．1966．栽培植物と農耕の起源．岩波書店，東京．

大澤雅彦．2008．日本の保護地域のグローバルな位置づけと今後の課題．（日本自然保護協会，編：生態学からみた自然保護地域とその多様性保全）pp. 236–242．講談社，東京．

岡田光正．1988．人間によって作られた生物圏とその保存――ヨーロッパの MAB と生物圏保存地域．Japan InfoMAB, 2: 5–6.

岡野隆宏．2012．我が国の生物多様性保全の取組と生物圏保存地域，日本生態学会誌，62: 375–385.

酒井暁子・松田裕之．2016．特集「持続可能社会を実現するための実効性のある制度としてのユネスコエコパークの可能性」趣旨説明．日本生態学会誌，66: 119–120.

朱宮丈晴・小此木宏明・河野耕三・石田達也・相馬美佐子．2013．照葉樹林生態系を地域とともに守る――宮崎県綾町での取り組みから．保全生態学研究，18: 225–238.

朱宮丈晴・河野円樹・河野耕三・石田達也・下村ゆかり・相馬美佐子・小此木宏明・道家哲平．2016．ユネスコエコパーク登録後の宮崎県綾町の動向――世界が注目するモデル地域．日本生態学会誌，66: 121–134.

白井信雄．2015．地方自治体の環境政策．（鷲田豊明・青柳みどり，編：環境を担う人と組織）pp. 137–158．岩波書店，東京．

鈴木和次郎・中野陽介・酒井暁子．2016．只見ユネスコエコパークが目指すもの――過疎・高齢化に直面する山間地域における自然環境と資源を活用した地域振興．日本生態学会誌，66: 135–146.

UNESCO. 1996. Biosphere Reserves: The Seville Strategy and the Statutory Framework of the World Network. UNESCO, Paris.

UNESCO. 2008. Madrid Action Plan for Biosphere Reserves (2008–2013). http://unesdoc.unesco.org/images/0016/001633/163301e.pdf (2017.09.24)

UNESCO. 2013. Man and the Biosphere (MAB) Programme, Biosphere Reserve Nomination Form, January 2013. http://www.unesco.org/new/en/natural-sciences/environment/ecological-sciences/biosphere-reserves/designation-process/ (2017.09.24)

UNESCO. 2014. International Coordinating Council of the Man and the Biosphere (MAB) Programme, Twenty-Sixth Session, Item 11 of the Provisional Agenda: Update on the Exit Strategy. http://www.unesco.org/new/fileadmin/MULTIMEDIA/HQ/SC/pdf/SC-14-CONF-226–9_exit_strategy_en_01.pdf (2017.09.24)

UNESCO. 2016. Lima Action Plan for UNESCO's Man and the Biosphere (MAB) Programme and its World Network of Biosphere Reserves (2016–2025). http://www.unesco.org/new/en/natural-sciences/environment/ecological-sciences/4th-world-congress/ (2017.09.24)

14 地域が動かす沿岸資源管理
——海洋保護区ネットワーク

鹿熊信一郎，ジョキム・キトレレイ

　熱帯亜熱帯では，多くの人が沿海に暮らし生活の糧を沿岸水産資源に頼っている．しかし，その資源は乱獲により悪化しており，これを支えるサンゴ礁・マングローブ生態系も脅かされている．最近，効果的な生態系保全と水産資源管理の方法として，海洋保護区（Marine Protected Area; MPA）が注目されている．本章では，地域主体の海洋保護区の取り組みが，双方向トランスレーターによって活性化されるとともに，より広い枠組みに発展する過程を沖縄とフィジーの事例で紹介する．

　漁業協同組合が中心となり設定した沖縄の5種類の海洋保護区では，県の水産普及員や研究員が双方向トランスレーターとして効果的な管理に役立っている．フィジーでは，地域の活動が国際的な枠組みに組み込まれ，ネットワーク型の海洋保護区システムが急速に広まっている．ここでも，多様な双方向トランスレーターが沿岸資源の管理に活躍している．

14.1　海洋保護区ネットワーク

　2010年に愛知で開かれた生物多様性条約第10回締約国会議（COP10）では，各国は周辺海域の少なくとも10%を海洋保護区に設定するという愛知目標11が示された．それ以前からも，海洋保護区の面積増加やネットワーク構築の国際目標が提示されてきた．

　このような国際目標に出てくる海洋保護区ネットワークには2つの意味がある．1つは，物理的・生態的なつながりを意味する生態ネットワークで，もう1つは，人・組織・情報のつながりを意味する社会ネットワークである．大規模な海洋保護区の生態ネットワークはまれであるが，社会ネットワークに関しては国際的なネットワークが形成されつつある．この章で取り上げるネットワークは社会ネットワークである．

14.2 双方向トランスレーターとしての水産普及員

　本章では，双方向トランスレーターとしての水産業普及指導員（以後，水産普及員）の役割にも注目する．水産普及員は，各都道府県に国家資格をもって配置される職員で，漁村に入って漁業者に漁業・増養殖・資源管理・流通などの技術を普及指導することをおもな役割とする．近年は，技術よりも情報・知識を伝える役割がより重要になってきている．

　研究機関や行政のもつ情報を，わかりやすく整理して漁業者へ伝えることが水産普及員の行う一方のトランスレーション（翻訳）である．逆の方向は，漁業者の知識・経験を科学や行政の言葉に翻訳して，科学や行政の世界に紹介することである．

　水産普及員の行う後者の方向の翻訳には，ほかにもあるのではないかと考えている．漁業者の必要とする情報を科学の世界の枠組みに翻訳し，科学者に伝えることである．漁業者は，容易には答えが得られない調査研究，現在取り組む余裕のない調査研究，達成困難な技術の開発を望むことがある．たとえば，今沖縄を含むアジア太平洋で資源が急減しているナマコの放流技術などである．このため，漁業者の要望をそのまま科学者に伝えるのではなく，内容は少し異なっても，結果としてその要望に応えられる可能性が高いものに翻訳して伝えるのである．ナマコの例であれば，稚ナマコを生産して放流しても生き残って親まで成長する確率はとても小さいので，代わりに資源管理技術にすることが考えられる．このため水産普及員は，今実施されている調査研究の内容と期待される成果，今後の計画をある程度理解していなければならない．

　また水産科学者は，本人の科学的関心から課題を設定し，漁村の問題解決に直接役立ちにくい調査研究を行うことがある．このため水産普及員は，科学者が調査研究内容の詳細を確定する前に，漁業者の要望のなかから，その調査研究の枠組みに沿ったものを選択して科学者に伝え，科学者の選択肢に問題解決の視点からみた優先順位を加えることも必要である．

14.3 沖縄の地域主体の海洋保護区

(1) 沖縄の多様な海洋保護区

　沖縄には多様な海洋保護区がある．法的に定められた代表的な海洋保護区には，海域公園（自然公園法）と保護水面（水産資源保護法）がある．海域公園では，漁業資源となる水産動植物は規制の対象になっていないことが多く，水産資源の保護はむずかしい．保護水面は，保護区が成功するための重要な要件である効果的な監視がむずかしい．国や県が主導して設定した経緯があるため，監視・取締は国や県の責任であり，地域の漁業者などが積極的に監視を行うことは少ない．また，海域公園・保護水面ともに規則に柔軟性がなく，順応的管理をやりにくい欠点がある．これに対し，漁業者が自主的に決めた海洋保護区（禁漁区）は，漁業者が自分たちで監視を行い，規則も柔軟である．ただし，自主規制のため法的裏づけは弱く，遊漁者・ダイバーなどには規則を守るよう協力を求めることになる（鹿熊，2011）．

(2) 恩納村の定着性資源海洋保護区

　沖縄本島北部の恩納村漁業協同組合（以後，恩納村漁協）は，1988年にシャコガイやタカセガイなどの定着性資源（魚のように大きく移動しないで海底に定着している資源）の海洋保護区計画を含む恩納村地域営漁計画を策定した．筆者は当時，沖縄県の水産普及員として恩納村漁協の計画づくりを支援した．漁協の参事が作成した計画案に水産試験場の調査報告などの科学的情報を加えて構成しなおし，漁業者の話し合いの場でこれを説明した（鹿熊，2007）．

　恩納村漁協の海洋保護区による資源管理は，優良事例として県内各地に紹介されたが，同じように海洋保護区を設定した漁協は少なかった．その理由の1つは，恩納村の漁業者は収入の多くを海藻のモズク養殖から得ており，定着性資源への依存度が低かったことがあげられる．資源管理の代替収入源があったことになるが，ほかの漁協はそうではなかった．資源管理では代替収入源対策が重要である．なぜなら，資源管理の初期には，資源が増えるまで漁獲をある程度がまんしなければならないことが多く，生計を支える代替収入がなければ資源管理を持続できないためである（鹿熊，2006a）．

(3) 座間味村のダイビング海洋保護区

　沖縄本島の西に位置する座間味村では，豊かなサンゴ礁生態系を基盤とする観光が村の主幹産業になっている．ところが1990年代の後半，あまりに多いダイビング客の過剰な利用が問題になった．人気の高いポイントでは1日に数百人ものダイバーが利用することもあり，フィンキックや砂の巻き上げなどがサンゴにダメージを与えていた．このため，座間味村のダイビング事業者は，優良なポイントのいくつかを閉め休ませることにした．当時，座間味村にはダイビング協会がなかったため，組合員の多くがダイビング事業を営む漁協が主体となり，3地区で3年間をめどに漁業もダイビングも自粛する地域主体の海洋保護区を設定した（鹿熊，2007）．このうち1地区では，海洋保護区設定後のサンゴ被度（海底面で生きているサンゴの割合）は，1999–2001年に平均約30%から50%近くまで回復した．これは海洋保護区の効果と評価できる（谷口，2003）．

　2004年に沖縄で第10回国際サンゴ礁シンポジウムが開かれた．筆者が司会を務めた公開シンポジウム第3部「沖縄の人々とサンゴ礁」に，座間味から高齢の漁業者と漁協の組合長を呼んで，海，魚，漁に関する知識や海洋保護区設定の経緯について話してもらった（鹿熊，2006b）．ダイビングのオーバーユース問題を考える世界各地のサンゴ礁研究者にとって参考になったと思われる．

　環境省と国際サンゴ礁イニシアティブ（ICRI）は，COP10に提示した「東アジア地域サンゴ礁保護区ネットワーク戦略2010」（環境省・ICRI，2010）の策定とフォローアップのため，東アジア各国の関係者を集め，日本，ベトナム，タイ，カンボジア，韓国，シンガポールで国際会議を開いた．東アジアの海洋保護区ネットワークを構築したことになる．筆者は，この国際会議すべてに参加し，そのいくつかで沖縄の地域主体の海洋保護区を紹介した．この結果，2013年にベトナムの調査団が座間味村を訪れ，潜水調査や地元漁業者との意見交換を行った．

(4) 八重山の産卵場保護海洋保護区

　沖縄県の最南端にある八重山漁協は，1998–2002年に産卵場保護を目的とする海洋保護区を設定した．対象は最重要種のクチナギ（八重山でクチナギと呼

図 14.1　産卵場保護海洋保護区位置図（2008–2012）．

ばれる魚のほとんどはイソフエフキ）である．沖縄県水産試験場（以後，沖縄水試）の長年にわたる調査結果をもとに，8回におよぶ漁業者検討会で管理方法を検討した結果，主産卵場4海域に海洋保護区を設定し，主産卵期の4–5月を全魚種禁漁とした．全魚種禁漁にしたのは，海洋保護区内でクチナギを獲っているのか，ほかの魚種を獲っているのか見分けがつかないためである．保護区設定により資源水準は上がらなかったが，漁業者の資源管理意識は高まったと評価できる．しかし，この海洋保護区は計画期間終了後中断してしまった．

　資源管理の中断後，クチナギだけでなくサンゴ礁魚類全般に漁獲量は急減したため，2008年から海洋保護区による新たな資源管理が開始された．管理対象魚種は，クチナギだけでなくハタ類を含め大幅に増やした．禁漁期間は主産卵期の4–6月，主産卵場5海域が海洋保護区となり，面積は約5倍になった（図14.1）．クチナギの海洋保護区で資源が十分回復しなかった理由の1つに，面積が小さかった可能性があるためである．

　筆者は八重山地域の水産普及員として，漁協の取り組みを2008年に新潟で開かれた全国豊かな海づくり大会に優良事例として推薦した．この結果，この取り組みが資源管理型漁業の部門で農林水産大臣賞を受賞した．受賞は地元新聞に大きく取り上げられ，漁業者が活動を続ける意欲を強めるとともに，遊漁者対策にもなったと考えられる（鹿熊，2009）．

(5) 八重山のナミハタ海洋保護区

ナミハタは，産卵期に特定の産卵場に集まり集中して産卵する．このとき，漁獲も集中し価格が下落する．このため八重山漁協は，ナミハタを対象として2010年から海洋保護区を開始した．5月4–8日の5日間，西表島と小浜島の間にあるヨナラ水道の約325 haを全魚種禁漁にした．ヨナラ水道以外にもナミハタの産卵場はあるが，この海域が最大の産卵場と考えられている．産卵期でない時期にはナミハタはほとんどいないが，産卵期には100倍以上の密度で集まってくる（太田・名波，2009）．

通常ナミハタは，元旦から数えて4回目の旧暦23日に集中産卵する．その年の水温の状況によって，前後の旧暦23日にも集中産卵が起こることもあるが，これは1カ月前からの積算水温でおおよそ推定できる．サンゴ礁海域の漁業では潮汐の状態を知ることが大切であり，潮汐は旧暦と同調している．このため八重山の漁業者は，旧暦を使って漁の計画を立てており，かなり以前からナミハタが春の旧暦23日に集中産卵することを知っていた．そして，その知識を代々伝えてきた．

八重山漁協は，25年以上前にナミハタの禁漁区に取り組み，失敗した経験をもつ．ナミハタが一本釣り，延縄，篭，潜水漁など多くの漁法で漁獲されていたことから，ある漁法グループのルール違反が全体の管理のなし崩しにつながっ

図14.2　旧暦23日に集まったナミハタ．雌の腹は卵でパンパン．

てしまった．2010年は，八重山漁協の主力漁法である潜水漁部会が中心となって海洋保護区を設定した．保護区が実施され続けているのは，当時の潜水漁部会長の強いリーダーシップとともに，県や国の研究員がトランスレーターとして機能したことが大きいと考えられる．漁業者は伝統的知識としてナミハタの行動を理解していたが，県や国の研究員はこれに科学的知識の裏づけを与え，このことが保護区設定の意思決定とその後のアクションにつながった．潜水漁部会長は，信頼関係のもとにトランスレーターを利用して，仲間の漁業者の同意を得たと考えられる（地域環境学ネットワークウェブサイト）．

たった5日間だったが，2010年の取り組みは成功したと評価できる．ナミハタは禁漁期間中に大きな産卵群を形成し，旧暦23日の夜に集中産卵してこの海域を離れた（図14.2）．また，市場への供給過剰による価格の暴落はなかった．2011年以降も，期間や区域を柔軟に変更しながらヨナラ水道のナミハタ海洋保護区は継続している．

(6) 羽地・今帰仁のハマフエフキ海洋保護区

沖縄本島北部の羽地・今帰仁では，ハマフエフキ（図14.3）を対象とした海洋保護区を2000年から設定している．周年ではなく若齢魚が多くなる8–11月が禁漁である．沖縄水試の調査結果をもとに，5回漁業者検討会を開いて検討した結果，若齢魚が多く集まる藻場周辺2海域を海洋保護区にすることになった．この事例では，沖縄水試の研究員がトランスレーターの役割を果たしている．漁業者検討会で科学的情報を提供するとともに，資源管理にあたって2段階の選択肢を漁業者に提示している．調査結果から若齢魚を保護することが効果的とわかったため，まず，管理ツールとして刺網の網目制限，釣りの体長制

図14.3　ハマフエフキ．

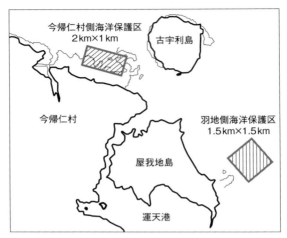

図 14.4 羽地・今帰仁のハマフエフキ海洋保護区（鹿熊，2006a より）．

限，若齢魚保護のための海洋保護区，啓蒙の選択肢を提案した（海老沢，2000）．その結果，漁業者は海洋保護区を選択した．つぎに，漁業者の漁場聞取結果から判断した複数の候補地と，科学的知見から判断した最小面積を提案した．そして，漁業者検討会において漁業者が海洋保護区の位置と大きさを決定した（図14.4）．

八重山のクチナギ海洋保護区は，5 年間の計画終了後中断してしまった．最終年に十分な話し合いや科学的情報の提供がなかったことが影響したと考えられる．羽地・今帰仁の保護区は，当初 2000–2002 年の 3 年計画だった．しかし，2015 年時点で 16 年継続している．計画最終年に十分な話し合いがもたれ，その場で効果を示す科学的情報が提供されたこと，その後も毎年，効果を示す調査結果が示されてきたことが継続の理由の 1 つと考えられる．

羽地・今帰仁の海洋保護区は，効果が科学的にしっかりと検証されている数少ない例である．沖縄水試は調査を続け，その結果では海洋保護区設定後 1 歳魚の漁獲が減り，2–3 歳魚の漁獲が大きく増えた．1 歳魚の漁獲による死亡率も大きく下がった．若齢魚の保護に成功したことになる．

この例は，外からは順調に推移しているようにみえる．しかし，関係する 2 つの漁協内部には海洋保護区に反対する人も多いと聞いた．漁業者のリーダー

は「ほんとうはもうやめたいという人が多い．魚が増えたという実感もそれほ
どない．続けているのは，県の研究員が毎年，科学的データで効果を漁業者に
みせているからだ」といっていた．この漁業者に東アジア海洋保護区ネットワー
クの会議で羽地・今帰仁の事例を紹介した話をしたところ，「どんどん世界に発
信してほしい」と頼まれた．活動が世界的に注目されていることがわかれば，
漁協内で海洋保護区を推進している漁業者の誇りになるとともに，反対する漁
業者を説得する材料になると考えたのだろう．その後，2013 年にベトナムの調
査団が羽地・今帰仁を訪れたときは，調査団と漁業者とが意見交換する様子が
地元テレビ・新聞で大きく取り上げられた．

　沖縄の地域主体の海洋保護区は，水産普及員や研究員がトランスレーターと
して機能することにより効果を発揮し始めている．しかし，地区間の連携は十
分でなく，社会ネットワークという点では課題が残っている．

14.4　フィジーの海洋保護区ネットワークによる沿岸資源管理

(1) フィジーの概要

　筆者らは 2003 年からフィジーの沿岸資源管理を調査している．フィジーは
南太平洋に位置し（図 14.5），人口は約 88 万人で，パプアニューギニアを除け
ば太平洋島嶼国でもっとも多い．おもな産業は，観光，サトウキビ，鉱業，林
業である．大多数の人は沿岸に住んでおり，生計を農業と漁業で立てている．
800 以上のコミュニティが沿岸資源に依存し，何世代にもわたって資源を利用
してきた．

　フィジーには 322 の島があり，2 つの主島ビチレブとバヌアレブにほとんど
の人が住んでいる．太平洋の島は，高い山がある島（高島）と環礁島に大きく分
けられる．高島は，環礁島と比べて淡水や農作物など資源面で恵まれている．
ビチレブとバヌアレブは大きな高島である．また，南太平洋大学，世界自然保
護基金（WWF）などの環境 NGO（非政府組織）など，科学的に資源管理を支援
する体制もほかの島嶼国より恵まれている．政府の水産普及員も 70 名以上い
る．

　フィジーの 2001 年の漁獲統計では，外国船マグロ類漁獲量が約 1 万 4000 ト

図14.5 フィジー，ウドゥニバヌア，クミの位置．

ン，自国船マグロ類が6000トン，沿岸魚類が4000トン，沿岸魚類外が3000トンだった．ただし，沿岸の漁獲量は商業漁業によるもので，これ以外に同程度の自給漁業（家族の食料を確保するための漁業）漁獲量があると考えられている．沿岸域には，日本の共同漁業権漁場と似たゴリゴリ（qoliqoli）と呼ばれる管理区域が410あり，沿海の村落がチーフを中心に地域主体の資源管理を行っている（鹿熊，2005）．

(2) FLMMAの発展

アジア太平洋で地域主体海域管理（Locally Managed Marine Area; LMMA）というネットワーク型の資源管理活動が広まっている．この活動は，フィジーのビチレブ島東岸にあるウドゥニバヌア村で1997年に始まった．当時LMMAはまだ始まっておらず，ウドゥニバヌアでの地域主体の活動が，LMMAという新たな国際的枠組みに組み込まれ，フィジー全域に広まるとともに，ソロモン諸島，パプアニューギニア，インドネシアなどほかのアジア太平洋島嶼国へ

広がっていった．同じように地域主体の取り組みがボトムアップで国際的な枠組みに組み込まれていく例として，先住民・地域保全区域（Indigenous and Community Conserved Areas; ICCAs）がある．世界各地で地域が独自に陸海域を保全してきた多様な取り組みを，国際自然保護連合（IUCN）が ICCAs という枠組みに整理して，国際的にその価値を認め，高めていこうというものである（ICCAs ウェブサイト）．

　フィジー政府は，FLMMA（Fiji Locally Managed Marine Areas）による沿岸資源管理政策を 2004 年に正式に採用した．2003 年時点では FLMMA サイトは 27 だったが，2015 年現在，フィジー全域で 400 以上のコミュニティがこの取り組みにかかわっており，466 の海洋保護区が設定されている（FLMMA Network, n.d.）．

　FLMMA では，地域主体順応的管理が義務づけられている．海洋保護区を管理ツールとすることは義務ではないが，ほとんどの地区で採用されている．海洋保護区には，ノーテイクと呼ばれる完全禁漁かつ永続的なものもあれば，一時的に解禁になるもの，場所をローテーションするものもある．伝統的にフィジーには，村のチーフの死後ある海域を 100 日間禁漁にするタブー区域制度があった．100 日後のセレモニーに使う魚介類を確保することをおもな目的としており，禁漁が水産資源を増やすという知識も伝えられてきた．FLMMA は海洋保護区という新しい概念を導入したが，禁漁区の概念と効果はすでに地元に理解されており，容易に受け入れられたと考えられる．

　この取り組みには，資源管理を実践するコミュニティを科学的に支援する機関が存在する．南太平洋大学，政府水産局，NGO がこの役割を担い，2003 年時点では南太平洋大学が支援する地区が多かったが，取り組みが拡大すれば 70 名以上いる政府水産局の水産普及員が重要な役割を担うようになると予想されていた（鹿熊，2005）．FLMMA の拡大にともない支援する機関の数も 2013 年には 23 まで増えた．このため，ネットワークとして統一された活動を行うのは困難になってきている．また，関係するコミュニティの数も 400 を超え，支援機関の人材も不足してきており，州に自然資源管理サポートチームを設置して，現地の人材もコミュニティの活動を支援できる体制に移行しつつある（FLMMA Network, n.d.）．

(3) ウドゥニバヌア村の資源管理

2003年にウドゥニバヌア村を調査した．フィジーの村に勝手に入って調査することはできない．トランガニコロ（Turaga ni koro）と呼ばれる村長に申し込み，儀式を経なくてはならない．儀式は，ショウガ科の木の根を砕いた粉を水でとき，これをしぼったカバを飲み交わすものである（図14.6）．村に行くときは，この木の根ヤンゴナを持参するのが礼儀である．通常，訪問者はフィジー語であいさつをするが，同行した政府の水産普及員があいさつをしてくれた．

村の人口は，1999年時点で338人，68世帯だった．専業漁業者は20人で，漁法はスピアー漁（矛突）が多い．女性は手釣りも行う．漁船は10隻で，このうち5–6隻がFRP（強化プラスティック）製，残りは木製である．村の前の広大な干潟（図14.7）に二枚貝カイコソ（サルボウの仲間；図14.8）を守る海洋保護区を設定していた（鹿熊，2005）．

2003年の調査当時，南太平洋大学にはFLMMAをリードする若い研究員がいた．彼はレジデント型研究者であるとともに，双方向トランスレーターでもあった．漁村をたびたび訪れ資源管理に必要な科学的情報を伝えるとともに，コミュニティの活動を論文などで世界に発信した．以下は彼の修士論文からの抜粋である．「カイコソ漁業はウドゥニバヌアでは重要である．ここの漁獲物は自家消費されるものと販売されるものに分かれるが，カイコソは販売の割合が高く（76–85%），第1の販売用漁獲物となっている．世帯の全収入に占めるカ

図14.6　カバの儀式．

図 14.7　ウドゥニバヌアの前浜.

図 14.8　市場でのカイコソ販売.

イコソ販売収入の割合は 37% と推計された．カイコソ漁業はおもに女性と子どもにより周年行われる．漁場へのアクセスが容易で高い漁業技術を必要としないためである．自家消費用の漁獲物も，コミュニティにとって良質のタンパク質源として重要である」(Tawake, 2003).

　また，彼は海洋保護区のスピルオーバー効果とコミュニティによるモニタリングが有効であることを検証している．スピルオーバー効果とは，管理対象生物が海洋保護区の外に出て漁獲されることである．ここの場合は，産み出された卵が流れにより海洋保護区の外に出て，そこで育ったものが漁獲されている．

完全禁漁かつ周年の海洋保護区の場合、スピルオーバー効果は必須である。漁業者は、増えた資源を海洋保護区の外で獲る以外に利益を得る手段がないためである。

「干潟に 24 ha の海洋保護区を設定した結果、2 年後に保護区内のカイコソ生息密度は 4 倍になった。保護区外の生息密度も 2 倍になり、スピルオーバー効果が確認された。この効果は地元コミュニティにより 1 年に 1 回モニタリングされている。500 m のラインを張り、10 m ごとに 1 m×1 m の方形枠を置いて生息数とサイズを測定する方法である。この結果は、南太平洋大学が別の方法で調べた結果と統計的に差がなかった」(Tawake *et al.*, 2001)。

ウドゥニバヌアでは、ある漁業者のリーダーがこの活動を先導した。彼も双方向トランスレーターである。2002 年にヨハネスブルクで開かれた持続可能な開発に関する世界首脳会議で赤道賞を受賞している。その後、彼は南太平洋大学に水産普及員として雇用され、フィジー各地に FLMMA を広めていった(鹿熊, 2005)。大学の先生や NGO の専門家が語るよりも、同じ漁業者が自らの経験として FLMMA を語るほうが、各地のコミュニティには理解しやすかっただろう。ウドゥニバヌアの調査時は、彼の母親の家に泊めてもらい海洋保護区について話し合ったが、とても説得力のある語り方をしていた。FLMMA の急速な発展に貢献した 1 人である。

(4) クミ村の資源管理

筆者らは、2013–2014 年にウドゥニバヌアの約 10 km 南に位置するベラタ郡クミ村を調査した。クミの人口は、2014 年時点で 273 人、84 世帯で、農業と漁業が中心である。農業は単一の作物をつくるのではなく、多様な作物を季節に応じて耕作しており、陸域の生態系に関する伝統的な知識が役立っている。

村の前には広大な干潟とマングローブが広がっており(図 14.9)、その沖にはサンゴ礁がある。村人はこれらの生態系からさまざまな海産物を収穫している。漁船はエンジン付きボートが 6 隻、エンジンなしが 2 隻、竹製の筏が 7–8 ある。漁法はほぼ全世帯が行う手釣り、長さ 300 m 以下・網目 8.5 cm の刺網、潜水しないスピアー漁、干潟で貝やナマコを捕る採捕漁がある(南太平洋大学のジョエリ・ベイタヤキは、フィジーの漁法、対象魚、その現地名をまとめている; Veitayaki, 1995)。クミのコミュニティが利用するゴリゴリ海域は、ウドゥニバ

第 14 章　地域が動かす沿岸資源管理　273

図 14.9　クミの前浜の干潟.

ヌアを含むベラタ郡 6 村で共有している．獲れた魚は自家消費がほとんどだが，村から遠く離れた市場で売ることもある．

　ウドゥニバヌアと同じく二枚貝カイコソ漁業が重要で，おもに女性が漁をしている．漁をしている世帯の半数は販売も行っており，現金収入の手段としても重要である．クミでは FLMMA の一環として，カイコソとナマコをおもな対象とする海洋保護区を干潟に設定している．ここではローテーション制をとっており，2007–2009，2009–2011，2011 年以降の 3 期にわたって，保護区は村の北，中央部，南と移動している．監視は，村人から選ばれた 4 名の無給の監視員により実施されている．スピルオーバー効果もあり，カイコソ資源は増えてきているとコミュニティは認識していた．

　政府の支援によりナマコ養殖と海藻キリンサイ養殖（図 14.10）のプロジェクトが実施されていた．プロジェクトの初年度は政府が資材などの提供を行い，以降はコミュニティが独自に運営していく制度になっていた．また，政府は水産普及員を村に派遣し，ワークショップを開いて養殖技術をコミュニティに指導した．科学的知識は水産普及員から伝えられたが，コミュニティは，囲いに使う木や最適な養殖場所の選定などに伝統的知識を活用した．2 つの養殖は，現金収入源としてはまだ規模が小さいが，共同で作業を行い，収入をコミュニティの活動資金に使うなど，社会関係資本を拡充してコミュニティの絆を強める働きには貢献していると考えられる．

図14.10 キリンサイの養殖と収穫.

　クミの漁業者は，海洋生態系に関する豊かな知識を活用して漁を行っている．行動を理解している生物は122種にもおよび，それぞれの種に対応した最適の漁期，漁場を選択し，複数の漁法を組み合わせて資源を利用している．これらの知識と技術は口承で代々伝えられてきた．八重山の漁業者と同じように，潮汐とそれに応じた水産生物の行動も理解している．ナミハタと同様に旧暦・月のサイクルに応じて集中産卵する魚の知識も伝えられてきた（Novaczek et al., 2005）．同じ太平洋島嶼国のパラオでも，海洋生態系に関する驚くほど多様で豊富な知識を活用して伝統的にサンゴ礁漁業が行われており，ロバート・ヨハネスが著名な本 "Words of the Lagoon" にまとめている（Johannes, 1981）．

　クミには伝統的知識，科学的知識を生産・融合・流通するいくつかの制度がある．もっとも下層の制度は家族であり，学校，氏族（Clan），宗教，委員会制度が知識の生産・融合・流通を支えている．また，カバを飲む集まりでも知識は伝達される．さまざまなコミュニティの活動を推進する委員会は9種類ある．開発，青年，女性，水管理，教育，共同売店，海藻養殖，ナマコ養殖，ショウガ栽培の委員会である．委員会のメンバーは，少なくとも月1回開かれるコミュニティの全体会議で選定されるが，基本的にボランティアである．すべての委員会の長は村長が兼ねる．これらの委員会や全体会議で，コミュニティの活動に関する意思決定や知識の伝達が行われる．重要事項の意思決定は，最終的に村のチーフに委ねられることもある．

　チーフは世襲制であるが，村長は選挙で選ばれる．村のさまざまなことの最終的な意思決定は，チーフと村長との間できちんと役割分担ができている．村

長には，意思決定以外にも，双方向トランスレーターとしての重要な役割がある．村の外で開かれる各種会議に参加して情報を入手し，翻訳してコミュニティに伝える役割，外部の科学者を招いて科学的情報を村に伝える役割，逆方向のトランスレーションとして，コミュニティに存在するさまざまな伝統的知識を，外部の科学者に整理して伝える役割などである．

14.5 双方向トランスレーターがつなぐ重層的海洋保護区ネットワークを目指して

　沖縄では漁協を中心とした地域主体の海洋保護区が機能し始めている．ここでは，水産普及員や研究員が双方向トランスレーターとして地域と外の世界をつないでいる．フィジーでは，これに加え海洋保護区のネットワーク化が進み，それがグローバルな活動へと展開していっている．フィジーと比べると沖縄のネットワークは弱い．なぜだろうか．

　FLMMA の拡大に南太平洋大学の果たした役割は大きい．1 つの村の取り組みを制度として国際的な枠組みに組み込み広めていった．大学に所属した 2 人の双方向トランスレーターの活躍も効いているだろう．このような動きのなかで，多くの水産普及員を有すフィジー政府が FLMMA の価値を認め，正式に政策として採用し，自らもアクターとして参加したことも重要である．さらに，世界的に海洋保護区の機能や価値，とくにトップダウンではない村落主体の海洋保護区の有効性が注目されていたことも，グローバルな展開につながった要因だろう．ICCAs の発展も同じである．

　海洋保護区をネットワーク化するメリットはなんだろうか．最大のものは地区間の相互学習により機能を高めていくことだろう．多くの事例を比較することで海洋保護区が持続する要因を明らかにすることもできる．

　沖縄で海洋保護区のネットワークが弱いのは，地域主体の海洋保護区の数そのものが少ないことも影響している．恩納村では，現在は禁漁区ではなく海域全体を養殖区域などにゾーニングして定着性資源の管理を行っている（恩納村漁協，2008）．座間味村では，2001 年にダイビング禁止区域をオープンしたが，船を繋留するためのブイを設置して一度にアクセスできるダイビング船の数を厳しく制限している．ここでは漁業は行われていない．しかし両地区では，自

分たちの海域に海洋保護区があるとは認識されていないだろう．沖縄本島東岸の沖縄市で新たな地域主体の海洋保護区が設定されたものの，ネットワークを形成するには沖縄の海洋保護区の数はまだ少ない．

　日本全体ではどうだろうか．あまり知られていないが，日本には漁協が自主的に設定した禁漁区が少なくとも387あり，地域の取り組みをある程度法的に支持する海洋保護区が616ある（Yagi *et al.*, 2010）．これらの海洋保護区がネットワークを形成しているわけではない．禁漁区の位置を公表することで，外部からの密漁が増えるのを地域の漁業者が恐れているとも聞いた．しかし，このように地域で閉鎖的に資源を守っていくメリットより，積極的に外とつながり，そのネットワークを生かして相互学習するメリットのほうがずっと大きいのではないだろうか．

　日本の地域主体の海洋保護区をより効果的にするには，日本政府がその価値を認識し，制度としてネットワーク化していく必要があると思う．その際，現在433名いる日本の水産普及員が，双方向トランスレーターとして機能するはずである．日本の漁協制度はコモンズ（共有資源）を効果的に管理する制度として国際的に注目されている（Makino, 2011）．漁協が中心となる海洋保護区を双方向トランスレーターがつないでいくシステムができれば，これを世界に発信していくポテンシャルは十分あるだろう．

［引用文献］

海老沢明彦．2000．資源管理型漁業推進調査（ハマフエフキの資源管理）．平成11年度
　　沖縄県水産試験場事業報告書．沖縄県水産試験場，沖縄．
鹿熊信一郎．2005．フィジーにおける沿岸資源共同管理の課題と対策（その1）——
　　FLMMAと沿岸水産資源管理の状況．地域漁業研究，46（1）: 261–282．
鹿熊信一郎．2006a．アジア太平洋島嶼域における沿岸水産資源・生態系管理に関する研
　　究——問題解決型アプローチによる共同管理・順応的管理にむけて．東京工業大学，
　　学位請求論文．
鹿熊信一郎．2006b．熱帯亜熱帯におけるMPA・サンゴ礁保全・エコツーリズムの課題
　　と対策——沖縄県座間味村とアジア太平洋島嶼国を事例として．（新垣盛暉，編: 過
　　疎化・超高齢化に直面する沖縄『近海離島』における持続的発展モデルの構築）
　　pp. 101–119．沖縄大学，沖縄．
鹿熊信一郎．2007．サンゴ礁海域における海洋保護区（MPA）の多様性と多面的機能．
　　Galaxea, JCRS 8: 91–108．

鹿熊信一郎．2009．沿岸域における生態系保全と水産資源管理——沖縄県八重山のサンゴ礁海域を事例として．地域漁業研究，49（3）：67–89．

鹿熊信一郎．2011．サンゴ礁を守る取り組み．（鈴木款・大葉英雄・土屋誠，編：サンゴ礁学）pp. 314–337．東海大学出版会，神奈川．

環境省・ICRI．2010．ICRI 東アジア地域サンゴ礁保護区ネットワーク戦略 2010．環境省，東京．

太田格・名波敦．2009．ナミハタの産卵場での分布状況．平成 21 年度沖縄県水産海洋研究センター事業報告書．沖縄県水産海洋研究センター，沖縄．

恩納村漁業協同組合．2008．美ら海 PART3．恩納村漁業協同組合，沖縄．

谷口洋基．2003．座間味村におけるダイビングポイント閉鎖の効果と反省点．みどりいし，14：16–19．

地域環境学ネットワークウェブサイト，リレーエッセイ，鹿熊信一郎，したたかな漁業者としなやかに協働する．http://lsnes.org/relayessay/00002/（2016.07.07）

FLMMA Network. Not Dated. FLMMA Strategic Plan 2014–2018.

ICCAs ウェブサイト．http://www.iccaconsortium.org/（2016.05.19）

Johannes, R.E. 1981. Words of the Lagoon. University of California Press, London.

Makino, M. 2011. Fisheries Management in Japan: Its Institutional Features and Case Studies. Springer, Berlin.

Novaczek, I., J. Mitchell and J. Veitayaki（eds.）. 2005. Womens Pacific Voices. Pacific Voices: Equity and Sustainability in Pacific Island Fisheries. Oceania Printers Limited, Suva.

Tawake, A., J. Parks, P. Radikedike, B. Aalbersberg, V. Vuki and N. Salafsky. 2001. Harvesting clams and data. Conservation Biology in Practice, 2（4）: 32–35.

Tawake, A. 2003. Human Impacts on Coastal Fisheries in Rural Communities and Their Conservation Approach. University of South Pacific, Suva. The master thesis.

Veitayaki, J. 1995. Fisheries Development in Fiji: The Quest for Sustainability. University of the South Pacific, Suva.

Yagi, N., A. Takagi, Y. Takada and H. Kurokura. 2010. Marine protected areas in Japan: institutional background and management framework. Marine Policy, 34（6）: 1300–1306.

15 多様な人々をサケがつなぐ
——コロンビア川流域のサーモン・セーフ認証

ケビン・スクリブナー，大元鈴子

　サーモン・セーフは，米国太平洋岸北西部に適用されるエコラベルをともなう持続可能性のためのローカル認証制度である．サーモン・セーフの使命は，西海岸の流域でサケが繁栄できるように慣行の土地管理を変えることである．その方策として，農業などに使われる動的景観における水質と生息地保全の促進のために，認証とエコラベル制度を活用している．サーモン・セーフの革新的でユニークな点は，その認証適用範囲を「流域」としてのコロンビア川に設定していることである．太平洋岸北西部地域全体で 800 を超える認証取得農業用地および都市部の土地所有者が，土壌流出の抑制，有害な農薬・化学薬品の使用の削減と代替，ならびに河畔の生息地の再生を行っており，それには，ワイン用ブドウ農家，ホップ農家，ナイキ（Nike）本社，ポートランド市が含まれている．サーモン・セーフは，ほかの認証制度や保全制度との協働を積極的に行うことにより，フランスに相当する面積のコロンビア川流域における認証の拡大を 1996 年から 2014 年までは，専任スタッフ 1 名で行ってきた実績をもつ．

15.1　サーモン・セーフ認証の成り立ちと現状

　「サケは，太平洋岸北西部地域原産の最古の生物の 1 つで，数百万年という年月をかけてこの地域の河川，河口，海で生き，この地域での生息に適応してきた．（中略）サケは，ほかのどんな生きものよりもこの北西部地域に浸透しており，北西部地域の生態系という布に織り込まれた銀色の糸のようなものだ（略）」（Lichatowich, 2001）．

　およそ 2 世紀前にヨーロッパ系アメリカ人の文化様式の影響を受けるまでは，サケは太平洋岸北西部地域の固有文化との千年期にわたる持続可能なかかわりを続けてきた．1800 年代初めからの新しい生活スタイルは，この土地全体において優勢となり，サケの個体数は劇的に減少し，いくつかのサケの遡上を途絶

えさせてしまった．1970年代初めになって，このような喪失は許容できないものとして強く認識されるようになり，数々の米国連邦および州法の適用が促進され，さらに，アメリカ先住民族部族条約による義務もこれに加わった．これらの法律が，残存する個体群の維持と回復のための努力の法的根拠となっている．

米国においては，連邦法ならびに連邦規則は，州政府や地方政府によって管理・監督される事業に適用される場合，もっとも効果的に働く．しかしながら，連邦法・規則は，民間における分散的な土地所有権とその管理に対しては，それほど効果的ではない．連邦法によるサケの回復措置は，サケが生息する流域の山間部の源流では効力を発揮するが，それはそのような土地の多くが連邦および州の所有権下にあるからである．しかし，サケは，河川を遡上・流下する生きものであり，個人や企業によって管理される民間の土地を流れる多くの河川や小川を移動する．多様な土地所有形態と経済活動に1つの規制を適用することはむずかしい．土地所有者のなかには，自分たちの同意なしに「高圧的な役人」による「指揮・統制」という名の管理命令にしたがうことに抵抗する人々もあり，連邦機関の職員の数も十分ではない場合には，土地の持続可能な管理はより困難なものとなる．1990年代半ばになって，民間所有地における水の流れをサケにとって安全なものとするためには，規制以外の方法が必要であることが人々の間で認識され，サーモン・セーフは，1996年に設立された．

サーモン・セーフは，特定の地域を限定して適用される「ローカル認証」（大元，2017）である．もともとは，アメリカ太平洋岸北西部地域に本拠を置く河川保全組織であるPacific Rivers Councilによって設立され，2002年には独立非営利組織となっている．サーモン・セーフの使命は，西海岸流域でサケが繁栄できるように土地管理の方法を変えることである．その中心となる方策は，エコラベルをともなう認証制度を活用し，生産活動に使われる土地（動的景観；ワーキングランドスケープ）の水質と生息地保全の促進と動機づけを行うことである．ほかのエコラベル制度と比べて，サーモン・セーフが特徴的である点は，認証適用範囲が，「流域」としてのコロンビア川に設定されていることで，これには，オレゴン州，ワシントン州，カリフォルニア州ならびにカナダのブリティッシュ・コロンビア州の一部が含まれる．

サーモン・セーフは，2016年の時点で，太平洋岸北西部地域全体で約800の

認証取得農業用地と都市部の土地所有者と協働し，土壌流出の防止，有害な農薬・化学薬品の使用の削減と代替，河畔における生息地の再生を行っている．オレゴン州ウィラメット・バレーの農家が初めての認証を受けてから10年以上が経過し，サーモン・セーフは，地域に定着したローカル認証の1つとなり，米国4州ならびにカナダ1州で認証した農業用地および市街地は9万5000エーカーを超えている．サーモン・セーフ認証では，ピア・レビューにより設定された科学的根拠にもとづく基準を使い，水質保全と生息地の復元のための活動が，もっとも厳格とされる第三者認証の仕組みにより審査される．また，サーモン・セーフは，流域協議会や保全組織との協働によるパートナー・ネットワークを通じて運営されている．

オレゴン州ポートランドでの代表的な成果としては，ポートランド市の1万エーカーにおよぶ公園・自然エリア，オレゴン科学産業博物館，ルイス＆クラーク・カレッジ，ポートランド州立大学が，また，ウィラメット・バレーの数多くの主要な農園，果樹園，ヴィンヤードがサーモン・セーフ認証を取得している．ポートランド市は，市のサービスのすべてをサーモン・セーフにするために3年間取り組み，2016年3月に認証取得を完了している．

サーモン・セーフは，2016年に，包括的な「山から海へ」のビジョンを流域アプローチに組み込んでいる（図15.1）．このビジョンは，サケの淡水河川から海洋までを利用するライフサイクルに合わせたものだ．サーモン・セーフ認証

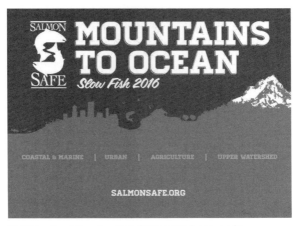

図15.1　サーモン・セーフの「山から海へ」コンセプト．

の適用は，1つの流域に限定されている．とはいうものの，この章で扱うのは，1200マイル（2000 km弱）の河川延長，フランスの面積とほぼ同じ集水域，北米で4番目に多い流量，そして数多くの支流をもつコロンビア川である．この川は，世界の河川で一番多くのサケとスチールヘッドを産出しており，毎年1000万から1600万匹のさまざまな種のサケの成魚が戻ってくる場所である．

15.2 米国西海岸におけるフラグシップ種であり，それ以上の存在としてのサケ

土地と水の管理ならびにサケの保全のためのサーモン・セーフの戦略の理論的根拠について述べる前に，歴史的および法的観点から，アメリカとカナダの先住民について説明する必要がある．1800年代初めからのヨーロッパ系アメリカ人の到来は，それ以前とは異なる世界観や価値観にもとづく新しい文化をコロンビア川流域に導入し，その一部は，かつてサケの生態に合わせた暦にしたがって生活していたアメリカ先住民文化にも広がることとなる．

ルイス・クラーク探検隊がコロンビア川の太平洋岸河口に到着し，現在の米国を陸路で横断した1804年から，1991年までの間に（この間約10世代），オレゴン州，ワシントン州，アイダホ州ならびにカリフォルニア州の214のサケ科の野生個体群の遡上が存続の危機に瀕するようになり，このうち101は絶滅の危険性が非常に高く，58は中程度の絶滅の危険性，54は特別な懸念があるとされている．さらに，すくなくとも106の主要個体群がすでに絶滅している（Nehlsen *et al.*, 1991）．

産業経済がさまざまな側面でコロンビア川のサケの遡上に顕著な悪影響を与えた．源流における森林伐採に加えて，丸太の搬出に必要な道路建設による土砂の流出により産卵床が堆積物で覆われ，また，河畔の日陰の減少によって水温が上昇し（サケのような冷水魚にとっては致命的である），さらに伐採により低下した森林の保水能力は，河床の流出につながる．採鉱によって河床が掘り返され，サケが河床を使用できなくなると，水生無脊椎動物から始まる栄養段階が阻害されることも考えられる．水を大地にまくことで，食料生産を最適化する灌漑農業では，河川から大量の水を取り込み，その水量を減らし水温の上昇を招くだけでなく，産卵・生育場所にサケが入ることを阻害することにもなる．

このような影響に加えて，コロンビア川は産業経済分野の技術者にとっては，水力発電に好適なエネルギー源と認識されている．1970年代までに，米国側のコロンビア川には19の主要なダムが建設されており，さらにカナダ側には5つのダムがつくられている．各々のダムは，サケの成魚と稚魚の両方にとって，致命的ではないにしても大きな障害となる．成魚の遡上には魚道の設置が必要だが，ダムによってはこの魚道を備えず，本来の広範な生息域にサケが入ることができないようになっている．流速の低下と水温の上昇は，サケの移動の時期やサケとともに進化してきた栄養システムを狂わす．ダムの放水路の汚染された水やタービンを通過することで方向感覚を失ったり，命を落とすサケもいる．結果として，これに加え，商業漁業によるサケの漁獲は，生態の把握と漁業管理が十分ではなかった．1920年代のピーク時には55万缶を生産したコロンビア川のサケ缶詰産業も，1980年には最後の缶詰工場が閉鎖された．

コロンビア川のサケ遡上を回復させるための活動は，1970年代に現れ始め，連邦法ならびに部族条約による義務によって，サケと河川の再生のために資源を投入することが推進された．米国議会は太平洋岸北西部電力保全協議会（Northwest Power and Conservation Council，2003年までは太平洋岸北西部電力計画協議会 Northwest Power Planning Council と呼ばれた）を設置するための太平洋岸北西部電力計画保全法（Northwest Power Act）を1980年に成立させた．この法律は，ボナビル電力事業団（水力発電設備の管理のために1937年に当初設立された）に同事業団の経営事業項目に魚類・野生生物の保護を追加することを義務づけるものである．

太平洋岸北西部電力計画保全法は，1980年に設立された太平洋岸北西部電力計画協議会に対し，水力発電ダムの建設と運営により影響を受けるコロンビア川流域の魚類と野生生物の保護，影響の軽減，個体数の増加のための計画の作成を命じると同時に，十分に効率的・経済的で信頼できる太平洋岸北西部の電力供給の保証を求める法律である（Harrison, 2008）．

2年前の1978年に，連邦政府は，コロンビア川のサケの系群のうちのいくつかを，絶滅の危機に瀕する種の保存に関する法律（通称「絶滅危惧種保護法」，Endangered Species Act; ESA）にもとづき，「絶滅のおそれのある種」もしくは「絶滅の危機に瀕する種」としてリストに掲載することを検討していたが，太平洋岸北西部電力計画保全法が成立し，同法のサケの保護・回復における能

第 15 章　多様な人々をサケがつなぐ　283

力を見込んでこの手続きが中断されたという経緯も残っている．結果としては，
10 年後の 1991 年に，コロンビア川の 12 種のサケとスチールヘッドが絶滅危
惧種保護法によって，リストに掲載されている．この法律は，「どれだけコスト
がかかろうとも，種が絶滅に向かう傾向を止める」（National Oceanic and At-
mospheric Adminisration ウェブサイト）ことを命ずるものである．

　太平洋岸北西部電力計画保全法と絶滅危惧種保護法のほかにも，コロンビア
川の部族との「1855 年条約」がある．この条約は，米国連邦政府とカイユー
ス，ユマティラおよびワラワラの各部族間で締結されたもので，各部族には，
米国に対して 640 万エーカーを超える土地を譲渡または割譲する代わりに，一
区画の土地がユマティラ・インディアン居留区（永住地）として存続することが
保証されている．また，割譲地全体における漁業，狩猟および伝統的な食料な
らびに薬の収集を行う権利を各部族が保有し，米国政府が保護することも含ま
れている（Confederated Tribes of the Umatilla Indian Reservation ウェブサイ
ト）．

　その他にも，カナダと米国間の国際条約として，コロンビア川流域に関する
管理枠組みとして「コロンビア川条約」がある．コロンビア川はカナダのブリ
ティッシュ・コロンビア州に源流があるが，総流域面積 25 万 9500 平方マイル
のうちカナダ国内の流域面積はわずか約 15％ である．しかしながら，カナダ
の水域は，コロンビア川の年平均水量の約 38％ を供給している．この条約は
1964 年に締結され，米国とカナダの両国にとって，コロンビア川の恩恵を最大
にするための共通水資源管理を調整している．両国は 2024 年にこの条約を更
新する意思を示しており，当初の条約の中核であった電力発電と洪水予防に「生
態系の配慮」を付け加えることに関心があることを宣言している．そして，サ
ケの回復は，生態系への配慮の重要な要素の 1 つである．

　このような複雑な法律や規制にもとづき，また，科学的知見を多数含む高い
レベルでの政策的枠組みは，常勤の政府機関職員にとってさえこれらを理解・
統合し，準拠すべき箇所を明確にすることはたいへんな作業である．民間事業
主や土地所有者にとっては，自らの事業運営，価値感，目標，家族などが優先
であり，このような枠組みの内容以前に，そこに使用されている言葉でさえ「わ
けのわからないもの」と映るかもしれない．その一方で，マーケットとの親和
性の高いサーモン・セーフは，完全になじみがないとしても，民間の土地所有

者にとって，サケの管理と回復に関する複雑なシステムに取りつくための入口として魅力的なものとなりうる．

15.3　サーモン・セーフの原則と基準

　サーモン・セーフでは，サーモン・セーフ認証の取得を検討する事業者に対して，まず持続可能な生態系機能を維持する土地管理が，その事業設計に付加価値を与えるという視点から話を始める．これは，土地の一部を生産活動を制限した保護地へ移行するアプローチとはまったく異なる．生産活動を行う用地の一部から，保護地を区分けして維持することは，サケに恩恵を与えることができるかもしれないが，コストがかかり流域規模で適用される見込みが低いからだ．一方，生産活動を行う土地での生態系機能の維持というサーモン・セーフのアプローチは，保護地戦略にかかるコストに比べてわずかな負担で広範囲への適用が可能である．

　サーモン・セーフ認証基準は，ピア・レビューによりその根拠が明確にされており，この制度が上記の価値提供を行うことのできる保証となっている．魚類および水生毒性学の科学者によってかなりの部分が作成されたこれらの基準は，水質に対してとくに注意を払っている．また，サーモン・セーフ基準は河畔エリア管理，水利用管理，浸食・堆積管理，病害虫統合管理，水質保全，家畜管理，ならびに生物多様性保全，からなっている．

　サーモン・セーフの農地認証プロセスは，1サイクル3年である．1年目は，資格をもつ独立した第三者による現地審査が行われる．サーモン・セーフは，農地からの土壌流出の予防，野生動物に影響をおよぼす有害な化学農薬に対する代替品の使用，河畔緩衝地および湿地の再生，また，灌漑による悪影響が出ないための水の保全にかかる項目を満たすことを求めている．これらの基準が十分に満たされていれば認証が与えられるが，場合によっては，計画にしたがって改善活動を実施することを条件として認証が与えられることもある．2年目と3年目は，年次進捗報告書の提示が求められる．4年目には，この3年サイクルが再びスタートし，現地審査が行われる．都市部における認証は1サイクル5年となっている．

　サーモン・セーフは，サーモン・セーフ認証が民間による土地管理に付加価

図 15.2　サーモン・セーフのエコラベル.

値を付与することができる分野として以下の4つをあげている．① 市場へのアクセス，② 土地管理の効率化，③ 資源回復プロジェクトの資金調達，④ 規制遵守の保証，である．サーモン・セーフのエコラベル（図 15.2）を製品に添付することで，市場での差別化の手段を生産者に与え，そのエコラベルに説得力があれば，マーケットへのアクセスとシェア，またプレミアム価格を生みだすこともできる．この点については，その他のエコラベルも同様に機能する．しかしながら，サーモン・セーフの認証基準は，事業者の現在の土地管理の全体的な見直しを手助けし，効率化と費用対効果の向上につながるという特徴もある．場合によっては，サーモン・セーフ認証の獲得または維持がなんらかの自然再生プロジェクトの要件となることもある．たとえば，あるランドトラストではサーモン・セーフ認証を条件として保全地役権契約が行われた．土地所有者のプロジェクト関連費用の支援として，サーモン・セーフでは，各自然再生プロジェクトに対して，認証を受けた土地におけるプロジェクト案を優先させるように働きかけている．

さらに，サーモン・セーフは，先に説明した数多くのサケの管理に関する法

律，指針ならびに規制の順守について，土地所有者を手助けしている．長期にわたるわかりづらい手続きや書類の作成，あるいは，罰金や事業停止命令を含む可能性がある遵守項目は，土地所有者にとって大きな脅威となる．そのような場合に，サーモン・セーフは，認証の取得がそれらの規制の順守につながり，また，積極的に規制順守に取り組むことの証明としてサーモン・セーフ認証が扱われるように連邦および州の規制機関とも協働している．

　サーモン・セーフは，農地に対する認証から始まったが，「流域」という視点からの制度の有効性を実現するために，今ではその他のセクターの土地管理にも展開している．サーモン・セーフの現在の認証対象範囲は以下のとおりである．表15.1には，それぞれのセクターが認証を開始した年をまとめた．

［農業（農園）］

　1997年以来，サーモン・セーフと各地域に拠点をもつ実施パートナーは，西海岸の800以上の農園と協働し，水質と魚類生息地の保全につながる土地利用

表 15.1　サーモン・セーフの歴史（大元，2017 より）．

年	イベント
1995	Pacific Rivers Council が，農地管理と河川生態系の関連についての科学的調査を開始する．
1997	サーモン・セーフの農地に対するパイロット基準が策定される．
1998	7州の100以上の小売りにサーモン・セーフ商品が並ぶ．
1999	Drinking Wine, Saving Salmon（ワインを飲んでサケを救おう）キャンペーン．LIVE（ワインの持続可能性認証）とのパートナーシップを開始し，20以上のブドウ農家がサーモン・セーフを導入．
2000	サーモン・セーフ取得農地が，3万エーカーを超える．都市部におけるサーモン・セーフの可能性について，ポートランド市から相談を受ける．
2001	非営利組織として独立．
2003	科学的根拠をともなう都市部での基準を策定．公園と自然地に対する認証基準を完了．ポートランド市の1000エーカーの公園に対する審査を行う．Oregon Tilth（有機認証）とLIVEとの相互認証を開始．
2004	都市部の基準を公開（2014年に全面改定）．
2005	会社の敷地に対する認証を開始し，ナイキ本社を認証．所有地の管理と水質保全ならびに絶滅危惧種への配慮の統合というコンセプトを導入．
2007	他認証制度や環境保全団体とのサーモン・セーフパートナーネットワーク設立．
2010	サイト・デザインコンセプトを導入し，都市部における生息域とストーム・ウォーターの管理のための認証を導入．
2011	大規模工業者への認定基準を策定（引き続き2015年の開発業者，2016年の建築家やエンジニアに対する認定基準を策定）．
2013	農地に対する基準の全面改定．
2017	農地ならびに都市部におけるコア基準の改定予定．

第 15 章　多様な人々をサケがつなぐ　287

を促進するために，インセンティブとしての認証制度を提供してきた．サーモン・セーフ認証を受けた農園は，有機農業と生物学にもとづいた総合的病害虫管理を活用する生産者の両方を含んでいる．サーモン・セーフ認証を取得した生産物は，300 以上のナチュラル・フード店や主要食品店において販売されている．

[ヴィンヤード（ワイン用ブドウ畑）]

サーモン・セーフは，米国の生態学的に持続可能なブドウ栽培に対する認証におけるパイオニア的存在となっている．オレゴン州，ワシントン州，そしてブリティッシュ・コロンビア州の 350 以上のヴィンヤードが認証を取得し，オレゴン州のウィラメット・バレーのワイン用ブドウ畑の面積の約半分，さらに，近年のその評価のあがっているワシントン州の生産者も多数認証を取得している．ワイン醸造家たちは，サーモン・セーフによる丘陵地のブドウ畑からの土壌流出の低減とブドウ畑における在来種の生物多様性の向上を重視している．

[公園システムならびに自然区域]

ポートランド市と連携し，その他数多くの太平洋岸北西部の地方自治体との協働により策定されたサーモン・セーフの公園・自然区域認証は，生息環境と水質保全に関連する総合的な管理指針と計画作成を包括的に評価するための制度となっている．

[企業と大学のキャンパス]

ナイキは，180 エーカーの広さをもつ本社において，サーモン・セーフ認証を適用した最初の企業である．サーモン・セーフは，企業の環境的業績の確認や米国グリーンビルディング協議会の LEED 認証（エネルギーと環境デザイン評価規格，LEED; Leadership in Energy and Environmental Design）制度によるイノベーション・クレジットの獲得，CSR（企業の社会的責任），そして運営効率と費用削減などのツールとしても活用されている．

[ゴルフコース]

サーモン・セーフのゴルフコース認証は，都市用水の質と危険にさらされた

西海岸のサケの維持を念頭に，ゴルフコースの設計・管理における新しいレベルでの環境イノベーションを促すことを目的としている．これは，サーモン・セーフとシアトルに本拠を置く実施パートナー団体であるスチュワードシップ・パートナーとの協働事業である．

［都市開発］

サーモン・セーフの都市開発に対する基準は，シアトルの革新的な開発業者との共同事業によって得られた知見をもとに策定された．これは，開発の計画・設計段階から進行中の開発においても適用が可能となっている．いずれの場合にも，大規模な都市開発における環境配慮の向上を目的としている．

［大規模インフラ］

サーモン・セーフでは，環境配慮型都市計画（グリーン・ストリート・デザイン）と低インパクト開発（LID）を入れ込んだ，公共交通機関や大規模な流出雨水（ストームウォーター）やその他のインフラ事業に対する基準を設定している．それらは，魚類の生存と生息地にも影響をおよぼす可能性のある，出所の特定されにくい汚染（非点源汚染）の抑制に十分に配慮したものとなっている．

［建設会社］

サーモン・セーフの建設会社のための認定制度は，初の実施ベースの制度である．これは，建設現場において，工事全体を通じて，堆積土壌流出をゼロにするために最善の現場管理をつねに行う土建業者を認定するものである．

［開発業者］

現在試行段階であるサーモン・セーフの最新のイニシアティブとしては，大規模開発業者向けの認定制度がある．これは，開発業者が行う開発のすべてにおいて，サーモン・セーフの原則を適応することを公約する業者に対する認定となる．

15.4 ほかのイニシアティブとの協働

　上述した各セクター向けのプログラムは，サーモン・セーフが適用される地域全体でその需要があがっている．小規模の組織で広範囲におけるこのような関心の高まりに対応するために（サーモン・セーフのスタッフは 1996 年から 2014 年まではエグゼクティブ・ディレクター 1 名のみだった），サーモン・セーフは，パートナー・ネットワークを構築している（図 15.3）．このパートナーのなかには，別の認証制度を運営している団体もあり，その場合には，サーモン・セーフと相互もしくは協働認証を行っている．たとえば，Oregon Tilth（オレゴン州における有機認証），LIVE 認証（ブドウ栽培とワイン製造に対する持続可能性認証）ならびに Demeter 認証（バイオダイナミック農法認証）など，すでに確立された制度とのパートナーシップによって，サーモン・セーフが独自に認証制度を普及する場合より，はるかに早く広い範囲（太平洋岸北西部流域全体）に広まったと考えられる．また，サーモン・セーフは，生態系機能に主眼を置き，すべての土地管理に適用可能なように設計されているため，ほかの制度への組み込みが比較的容易であるという特徴をもつ．さらに重要なことは，

図 15.3　サーモン・セーフのパートナー（サーモン・セーフウェブサイトより転載）．

認証制度を組み合わせることにより，認証取得者が，一度の監査で複数の認証の取得が可能となり，費用と時間を削減でき，「審査疲れ」を減らすという利点もある．

　サーモン・セーフでは，認証基準のテクニカルな部分については，外部からの支援も受けている．サーモン・セーフの基準は，定期的にピアレビューによる再評価を受け，更新の必要性を検討している．また，サーモン・セーフの事務局は，科学者や応用研究者あるいは土地管理者で構成されていないため，偏見のない情報提供元からの助言や提言に依拠している．これには，大学エクステンションセンターの技術専門家，米国農務省の研究者，ならびに民間部門のコンサルタントが含まれる．このほかにも，さまざまなイニシアティブと協働して，サーモン・セーフ認証がサケの遡上の回復と安定を実現するための方法を補完している．たとえば，米国環境保護庁は，「米国水域内への汚染物質の排出の規制ならびに地表水の質基準の規制のための基本構造」（EPA ウェブサイト）を制定する連邦水質清浄法（Federal Clean Water Act）の運営責任を負っており，コロンビア川流域有害物質削減作業部会を主催している．サーモン・セーフは，この作業部会の運営委員会と執行委員会の両方に従事している．米国環境保護庁との協働により，サーモン・セーフ認証が，測定可能な水質清浄法への順守方法であることがアピールできている．このことは，サーモン・セーフが政府による高額な費用を必要とする規制措置ではなく，自発的で任意の方法を選択できるように米国環境保護庁を説得できるという農家からの信頼にもつながっている．

　この自発的アプローチに対する環境保護庁の信頼は，オレゴン州環境基準局の農薬管理パートナーシッププログラムでの成功によっても強められている．サーモン・セーフは，ワラワラ川（コロンビア川支流）流域における農薬管理パートナーシッププログラムのパートナーとなっており，ヴィンヤードや果樹園が使用する管理基準を提供している．この基準に準拠したワラワラ市での土地管理と水質の改善の関連性は，オレゴン州環境基準局による水のサンプリング試験により証明されている．この成功は，自発的アプローチが実際に機能するものであるという環境保護庁と農園経営者の確信となっている．また，別の場所では，都市部の有害汚染物質源となる可能性のある活動においても，この自発的なやり方の効果が証明されている．

第 15 章　多様な人々をサケがつなぐ　291

　ほかの協働の例としては，ボナビル電力事業団から資金提供を受けたコロン
ビア川流域水取引プログラム（Columbia Basin Water Transaction Program）が
ある．このプログラムは，市場取引を利用して，水の取得，水のリース，そし
て水使用効率への投資などを通じて河川の水量を増やすことにつなげる仕組み
である．サーモン・セーフは，このプログラムにおいて，市場にもとづく手法
を補完するものとして位置づけられている．

　また NGO との協働としては，生態系サービスの価値の定量化の枠組み開発
において主導的な役割を果たすウィラメット・パートナーシップがある．この
NGO と協働したプログラムでは，エコラベル（サーモン・セーフ），生態系サー
ビスのクレジット（ウィラメット・パートナーシップ），さらにいくつかの環境
法規への順守保証，という 3 つの価値をパッケージ化し，土地所有者にとって，
魅力的で自発的参加を促すような「スリーポイント型インセンティブ」プロジェ
クトを開始している．

　さらに，世界的農業認証制度であるグローバル GAP との協働も始まってい
る．グローバル GAP は，国際的に任意参加の農業生産物に対する認証基準を
設定する団体である．サーモン・セーフの認証を取得している果樹園経営者か
ら，グローバル GAP とサーモン・セーフの相互認証に関して要望が出され，調
整の結果，2017 年から，グローバル GAP とサーモン・セーフの認証を同時に
得ることができるようになる．これは，グローバル GAP 側が，国際基準への
準拠をローカル認証による地域資源利用のより細やかな基準により達成するこ
とに興味を示したことにより実現した．

　上記のような協働の例から，サーモン・セーフがその使命と認証戦略を補完
する組織，あるいはイニシアティブとどのように連携し，単独のアプローチの
場合の範囲をはるかに超えて，その戦略展開を可能にしているかを知ることが
できる．

15.5　多様な価値を束ねる手法

　2010 年に，サーモン・セーフは，米国ならびにワシントン州ホップ委員会の
エグゼクティブ・ディレクターに呼ばれ，認証の仕組みの説明を行った．サー
モン・セーフからは，本章の筆頭著者が参加した．プレゼンテーションは，サー

モン・セーフの市場における付加価値に焦点をあて，このアプローチがサーモン・セーフ認証のもっとも魅力的な側面であることを強調した．

2010年は，米国のホップ産業が大きく落ち込み，混乱した年である．ヤキマ（ワシントン州）は，米国のホップ生産全体の7割を占める生産地であり，顕著な市場の混乱はこの地域全体に波及した．2010年以前は，ヤキマのホップ生産の約70%がアルファと呼ばれる大量に流通する種類で，これはたんにビールに苦味を与えるのに使われる．残りの30%はアロマホップで，フレーバーオイルや香料用に栽培されていた．このアロマホップは，近年人気の高まるクラフトビール醸造所に好まれる．2010年の数年前には，オレゴン州ウィラメット・バレーのホップ農家がサーモン・セーフ認証を取得し，この生産者のアロマホップは，オレゴン州の人気クラフト醸造者によって購入され，大きく取り上げられた結果，ヤキマのホップ産地でも話題となっていた．

結論からいうと，苦みのみを与えるアルファホップから，より個性的な香りを与えてくれるさまざまなアロマホップへと市場が転換し，サーモン・セーフは，生産者による変化への対応を，より環境への負荷を下げる方法でサポートしたことになる．2010年のワシントン州ホップ委員会に対するプレゼンテーションから2年の間，エグゼクティブ・ディレクターとサーモン・セーフは戦略を進めた．これには，サーモン・セーフ認証済みホップを購入している醸造所，ワシントン州立大学エクステンションセンター，また，数多くの応用科学研究者がかかわっている．ホップ栽培者と長年にわたって協働してきた研究者は，サーモン・セーフが生産者の信頼を得ることを手助けし，そのような生産者と地域に密着している研究者は，サーモン・セーフがホップという作物の科学を学ぶことを助け，そして，最終的には，水質という共通の着眼点をもつことによって，サケの科学と作物の科学を相関させること，つまり基準の策定を可能にした．

2015年までに4つのホップ生産者がサーモン・セーフ認証を取得した．そのうちロイ・ファームとグリーン・エーカー・ファームは両方とも5000エーカー以上の栽培面積をもち，ホップ以外にも複数の作物を栽培しているが，その後，その農地すべてについて認証を取得した．彼らのように早い段階でサーモン・セーフを採用した生産者は，市場の転換，つまりクラフトビール市場シェアの拡大を予測していた．クラフトビールは2010年以降劇的な成長をみせ，ヤキ

マのホップ生産に直接的な影響を与えた．現在では，アルファとアロマの生産比率が逆転し，70%がアロマホップとなっている．そして，この動きは，サーモン・セーフ認証にとってもプラスの影響を与えている．クラフトビール醸造所は，自分たちのビールのレシピや材料にこだわり，顧客もこのような情報に好意的に反応しているため，ビールづくりのストーリーを大切にしている．「持続可能性」もマーケティング・ストーリーの一役を担い，とくに太平洋岸北西部，内陸西部ならびにカリフォルニアにおけるクラフトビールにみられる風潮においては不可欠な要素である．これは，クラフトビール醸造者の世界観であり，今後も続くものと思われる．

　マーケットと密に関連のあるエコラベル制度であるサーモン・セーフにとって，著名なクラフトビール醸造所からの参加が大きな励みとなっている．たとえば，米国第3位のクラフトビール醸造所，シエラネバダブリューイングが本社醸造所とその周囲のデモンストレーション・ファームで認証を取得した．第4位のベルジウム・ブリューイングは，自社のホップをすべてサーモン・セーフにする意向を公式発表し，市場アクセスと市場シェアの拡大というサーモン・セーフの2つの付加価値を明確に示している．第8位のデシューツ・ブリューイングは「Drink Like a Fish」（魚のように飲む＝大酒飲みという英語の表現に魚がきれいな水を飲むことをかけている；図15.4）キャンペーンからもわかるように，長い間サーモン・セーフを支持している．

　クラフトビール醸造所が，ホップの品質と持続可能性に大きな関心を示すようになったことは，彼らが，ホップ栽培とその品質を自ら確かめるためにヤキマに訪れる回数からもわかる．このような訪問が，ホップ農家と醸造者の関係を親密にし，長期的な信頼へと発展しつつある．これはサーモン・セーフの別の付加価値，つまり時間をかけた市場の確実性の構築である．ホップ生産者と醸造者の間のこのような関係は，「なにを，どのように，どこで」というストーリーを大切にするという点で，ブドウ栽培者とワイン醸造家の関係を連想させる．

　サーモン・セーフは，市場におけるシェアの獲得や産業における関係性の強化だけがその効果ではない．たとえば，ロイ・ファームは公立学校の教育カリキュラムにサケに関する学習を組み込む支援を行っているし，グリーン・エーカー・ファームは近隣のヤキマ部族（アメリカ先住民）に対して，サケや水資源

図 15.4 「Drink Like a Fish」キャンペーン.

の保全の取り組みを例証する方法としてサーモン・セーフ認証を活用している.このように,業界内だけではなく,生産ファーム周辺のコミュニティへの波及も徐々に広まっている.

15.6 複数の帽子をかぶり分ける──トランスレーターの役割

　サーモン・セーフが新しい地域で活動を始めるということは,その流域における法的枠組み,政策的枠組みならびに科学的枠組みについて実際に役立つ知識を備えている必要がある.サーモン・セーフのスタッフは,こうした枠組みに使われる複数の独特言語(言い回し)を話すことができないまでも,理解する必要がある.さらに,認証の取得を考える生産者や事業者の言語を理解することに努めている.このためには,特定の地域やさまざまな土地管理業務に関連した独特の背景や性質の認識,さらに農業の場合は,各種作物に関連する語彙も必要となる.

第 15 章　多様な人々をサケがつなぐ　295

雨の一滴一滴は，自分たちの地域の形状をみる新しい視点を提供してくれる．雨の滴が集まって小川を形成し，小川は土地の輪郭に沿ってあちこちへ進んでいく．稜線を追っていくと，地図にはジグソー模様がみてとれる，つまり「流域」という視点だ．流域をつなぎ合わせていくと，流域が支える生物と文化で定義されるさらに大規模な地形，つまりバイオリージョンであるサーモン・ネーション（ecotrust, 2017）にたどり着く．

　サケの遡上は，はるか南の南カリフォルニアの現在のロサンゼルス川から，北はアラスカの太平洋岸，さらにロシアと日本の沿岸の西太平洋の河川におよんでいた．この広大な地理的範囲は，サーモン・ネーション（サケの国）と呼ばれることがある．同じように作物の栽培地域を，ホップ・ネーション，アップル・ネーションなどと呼んだりもする．その範囲では，土地固有のアイデンティティーが共有される．サケは，コロンビア川を遡上し，そのネーションを縫うように進む．サーモン・セーフ認証の意義は，認証の地理的適用範囲，つまり「流域」に関連して説明される．この視点によって，農家や居住者，企業を含むさまざまなアクターは，水の流れに沿ったつながりや「サケ」という種に代表された水の旅路を視覚化することができているのである．

　この章の筆頭著者は，ILEK プロジェクトにおける「トランスレーター」はいくつかの特徴をあわせもつ役割であると理解しており，さまざまな専門用語やコミュニティ特有の言語を理解し，さらに，（比喩的意味としての）頭字語，口語体，特定の意味を示す「コード」としての含蓄や付帯的な意味をもつ場合のある語彙にも精通していることが好ましいと考えている．その役割は，文化人類学者のように客観的でなければならないが，民俗学的観察の境界線を越えて積極的な参加も行わなければならない．また，集められた情報や語られたことの価値を認識し，話し手への敬意を伝えること，つまりよい聞き手であることは不可欠な能力である．よい聞き手であることは，生来の好奇心，学習意欲や話に魅了されていることを自然と表してしまう資質でもあるかもしれない．トランスレーターにとって重要なもう1つの点は，見知らぬ人とコンタクトを開始する自信と大胆さをもったうえで，受動的（聞き手）あるいは積極的（話し手）に会話に参加することである．

　サーモン・セーフのトランスレーターを自認する筆頭著者は，まさにこのような人物であるが，さらに役に立つ経歴をもっている．それは，かつてはサケ

の商業漁業者であり，自然資源で生計を立てることのむずかしさと楽しさを知っており，このことは，生産者と共通する経験である．また，20年間の漁師経験によって，市場で生みだされるポジティブなつながりを熟知するとともに尊重している．それにもまして，サーモンに対する深い情熱をもっていることが，サーモン・セーフのアウトリーチを担う職務の源となっている．これが，サーモン・セーフという認証制度の普及の前提条件となっているのである．

［引用文献］

大元鈴子．2017．ローカル認証──地域が創る流通の仕組み．清水弘文堂書房，東京．

Confederated Tribes of the Umatilla Indian Reservation. http://ctuir.org/treaty-1855（2017.03.28）

ecotrust. 2017. Salmon Nation. http://salmonnation.com/（2017.03.29）

Harrison, J. 2008. Northwest Power Act. https://www.nwcouncil.org/history/Northwest-PowerAct（2017.03.28）

Lichatowich, J. 2001. Salmon without Rivers: A History of The Pacific Salmon Crisis. Island Press, Washington, D.C.

National Oceanic and Atomospheric Administration. Endangered Species Act（ESA）. http://www.nmfs.noaa.gov/pr/laws/esa/（2017.03.28）

Nehlsen, W., J.E. Williams and J.A. Lichatowich. 1991. Pacific salmon at the crossroads: stockes at risk from California, Oregon, Idaho and Washington. Fisheries 16(2): 4–21.

V

意思決定とアクションを支える

16 選択肢の道具箱
——漁業管理ツール・ボックス

牧野光琢, 但馬英知

　生態系および社会の変化や不確実性・多様性の存在を前提として，安定的な漁業の管理を実現するためには，現場関係者（漁業者，行政，研究者など）が協議して現場に適した施策の組み合せを選び，実行するとともに，その効果と意義を，関係者の有する多様な知識により継続的に評価しながら，自然や社会の変化に順応的に修正を加えていくことが有効である．このような協議と意思決定を支援するため，漁業者とともに漁業管理ツール・ボックスを開発し，共有を進めてきた．その結果，多様な現場を共通の枠組みで比較することが可能となり，将来的には，漁業管理の一般理論を模索することができるようになった．また，ツール・ボックスを用いて現場の多様な知の所有者が議論を重ねることにより，研究者を含む関係者の視座，視点，視角が変化し，その変化が再び道具箱にフィードバックされていくことにより，漁業管理に関する知の「共進化」につながることが期待される．

16.1　日本の漁業とその共同管理

　人類は，海洋の多様な生物や生態系から，さまざまな「海の恵み（海洋の生態系サービス）」を得て生きている．とくにわが国周辺の海域には，深浅の激しい複雑な地形が形成されているとともに，黒潮や親潮などの海流と列島が南北に長く広がっていることがあいまって，多様な環境が形成され，多くの海洋生物が生息・生育している（環境省，2011）．

　多様な海洋生物を食料として有効に利用するため，日本の漁業はさまざまな漁具・漁法を用いて魚介類を採捕してきた．日本の漁獲の多様性を他国と比較するため，たとえば各国の総漁獲量の 8 割を占める魚種数を数えると，日本では 18 種からなるのに対し，生物多様性の低い冷水域を主漁場とする北欧諸国では，アイスランドが 5 種，ノルウェーが 7 種にすぎない（水産庁，2014）．日

本では，このような多様な海の恵みを尊び，さまざまな手法で加工・調理していただく食文化が発達してきたのである（植条，1992；越智ほか，2009；平川，2011）．水産物を主たるタンパク質源とする日本の伝統的な和食文化は，2013年にユネスコの無形文化遺産に登録されるなど，国際的にも高く評価されている．

わが国の漁業の内容をもう少しくわしくみると，2014年のわが国における漁業生産量約480万トンのうち，半分以上は沖合・遠洋漁業により漁獲されている．その漁獲物の多くは，サバ，イワシ，サンマ，アジ，スケトウダラなど，資源量の大きな魚種（多獲性魚類）で占められている（水産庁，2016）．これらの魚種は，わが国における水産物供給・食料自給を支える，いわば主力選手である．その一方で，地域の食文化多様性を支えている生鮮の地魚の大半は，多様な漁具で沿岸の複数の魚種をねらう零細沿岸漁業によっておもに漁獲されてきた（山口，2007）．今日でも日本の漁業は，沿岸で操業する零細漁業者の数が著しく多く，欧米の先進国よりも，むしろアジア太平洋諸国と共通の特徴を有している（Makino and Matsuda, 2011）．

水産資源は，海洋環境の変動にともなう移送や餌生物の変動，食物連鎖による被捕食圧など，多様な要因によりつねに変動している．日本を含むアジア太平洋諸国のように，変動する多様な魚種を多様な漁具で多数の漁船が利用する場合，政府によるトップダウン的管理は執行コストが高くなり，非効率である．そのため，地域の資源利用者の団体（日本の場合は漁業協同組合などの漁業者団体）を核に，自主的な管理制度を政府が支援しながら公的管理と組み合わせていく，共同管理（co-management）が発達してきた（Lim *et al.*, 1995; Jentoft *et al.*, 1998; Makino and Matsuda, 2005; Uchida and Makino, 2008; Makino, 2011）．

漁獲量や漁業就業者数でみると，世界の漁業の中心は先進諸国からアジア太平洋諸国やアフリカ沿岸国に移りつつある（FAO, 2015, 2016）．このような地域においては，水産業の共同管理こそが，コモンズの悲劇を避けるための現実的な選択肢である（Gutiérrez *et al.*, 2011）．よって日本は，自国の水産業の持続性確保と同時に，上記の地域における共同管理の発展を支援することを通じて，国際的な目標である「持続可能な開発目標（Sustainable Development Goals; SDGs）」の達成に貢献することが重要であろう．

1990年代ごろまでの伝統的な漁業管理理論では，水産資源に対して明確な財

産権を設定し，あとは自由な競争に任せれば市場機構が働いて最適な社会が実現する，という議論が国際的に主流であった（Neher *et al.*, 1989; Grafton *et al.*, 2010）．その場合，政府は生産力に応じた権利の設定と，その取引市場の整備，そして違反の取締，という3つの仕事のみを担当すればよく，小さな政府が実現できてむだが省けるという論旨である．これは，当時の一般的な政治経済学の流行にも沿った議論であった．しかし2000年代以降の国際的議論では，生態系および社会の変化や不確実性・多様性を前提に，さまざまな管理施策の適性や有効範囲・限界などをふまえ，複数の施策を組み合わせることによって安定的な管理を実現することの重要性が指摘されている（Charles, 2001; Garcia *et al.*, 2014）．局所的・短期的な効率性を多少犠牲にしても，変動に強く長期にわたり安定的な管理体制の確立を重視するようになったと理解できる．

　上記の観点にもとづく具体的な政策の1つとして，現場で役立ちうる取り組み（施策）に関する知識を網羅的に集め，それを現場で使いやすいように整理した「漁業管理ツール・ボックス（道具箱）」を開発することが有効と考える．地域の関係者（漁業者，科学者，行政，環境NGO，一般市民など）が協議にもとづいて現地に適した施策の組み合せを選び，実行する．そして，その効果と意義を，関係者の有する多様な知識により継続的に評価しながら，自然や社会の状況変化に順応的に修正を加えていくのである．このような協議と意思決定を支援することが，ツール・ボックス開発の目的である．

16.2　理論ツール・ボックスの開発──2009–2012年度

(1) 理論ツール・ボックスの構造

　水産総合研究センター（現，水産研究・教育機構）は，2009年に発表した政策提言「わが国における総合的な水産資源・漁業の管理のあり方」において，「漁業管理ツール・ボックス」を開発・発表した（水産総合研究センター，2009; 牧野，2013）．各地の漁業関係者（漁業者，漁業者団体，行政職員，水産研究者など）が共同管理を高度化するための協議と意思決定を支援することを目的としたものである．実際には，漁協や漁具漁法別・魚種別部会などの場で，漁業関係者が現在の管理状況と問題点を自ら評価し，問題認識を共有し，そして具

体的な改善策を議論する際に使用することを想定している.

　そこではまず，漁業の管理に関するさまざまな施策を，その対象，すなわち海中の生物再生産から食卓に上がるまでの水産物の流れ全体のなかで，どの部分に効果が期待される施策なのか，に応じて，図 16.1 に示すように A–H の 8 つのグループに分類した. また，同一の施策であっても現場への導入の仕方は，行政がトップ・ダウン的に導入する方法，市場メカニズムを使う方法，自主的方法など，さまざまである. よって，施策の導入手法（管理のアプローチ）に応じて，1. 行政的手法，2. 経済的手法，3. 情報的手法，4. 司法的手法，5. 自主的手法，の 5 つのグループに分類した. そして，日本全国・世界各国の多様な水産現場において「どのような問題には，どのような方策があり，どのように導入してどんな効果が期待できるのか，その具体事例はどこにあるか」を一覧表に整理したのが図 16.2，表 16.1，表 16.2 である. 本章ではこれを，理論ツール・ボックスと呼ぶ. 理論ツール・ボックスに興味のある読者は，日本各地のナマコ漁業管理の比較分析に適用した研究を参照されたい（牧野ほか，2011）.

(2) 理論ツール・ボックスの限界と現場の意見

　筆者らは 2009 年度から 2012 年度にかけて，この理論ツール・ボックスを水産庁の全国水産業普及指導員研修や全国漁業協同組合連合会（JF 全漁連；地域の沿岸漁業者の団体である漁業協同組合の全国組織）が主催する研修会や講習会で講演し，全国の都道府県職員や漁業協同組合職員，漁業者らへの普及を進めてきた. いくつかの現場では，この理論ツール・ボックスを用いた議論が開始されたものの，当初筆者らが期待していたほど広くは普及が進まなかった.

　一般に日本の沿岸漁業では，現場の管理状況に精通し，かつ，新たな政策や研究の動向にも通じているのが都道府県の水産業普及指導員である. いわば，現場漁業者と行政・研究の間の双方向トランスレーターとしての役割を担っている. よって，広く普及が進まなかった理由を水産業普及指導員にたずねたところ，「実際にやってみたが漁師にはわかりにくい」「漢字が多く，表現がむずかしすぎる」「見てすぐに意味がわかるものでないと，現場には伝わらない」などの声が寄せられた. 確かに，この理論ツール・ボックスは，専門用語や学術用語が多用されている. また，全国水産業改良普及職員協議会の村上幸二会長

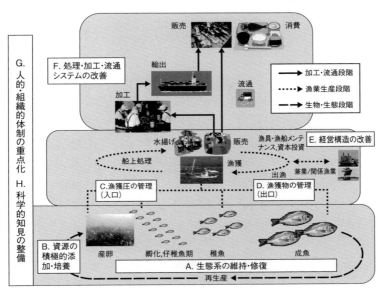

図 16.1　漁業管理施策の対象 8 分類（A–H）.

導入手法別5分類

対象別8分類	1.行政的手法			2.経済的手法			3.情報的手法			4.司法的手法		5.自主的手法	
	法的保護	規制・制限	指導・命令	促進	抑制	中立	促進	抑制	中立	私法	公法	公的自主規制	一方的誓約
A.生態系の機能維持・修復　陸上		2,3,4	1,3,4,63,60	64,67	65		68,69,71		72	73	74	1,2,75,77	1,2,78
A.生態系の機能維持・修復　海中		5	5,6,60,63	7,8,64,67	65		68,69,71		72	73	74	5,6,7,8,75,77	5,6,7,8,78
B.資源の積極的添加			60	9,64,67			68,69		72	73	74	75,77	9,78
資源の保全　C.入口　量的　固定設備		10,11,12,13,14,58	59,63,60,62	64	65		71	70	72	73	74	10,11,12,13,14,58,59,75,77	10,11,12,13 14,58,59,78
資源の保全　C.入口　量的　操業　譲渡不能	56	57	59,60,62	64	65	15,16,17,18	69,71	70	72	73	74	15,16,17,18 59,75,76,77	15,16,17,18 59,75,78
資源の保全　C.入口　量的　操業　譲渡可能	56				65	19,20,21	69,71	70	72	73	74		
資源の保全　C.入口　質的　固定設備		58,59	63,60,62	64	65		68,69,71	70	72	73	74	22,58,59,75,77	22,58,59 78
資源の保全　C.入口　質的　操業	56	23,57,59	60,61,62	64	65		68,69,71	70	72	73	74	23,24,59,75,76,77	23,24,59 78
資源の保全　D.出口　量的　全体		25,26,27	60,62	64	65	66	68,69,71	70	72	73	74	75,76,77	78
資源の保全　D.出口　量的　個別割当　譲渡不能	56		60,62	64	65	28,29,30	68,69,71	70	72	73	74	28,29,30,75,77	29,29,30,78
資源の保全　D.出口　量的　個別割当　譲渡可能	56				65	31,32,33	68,69,71	70	72	73	74		
資源の保全　D.出口　質的		34,35,36	60,62	64	65		68,69,71	70	72	73	74	34,35,36,75,77	34,35,36 78
E.経営構造の改善			37,38,39,60,62,63	37,38,39,64,67					72	73	74	37,38,39,77	37,38,39 78
F.処理・加工・流通の改善　船上			40,60,63	40,64,67			40,68,69,71		72	73	74	40,77	40,78
F.処理・加工・流通の改善　水揚げ後			43,44,45,46,48,60,63	41,42,43,44,45,46,47,48,64,67			46,48,68,69,71		72	73	74	41,42,45,46,48,77	41,42,43,44,45,47,48,78
G.人的・組織的体制の重点化	49,50	49,50	49,50,60,62,63	49,50,64,67	49,50				72			49,50,75,77	49,50,78
H.科学・技術の振興			51,52,53,54,55,60	51,52,53,54,55,64,67			55	55	55,72			55,75,77	51,52,53,54,55,78

図 16.2　理論ツール・ボックス（水産総合研究センター，2009 より）.

表 16.1　対象別分類.

A. 生態系の維持・修復		陸上	1: 魚付林, 2: 水質管理, 3: ダム改修, 4: 流砂・土砂管理
		海中	5: 藻場干の保全・再生, 6: 海底耕うん, 7: 漁礁設置, 8: 害獣駆除・間引き
B. 資源の積極的添加			9: 種苗放流
C. 資源の保全 (入口)	量的	固定設備	10: 漁船の総トン数制限, 11: 漁船エンジンの馬力制限, 12: 漁具の大きさ制限, 13: 魚槽容量の制限, 14: 光力制限
		操業 譲渡不能	15: 努力量規制 (出漁日数, 操業回数, 網数ほか), 16: IEQ (個別努力量割当制), 17: GEQ (グループ努力量割当制), 18: IOQ (個別燃料割当制)
		操業 譲渡可能	19: ITEQ (譲渡可能個別努力量割当制) (譲渡制限あり／なし, 期限あり／なし), 20: GTEQ (譲渡可能グループ努力量割当制), (譲渡制限あり／なし, 期限あり／なし), 21: ITOQ (譲渡可能個別燃料割当制) (譲渡制限あり／なし, 期限あり／なし)
	質的	固定設備 操業	22: 漁具・漁法制限 (漁具・漁法の種類の制限, 目合制限, 選択漁具の義務づけほか)
			23: 操業海域・時期の制限 (禁漁区, 禁漁期, 海洋保護区), 24: 漁場輪番・輪採制
D. 資源の保全 (出口)	量的	全体	25: TAC (漁獲可能量), 26: 海域別・時期別 TAC, 27: 漁獲種・漁法別 TAC
		個別 割当 譲渡不能	28: IQ (個別漁獲割当制), 29: IVQ (個別漁船漁獲割当制), 30: GQ (グループ漁獲割当制)
		個別 割当 譲渡可能	31: ITQ (譲渡可能個別漁獲割当制) (譲渡制限あり／なし, 期限あり／なし), 32: ITVQ (譲渡可能個別漁船漁獲割当制) (譲渡制限あり／なし, 期限あり／なし), 33: GTQ (譲渡可能グループ漁獲割当制) (譲渡制限あり／なし, 期限あり／なし)
	質的		34: 漁獲物サイズ (体長など) の制限, 35: 漁獲物の雌雄の制限, 36: 成熟個体の漁獲制限
E. 経営構造の改善			37: 減船促進, 38: 漁業種転換・兼業促進, 39: ミニ船団化などによる資本削減
F. 処理・加工・流通の改善		船上	40: 船上処理の改善
		水揚げ後	41: 価格支持・調整保管, 42: 漁港・市場整備, 43: 輸出促進, 44: 流通合理化, 45: 新商品開発などによる付加価値向上, 46: 衛生基準などによる品質の規格化 (ブランド価値向上), 47: 流通コストの削減, 48: 加工・流通技術の蓄積／改善
G. 人的・組織的体制の重点化			49: 管理組織の創設・改変, 50: 人材の育成・抜擢・リクルート
H. 科学・技術の振興			51: 漁具開発, 52: 漁法開発, 53: 漁場・資源開発, 54: 利用・加工法開発, 55: 自然生態機序の理解・評価・予測

表 16.2　導入手法別分類.

1. 行政的手法	法的保護	56: 漁業権付与
	規制・制限	57: 許可の発行, 58: 各種制限・規制・手続の設定
	指導・命令	59: 漁業種間調整, 60: 行政指導・普及, 61: 停船命令, 62: 委員会指示・裏付命令, 63: 環境負荷低減に資する物品・設備の導入
2. 経済的手法	促進	64: 補助金・奨励金・会費からの分配
	抑制	65: 税・課徴金・会費徴収
	中立	66: プール制, 67: 外部民間資本などの活用
3. 情報的手法	促進	68: ブランド化, 69: エコラベル
	抑制	70: ブラックリスト, 71: ポジティブリスト
	中立	72: 事業報告・プレスリリース
4. 司法的手法	私法	73: 差止請求・損害賠償請求など
	公法	74: 刑事罰・行政罰
5. 自主的手法	公的自主規制	75: 資源管理協定, 76: 漁場利用協定, 77: 漁協の規定や部会決定などにもとづく規制
	一方的誓約	78: その他法的根拠を超えた自主規制

（当時）からは，「（図 16.2 のように）多様な管理施策を一度に見せると混乱するので，もっと漁業者にとって魅力的な言葉から，階層的な構造にすべき」という意見も頂戴した．以上より，理論ツール・ボックスは，まだ理論的性格が強い研究者向けの"プロトタイプ"にすぎず，実際の現場で利用するためにはさらなる改良が必要である，という結論に達した．

16.3　普及版の共創——2013–2015 年度

（1）漁業者とのワークショップの開催

2013 年度より，総合地球環境学研究所・地域環境知プロジェクト「地域環境知形成による新たなコモンズの創生と持続可能な管理」の一環として，現場でもっと使いやすくわかりやすい，普及版のツール・ボックスの開発を開始した（以下本章では，普及版ツール・ボックスと呼称する）．普及版の開発に際しては，認知心理科学の手法を援用することにより，人間の情報処理容量，処理過程に即したツール・ボックスの作成を目指した．

2013 年 11 月に，横浜市近郊で漁業者ワークショップを開催した．そこではまず，漁業管理の全体像をイメージできる「俯瞰図」を作成した．自分の職場をイメージさせる画とキーワードの情報提供によって，より効果的に記憶再生・再認を促すことがねらいである．ワークショップではまず，筆者らが作成したさまざまな俯瞰図案に対して，一対比較を通じて漁業者の主観的な判断を定量的に分析する階層分析法（Analytic Hierarchy Process; AHP）を適用し（Satty, 2008），"漁業管理のイメージをかきたてる魅力的な"俯瞰図を漁業者とともに検討した．その結果，海を手前に，港を中央に，陸を奥に描き，水産物の循環を右に流す形式で描いた図への評価がもっとも高かった．また，行政や研究所といった公的な施設は右上隅のほうに小さく配置し，その手前に広く一般市民・消費者の居住地域のイメージを描いた図が選択された．続いて，理論ツール・ボックスの各施策の表現・用語を，漁業者にとって親しみやすい，わかりやすい表現に翻訳・統合する作業を行った．さらにこれらの各施策について，スモールグループ形式で KJ 法（川喜田，1967）による分類・再カテゴリー化を行い，3 つの場所（漁場，港，陸上）・9 つの分類・45 の工夫（施策），という 3 段階の

構造に整理した．また，この構造にもとづき，各地の優良事例の写真を用いて45の工夫（施策）を具体的に説明するスライドを作成した．

その後，2014年6月から2015年9月にかけて，日本国内4地域の多様な漁業現場でワークショップを行い，普及版ツール・ボックスを試行するとともに，各地の漁業者の意見にもとづいて修正を加える作業を行った．ワークショップを開催した地域と対象漁業種は，北海道東部のかご漁業，関東地域の小型底びき網漁業，瀬戸内海地域の刺網漁業，九州・沖縄地域の潜水突棒漁業である．この4地域は，生態系の多様性（亜寒帯－熱帯），魚種の生物特性（移動性，生息地，寿命など），資源の市場特性（価格，価格弾力性，季節性），漁業の操業特性（依存度，競合度，資本規模），過去の管理の文脈（利用の歴史，乱獲経験）などをもとに，日本の漁業現場の多様性をできるだけ幅広くカバーするように設定した．

以上，理論ツール・ボックスを基礎としつつ，各地の漁業者との共創によって開発されたのが，普及版ツール・ボックスである（図16.3，表16.3）．漁業者は，俯瞰図と，3つの場所，9つの分類，45の施策という段階的な構造にしたがって，具体事例の写真などをみながら議論・意見交換を行い，表16.3の記入シートに記入していく．作業時間はおおよそ1時間から1時間半程度である．

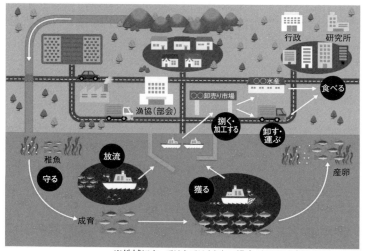

図16.3　普及版ツール・ボックスの俯瞰図．

表16.3 普及版ツール・ボックスの構造と記入シート

場所	9つの分類	45個の工夫	組織委員会や研究会でやっている(○)、これからやれそう(△)、できない、むずかしい(×)	個人や仲間でやっている、わからやれそう(△)、できない、むずかしい(×)	点数(1-5点) 不満:1点 満足:5点	強み	弱み	追加できそうな工夫	備考、メモ
①漁場	(1)魚を獲るときの漁獲・資源管理に関する項目	1. 漁具・漁法の制限（他の漁具は使ってはいけない、網目の節数、釣り針サイズ、など）	1	1	1				
		2. 漁獲時期・大きさ、光の強さ・長さ、網目の節数（トン数、馬力、竜巻き操業してよい、など）	2	2	2				
		3. 人数の制限（漁業員数の制限）	3	3	3				
		4. 漁期の制限（禁漁期間・休漁日の設定、漁獲を行う人数の制限、など）	4	4	4				
		5. 様々な数（禁漁区域、禁漁期間・休漁時間の制限、月ごとの期間、1日あたりの時間、など）	5	5	5				
		6. 休漁（魚がよくいる海の種類、菱やサイズ、最小サイズ、オス/メス、旬のものだけ獲る、など）	6	6	6				
		7. 輪採制（場所を区切って順番に使う（漁場を区分して順番に使うことで、漁場を休ませる、など）	7	7	7				
		8. 安全操業のこつ（ライフジャケットの着用、など）	8	8	8				
	(2)漁場の手入れに関する項目	1. 藻場区・保育区の設置（魚の住み場の種類、魚の餌場の保全、など）	1	1	1				
		2. 海底耕耘（こううん）（汚れた海底をはぐおこす）	2	2	2				
		3. 漁礁（ぎょしょう）を入れる	3	3	3				
		4. 全體（ぜんたい）の魚礁づくりの生産・付着材料の放流	4	4	4				
		5. 人工干潟造成（しゅんせつ）の制造、潮引き・海底ゴミの回収・そうじ	5	5	5				
	(3)おいしい魚づくり、消費者に届けるための工夫（主に鮮度保持）に関する項目	1. 船上での鮮度保持 鮮度の保持（水氷での工夫、冷やし方の工夫、保冷剤の断熱シート、選別時の処理、エアレーションの使用、など）	1	1	1				
		2. 船上での一次処理 船上での一次処理（活けじめ、神経抜き、など）	2	2	2				
		3. 水氷の使用の種類（魚種をふやす）（活けじめ、神経抜き、水・温度、活魚輸送の有効活用、個別包装、鮮魚調理）	3	3	3				
		4. 船上での箱詰め（大きさごとに箱詰めをそろえる、サイズ別、個別、品質別、鮮度別）	4	4	4				
	(4)ムダを省く工夫に関する項目	1. グループ操業（3～5隻のグループで、操業を水揚げに移し替える）	1	1	1				
		2. 効率化（まとめ）（減速（仲間や経営共同化）漁具を共有し、資源を節約する）	2	2	2				
		3. エンジンの馬力、回転数、船のスピードの制限、移動時の操業のスピードを制御し節約	3	3	3				
		4. 漁具やまきえ（えさ）を自分で作る（えさや布を縫い換に変える、資材を節約する）	4	4	4				
		5. 動きや作業のムダを自分で見直す、生エネから緑松葉に変える、など	5	5	5				
②港	(1)おいしい魚づくり、消費者に届けるための工夫（主に鮮度保持）に関する項目	1. 魚をふやす・市場での氷管理、水の氷管理、氷の防止、（ジャーベットアイスなどの使用、バーナ使用、散水、個別の波や酸素素入、など）	1	1	1				
		2. 魚をふやす・市場での一次処理 手当ての改善（活けじめ、神経抜きなど）	2	2	2				
		3. 漁協の運搬先をふやす（新たな市先をつかう、新たな売りさき先、など）	3	3	3				
		4. 港や鮮度衛生に気をつかう、（まな板作業、HACCPの取得、養殖衛生品管理導入（衛生器に設定される、など）	4	4	4				
	(2)高く売る・ムダを省く（主に加工・流通・販売）に関する項目	1. 組合・グループで加工処理する（加工方法をそろえる、加工処理のマニュアル（下処理…、など）	1	1	1				
		2. 組合・グループで直接販売（にじとろ）とり魚の流通経路を変える（加工場を建てる、工場のマニュアルを作る、など）	2	2	2				
		3. ブランド化・組み・認証（にじとろ）認証（HACCP認証、インターネット販売、漁民食堂の共同利用、など）	3	3	3				
		4. 海運コストの節約・販売項目の共同利用 仲間うちで道場を開く（市町村、漁連トラックを仕立てる、仲間うちで荷をそろえる、など）	4	4	4				
		5. 消費ミスの節約・魚食の普及・PR活動（ラベルを貼る、地産地消の運動、魚市場、MEL-JAPAN、MSC、など）	5	5	5				
③陸上	(3)組織や地域の強化に関する項目	1. 日照用在活動、漁場・干潟・海の浜さまざまな活動（里山作りの活動、養浜活動や浜の造成、赤土・汚染物質、南水・汚染物、土砂などへの対策運動、など）	1	1	1				
		2. 藻場の監視（魚や魚の宝の育成、監査会や地域の環境学習の催し、勉強会の催し、清掃をする、など）	2	2	2				
		3. 勉強会・研修会 太海の調査に参加（研究センターと共同の調査、漁業土研修会の参加（漁業者研修会の開催、講師を招く、など）	3	3	3				
		4. おとなの調査に参加、加工の調査の開発、加工法・調理法の改良・新商品の開発、（漁協生産の試験、新商品の試作、など）	4	4	4				
		5. 未利用資源の活用、マーケティング調査（新しい資源の研究、消費者の求めているものを調査、新たな漁業を行う、認儿の研究、など）	5	5	5				
		6. 年間スケジュールの見直し、（漁業を休む日を作り新たな漁業を行い、漁を取り入れる、漁業体験、漁業リレーしる、など）	6	6	6				
		7. 未経営の受け入れ、（IUターンでのUターンなど）の受け入れ、民泊体験、など）	7	7	7				

(2) 普及版ツール・ボックスの試行

上記4地域において，漁業者とともに普及版ツール・ボックスを試行した（図16.4，図16.5）．漁業者はツール・ボックスの構造にもとづいて提供される各地の優良事例の情報・写真と表16.3にもとづき，自己評価（5段階）や，今後の取り組みに関する考えを協議した．協議の様子はビデオや録音機で記録し，漁業者の意見やコメントに漏れがないように注意した．そして，協議で得られた評価や意見を，ファシリテーター役が整理・記録した．なお，ファシリテーター役については，都道府県の水産業普及指導員や，漁協職員，あるいは漁業

図16.4 関東地域における漁業者ワークショップの様子．

図16.5 九州・沖縄地域における漁業者ワークショップの様子．

者のなかのリーダー的な人材が担当することを想定している．試行に参加した漁業者からは，「ツール・ボックスの使用によって，今後のアイデアを整理することができた」「ほかの地域のいろいろな取り組みを知ることで，モチベーションの向上につながった」「まわりのほかの人がなにを考えていたのか，初めてよくわかった．意外と同じことを考えていた」「他漁業者があんなこと考えていたとは知らなかった」などの意見が得られた．

その後，この整理結果を，4地域を担当している水産業普及指導員に示し，コメントを得るとともに，今後優先して取り組むべき内容を同定した．その結果，概要をまとめたものが，図16.6–図16.9である．図中の濃い灰色は高得点の部分（3.5点以上），薄い灰色は低得点の部分（3.0点未満）を表している．

普及版ツール・ボックスの試行結果を地域別に総括すると，以下のようになる．まず北海道東部地域における試行結果では，すべての項目が他地域より高い評価になっており，とくに若手クラスの評価が高かった．この結果に対し，担当の普及指導員は，「若手の評価は多少高すぎるように思う．理事クラス（シニアクラス）の評価が妥当だろう」といった趣旨のコメントをしている．「1．漁場」での取り組みは十分に行われており，今後は「2．港」と「3．陸上」における取り組みを強化すべき，という結論になった．

場所	分類	漁業者の自己評価		普及指導員の評価・コメント		今後の取り組み
		理事クラス	若手クラス	評価	コメント	目標
1 漁場	(1) 魚を獲るときの決めごと	5.0	5.0	5.0	妥当．十分な管理がなされている．	維持
	(2) 漁場の手入れ（漁場管理）	4.0	4.0	4.0		維持
	(3) おいしい魚を消費者に届ける工夫	5.0	4.0	5.0		維持
	(4) 無駄を省く工夫	3.0	4.0	3.0	将来的に検討必要．	将来
2 港	(1) おいしい魚を消費者に届ける工夫	4.0	5.0	4.0	妥当	維持
	(2) 高く売る/無駄を省く工夫	3.0	4.0	3.0	高い	①優先
3 陸上	(1) 高く売る/無駄を省く工夫	3.0	4.0	3.0	高い	①優先
	(2) 漁場を守る取り組み	3.0	4.0	4.5	低い．維持して欲しい．	維持
	(3) 組織と知識の強化	4.0	4.0	3.0	高い	①優先

図16.6　北海道東部地域における普及版ツール・ボックスの試行結果．

		漁業者の自己評価		普及指導員の評価・コメント		今後の取り組み
大項目	分類	理事クラス	若手クラス	評価	コメント	目標
1 漁場	(1)魚を獲るときの決めごと	3.7	3.5	4.0	低い.十分な管理がなされている.	
	(2)漁場の手入れ(漁場管理)	3.5	2.2	3.5	妥当.維持して欲しい.	維持
	(3)おいしい魚を消費者に届ける工夫	4.0	2.3	3.0		
	(4)無駄を省く工夫	2.7	1.0	1.0	妥当.今後極めて重要.	①最優先
2 港	(1)おいしい魚を消費者に届ける工夫	3.3	1.3	3.0	妥当	維持
	(2)高く売る/無駄を省く工夫	4.0	2.2	3.0		
3 陸上	(1)高く売る/無駄を省く工夫	4.0	1.0	3.0	世代間の意識の差がある.	
	(2)漁場を守る取り組み	4.0	1.0	評価困難	漁業者以外との連携が必要.	漁業者以外との連携
	(3)組織と知識の強化	4.0	1.7	2.4	高い	①優先

図 16.7　関東地域における普及版ツール・ボックスの試行結果.

		漁業者の自己評価		普及指導員の評価・コメント		今後の取り組み
場所	分類	理事クラス	若手クラス	評価	コメント	目標
1 漁場	(1)魚を獲るときの決めごと	3.0	3.0	4.0	低い.十分な管理がなされている.	
	(2)漁場の手入れ(漁場管理)	2.0	2.0	3.5		
	(3)おいしい魚を消費者に届ける工夫	3.0	2.0	3.0		維持
	(4)無駄を省く工夫	3.0	3.0	3.0	妥当	
2 港	(1)おいしい魚を消費者に届ける工夫	3.0	3.0	3.0		
	(2)高く売る/無駄を省く工夫	3.0	3.0	2.5	高い.今後は共同意識が重要.	③優先
3 陸上	(1)高く売る/無駄を省く工夫	2.0	2.0	2.0	妥当	①優先
	(2)漁場を守る取り組み	3.0	3.0	3.0	妥当	維持
	(3)組織と知識の強化	2.0	2.0	2.0	妥当.今後は共同意識が重要.	①優先

図 16.8　瀬戸内海地域における普及版ツール・ボックスの試行結果.

第 16 章　選択肢の道具箱　311

大項目	分類	漁業者の自己評価		普及指導員の評価・コメント		今後の取り組み
		理事クラス	若手クラス	評価	コメント	目標
1 漁場	(1)魚を獲るときの決めごと	3.0	3.0	4.0	低い.禁漁区の取り組みは評価できる.	維持
	(2)漁場の手入れ(漁場管理)	3.0	2.3	評価困難		
	(3)おいしい魚を消費者に届ける工夫	3.0	3.5	2.5	高い.まだできる工夫がある.	②優先
	(4)無駄を省く工夫	3.3	3.3	3.3	妥当	維持
2 港	(1)おいしい魚を消費者に届ける工夫	3.8	3.3	2.5	高い.鮮度の管理の取り組みが重要.	②優先
	(2)高く売る/無駄を省く工夫	2.9	3.3	3.1	不満は理解できる.鮮度維持には気をつけるべき.	維持,向上
3 陸上	(1)高く売る/無駄を省く工夫	2.5	2.8	2.7		
	(2)漁場を守る取り組み	2.5	3.0	2.8	サンゴ礁の保全が重要.	
	(3)組織と知識の強化	2.8	2.5	2.0	高い.新たな取り組みが必要.	①再優先

図 16.9　九州・沖縄地域における普及版ツール・ボックスの試行結果.

　関東地域の試行結果では，逆に，若手の評価が低く，理事クラスの評価が高いという結果になった．担当の普及指導員のコメントは「世代間で意識の差があり，年配の理事クラスはこれまでの努力を評価しているが，若手は将来に危機感を抱いている」であった．以上をふまえ，今後は「1. 漁場」における「(4)無駄を省く工夫」，「3. 陸上」における「(3)組織と知識の強化」を優先すべきという結果になった．

　瀬戸内海地域の試行結果では，年齢層に関係なく自己評価が低く（2–3 点），他地域に比べても全体的に低い点数となっている．しかし普及指導員は「1. 漁場」の項目は高評価をつけていた．また「2. 港」および「3. 陸上」の項目に対して，「共同作業により，付加価値をつけた売り方の工夫や，できるだけ無駄を省く工夫が重要である」というコメントがなされ，これらの項目が今後優先すべき項目として抽出された．

　最後に九州・沖縄地域の試行結果では，年齢層に関係なく 2–4 点となっており，とくに若手クラスは「1. 漁場」と「2. 港」の 4 項目で 3 点以上をつけていた．この結果に対して，普及指導員はまず「1. 漁場」の「(1)魚を獲るときの決めごと」には高評価をつけていた．しかしながら，漁業者が高評価をつけていた「1. 漁場」と「2. 港」の「おいしい魚を消費者に届ける工夫」には低

評価を与えていた．普及指導員は，「今後，とくに鮮度維持や管理の取り組みが重要」とコメントしており，これらの項目が今後優先すべき項目としてあげられた．

(3) 試行結果にもとづく考察

北海道東部と関東の事例では，漁獲物がすでにブランド価値をもっており，これ以上の付加価値をつけていくことはむずかしいため，できるだけ作業・設備コストを削減する（効率をあげる）方針が示された．また瀬戸内海の事例では，資源の減少と新たな販路の開拓という課題を同時に解決するために，できるだけ共同で漁労活動，販促活動を行っていく方針が示された．一方で，九州・沖縄のほこ突き漁業の事例では，「おいしい魚を消費者に届ける工夫」が取り組むべき項目として選ばれ，担当普及指導員はとくに「鮮度維持・管理の取り組みが重要である」と指摘した．このほこ突き漁業の地域は年間の平均気温が高いことや，遠隔大都市への距離が遠いこと（輸送コストがかかること）などの生態的・社会的条件がこの項目の選択に影響をおよぼしている可能性が考えられる．各地の行政や研究者は今後，それぞれの地域で抽出された方針にしたがい，この現場ニーズを科学的裏づけをもって支援できるような研究・技術開発を行っていくことが求められよう．

北海道東部の事例では，漁業者の自己評価は，若手クラスは総じて高く，理事クラスは普通から高い評価となっていた．対して関東地域の事例では，理事クラスは総じて高く，若手クラスは低い評価となっていた．2地域とも，普及指導員からは「過去の資源の激減を契機として，徹底した管理の取り組みを行ってきた地域である」というコメントがあった地域である．普及指導員によると，道東海域は現在，兼業のホタテガイが輸出でもうかっている地域である．そのため若手クラスは満足を示しているが，経験が豊富な理事クラスは，特定の資源に過度に依存することに対する危機感をもっているのではないかという指摘があった．このように，現在結果が出ている（もうかっている）／過去に結果が出た（現在は減少傾向）地域では，若手・理事のどちらかが満足を示している一方で，他方は，今後に対する不満（不安）が顕在化していることが推察される．

各地域に共通する特徴を整理すると，まず，「1. 漁場」のなかでも「(1) 魚を獲るときの決めごと」の項目は，全地域の普及員が4–5点をつけており，高

評価となっている．この項目は，全地域で，これまでに十分な取り組みが行われていると評価されている．今後は，取り組みの継続とともに効果の科学的検証が必要とされよう．一方，全地域で低評価がつけられ，今後取り組むべき方針としてあげられた項目は「2. 港」「3. 陸上」の項目であった．そのなかでも共通して低評価であった項目は「(3) 組織と知識の強化」であった．今後，全国の行政や研究者が，率先してニーズや意見を聴取し取り組みを支援していくべき項目であると思われる．普及版ツール・ボックスの普及こそが課題解決の一方策であろう．

16.4　現場との共有

(1) 期待される効果

ツール・ボックスを現場と共有することで期待される効果は，以下のようにまとめることができる．まず，漁業生産現場（漁業協同組合内における魚種別・漁法別の部会・研究会など）においてツール・ボックスを用いた議論を行うことにより，管理意識の形成，現在の管理状況の把握・情報共有・認識共有が促進される．このような基礎的情報を関係者が共有することは，問題解決の第一歩である．そしてその後，自分たちの現場でつぎになにをやるのかという具体的な対処策を検討する際に，他地域の優良事例情報を選択肢の一覧として参照することにより，自主的管理の創発効果が期待される．また，同一の資源を利用している地域内の他漁具・漁法，あるいは近隣地域の漁業との情報共有や，管理内容の整合性の検討，そしてより広域的な管理の取り組みを検討する際にも使用できるだろう．

都道府県の水産業普及指導業務においても，この漁業管理ツール・ボックスは有用である．まず，担当職員が現場関係者と一緒に考え，議論を始めていくためのとっかかりとして利用できる．一般に，たとえ管理に高い意識を有していない現場においても，漁具や漁法については興味があり，つねに新しい情報を欲しているものである．よって，他地域の優良事例から現場の漁業者が興味をもちそうな漁具・漁法の情報を収集して共有することにより，漁業者らの興味を喚起することをきっかけとして，管理の現状把握や問題同定の作業に移っ

ていくことが有効であろう．このように水産業普及指導員は，このツール・ボックスを現場の状況に即して準備し，漁業者による協議や意思決定をファシリテートするという役割がある．また同時に，現場の議論から得られた新しい知見や施策・考え方を行政や研究サイドにフィードバックすることで知の共進化（後述）を誘発するという，双方向トランスレーターの役割（序章も参照）も期待される．

また，津々浦々という言葉もあるように，沿岸漁業の現場は，場所によって状況も問題も多様である．本章の冒頭で述べたように，これがわが国およびアジア太平洋諸国の沿岸漁業においてトップ・ダウン的な管理がなじまない最大の理由であろう．その一方で，水産業普及指導員は，複数の現場を同時に担当することが通例である．よって，このツール・ボックスは，各現場の状況や業務内容を整理することにより，ほかの普及指導員との情報・認識の共有や後任に引き継ぐ際の様式，あるいは新人が現場を学習する際の様式としての使用が期待される．

(2) 社会実装に向けた取り組み

2016 年の 2 月と 3 月に開催された，JF 全漁連による平成 27 年度資源管理計画など普及講習会において，普及版ツール・ボックスを用いた講義を行い，全国の都道府県職員・漁協職員らへの普及を開始した．そこでは，普及版ツール・ボックスの使い方を説明したマニュアルを作成・配布した．また，JF 全漁連主催の「全国青年・女性漁業者交流大会」における各地の取り組み報告の受賞事例を中心に，全国の優良事例のデータベースを作成し，実際に漁業者と議論をする際に使用するスライドや具体的事例の写真などを整理するとともに，講習参加者らと共有した（図 16.10，図 16.11）．講習参加者へのアンケートによると，回答者 39 名のうち 33 名から「使ってみたい」「関心がある」「参考になる」「ワークショップをやってみたいと思う」などの評価を受けた．

本章の 16.1 節で述べたように，わが国と類似した構造をもつアジア太平洋地域諸国の漁業の共同管理を支援することは，国際的な目標である「持続可能な開発目標」の達成に向け，日本がなしうる有効な国際協力である．よって，普及版ツール・ボックスを英語に翻訳し，ASEAN 諸国の水産行政官らを対象としたセミナーを，タイ国の東南アジア漁業開発センター（Southeast Asian Fish-

第 16 章　選択肢の道具箱　315

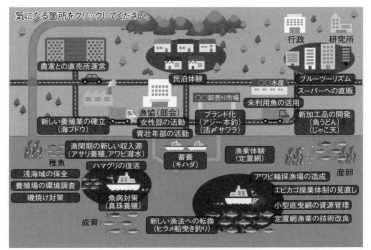

図 16.10　データベースのトップ画面.

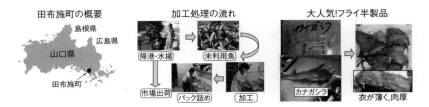

名称：未利用魚加工で魚価低迷に倍返し!!

取り組みや工夫：③陸上(1)-1, (1)-2, (1)-4, (3)-1　など

概要：2002年より，①自立，②新鮮，③安価，④実力主義の4つのポリシーにもとづき，自前の施設での加工，地域交流館などでの直接販売を行ってきた．地元の消費者のニーズに敏感で，刺し身への加工など細かく対応してきた．冷凍保存の効くフライ半製品が人気商品となった．

効果：小型機船底びき網，建網で漁獲される季節外れのハモ，カナガシラや規格外のタチウオ，シタビラメの単価が約10倍（1000円／kg）となった．ホシザメ，コショウダイなど未利用魚の加工品が普及した．

図 16.11　データベースの中身の例.

eries Development Center; SEAFDEC）の訓練部局で 2016 年 2 月に開催した．セミナー参加者からは，このツール・ボックスを用いて現場の関係者との協議を促進するという仕組みに対して，高い評価を得た．しかしながら，アジア太平洋諸国の漁業現場は，日本国内よりもさらに多様性が高く，また開発途上国で導入可能な施策の選択肢は，日本のものとは大きくことなることから，俯瞰図の再作成を含め，普及には多くの追加作業が必要であることが確認された．

16.5　共進化に向けた今後の研究課題

「漁業管理ツール・ボックス」というフレームワークにより，多様な現場を共通の理論的枠組みを用いて比較することが可能となった．今後も国内外で普及を続け，適用事例を増やしていくことにより，各地の管理が，現場の生態的条件（生態系のタイプ，漁獲対象の生物的特性など）と社会的条件（漁獲対象の価格や利用法，漁具・漁法のタイプや操業の特性，経営的依存度，管理の歴史や文脈など）にどのように規定されているのか，そして，各条件の下で管理の内容がどのように生成・進化していくのか，その一般理論を模索することができるようになるだろう．これが，筆者らの研究者としての最大の興味である．たとえば図 16.6–図 16.9 の 4 地域の結果を比較すると，地域が南下するほどに，水産普及指導員の評価が濃い灰色から薄い灰色になっていく傾向を読み取ることができる．この傾向は，地域が南下するほど種の多様性が高まる傾向に一致している可能性があり，したがって，管理施策の組み合せ方や，そこで求められる研究・技術開発の内容も，それに応じた強弱が必要となるはずである．また，今後気候変動が進むにつれて，南の地域にみられる管理の組み合せの特徴が，徐々に北方に移動していく傾向が現れるかもしれない．経済のグローバル化や遠隔地・条件不利地の過疎化が進むにしたがって管理内容に現れる変化についても，理論的な予測・評価が可能となるかもしれない．

　今後，水産庁や都道府県の支援も得ながら，全国の現場が普及版ツール・ボックスを活用する仕組みを構築できれば，その後は事例が自動的に増え，上記一般理論の検証・修正や，施策の選択肢の拡充が可能になると期待される．たとえば，横浜における漁業者とのワークショップにおいて，当初筆者らが準備していた工夫（施策）の一覧には「操業の安全」や「事故の防止」に関するものが

まったく入っていなかった．この点を漁業者に指摘されたとき，われわれ研究者は，これまで資源の持続可能性確保や環境の保全といったことばかりをみていて，実際に現場で働く人々の安全がみえていなかったことに気づかされたのである．このように，ツール・ボックスを用いた議論によって関係者の視座，視点，視角が変化し，その変化が再びツール・ボックスにフィードバックしていくことにより，漁業管理に関する知の「共進化」につながることが期待される．換言すれば，漁業者と研究者がツール・ボックスを一緒に活用することによって，双方の頭のなかが順応的に変化し，それがまたツール・ボックスの中身のダイナミックな変化につながっていくという，相互作用の機会となるのである．さらには，このツール・ボックスを活用することで現場の漁業管理の仕組みがどう変化していくのかについても，今後観察していく価値があるだろう．

　なお，優良事例データベースはまだ開発途中であるが，今後もデータ数を増やしていくとともに，管理対象の生態的条件と社会的条件に即して事例を検索できるような機能を構築する予定である．将来的には，対象資源の尾数や年齢構成，再生産にもとづく資源動態モデルや，価格形成に関する市場モデル，漁業者の経済行動や合意形成に関するモデルなどのさまざまな数理モデルと結合し，統合ソフトウェアを開発する作業も有効であろう．また，このツール・ボックスというアプローチを水産資源以外の自然資源や生態系サービスへと拡張する可能性についても，理論的検討に値するだろう．

［引用文献］

平川敬治．2011．魚と人をめぐる文化史．弦書房，福岡．
環境省．2011．海洋生物多様性保全戦略．環境省，東京．
川喜田二郎．1967．発想法——創造性開発のために．中央公論社，東京．
牧野光琢・廣田将仁・町口裕二．2011．管理ツール・ボックスを用いた沿岸漁業管理の
　　　考察——ナマコ漁業の場合．黒潮の資源海洋研究，12: 25–39．
牧野光琢．2013．日本漁業の制度分析——漁業管理と生態系保全．恒星社厚生閣，東京．
越智信也・西岡不二男・松浦勉・村田裕子．2009．魚食文化の系譜．雄山閣，東京．
水産総合研究センター．2009．わが国における総合的な水産資源・漁業の管理のあり方．
　　　https://www.fra.affrc.go.jp/kseika/GDesign_FRM/GDesign.html（2016. 07. 15）
水産庁．2014．平成 25 年度水産白書．水産庁，東京．
水産庁．2016．平成 27 年度水産白書．水産庁，東京．
植条則夫．1992．魚たちの風土記——人は魚とどうかかわってきたか．毎日新聞社，東

京.

山口徹. 2007. 沿岸漁業の歴史. 成山堂書店, 東京.

Charles, A. 2001. Sustainable Fishery Systems. Blackwell Science, Oxford.

Food and Agriculture Organization of the United Nations. 2015. Voluntary Guidelines for Securing Sustainable Small-Scale Fisheries: In the Context of Food Security and Poverty Eradication. FAO, Rome.

Food and Agriculture Organization of the United Nations. 2016. The State of World Fisheries and Aquaculture: Contributing to Food Security and Nutrition for All. FAO, Rome.

Garcia, S. M., J. Rice and A. Charles (eds.). 2014. Governance of Marine Fisheries and Biodiversity Conservation: Interaction and Coevolution. Wiley-Blackwell, West Sussex.

Grafton, R. Q., R. Hilborn, D. Squires, M. Tait and M. J. Williams (eds.). 2010. Handbook of Marine Fisheries Conservation and Management. Oxford University Press, Oxford.

Gutiérrez, N. L., R. Hilborn and O. Defeo. 2011. Leadership, social capital and incentives promote successful fisheries. Nature, 470 (7334): 386–389.

Jentoft, S., B. J. McCay and D. C. Wilson. 1998. Social theory and fisheries co-management. Marine Policy, 22 (4): 423–436.

Lim, C. P., Y. Matsuda and Y. Shigemi. 1995. Co-management in marine fisheries: the Japanese experience. Coastal Management, 23 (3): 195–221.

Makino, M. and H. Matsuda. 2005. Co-management in Japanese coastal fisheries: institutional features and transaction costs. Marine Policy, 29 (5): 441–450.

Makino, M. 2011. Fisheries Management in Japan: Its Institutional Features and Case Studies. Springer, Tokyo.

Makino, M. and H. Matsuda. 2011. Ecosystem-based management in the Asia-Pacific region. *In* (Ommar, R.E., R. I. Perry, K. Cochrane and P. Cury, eds.) World Fisheries: A Social-Ecological Analysis. pp. 322–333. Wiley-Blackwell, New York.

Neher, P. A., R. Arnason and N. Mollett (eds.). 1989. Right Based Fishing. Springer, New York.

Satty, T. L. 2008. Relative measurement and its generalization in decision making: why pairwise comparisons are central in mathematics for the measurement of intangible factors, The Analytic Hierachy/Netwaork Process. Review of the Royal Spanish Academy of Sciences, Series A, Mathematics, 102 (2): 251–318.

Uchida, H. and M. Makino. 2008. Japanese coastal fishery co-management: an overview. *In* (Townsend, R., R. Shotton and H. Uchida, eds.) Case Studies in Fisheries Self-Governance. FAO Fisheries Technical Paper 504. pp. 221–230. FAO, Rome.

17 協働を支えるバウンダリー・オブジェクト
——砂漠都市のための意思決定センター

デイブ・ホワイト，ケリー・ラーソン，アンバー・ウティッヒ
（翻訳：竹村紫苑，佐藤 哲）

　科学者と多様な価値と利害を有するほかのステークホルダーの間で，多岐にわたる知識システムを統合することは，社会生態系システムの持続可能性のための協働の大きな障害である．政策決定に対して科学が情報を与える能力に関する非現実的な期待，不確実性に関する科学的理解と政治的理解の相違，複雑な現象に関する科学者の合意のむずかしさ，科学的過程と政治的過程で時間スケールが異なること，さらに，科学者と政策決定者の間の社会的および文化的な相違などが，とくに大きな障害となっている．バウンダリー・オーガニゼーション理論は，このような障壁を克服するとともに科学と政策的意思決定の間のつながりを強化するための有望なアプローチを提供する．バウンダリー・オーガニゼーションは，地図やモデル，意思決定支援システムなどのバウンダリー・オブジェクトの構築に必要な制度や仕組み，場所，知識の双方向トランスレーター，インセンティブを提供する．バウンダリー・オーガニゼーションとオブジェクトは，多様なステークホルダーの関係構築を支援するものである．この章では，米国南西部の乾燥地域に広がるフェニックス大都市圏を舞台に，バウンダリー・オーガニゼーション理論の効果的な活用の例として，アリゾナ州立大学の「砂漠都市の意思決定センター（Decision Center for a Desert City; DCDC）」の設計と機能，および「WaterSim」と「意思決定シアター」の活用について検討する．

17.1　持続可能な水資源管理のための知識の協働生産ツール

　水資源管理は，複数の形態の知識の統合と多様なステークホルダー間の調整を必要とする．これは，持続可能性にかかわるほかの多くの課題にも共通することである．研究者の間には，複数の知識システムを持続可能性に関する政策

320

とアクションにリンクさせる革新的な手法とツールが必要であるという認識が
広がっており，さまざまな研究分野において持続可能性の実現のために多様な
コミュニティ間のリンケージと不連続性に関する検討が進められてきた（Clark
et al., 2011）．これによって，科学者，政策決定者，ステークホルダーのコミュ
ニティが，それぞれ独立に，しかし，「インタフェース」（Jones *et al*., 1999），
「ネクサス」（Hoppe, 2005），あるいは「バウンダリー」（Guston, 2001）をまた
いで相互作用しているという概念的なものの見方が確立してきた．社会的成果
を向上させるとともに持続可能性の実現という目標を達成するために，積極的
にステークホルダーの相互作用を管理する必要があるということが，これらの
研究で一貫して主張されている（Cash *et al*., 2003）．

　この章では，米国アリゾナ州フェニックス大都市圏における水の持続可能性
に関する知識の共有の取り組みを検討し，地域の水システムの持続可能性の向
上に向けた科学者と広範なステークホルダーとの協働のあり方を，実際の事例
にもとづいて提案する．その際に，このような知識生産を促し，生産的な対話
を可能にするためのモデル，シミュレーション，シナリオおよび意思決定支援
システムなどの知識と成果物の協働生産に着目する．また，ステークホルダー
と科学者が，水資源管理をサポートするために知識の活用と交流を強化し，社
会的学習を促進するための社会ネットワークを，どのようにして構築するかに
ついて検討する．バウンダリー・オーガニゼーションとバウンダリー・オブジェ
クトに関する社会科学的概念を用いて，科学者とステークホルダーの間の相互
作用のあり方を検討する．

　最初に，バウンダリー・オーガニゼーションとバウンダリー・オブジェクト
に関する研究から，これらの概念の基本を解説する．つぎに，アリゾナ州フェ
ニックス大都市圏における水資源管理システムについて，ガバナンス，需要，
供給，分配，および流出などを含む水システムの制度と仕組み，活動を概説す
る（Wiek and Larson, 2012）．最後に，これらの知見をもとに持続可能な未来
に関する統合知（地域環境知）の共創プロセスを明らかにして，持続可能性とい
うより大きな問題に関してこの事例がもつ意味を議論する．

17.2 バウンダリー・オーガニゼーション理論

バウンダリー・オーガニゼーション理論は，科学と政策の相互作用を理解し強化するためのアプローチの1つであり，気候変動（Pielke, 1995），農業（Cash, 2001），水資源（White *et al.*, 2008）など，環境科学および政策のさまざまな文脈に適用されてきた．当初は，科学と政策コミュニティに対する二重の説明責任をともなうバウンダリー・オーガニゼーションの組織構造，さまざまなコミュニティのアクターや専門的な中間支援者の参加，およびこれらの相互作用の永続的な生産物（すなわち「バウンダリー・オブジェクト」）に，研究の焦点があてられてきた（Guston, 2001）．バウンダリー・オーガニゼーションは，知識生産と意思決定の境界の能動的な策定と調整，およびこの両方にとって利益のある成果の創出という実践的価値をもつものである．

バウンダリー・オーガニゼーションの基本的な機能の1つは，バウンダリー・オブジェクトの創発を促すことである．科学社会学の分野が最初に，バウンダリー・オブジェクトを，「科学と政策の相互作用を融合的な視点から実体をもつもち運び可能なかたちで表現したもの」と定義した（Star and Griesemer, 1989）．バウンダリー・オブジェクトの実例としては，モデルにもとづく意思決定支援システム（White *et al.*, 2010），シナリオ（Girod *et al.*, 2009），および地図（Cutts *et al.*, 2011）などがある．バウンダリー・オーガニゼーションは，バウンダリー・オブジェクトの科学的および政治的構成要素の構築，脱構築，再構築のためのさまざまな過程，たとえば，多様なステークホルダーの関与を促すワークショップ，参加型モデル構築，データの統合と可視化，意思決定の支援などにかかわっている．図17.1は，このようなバウンダリー・オーガニゼーションの一例である「砂漠都市の意思決定センター（DCDC）」の組織と参加するステークホルダー，およびそこで展開されているプロセスの概要を示している．

バウンダリー・オーガニゼーションとバウンダリー・オブジェクトの成功は，さまざまな関与者の目から見た「信頼性」「正統性」および「顕著性」に依存している（Cash *et al.*, 2003）．信頼性とは知識の信用性と有効性であり，正統性は，知識が公正で，偏見によらず，ステークホルダーの複数の価値を統合するものであるという認識を意味し，顕著性は情報がユーザーに確かに関連してい

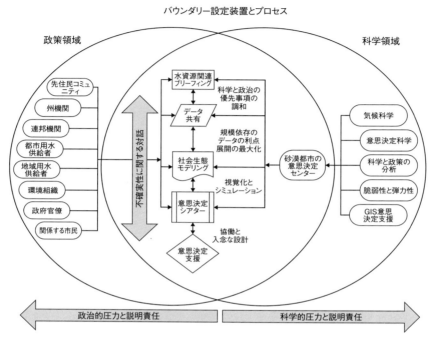

図17.1 バウンダリー・オーガニゼーション「砂漠都市の意思決定センター」の組織とステークホルダー，および活動のプロセス．

ることと定義できる．ほかにも，科学と政策の相互作用が成功するためには，意思決定と研究の関連性，政策過程と研究の適合，政策決定者にとっての研究の利用可能性，研究に対する政策決定者の受容性（Jones et al., 1999），あるいは学際性，ステークホルダーとの相互作用，利用可能な科学の創出（Lemos andMorehouse, 2005）などの特徴が必要であるという議論がある．バウンダリー・オブジェクトの信頼性，正統性および顕著性は，バウンダリー・オーガニゼーションが成熟すること，あるいは，バウンダリー・オーガニゼーションが効果的なファシリテーターであると評価されることによって改善される．バウンダリー・オブジェクトが有効に機能するためには，信頼性，正統性，顕著性の3要素が，科学および政策コミュニティの内部，さらにはこれらのコミュニティの間で，相互に補完的に働くことが必要である．

(1) 環境科学と政策の文脈——フェニックスにおける水資源管理

フェニックス大都市圏（Phoenix Metropolitan Area; PMA）は，アリゾナ州中央部のソノラ砂漠に位置し，暑く乾燥した亜熱帯砂漠気候に属している．平均年間降水量は 204 mm で，夏のフェニックスの日中気温は通常 43℃ を超える．現在の人口は約 450 万人で，過去数十年の間に米国でもっとも急速に成長した都市圏の 1 つである．乾燥気候と年間降水量の少なさにもかかわらず，この地域が発展したのは，連邦政府の補助金に支えられた大規模な水資源再生と水インフラ事業のおかげで，比較的豊富な水が供給されてきたことによる（Gober and Trapido-Lune, 2006）．水理学上の供給範囲を超えた大規模で広範囲の人工的な水システムによって，安定した水の供給が実現し，人口増加と経済的発展を後押しすることができた（図 17.2）．

フェニックス大都市圏には，50 を超えるよく整備された水道事業システムがあり，これらが緩やかに連結して地域の水ガバナンス・システムを構築してい

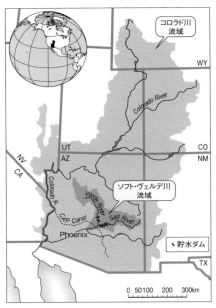

図17.2　フェニックス大都市圏の水源と水供給システムの概要．

る．フェニックス市は，「すべての予測可能な条件において市の水の利用者の
ニーズを満たすために，安全で，持続可能で，信頼できる，適正な価格の水を，
十分な量，確実に供給する」という，意欲的な水資源管理目標を掲げている
（City of Phoenix, 2011）．水資源の管理者は，内発的な供給変動，人口増加，都
市部の需要の増加，定期的な干ばつ，気候変動の地域的な影響などの，相互に
関連した課題に取り組まなければならない．このような課題に向き合う際に，
これまで水資源管理者はおもに物理的インフラ，工学，公共政策，水資源保全
事業に頼ってきた．

(2) 水の需要と供給

　フェニックス大都市圏は，4つの一次水源へのアクセスをもっている．① ソ
ルト・トント川および，ヴェルデ川水系からの局所的地表水，② コロラド川か
らの地表水，③ 地下水，および ④ 再生水，である．一般に，フェニックス大
都市圏を含む米国西部における地表水の権利は，優先権主義，つまり「早いも
の勝ち」の原則にもとづいて設定されている．これは，水の有効利用（たとえ
ば，農業，工業，都市利用）を最初に行った使用者が，より確実な（つまり，上
位の）法的権利を確立し，水不足の場合はより確実ではない（つまり，下位の）
水権利保有者に対して優先される，ということを意味する．アリゾナ州および
フェニックス大都市圏における地下水政策の枠組みは，州の大都市圏を含む重
要な水資源管理地域において，地下水の利用を最小限にしながら需給のバラン
スをとることを目標に制定された，1980年の地下水管理法（Groundwater Man-
agement Act; GMA）を中心に構築されている．

　ソルト・トント川とヴェルデ川の流域は，アリゾナ州の中央部と北部の約3
万3800 km^{2}の森林・高地に広がっている．これらの水源からフェニックス大
都市圏に供給される水量は，およそ年間11.1億–12.3億 m^{3}である．局所的地
表水の供給は，ソルト川プロジェクトによって優先権主義にもとづいて管理さ
れ，家庭用，商業・工業用，農業用水利用者を含む，約970 km^{2}のサービスエ
リアのユーザーに水を供給している．

　コロラド川は，ロッキー山脈を水源とし，64万 km^{2}におよぶ広大な乾燥し
た流域を流れている．コロラド川の水は，「川の法律」と総称される複数の法
律，裁判所の判決，および規制によって，優先権主義にもとづいて管理されて

第17章 協働を支えるバウンダリー・オブジェクト 325

おり，これが米国の7州とメキシコの間の水の分配の指針となっている．アリゾナ州は，コロラド川から年間約18.5億 m^3 の水を運んでおり，そのうちの41%がフェニックス地域に向けたものである．コロラド川の水のアリゾナ州への配分は，中央アリゾナ州水環境保全区（Central Arizona Water Conservation District; CAWCD）によって管理されており，この水はアメリカ先住民部族のコミュニティ，水道用水，工業用水，農業用水の利用者に供給されている．継続的な干ばつとコロラド川水系の長期的な持続可能性に関する懸念に対応するために，米国内務省と水の分配を受ける7州は，極端な干ばつの際の水の分配に関する協定を採択しており，水の不足時にはアリゾナ州を含む各州に対するコロラド川からの水供給が減らされることになっている．

　フェニックス大都市圏は，貯水量が多い比較的深い地下水の帯水層をもつことが特徴である．アリゾナ州水資源局の概算によれば，フェニックス大都市圏における地下水の供給可能量は，深さ約305 mまででおよそ9800万 m^3 である．フェニックス大都市圏の水資源管理に影響するもっとも重要な政策の1つは，1980年に制定されたアリゾナ州の「地下水管理法」である．この法律は，農業経済を可能な限り継続させながら，将来の都市化のための水供給を維持することを目標としている．徐々に都市部の水資源保全のレベルを高めながら，農地を撤退させて水の利用を都市部に切り替え，今後100年の水の供給を保証して新規の都市開発を可能にし，帯水層からの地下水採水量と自然または人工的手段による注水量のバランスをとって「安全取水量」を実現することが，地下水管理法の骨子である（Jacobs and Holway, 2004）．この法律は地下水利用の権利と認可のプログラムを定め，取水量の測定と報告を使用者に求めている．地下水管理法の執行は必ずしも公平ではなく異論の多いものだったが（Hirt *et al.*, 2008），コロラド川からの水供給の増加と都市部における節水によって，地下水の過剰取水は，2000年以降は着実に減少している．

　現在，フェニックス大都市圏では処理済の排水が農業や景観修復のための灌漑，工業用冷却水，および地下水への再注入などのさまざまな有益な目的に使用されている．2010年の概算によれば，フェニックス地域の都市排水量は約4億5600万 m^3 であり，排水の再利用率は82%という高いレベルに達している（Middel *et al.*, 2013）．

　フェニックス大都市圏の都市用水，工業用水，および農業用水は，ダム，貯

水池，運河，配管のインフラ・ネットワークを通じてユーザーに提供されている．ソルト川プロジェクトは，総貯水量29億m³の7つのダム・貯水池を管理しており，211 kmにおよぶ運河のネットワークを通じて，重力に依存して水を運んでいる．このシステムは，都市部の上水処理場や，灌漑利用ユーザーに水を届けるための運河の支流や地表の用水路にも接続されている．コロラド川の水は，中央アリゾナ・プロジェクト（Central Arizona Project; CAP）の運河を経由してフェニックス大都市圏に運ばれる．運河の建設は1973年に始まり，20年をかけて約40億ドルの費用を費やして完成した．このシステムは14のポンプ場を備え，コロラド川の水を約900 m揚水して，541 kmの主水路を通じてカリフォルニア州とアリゾナ州の州境からフェニックス大都市圏，さらにアリゾナ州南東部のトゥーソンにまで水を届けている．

フェニックス大都市圏でおもに水を必要とするセクターは，都市，農業，工業およびアメリカ先住民である．歴史的には，この地域では灌漑農業がおもな水の使用分野であったが，農業利用は最近数十年で減少している．現在は，総需要に対して，都市需要が約50％，農業需要が33％，アメリカ先住民の需要が11％，工業需要が残りの7％を占めている（ADWR, 2010）．

水は，使用された後，蒸発，流出，土壌と帯水層内への浸透によって，水文システムに戻る．一部の水は物理インフラを経由して，フェニックス大都市圏の92の排水処理施設に運ばれる．フェニックス市では，水供給量の30–40％が使用後に排水システムに流入する．そして，排水処理施設で物理化学的，生物学的な処理を受け，地表水の水路に排出されるか，帯水層に再注入されるか，あるいは，雑用水として直接使用される．

(3) 気候変動と将来の課題

フェニックス大都市圏においては，水資源に対する将来の気候変動の影響が予想されている．気候変動に関する政府間パネル（IPCC）は，淡水系に対する気候変動の悪影響は顕著なものとなり，人口増加，経済発展，土地利用の変化といったほかのストレス要因の影響も増大させる可能性がたいへん高いと報告している（Bates *et al.*, 2008）．米国西部も，ほかの半乾燥地域と同じように再生可能な淡水供給が減少し，地下水への依存が増大する可能性があると予測されている．このような変化がすでに進行中であり，気温上昇，干ばつ，氷塊の

第 17 章 協働を支えるバウンダリー・オブジェクト　327

減少，河川流量の減少などの現象が人間活動に起因する気候変動と連動して，予想よりも速く発生する可能性がある（Overpeck and Udall, 2010）．現在米国西部で発生している干ばつは，過去 1 世紀の間でもっとも深刻なものとなっており（Cayan *et al.*, 2010），地表水だけでなく地下水の貯水にも影響している（Castle *et al.*, 2014）．2014 年の全米気候評価によれば，氷塊と地表水の流量が減少し，気温上昇に加えて都市，農業および生態系への水の供給量の減少を促進すると予測されている（Melillo *et al.*, 2014）．

　フェニックス大都市圏では，不確実性と脆弱性を管理するためにきわめて頑健でレジリエンスの高い水システムが構築されているが，未来に向けてむずかしい課題と選択が残されている．従来の水資源管理は，普通は専門家に主導され，過度に官僚的で，テクノクラートによる確固とした技術的解決に依存してきた．このような伝統的なレジームは経路依存性に陥りやすく，段階的な改善を超えて持続可能性の実現に向かうトランスフォーメーションを促すための制度的インセンティブに欠ける傾向がある．中央集中的で，規制的で，予測と計画に依存し，技術優位の水管理モデルから脱却することを，多くの人々が求めている．これに代わるものとして，分散型で参加型の水資源ガバナンスのレジームが提案されている．多面的な不確実性を管理し，異なるステークホルダーの価値と優先順位を反映し，探索型のモデルを使用して複数の起こりうる未来を予測し（シナリオ作成），根拠にもとづく政策を実施し，変化する条件に適応し，そして，社会的学習を促すことを目指すのである．

17.3　バウンダリー・オーガニゼーション——砂漠都市の意思決定センター

　アリゾナ州立大学（Arizona State University; ASU）の砂漠都市の意思決定センター（DCDC）は，アメリカ国立科学財団（National Science Foundation; NSF）の「不確実性のもとでの意思決定プログラム（Decision Making under Uncertainty; DMUU）」からの資金援助を受けて 2004 年に設立された．この共同研究グループは，水資源の持続可能性と都市の気候変動への適応という文脈において，不確実性のもとでの意思決定についての本質的な知識を蓄積してきた．DCDC は，設立当初からバウンダリー・オーガニゼーション理論の概念を

328

実践することを目指して設計されており，このバウンダリー・オーガニゼーションを有効に機能させる方法を理解するための研究を推進すると同時に，同じような取り組みに対するレッスンを導くことを目指してきた．．

(1) バウンダリー・オーガニゼーションの設計

　すでに述べたように，バウンダリー・オーガニゼーションは科学と政策コミュニティに対する二重の説明責任と，さまざまなコミュニティのアクターや専門的な中間支援者の参加を重要な特徴としている（Guston, 2001）．DCDC がこれらの側面で成功したか否かを評価し，順応的管理に必要な情報を提供するために，さまざまな研究が行われてきた．たとえば，バウンダリー・オーガニゼーションに参加している水資源管理者のなかには，科学と政策のインタフェースに関して，知識の移転に関する「技術モデル」と「社会−組織モデル」に対応した 2 つの大きく異なる見解があることが明らかになっている（White *et al*., 2008）．水資源管理者の一部，とくに伝統的な科学・工学分野で教育を受けた人々は，科学と政策決定をはっきりと異なる領域とみなし，意思決定は合理的に行われ，情報は研究者から政策決定者に直線的に流れるものと考えている．一方，意思決定に権限をもつ水資源管理者にみられるポスト・ノーマルな見解では，科学と政策はより流動的で再帰的な相互作用のプロセスをもつものとみなされている．後者の見解をもつ意思決定者は，関連する知識の生産，データの共有，シナリオ作成，多様なステークホルダーとのコミュニケーションにおいて，研究者とうまく協働できているようである．水資源管理者に対するインタビューを通じて，バウンダリー・オーガニゼーションの規範的モデルが開発された．このモデルでは，さまざまな政策アクターと研究者コミュニティが，おたがいの領域を尊重するとともにさまざまな種類の不確実性に着目するかたちで相互作用を行う（図 17.1）．これらの研究から，科学的圧力と政治的圧力の調和の必要性，セクターごとの説明責任の線引きの相違，迅速な意思決定のニーズと研究の速度の遅さ，基礎科学と応用研究における利害の相違などが，DCDCが効果的なバウンダリー・オーガニゼーションとして機能するための主要な課題であることが浮かび上がった（Crona and Parker, 2008）．

　バウンダリー・オーガニゼーションにさまざまなステークホルダーが参加できる場を創出し，バウンダリー・オブジェクトの創発を促すために，DCDC は

以下のようなプロセスを動かした．① 毎月「水／気候ブリーフィング」を開催し，パネルディスカッションを行って，科学者，学生，ステークホルダー，コミュニティメンバーのネットワーク形成を促す．②「科学・政策統合のためのインターンシップ（Internship for Science Policy Integration; ISPI）」を実施して研究と教育における学生，教員，コミュニティのパートナーの全面的な協働を推進する．③ 科学者とステークホルダーの間でデータとモデルを共有し，共同研究プロジェクトの形成と集合的な関心と懸念に関する信頼の構築を支援する．④ モデリング，視覚化，および意思決定研究を協働して実施し，問題の理解の共有と研究の信頼性，顕著性，正統性の向上を促す（Quay *et al.*, 2013）．これらのプロセスに参加した研究者と実務者は，このようなネットワークが① 「水／気候ブリーフィング」と科学・政策ワークショップを通じたネットワーク構築，② 意思決定者にとって意味がある研究成果の創出，③ コミュニケーション研究のためのモデリングとその結果の視覚化，および，④ 学生教育と一般へのアウトリーチ，に関して，たいへん効果的であると考えている（Crona and Parker, 2008）．

(2) 社会ネットワーク

　バウンダリー・オーガニゼーションがどのようにして社会的学習と知識の交流をプロジェクトの初期段階で強化することができたかを把握するために，社会ネットワーク分析を行った（Crona and Parker, 2011）．その結果，メイン・アクターで構成される比較的小さなコミュニケーション・ネットワーク（バウンダリー・オーガニゼーションのリーダーとステークホルダーのコミュニティにおけるカウンターパートなど）と，9つの小さなグループ（ステークホルダーとのかかわりが少ない研究プロジェクトを実施する教員と学生の小グループなど）が形成されていることが明らかになった．この研究によって，初期段階のDCDCの研究は十分に学際的ではなく，社会科学と生物物理化学の統合と広範なステークホルダーの参加が不足していたことが判明した．これらの知見は，学際的な研究とステークホルダーの関与の強化に向けた組織設計の改善に活用された．具体的には，異なる分野の教員による共著論文の出版に対するインセンティブの付与，学内補助金の採択の際の学際研究に対する優遇措置，ステークホルダーを共同研究者とする外部資金プロポーザルの推奨などが試みられた．

また，この研究によって社会ネットワークの動態がステークホルダーの知識の活用に影響を与える仕組みも明らかになった．政策決定者と研究者の直接的な社会的相互作用（たとえば，定期的な会合）は，意思決定のための科学の活用を強化した．政策決定者自身がバウンダリー・オーガニゼーションに関して議論することによって，共創された知識の活用も強化された．

DCDC のようなバウンダリー・オーガニゼーションの主要な機能の 1 つは，地図やモデル，シミュレーション，シナリオなどのバウンダリー・オブジェクトの創出である．バウンダリー・オブジェクトは，多様な視点を反映したツールの設計と構築のための，科学者とステークホルダーの協働への道を開くものである．DCDC の場合，WaterSim という水収支モデルが，もっとも重要なバウンダリー・オブジェクトであった．

17.4　バウンダリー・オブジェクト──WaterSim

DCDC は，フェニックス大都市圏の水の需要と供給を推定する WaterSim モデルを構築した．このモデルは，科学と政策のギャップを埋めるバウンダリー・オブジェクトであり，地域の水資源の持続可能な管理計画を作成する際に必要な知識を提供するために開発された．これには気候変動によって多様な時空間的規模にわたって発生する可能性のある影響も組み込まれている．それぞれの水資源管理機関の多くは，当然ながら個々のサービス地域と顧客に着目しており，このようなニーズに対して十分な取り組みを行ってはいなかった．州や連邦機関も，より大きな空間的規模と広範な政策課題に着目する傾向があり，これらのニーズには対応していなかった．WaterSim を用いることによって，ユーザーは，地域の発展，干ばつ，気候変動の影響，および水管理政策に関連した多様な将来シナリオから，水資源の持続可能性がどのように影響されるかを検討することができる．WaterSim は，システムのダイナミック・モデルであり，ユーザーは水の需要，供給，気候，人口および政策などに関する通常は個別に収集されるデータを統合し，相互にリンクさせることで，これらの変数の相互作用についてシステムレベルで理解することができる．ユーザーが 1 つの変数を変更することで，それがどのようにほかの変数に影響するかを検討することができるという点で，このモデルはダイナミックでもある．また，WaterSim

第 17 章　協働を支えるバウンダリー・オブジェクト　331

は，視覚化のためのツールでもあり，ユーザーはたくさんのページにわたる図表やグラフを 1 つ 1 つ読み込んでいくのではなく，データに関するグラフィックを並べて比較し，変数どうしがどのように関連しているかを一目で理解できる．

　WaterSim は，参加型モデリングのアプローチによって開発された（White *et al.*, 2010）．バウンダリー・オーガニゼーションの科学者は，水管理コミュニティのステークホルダーと協働してモデルを設計し，データソース，モデルの計算，空間的な規模，時間，結果の指標および視覚化の手法やプロセスを協働して選択し，調整を加えてきた．このプロセスを繰り返すことによってステークホルダーからのフィードバックを受け，モデルは科学的信頼性を強化し，意思決定に対する関連性を向上させ，複数のステークホルダーのグループに対するモデルの正統性を高めるように洗練され，改良された．モデリングのプロセスの「ブラック・ボックス」を開放することによって批判的な検討と改善が可能になり，バウンダリー・オーガニゼーションとステークホルダーは，このバウンダリー・オブジェクトを協働開発することに成功したのである．

　WaterSim の設計には，将来の不確実性を検討するために予測的モデリングのアプローチを採用した．たとえば，不確実性の 1 つの側面として，コロラド川，ソルト・トント川およびヴェルデ川水系の流量の経年変動がある．WaterSim は，歴史的な，さらには古気候にみられる流量パターンを分類し，それをシナリオの基本情報として用いることで，この不確実性に対応している．水資源の持続可能な未来を構成する要素に関しては，ステークホルダーの間に意見の相違があることを認識したうえで，持続可能性に関する多様な視点に対応したシナリオにもとづいて，異なる未来像に対応できるアウトプットを提供するように構築されている．異なる空間的な規模においてどの水資源管理の選択肢が有効かについても，さまざまな意見がある．そのため，WaterSim は，幅広い価値を反映した管理の選択肢を含むように設計された．WaterSim の使い方は，2 種類ある．1 つはウェブ上のインタフェース（図 17.3）を用いるもので，ユーザーはさまざまな視覚的な手段を用いて都市部の水資源の持続可能性指標や水システムの効率性の指標にかかわる複数のシナリオを操作することによって，最終的なシナリオを構築することができる．もう 1 つは複数のシナリオを自動的に統合して総合的なシナリオを構築するアプリを使用するもので，水の

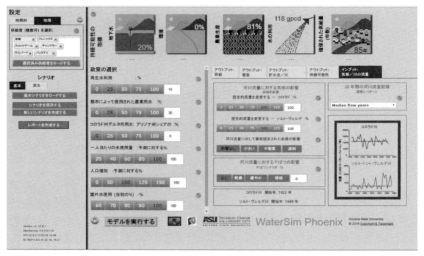

図17.3 WaterSimのウェブ上のインターフェースを用いて，ユーザーは水資源に関するさまざまなシナリオの指標を操作できる．

需要と供給に影響する外部要因の変化と，水資源管理政策の変化を反映する「政策レバー」をユーザーが操作することができるものである．

(1) WaterSimにおける持続可能性と不確実性

　WaterSimのようなバウンダリー・オブジェクトは，複数の科学者とステークホルダーとの協働によって構築されているため，このような異なるグループの視点を理解することが重要である．それぞれのグループがもつ仮定，選択および意思決定が，最終的に生産される知識とツールに影響するからである．主要な問題を理解する方法がグループごとに異なることは，環境問題と解決策に関するバウンダリーを構築し，言説をせばめ，あるいは拡張し，問われている問題や生産される知識，影響力あるアクターの構成に影響することで，最終的には政治的機会と意思決定にも影響する．このようなバウンダリー・オブジェクトの設計上の課題に対応するために，WaterSimの設計の基礎となった水資源の持続可能性に関する概念の枠組みを，モデル製作者がどのようにして設定したかについて検証を試みた（White, 2013）．その結果，モデル製作者は，長期的な干ばつ，気候変動の影響および人口増加によって引き起こされる不確実

で長期的な水供給不足という観点から，持続可能性を定義したことが明らかになった．バウンダリー・オブジェクトの設計者は，人口増加と経済発展を支えることができるような持続可能な地下水管理を実現するために，需要の管理，農地の撤退，農業用水の都市用水への転換を含むかたちで，解決策の枠組みを設定した．このような枠組みの設定は直感的に妥当であり，関連する政策的な枠組み（たとえばアリゾナ州地下水管理法）にも合致している．しかし，このような見方は，大きな社会転換をともなう解決策，あるいは社会的公正などの持続可能性のほかの側面に関する議論への道筋を開いているとはいえない．つまり，モデル作成者が設定した仮定や選択肢は，既存のシステムや政策を強化するものであり，新しい革新的な，あるいは転換的な解決策を可能にするものではなかった．したがって，このような枠組みの設定は持続可能性を包括的に定義したものではなかったということができる．

　科学者とステークホルダーの間で，不確実性に関する理解，コミュニケーションのあり方，および視覚化の方法が異なっていることが，水資源の持続可能性のために知識を行動に結び付ける際の，もう1つの大きな課題である．社会集団間のこのような大きく隔たったものの見方は，コミュニケーションと調整をさらに困難にしている．意思決定支援システムを政策決定者が評価する際の不確実性に関する理解は，政治的言説と科学的言説の両方を反映している（White *et al.*, 2015）．政策決定者は，知識やモデルの結果にみられる不確実性を政治的な言語を用いて理解し，特定の社会的，経済的，および政策決定に関する文脈から，政治的コストの推定が誤っていると認識しがちである．しかし，政策決定者はWaterSimモデルを評価する際に，不確実性とリスク分析に関する科学的アプローチも同時に活用していた．たとえば，水資源に関する意思決定者のグループは，モデルが提供する知識の確実性を，統計的・確率論的言語を用いた古典的な科学的解釈によって評価しただけでなく，確実性に関する標準である95％の信頼区間の概念も活用していた．水資源に関する意思決定者は，このモデルを，科学的不確実性と政治的不確実性を統合するための議論の機会を提供するものとみなしたのである．たとえば，市議会議員，州議会議員から州知事に至る政策決定者を水システムについて教育するために，モデルによる視覚化には潜在的な実用性があると指摘した人もいた．

(2) 意思決定シアターにおける WaterSim

アリゾナ州立大学（ASU）の意思決定シアターは，WaterSim のシミュレーションとモデリング，および視覚化研究を充分に活用している（図17.4）．意思決定シアターは，最新のステークホルダーとの協働の技術，コンピュータ技術，およびディスプレイ技術にもとづいて，データの視覚化，モデリング，シミュレーションを展開している．ASU キャンパスの意思決定シアターに加えて，ASU マケイン国際リーダーシップ研究所がワシントン DC にも意思決定センター環境を構築している．

意思決定シアターにおける WaterSim を題材として，ステークホルダーがバウンダリー・オブジェクトをどのように認識し，反応したかについて検討した．その結果，多様な意思決定者（政策決定者，データ分析担当者，コンサルタント）が，当初はこのモデルの信頼性，顕著性，および正統性についてたいへん懐疑的であったことが判明した（White et al., 2010）．政策決定者はほかの人々と比較してこのモデルをより信頼性と正統性があるものとみなしていた．おそらくその理由は，資源管理においてしばしば検討される政策や変数を操作できる「政策レバー」（たとえば，干ばつの程度や経済成長）を WaterSim が実装していること，および政策決定者が不確実性への対応に慣れているためと考えられる．最近では，このモデルを地域の水供給機関の担当地域にスケールダウンし，需要側に対する配慮を加えることによって，このような懐疑に対応しよう

図17.4　アリゾナ州立大学のキャンパスにある「意思決定シアター」．

第 17 章　協働を支えるバウンダリー・オブジェクト　335

としている.

　意思決定シアターにおけるステークホルダーとの協働による WaterSim の設計過程は，ステークホルダーが政治的に微妙なトピックを異なる文脈でどのように議論するかを検討する貴重な機会となった．意思決定者は，きわめて微妙なトピック，たとえば WaterSim モデルの科学的妥当性や脆弱なコミュニティなどに関しては，自分の意見を表明する手段として，フォーカス・グループによる議論よりも自己記入式アンケートを好んだが，より単純なトピックに関してはこのような傾向はなかった（Wutich *et al.*, 2010）．ただし，決定的な情報の共有，あるいは，対話を通じた切迫した問題の解決のために，意思決定者がアジェンダ設定と政治的不確実性への対応のための「ゲートキーパー」の役割を果たせる可能性を認識している場合は例外であった.

(3)　教育と参加のための WaterSim

　バウンダリー・オブジェクトは，おもに科学者とモデル作成者が水資源の専門家（たとえば，政策決定者，管理者）と協力して協働開発してきた．その一方で，DCDC は，学校，会議，フェスティバルなどさまざまな公共の場でのインフォーマルな教育と参加のための，WaterSim の「モバイル意思決定シアターバージョン」も提供してきた．たとえば，WaterSim は，米国最大の STEM（科学・技術・工学・数学）教育イベントである米国科学・工学フェスティバル（2016 年，ワシントン DC）において，国立科学財団のブースで展示された．このフェスティバルには，約 35 万人の入場者があった（図 17.5）．WaterSim はフェニックス大都市圏のために開発されたモデルであるが，DCDC は，最近「WaterSim アメリカ」を開発した．WaterSim アメリカは，スミソニアン協会の移動博物館システムの一部である Museum on Main Street プログラムの「水のあり方（Water/Ways）」展示に採用されており，これによって小規模な町の住民の直接参加を促し，十分なサービスが行き届かない農村部コミュニティに新たな光をあてることを目指している．また，WaterSim は，アメリカ合衆国議会のための科学エキスポや，STEM 教育におけるキャリア形成への学生の参加促進を目指す国立科学財団の「世界を変える——科学と工学の専門職フェア」でも紹介された．モデルのモバイル意思決定シアターバージョンは，システム思考とモデリングのカリキュラムを開発するための就学前，初等，中等教育

図17.5 米国科学・工学フェスティバル（2016年，ワシントンDC）で展示されたWaterSimの「モバイル意思決定シアターバージョン」．

(K-12教育)の教員研修でも活用されている．このような取り組みは，一般の人々に対して，干ばつと気候変動のなかで乾燥地域における水資源管理を実現することの複雑さと，持続可能な水システムの維持に向けたさまざまなトレードオフに関する対話の必要性を伝えようとするものである．

(4) WaterSimを活用した予測的モデリング

高度な応用シナリオ分析のために，WaterSimを使って複数のモデルのシミュレーション結果を組み合わせることもできる．応用シナリオ分析は，複数のありうる未来の大きな集合を分析してパターンを抽出し，短期の技術的意思決定と長期の戦略計画の指針となる少数の戦略的概念を定義し，自然システムと社会システムの不確実性を探索するための予測的アプローチである．このモデルは，予測される未来の水の需要と供給に影響するさまざまな変数を操作すると同時に，「政策レバー」の位置と組み合せをさまざまに変更して，ありうる未来のシステム状態のセットを提供するものである．ありうる未来の1つについて，複合的な都市システムを通過する水の流れの特徴を記述するいくつかの指標を用いて，水システムのパフォーマンスを評価することもできる．また，このような指標群は非常に大きなデータセットを提供するので，そこにみられるパターンを分析することによって，不確実性の下でのさまざまな水資源管理政策に関

第 17 章　協働を支えるバウンダリー・オブジェクト　337

する地域および広域の意思決定に，有益な示唆を与えることができる．

　WaterSim を活用した予測的モデリングによって，フェニックス大都市圏における水資源管理に役立ついくつかの示唆が得られている．たとえば，気候が現在と変わらず水資源管理政策も維持されるとすると，地域の現在の水資源システムは今後 65 年にわたって地下水資源の枯渇を促進するだろう．地下水資源は少なくとも約 30% 減少すると予測され，さらに大きな減少も起こりうる．帯水層の地下水貯蔵量の潜在的な変動に関する地域的な分析を行った結果，過去の歴史的な流量のレベルでも，この地域が 2025 年までに「安全取水量」を実現することはできないことが示唆されている（Sampson *et al.*, 2016）．1980年のアリゾナ州地下水管理法では，安全取水量は，地下水採水と再注入のバランスで定義され，フェニックス大都市圏の主要な政策目標の 1 つとされている．気候変動の影響がより深刻になれば，水の備蓄，新規の大規模な表面水利用権の獲得，1 人あたりの水使用量のさらに大幅な削減，経済成長の抑制などの，より厳格な新しい水管理戦略が要求されることになるだろう．予測的モデリングに WaterSim を活用した別の研究によると，シミュレーションによって都市部の成長を続けながら極端な干ばつに耐えることは可能であることが示唆されたが，そのためには，経済成長を緩やかにするのための管理，水資源の保全のための取り組みの拡充，および大きな費用を要するインフラ整備を組み合わせて実施することが必要となる．図 17.6 は，気候変動による大規模干ばつが発生するという条件のもとで，干ばつ対策のためのさまざまな政策（① 経済成長の抑制，② 都市および工業用水保全，③ 水の備蓄，④ 逆浸透再生水，⑤ 帯水層への再注入）が，地下水の利用可能年数に与える影響を示している（Gober *et al.*, 2016）．このモデルに政策がもつ累積的な影響を加味すれば，経済成長の緩やかな減速に継続的な水資源保全と再利用を組み合わせることによって，持続可能なレベルで水を利用できる年数が維持され，さらに水の備蓄と再注入を加えることによって経年変動によるマイナスの影響を軽減することが可能と考えることができる．

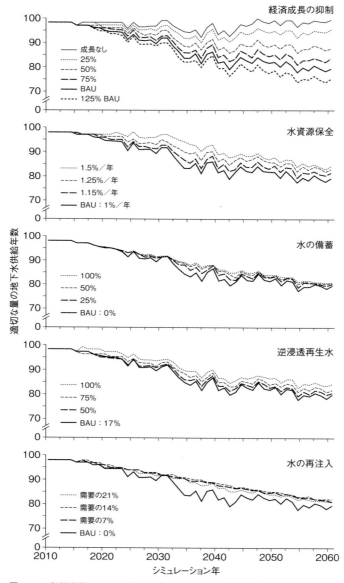

図17.6 気候変動による大規模干ばつが発生するという条件のもとで，さまざまな政策が地下水の利用可能年数に与える影響 (Gober et al., 2016).

17.5 持続可能な水資源管理におけるバウンダリー研究の役割

この章では，フェニックス大都市圏において，科学者とステークホルダーの協働が地域環境知を共創し，都市水資源管理に関する集合的意思決定を実現してきたプロセスを検討し，意思決定と知識の活用に対して科学と政策の相互作用がもたらすインパクトを解明することを目指した．10年以上にわたって継続してきた科学と政策のかかわりのまとめとレビューを試みるなかで，政策決定者からの報告にもとづいて，このバウンダリー・ワークのいくつかのインパクトの事例が紹介されている（Wutich *et al.*, 2010）．シニアの水政策専門家の1人は，「個人的には，（DCDCとわれわれの関係は）不確実性のもとでの意思決定のためのより適切な文脈を提供してくれたし，気候変動のリスクをもっと真剣に検討するよう促してくれた」と結論した．また，ある都市水道事業の管理者は，「将来の正確な予測はむずかしいが，とくに水のような重要なことが関係する場合には，関係する諸機関がさまざまな起こりうる結果に対して準備を整えておくことが有益であるということを，シナリオ分析を通して人々に理解してもらうことが重要な役割であり，このような活動は，水資源管理計画や水供給／排水インフラ計画の策定に影響を与えた」と述べている．

フェニックス大都市圏では，知識とアクションのネットワークが，科学者と政策決定者の橋渡しをするバウンダリー・オーガニゼーションの機能を強化するかたちで構築されてきた．専門的な職能集団のなかのニーズ，目標，圧力のちがいからさまざまな課題が発生しているが，科学者と政策決定者のグループ内部でのコミュニケーション，さらにはグループどうしをつなぐコミュニケーションが，DCDCを通して生産された知識が意思決定において確実に活用されるために不可欠であった．また，バウンダリー・オーガニゼーションやオブジェクトに関する研究は，意思決定者にとってのWaterSimなどのバウンダリー・オブジェクトの顕著性，信頼性，および正統性を向上させることにも貢献した．そのためには，広域（大都市圏）レベルから水に関する公共施設が運営されるレベル（地方自治体）にダウンスケールすることによるモデルの関連性の向上，利用可能な最良のデータと広範な起こりうるシナリオを取り込むことによるモデルの信頼の確立，および，モデルに組み込んだ「政策レバー」を需要と供給の

両面の選択肢を含むように拡充することが必要だった．このような経験は，バウンダリーに関する活動，研究，および意思決定プロセスの間の相互作用を繰り返すことによって，バウンダリー・オーガニゼーション自体とそれを支える科学者や政策決定者が，相互に学び，成長し，進化することができることを，あらためて確認するものであった．

[引用文献]

Arizona Department of Water Resources. 2010. Arizona Water Atlas, Active Management Area Planning Area, Vol. 8. http://www.azwater.gov/azdwr/StatewidePlanning/WaterAtlas/ActiveManagementAreas/documents/Volume_8_final.pdf (2017.05.08)

Bates, B.C., Z.W. Kundzewicz, S. Wu and J.P. Palutikof (eds.). 2008. Climate Change and Water: Technical Paper of the Intergovernmental Panel on Climate Change. IPCC Secretariat, Geneva.

Cash, D.W. 2001. "In order to aid in diffusing useful and practical information": agricultural extension and boundary organizations. Science, Technology & Human Values, 26 (4): 431–453.

Cash, D.W., W.C. Clark, F. Alcock, N.M. Dickson, N. Eckley, D.H. Guston, J. Jäger and R.B. Mitchell. 2003. Knowledge systems for sustainable development. Proceedings of the National Academy of Sciences, 100 (14): 8086–8091.

Castle, S.L., B.F. Thomas, J.T. Reager, M. Rodell, S.C. Swenson and J.S. Famiglietti. 2014. Groundwater depletion during drought threatens future water security of the Colorado River Basin. Geophysical Research Letters, doi 10.1002/2014GL061055.

Cayan, D.R., T. Das, D.W. Pierce, T.P. Barnett, M. Tyree and A. Gershunov. 2010. Future dryness in the southwest US and the hydrology of the early 21st century drought. Proceedings of the National Academy of Sciences, 107 (50): 21271–21276, doi 10.1073/pnas.0912391107.

City of Phoenix. 2011. Water Resource Plan City of Phoenix. Water Services Dept., Phoenix.

Clark, W.C., T.P. Tomich, M. van Noordwijk, D. Guston, D. Catacutan, N.M. Dickson and E. McNie. 2011. Boundary work for sustainable development: natural resource management at the Consultative Group on International Agricultural Research (CGIAR). Proceedings of the National Academy of Sciences, 113 (17): 4615–4622. doi 10.1073/pnas.0900231108.

Crona, B. and J.N. Parker. 2008. All Things to All People: An Assessment of DCDC as a Boundary Organization. Arizona State University, Tempe.

Crona, B.I. and J.N. Parker. 2011. Network determinants of knowledge utilization preliminary lessons from a boundary organization. Science Communication, 33 (4): 448–471.

第 17 章　協働を支えるバウンダリー・オブジェクト　341

Cutts, B.B., D.D. White and A.P. Kinzig. 2011. Participatory geographic information systems for the co-production of science and policy in an emerging boundary organization. Environmental Science & Policy, 14 (8): 977–985.

Girod, B., A. Wiek, H. Mieg and M. Hulme. 2009. The evolution of the IPCC's emissions scenarios. Environmental Science & Policy, 12 (2): 103–118.

Gober, P. and B. Trapido-Lurie. 2006. Metropolitan Phoenix: Place Making and Community Building in the Desert. University of Pennsylvania Press, Philadelphia.

Gober, P., D.A. Sampson, R. Quay, D.D. White and W.T. Chow. 2016. Urban adaptation to mega-drought: anticipatory water modeling, policy, and planning for the urban Southwest. Sustainable Cities and Society, 27: 497–504.

Guston, D.H. 2001. Boundary organizations in environmental policy and science: an introduction. Science, Technology, & Human Values, 26 (4): 399–408.

Hirt, P., A. Gustafson and K. Larson. 2008. The mirage in the Valley of the Sun. Environmental History, 13 (3): 482–514.

Hoppe, R. 2005. Rethinking the science-policy nexus: from knowledge utilization and science technology studies to types of boundary arrangements. Poiesis & Praxis, 3 (3): 199–215.

Jacobs, K.L. and J.M. Holway. 2004. Managing for sustainability in an arid climate: lessons learned from 20 years of groundwater management in Arizona, USA. Hydrogeology Journal, 12 (1): 52–65.

Jones, S.A., B. Fischhoff and D. Lach. 1999. Evaluating the science-policy interface for climate change research. Climatic Change, 43 (3): 581–599.

Lemos, M.C. and B.J. Morehouse. 2005. The co-production of science and policy in integrated climate assessments. Global Environmental Change, 15 (1): 57–68.

Melillo, J.M., T.C. Richmond and G.W. Yohe. 2014. Highlights of Climate Change Impacts in the United States: The Third National Climate Assessment. Global Change Research Program, Washington, D.C.

Middel, A., R. Quay and D.D. White. 2013. Water Reuse in Central Arizona. Decision Center for a Desert City, Arizona State University, Tempe.

Overpeck, J. and B. Udall. 2010. Dry times ahead. Science, 328 (5986): 1642–1643.

Pielke, R.A. 1995. Usable information for policy: an appraisal of the U.S. global change research program. Policy Sciences, 28 (1): 39–77.

Quay, R., K.L. Larson and D.D. White. 2013. Enhancing water sustainability through university-policy collaborations: experiences and lessons from researchers and decision-makers. Water Resources IMPACT, 15 (2): 17–19.

Sampson, D.A., R. Quay and D.D. White. 2016. Anticipatory modeling for water supply sustainability in Phoenix, Arizona. Environmental Science & Policy, 55: 36–46.

Star, S.L. and J.R. Griesemer. 1989. Institutional ecology, 'translations' and boundary objects: amateurs and professionals in Berkeley's Museum of Vertebrate Zoology, 1907–39. Social Studies of Science, 19 (3): 387–420.

White, D.D., E.A. Corley and M.S. White. 2008. Water managers' perceptions of the science-policy interface in Phoenix, Arizona: implications for an emerging boundary organization. Society and Natural Resources, 21 (3): 230–243.

White, D.D., A. Wutich, K.L. Larson, P. Gober, T. Lant and C. Senneville. 2010. Credibility, salience, and legitimacy of boundary objects: water managers' assessment of a simulation model in an immersive decision theater. Science and Public Policy, 37 (3): 219–232.

White, D.D. 2013. Framing water sustainability in an environmental decision support system. Society & Natural Resources, 26 (11): 1365–1373.

White, D.D., A.Y. Wutich, K.L. Larson and T. Lant. 2015. Water management decision makers' evaluations of uncertainty in a decision support system: the case of WaterSim in the Decision Theater. Journal of Environmental Planning and Management, 58 (4): 616–630.

Wiek, A. and K.L. Larson. 2012. Water, people, and sustainability: a systems framework for analyzing and assessing water governance regimes. Water Resources Management, 26 (11): 3153–3171.

Wutich, A., T. Lant, D.D. White, K.L. Larson and M. Gartin. 2010. Comparing focus group and individual responses on sensitive topics: a study of water decision makers in a desert city. Field Methods, 22 (1): 88–110.

18 地域の取り組みをつなぐ仕組み
——地域環境知シミュレーター

竹村紫苑，三木弘史，時田惠一郎

　本章では，利用者が，世界各地の事例から得た情報を地域の問題解決のプロセスに活用することを通じて，人々の対話と集団的な思考を促すことを目指したバウンダリー・オブジェクトである「地域環境知シミュレーター（ILEK-SIM）」の試みについて紹介する．ILEK-SIM では，自然条件および社会条件に関する GIS データと各地の事例に関するテキストデータを機械的手法を用いて分析し，事例間の共通性を評価することによって，世界各地の事例に関する情報を再構築した．利用者は，各地の事例のなかから自分がかかわる地域と類似するさまざまな事例の情報を入手し，地域の人々との対話を通じて地域にとってバランスのとれた意思決定やアクションを生みだすために ILEK-SIM を活用できる．なお，本章で紹介する ILEK-SIM のコンセプトは，世界各地で双方向トランスレーターの役割を果たしている地域環境知プロジェクトのさまざまなメンバーとの知識の協働生産により生みだされたものである．

18.1　対話と集団的な思考を促すバウンダリー・オブジェクト

(1) バウンダリー・オブジェクト

　地域の自然資源をさまざまな人々が協働して管理していくためには，人々が対話を通しておたがいの差異を認識し，それぞれの立場を尊重した意思決定がなされるプロセスが重要である．このプロセスにおいて双方向トランスレーターが果たす役割については，これまでの章でみてきたとおりである．双方向トランスレーターと同じように，異なる立場の人々の間の対話と集団的な思考を促進して，意思決定をサポートするツールは，バウンダリー・オブジェクトと総称される（Guston, 2001; Cash *et al*., 2003; White *et al*., 2010）．バウンダリー・オブジェクトは情報を提供して，対話を促進させ，集団的な思考を促すことに

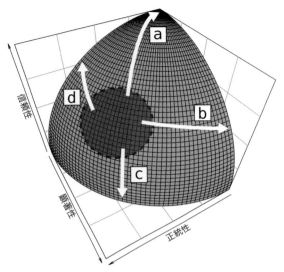

図 18.1 信頼性，顕著性，正統性の間で生じるトレードオフの例．中央の灰色部分はバランスのとれた領域を示す．

よって，意思決定を支える総合的な知識の生産をサポートする役割を果たす．協働生産された知識は，自然資源の管理を軸にして，地域の持続可能な発展に向けた選択肢を提供する（序章参照）．バウンダリー・オブジェクトが備えるべき性質として，顕著性（saliency），信頼性（credibility），正統性（legitimacy）が重要だと考えられている．顕著性（saliency）は，選択肢が地域の実情に即していて，人々が許容できる，実行できると感じられること，信頼性（credibility）は，選択肢が科学的に信頼でき，有効であること，正統性（legitimacy）は，選択肢が一部の人々のみに利害が偏らないと感じられることと定義される（White et al., 2010; 第17章参照）．これらの3つはたがいに独立したものではなく，図18.1のように相互に関係したものであるため，トレードオフが生じることがある（Cash et al., 2002）．たとえば，① 科学的に正しい選択肢が，地域の実情に沿わない場合（信頼性を高めた結果，顕著性または正統性が低下する：図18.1の矢印 a），② 選択肢によって一部の人のみが利益を得る，あるいは，不利益を被る場合（信頼性または顕著性を高めた結果，正統性が低下する：図18.1の矢印 b），③ 地域の実情を優先した結果，選択肢が効果をなさない場合（正統性ま

たは顕著性を高めた結果，信頼性が低下する：図 18.1 の矢印 c），④ 科学的に
正しく，かつ公平な選択肢は，理想論にすぎず地域では実現不可能な場合（信
頼性または正統性を高めた結果，顕著性が低下する：図 18.1 の矢印 d），などで
である．したがって，地域にとって実行可能な選択肢としては，図 18.1 の灰色
の領域に入っているようなバランスのとれたものが求められる．

　本書で紹介した WaterSim（White *et al.*, 2010; 第 17 章参照）では，これまで
に得られた水利用に関する知見をもとに水収支モデルを構築している（信頼性
の担保）．フェニックス市の水資源管理にかかわる多様な意思決定者は，モデル
にもとづいたシミュレーションにおいてそのパラメーターを自由に設定するこ
とができ，それによって実現性のあるさまざまな水利用シナリオが得られる（顕
著性の担保）．そして，意思決定者はそれらを比較して，それぞれの水利用シナ
リオが一部の意思決定者のみに利害が偏らないかを評価できる（正統性の担保）．
このバウンダリー・オブジェクトを用いた対話と集団的思考によって，意思決
定者は，フェニックス市にとって信頼性，顕著性，正統性の 3 つの観点からバ
ランスのとれた水資源管理の方策を選択できる．

　また，水産 ILEK ツール・ボックス（牧野ほか，2011; 第 16 章参照）では，日
本各地の水産資源管理の方法を収集し，それぞれの方法が実際に効果をもたら
しているという事実を示した（信頼性の担保）．これにより，漁業者は，自分た
ちが課題だと考えている項目について，他地域の事例から自身の地域でも利用
可能な管理手法の選択肢を得ることができる（顕著性の担保）．そして，それら
を比較検討することを通して，得られた選択肢が一部の人々のみに利害が偏ら
ないかを評価できる（正統性の担保）．これらによって，漁業者は，自身の漁場
にとって信頼性，顕著性，正統性の 3 つの観点からバランスのとれた水産資源
管理の方法を，バウンダリー・オブジェクトを用いた対話を通じて選択できる．

　このように，WaterSim は，シミュレーションモデルという学術的な知見を
基盤として，科学と政策の相互作用を促進させることを通じて，意思決定をサ
ポートしようとしている．また，水産 ILEK ツールボックスは，水産資源に特
化した強固な事例を基盤として，漁業者間の相互学習と集団的思考を促進させ
ることを通じて，意思決定をサポートしようとする新しい試みである．

　地域環境知プロジェクトでは，世界各地のさまざまな地域の環境問題への取
り組みの事例を収集し，環境問題の解決に向けたさまざまなステークホルダー

による知識の協働生産のプロセスからそれらの分析を進めてきた．これらの強固な事例を基盤とすることによって，より抽象的な視点から幅広い資源を対象にして，知識の協働生産プロセスの促進を通じて意思決定をサポートするバウンダリー・オブジェクトを構築することができるだろう．

(2) 事例収集とメタ分析からみえてきた共通性

　これまでの各章で，さまざまな地域の環境問題への取り組みの事例をみてきた．それらを振り返ってみると，個々の活動はそれぞれの地域の実情に沿ったきわめて個別的なものであるが，いくつかの活動の間にはくわしくみていくとさまざまな共通性があることに気づく．たとえば，沿岸や森林，気候や生態系などの自然条件が共通しているもの，人口や制度など，社会条件が共通しているもの，生態系保全や産業の振興と維持など，課題や活動の目的が共通しているもの，などである．また，地域環境知プロジェクトから得られた多様な事例は，地域環境学，地域環境知の枠組に沿って，ILEK 三角形概念モデルを構成する要素や実現要因の共通性にもとづいて整理することができる（序章参照）．これらの共通性は，自然資源管理を軸にして地域の持続可能な発展に取り組んでいる，あるいはこれから取り組もうとしている地域の人々にとって，各地の情報にアクセスするための入口になる．そして，そこから自分たちがかかわっている地域以外の活動の事例を知り，ほかの地域の事例から学び，実効性ある活動を進めるための思索と協働に活用できるのではないか．事例間の共通性を評価できれば，地域の多様な人々の対話や集団的思考を促すような情報を提供することが可能になると考えることができるだろう．

　では，どのようにして共通性を抽出すれば，人々の対話や集団的な思考を促すような情報を利用者に提供できるだろうか．共通性を抽出する手法として，2つのアプローチが考えられる．1つめは人が定義する，つまり，世界各地の地域における活動を，さまざまな項目を用いて分類，整理するというものである．地域環境知プロジェクトでも，世界各地の事例に関する知見（文書，動画，音声，発言の起稿，講演のスライドなど）を収集し，地域環境知データベース（地域環境知プロジェクト，2013）としてまとめてきた（図18.2）．しかし，この手法が抱える課題の1つは，分類項目が多く，研究者や専門家以外の利用者にとって検索が複雑で，利活用が困難となることである．2つめは，機械的に共通性

第 18 章　地域の取り組みをつなぐ仕組み　347

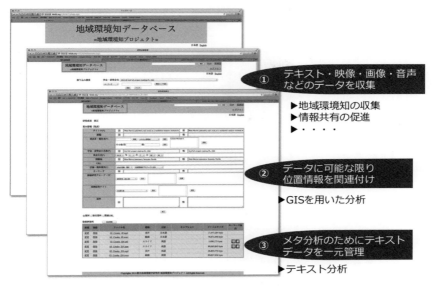

図 18.2　地域環境知データベースを用いた事例に関する情報の蓄積．

を抽出するという手法である．この手法は，大規模データを定量的な方法により分析し，共通性は類似度として評価するというものである．近年顕著な発達をみせているウェブ上の検索やショッピングのシステムは，この手法を活用してさまざまなサービスを提供している．つまり，機械的手法を用いて事例間の共通性を類似度として定量的に評価できれば，利用者は，簡単な検索条件を入力するだけで，世界各地の事例のなかから自分がかかわる地域にとって参考になる事例に関する情報へとアクセスできるようになるはずである．

(3) 地域環境知プロジェクトが目指すバウンダリー・オブジェクト

近年，情報技術の革新により，地理情報システム (Geographic Information System; 以下，GIS) を用いたさまざまな種類の統計資料や空間情報の分析，そして，自然言語処理を用いた大量のテキストデータの分析が可能となってきている．そこで，われわれはこれらの技術を活用することによって，① これまでに収集した事例間の共通性を機械的手法で評価し，② 類似している事例に関する具体的な情報を提供するシステムを構築することを考えた．自然資源の管理

を軸にして地域の持続可能な発展に取り組んでいる地域で，地域のさまざまなステークホルダーとの知識の協働生産プロセスのなかで双方向トランスレーターの役割を果たしている人々に対して，地域の多様な人々による対話や集団的思考を促すような情報を提供するための仕組みの構築を目指したのである．また，潜在的な双方向トランスレーター，または，双方向トランスレーターを育成したい機関に対しても，将来の人材育成に活用できる情報を同時に提供することを考えた．本章では，地域環境知プロジェクトによるバウンダリー・オブジェクト「地域環境知シミュレーター（ILEK-SIM）」構築の試みを紹介する．

18.2　ILEK-SIM のコンセプト

われわれは ILEK-SIM のおもな利用者として，持続可能な地域づくりに向けた知識の協働生産プロセスにおいて，① すでに地域において双方向トランスレーターの役割を果たしている人と，② 潜在的に双方向トランスレーターの機能を果たしうる人，または，双方向トランスレーターの育成を目指す組織を想定した．そして，それぞれの利用者について，ILEK-SIM の利用方法をつぎのように考えた．

(1) 想定する利用者および利用者が活用する情報

ILEK-SIM は，地域のさまざまなステークホルダーとの知識の協働生産プロセスにおいて双方向トランスレーターの役割を果たしている人に対して，「利用者がかかわる地域と類似する事例」，および「利用者が知りたい情報をもつ事例」に関する情報を提供する．ILEK-SIM はさまざまな視点による共通性にもとづいて情報を提供する（信頼性の担保）．これにより，利用者は ILEK-SIM をつぎのように活用できる．1 つめは，類似事例の取り組みに関する情報（たとえば，どのような組織や人と一緒に取り組んでいるか，どうやって課題に対処しているのか，など）を参考にして，利用者は自然資源管理に向けて協働できる人的資源を確保するツール，具体的な取り組みの進め方を協働して検討するためのツールとして ILEK-SIM を活用できる．2 つめは，類似する事例との比較により，地域の人々と一緒に自分たちがかかわる地域とその他の事例との類似点や相違点（たとえば，利用している自然資源，地域の課題，課題への対処

第 18 章　地域の取り組みをつなぐ仕組み　349

方法など）を知ることができる．このような類似や相違をふまえて，さまざまな事例に関する参考資料などを探索し，自分たちの地域に適用可能な選択肢を，地域の人々と協働して考えることができる（顕著性および正統性の担保）．このようにして，利用者は，人々の対話と集団的思考の促進に ILEK-SIM を活用できる．

　また，ILEK-SIM は，潜在的な双方向トランスレーター，またはそのような人材の育成を目指す組織に対して，「利用者が知りたい情報をもつ事例」に関する情報を提供する．これにより，利用者は ILEK-SIM を相互学習と集合的思考のツールとして活用できる．たとえば，事例のなかから自分が知りたい事例に関する具体的な情報（出版物や資料などのリスト，出版物や活動にかかわっている組織名など）を手がかりに，さまざまな手段で現場の情報を探索し，それらを活用して相互学習と集団的思考を進めることができる．利用者がインターンシップや研修の制度などを利用できる場合には，実際に現地に赴いて相互学習を進めるためにも役立つだろう．

（2）ILEK-SIM が提供する情報

　各地の事例に関する情報はつぎのようにして提供する．ILEK-SIM の利用は，利用者が自分自身や地域の人々が実施している活動，またはこれから行おうとしている活動，知りたい情報に関連する入力を行うことが出発点である．入力する情報はシンプルなもので，関連する自然資源，地域の課題，そして，キーワード（国名，地名，人名など）である．ILEK-SIM は入力条件にしたがって自然条件，社会条件，自然資源や課題が類似した事例をデータベース中から「機械的な手法によって」選び出し，その事例に関する情報を提示する．

　たとえば，自然資源として「水産資源」，地域の課題として「気候変動への対応」を選び，キーワードに「サンゴ」を入力すると，該当事例として米国フロリダ州サラソタ（第 4 章），沖縄県白保（第 11 章）などが抽出される（図 18.3）．そして，事例サイトに関係する以下の情報が提供される．

1. 出版物や資料……参考資料をどこで入手できるのか．
2. 地域の自然資源……どんな自然資源を利用しているのか．
3. 地域の課題……どのような課題に直面しているのか.
4. 取り組み……どうやって課題に対処しているのか．

図 18.3 地域環境知シミュレーターによる事例の検索例.

5. 取り組みに深くかかわる組織……だれと一緒に取り組んでいるのか.

図 18.4 に北海道西別川流域（第 6 章）の事例を示す．このように，利用者は自分たちの活動と類似した他地域における事例の具体的な情報を得ることができる．

(3) 類似事例の抽出検索アルゴリズム

ILEK-SIM の核となる検索アルゴリズムのコンセプトと概要はつぎのとおりである．

1. ILEK-SIM は，位置座標にもとづいて地域環境知プロジェクトの事例研究サイトに関する情報をクラウドサーバー上のデータベースに格納する．
2. 検索アルゴリズムは，格納されたデータベースにもとづいて事例間の類似度を算出する．
3. 利用者は，クラウドサーバー上のウェブページから利用者の対象地域における取り組みの基礎情報を入力する．

第 18 章　地域の取り組みをつなぐ仕組み　351

図 18.4　地域環境知シミュレーターにより出力される事例の情報.

4. 利用者が入力した情報に該当する事例が抽出される.

　機械的に類似事例を抽出するために，自然条件および社会条件に関する GIS データ，および，事例研究サイトに関するテキストデータの知識構造からそれぞれの事例間の類似度を評価する方法を開発した．なお，章末の Box では，ILEK-SIM を実装するうえで根幹となる理論と技術的な方法論について解説している．ILEK-SIM のようなバウンダリー・オブジェクトの構築を目指す読者が，自身の手で実際に開発・実装を行う際に参考となれば幸いである．また，ILEK-SIM の開発に用いたスクリプトなどはオープンソースとして順次公開していく予定である．

(4) 類似事例の抽出

　図 18.3 に示した検索結果のなかから，米国フロリダ州の例を選択してみよう．図 18.5 のように，自然条件，社会条件，知識構造，そして，総合評価のそれぞれについて類似した事例が抽出される．表 18.1 は抽出された事例とそれぞ

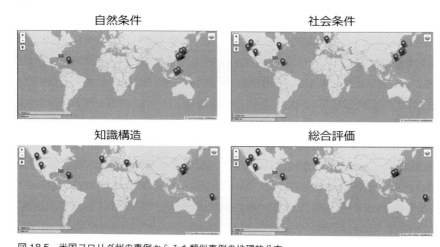

図18.5 米国フロリダ州の事例からみた類似事例の地理的分布．

れの類似度を示している．

　このように，自然条件では海沿いの温暖な地域の事例が抽出される．社会条件では米国の例やドイツ・日本などの先進国の事例が抽出される．知識構造については，詳細な分析による結果をつぎの節で説明する．総合評価の上位事例は，自然条件，社会条件，知識構造のそれぞれにおいても類似度が高い．フロリダの例ともっとも類似度が高い事例は米国領バージン諸島のものであった．

18.3　セマンティックネットワーク分析

　テキストデータが質・量ともに十分である場合には，セマンティックネットワーク分析を用いてよりくわしい知識構造を把握できる．セマンティックネットワークとは，知識構造を「知識を構成する概念とその概念間のネットワーク構造」としてとらえ，可視化したものである（図18.6）．このネットワークではそれぞれのノードがテキストに出現した概念を表し，リンクは2つの概念が同じ段落に出現（共起）したことを示す．リンクの矢印の向きは，テキストのほかの段落との共通性がより高い概念からある段落により特徴的な概念に向かう方向と定義し，リンクの太さは2つの概念の類似度である（Alexandridis *et al*., in

第 18 章　地域の取り組みをつなぐ仕組み　353

表 18.1　米国フロリダ州の事例から得られた類似事例の一覧.

順位	自然条件	d_{env}	社会条件	d_{soc}	知識構造	d_{knw}	総合評価	d_{all}
	地名		地名		地名		地名	
1	★●米国バージン諸島	0.249	★●米国バージン諸島	0.71	Arizona State Univ. (DCDC)	0.512	★●米国バージン諸島	1.46
2	NPO 法人 INO	0.225	Arizona State Univ. (DCDC)	0.569	★●米国バージン諸島	0.502	Arizona State Univ. (DCDC)	1.233
3	沖縄県, 恩納村	0.221	米国 コロンビア川流域	0.56	★●フィジー サンゴ礁	0.477	米国 コロンビア川流域	1.131
4	★●沖縄県, 石垣島白保	0.213	米国 マトール川流域	0.557	米国 コロンビア川流域	0.453	米国 マトール川流域	0.858
5	鹿児島県, 与論島	0.207	米国 マサチューセッツ州	0.535	●カナダ レッドベリー湖地方	0.366	★●フィジー サンゴ礁	0.725
6	沖縄県, 国頭村	0.205	●ドイツ レーン地方	0.237	★●トルコ カラプナール地方	0.341	沖縄県, 恩納村	0.693
7	●インドネシア ブナケン島	0.198	三重県　熊野灘沿岸部	0.216	スペイン ヴィーゴ	0.335	NPO 法人 INO	0.691
8	佐賀県　唐津市・鹿島市	0.19	栃木県, 佐野市・茂木町	0.216	沖縄県, 恩納村	0.257	スペイン ヴィーゴ	0.682
9	岡山県, 日生町	0.19	沖縄県, 恩納村	0.216	NPO 法人 INO	0.251	★●沖縄県, 石垣島白保	0.667
10	●インドネシア スラウェシ島	0.187	北海道, 利尻町	0.216	★●宮崎県, 綾町	0.251	●カナダ レッドベリー湖地方	0.665

preparation).

　沖縄県の白保集落に居住しながら，地域の環境問題の解決（サンゴ礁保全と地域再生）に地域の一員としてかかわってきた地域環境知プロジェクトの研究メンバーが，白保集落の取り組み（第 11 章）について執筆した出版物（新聞，ブログ記事，雑誌，報告書，論文，書籍）から得られたテキスト（テキスト数：221，段落数：4174，センテンス数：7463）を例に，分析の結果を紹介する．

　分析から得られたセマンティックネットワーク（図 18.7）は，大きく 7 つのクラスター（A–G）に分かれる．クラスター A は，「村づくり」「白保公民館」

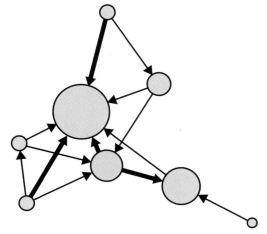

図 18.6　セマンティックネットワークの概念図．円はテキストに出現した重要概念を表し，線は異なる 2 つの重要概念が共起したか否かを表す．なお，円の大きさは *tf*idf* の値の大きさを示し，線の太さは異なる 2 つの重要概念間の類似度（Jaccard 指数）を示している（Alexandridis *et al*., in preparation）．

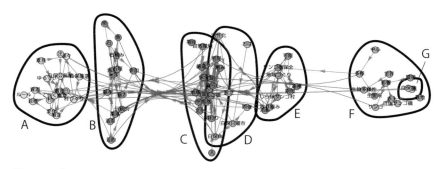

図 18.7　プロジェクトメンバーによって沖縄県石垣島の白保集落における取り組みについて記述されたテキストデータの知識構造．

「憲章」「策定」などの概念を含んでおり，「ローカル・ルール」についてのものだと考えられる．クラスター B は，「伝統的」「石垣」「石積み」「福木」「復元」などの概念を含んでおり，「伝統的景観の復元」についてのものだと考えられる．クラスター C, D は，「サンゴ礁」「暮らし」「文化」「恵み」などの概念を含んでおり，「サンゴ礁文化」についてのものだと考えられる．クラスター E は，「地域づくり」「しらほサンゴ村」「連携」「取り組み」などの概念を含んで

おり，「地域づくり」についてのものだと考えられる．クラスターF, G は，「白保」「サンゴ」「生物多様性」「農地」「赤土」「影響」などの概念を含んでおり，「サンゴ礁保全」についてのものと考えられる．なお，このクラスターは，ネットワークのなかのノードが密につながった部分を検出し，ネットワークをクラスターに分割するというアルゴリズムにより自動的に抽出されたものであることを強調しておく．

　これらのクラスターの構造から，「サンゴ礁保全」と「ローカル・ルール」は同じ段落（文脈）では共起頻度が低いので，知識構造のなかで直接の関連性が少ないと解釈できる．そして，「サンゴ礁保全」と「ローカル・ルール」をつなげる役割を「伝統技術の復元」「サンゴ礁文化」「地域づくり」に関する概念群が果たしていると解釈できる．このように，シンプルなアルゴリズムにより知識構造を可視化でき，知識構造を構成する概念群の相互関係をくわしく知ることができる．また，この手法は日本語・英語に関係なく適用可能である．

　このように，テキストデータが質・量ともに十分そろっている事例については，セマンティックネットワーク分析を用いて知識構造を可視化し，ILEK-SIMのアウトプットとして提供できる．これにより，ILEK-SIM の利用者は類似する事例に関する知識構造を参照し，ほかの事例の知識構造と比較することができる．

18.4　今後の発展と課題

　ILEK-SIM は，自然資源の管理を軸にした地域の持続可能な発展に向けた知識の協働生産プロセスにおいて，世界各地で双方向トランスレーターの役割を果たしている多様な地域環境知プロジェクトのメンバーとの議論を通じてつくりあげてきたものである．地域環境知プロジェクトは，国際機関（UNESCO など），広域 NPO, NGO（WWF, IUCN など），行政（国，県，市町村），研究機関（大学など），教育機関（博物館・学校など），地域組織（老人会・婦人会，協議会，地域密着型 NPO など），生業組織（農協，漁協など），ビジネス（地域企業など），先住民コミュニティなどに所属する 200 名を超えるプロジェクトメンバーによって構成されている．ILEK-SIM の開発過程を振り返ると，地域環境知プロジェクトでは，地域環境知という枠組みを設定することによって，

「地域の環境問題の解決に役に立つ知識とはなにか」という視点から侃々諤々の議論を行い，それを通じて，プロジェクトメンバー間の対話や集団的思考が促されていたことに気づく．つまり，地域環境知プロジェクトのなかで，多様なプロジェクトメンバーとの知識の協働生産により，ILEK-SIM のコンセプトや機能，そして，それが果たしうる役割などが緻密化し，地域環境知の枠組みを実装したバウンダリー・オブジェクトの開発へとつながった．

　本章では，利用者が，各地の事例から得た情報を地域の問題解決のプロセスに活用することを通じて，人々の対話と集団的な思考を促すことを目指したバウンダリー・オブジェクトである ILEK-SIM の試みについて紹介した．ILEK-SIM は，自然条件および社会条件に関する GIS データと個々の事例に関連するテキストデータを機械的手法を用いて分析し，事例間の共通性を評価することによって，世界各地の事例に関する情報を再構築するものである．利用者は，世界各地の事例のなかから自分がかかわる地域と類似するさまざまな事例の情報を入手できる．たとえば，すでに地域で双方向トランスレーターの役割を果たしている利用者は，地域が抱える問題に関する人々の対話と集団的な思考の促進に ILEK-SIM を活用でき，顕著性，信頼性，正統性の 3 つの観点から地域にとってバランスのとれた選択肢をみつけることができる．そして，潜在的双方向トランスレーター，または，そのような人材の育成を目指す組織は，世界各地における双方向トランスレーターの事例から，地域の課題解決に貢献する知識の協働生産のあり方についてさまざまな知見を得ることによって，将来の人材を育成するために ILEK-SIM を活用できる．

　しかしながら，ILEK-SIM には多くの課題が残されている．1 つは，現在の類似度評価では自然条件，社会条件，知識構造が類似度に等しく寄与すると仮定しており，その妥当性および精度は十分に評価できていない点である．その理由の 1 つは，精度を評価するためのデータが不足していることである．したがって，今後，事例研究サイト以外の事例に関する情報収集を図ることによって，検索アルゴリズムの精度を高め，類似度の信頼性を高めることが必要である．もう 1 つの課題は，ILEK-SIM によって提供された情報が，利用者にとってどれほど有益であったか，そして，利用者により選択された情報が顕著性，信頼性，正統性の 3 つの観点から地域にとってバランスのとれたものであったかを評価しなければならない点である．そのためには，ILEK-SIM を公開した

うえで，利用情報や満足度を収集し，それにもとづいて改良を重ねていくことが必要である．今後，利用者からの情報が蓄積されていけば，情報科学の分野で進展が著しい機械学習の方法を活用して，提供された情報が顕著性，信頼性，正統性の3つの観点から地域にとってバランスのとれたものであるかを検証できるようになるかもしれない．

このように ILEK-SIM は開発途上にあるが，そのコンセプトと検索アルゴリズムはシンプルなものであり，世界中の事例を収集した既存データベースへの応用も可能である．たとえば，ダートマス大学の「社会生態系システムメタ分析データベース（Social-Ecological Systems Meta-Analysis Database; SES-MAD）」プロジェクトは，世界各地のさまざまな活動について，活動団体，管理統治システム，活動対象などの項目を用いて分類しており，関連した研究の文献が示されている（SESMAD, 2014）．また，「海洋における生物化学・生態系研究（Integrated Marine Biogeochemistry and Ecosystem Research; IMBER）」による IMBER-ADApT（Bundy *et al.*, 2015）では，対象を海洋生態系に関する事例に絞り，有効に意思決定をサポートするための情報収集の試みが行われている．これら既存のデータベースは，構築した目的や背景がそれぞれ異なるものである．しかし，本章で掲げた利用者の視点，すなわち，持続的な地域づくりに向けた知識の協働生産プロセスにおいて重要な役割を果たしている双方向トランスレーターの視点にもとづいて，既存のデータベースを分析し，再構築することによって，一元的な統合も可能になると考えている．それによって，世界各地の自然資源管理を軸にした持続可能な地域づくりにかかわる人々のさらなるネットワーク化を図り，利用者が ILEK-SIM を活用して持続可能な未来の創出に向けた人々の対話を促進することを通じて，地域の人々とともに学び，そして，課題に対する効果的な対応策を共創できることを期待している．

[引用文献]

地域環境知プロジェクト．2013．地域環境知データベース．https://ilekdb.org/ILEKDB/
　　ActivitySelect.aspx（2017.05.08）
牧野光琢・廣田将仁・町口裕二．2011. 管理ツール・ボックスを用いた沿岸漁業管理の考
　　察――ナマコ漁業の場合．黒潮の資源海洋研究，12: 25–39.
Alexandridis, K., S. Takemura, A. Webb, B. Lausche, J. Culter and T. Sato. in prepara-

tion. Semantic knowledge network inference across a range of stakeholders and communities of practice. Plos One.

Bundy, A., R. Chuenpagdee, S. R. Cooley, O. Defeo, B. Glaeser, P. Guillotreau, M. Isaacs, M. Mitsutaku and R. I. Perry. 2016. A decision support tool for response to global change in marine systems: the IMBER-ADApT (Assessment based on Description and responses, and Appraisal for a Typology) Framework. Fish and Fisheries, 17: 1183–1193.

Cash, D., W. Clark, F. Alcock, N. Dickson, N. Eckley and J. Jäger, 2002. Salience, credibility, legitimacy and boundaries: linking research, assessment and decision making (November 2002). KSG Working Papers Series RWP02–046.

Cash, D. W., W. C. Clark, F. Alcock, N. M. Dickson, N. Eckley, D. H. Guston, J. Jäger and R. B. Mitchell. 2003. Knowledge systems for sustainable development. Proceedings of the National Academy of Sciences, 100: 8086–8091.

Guston, D. H. 2001. Boundary organizations in environmental policy and science: an introduction, Science, Technology, & Human Values, 26: 399–408.

SESMAD. 2014. Social-Ecological Systems Meta-Analysis Database: Background and Research Methods. http://sesmad.dartmouth.edu/ (2017.05.08)

White, D. D., A. Wutich, K. L. Larson, P. Gober, T. Lant and C. Senneville. 2010. Credibility, salience, and legitimacy of boundary objects: water managers' assessment of a simulation model in an immersive decision theater. Science and Public Policy, 37: 219–232.

第18章　地域の取り組みをつなぐ仕組み　359

Box　ILEK-SIM 開発の根幹となる理論と技術的な方法論

1　自然条件および社会条件

GIS データベースの構築

　検索アルゴリズムの開発に使用した GIS データを表 1 に示す．自然条件の GIS データとして，気候に関する指標は WorldClim が提供する月平均気温および月降水量（Hijmans *et al.*, 2005），植生に関する指標は国立環境研究所が提供する全球土地被覆図（Iwao *et al.*, 2006）を使用した．

　社会条件の GIS データとして，経済に関する指標は UNDP が提供する HDI Report 2013（UNDP, 2013）から GDP，GDP per capita，GNI per capita，教育に関する指標は推定就学年数，平均就学年数，そして，健康に関する指標は出生時平均余命を使用した．また，文化・宗教に関する指標として，ハーバード大学の WorldMap が提供しているキリスト教徒割合（Todd *et al.*, 2008）を，そして，人口の指標としてコロンビア大学の Socioeconomic Data and Application Center（SEDAC）が提供する人口密度データ（CIESIN & CIAT, 2005）を使用した．

　これらの GIS データを PostGIS（PostGIS Project, ウェブサイト）を用いてクラウド上に構築した GIS データベースに格納した．

自然条件および社会条件にもとづく類似度の算出

　PostGIS を用いて GIS データベースを構築することによって，位置座標（緯度，経度）をもった地点データと，自然条件および環境条件の GIS データを重ね合わせ，串刺しにすることによって，各地点における GIS データの値が取得可能となる．これはオーバーレイ解析と呼ばれる．このように空間情報にもとづきさまざまなデータを統合して，分析するという機能が GIS の最大の特徴である．本研究では，オーバーレイ解析により任意の地点における全 GIS データの値を取得するプログラムを SQL と PHP により実装した．

　開発したプログラムによって得られたデータセットでは，自然条件が 30 変数，社会条件が 8 変数それぞれある．事例研究サイト P, Q の自然条件がそれぞれ $(p_1, p_2, ..., p_{30})$ と $(q_1, q_2, ..., q_{30})$ で表される．なお，それぞれの変数は標準化されている．事例研究サイト P, Q の間の自然条件のユークリッド距離 l_{env} は

$$
\begin{aligned}
l_{env}(P, Q) &= l_{env}(Q, P) \\
&= \sqrt{(q_1 - p_1)^2 + (q_2 - p_2)^2 + \cdots + (q_{30} - p_{30})^2},
\end{aligned}
\tag{1}
$$

である．自然条件の類似度 d_{env} は

表1 自然条件・社会条件にもとづく類似度を算出するために使用した GIS データ.

大区分	小区分	データ名称	解像度	データ提供元
自然条件	気候	●月平均気温（℃） 12 変数（1–12 月）	1 km	WorldClim（Hijmans *et al.*, 2005）
		●月降水量（mm） 12 変数（1–12 月）		
	植生	●土地被覆（%） 6 変数（森林, 草地, 農地, 宅地, 水域, 荒れ地）	1 km	国立環境研究所 全球土地被覆図 （Iwao *et al.*, 2006）
社会条件	経済	● GDP（2005 ppp $） （購買力平価［2005 年米ドル］で 計算した国内総生産）	国	UNDP HDI Report 2013 （UNDP, 2013）
		● GDP per capita（2005 ppp $） （購買力平価で計算した 1 人あた りの国内総生産）		
		● GNI per capita（2005 ppp $） （購買力平価で計算した 1 人あた りの国民総所得）		
	教育	●推定就学年数 （5 歳の子どもが生涯のうちに受け られるであろう正規教育の年数）		
		●平均就学年数 （25 歳以上の成人が過去に受け た正規教育の年数）		
	健康	●出生時平均余命		
	文化・ 宗教	●キリスト教割合	州 / エリア	World Religion Map（Todd *et al.*, 2008）
	人口	●人口密度	州 / エリア	Gridded Population of the World, Version 3（GPWv3） Data Collection（CIESIN & CIAT, 2005）

$$d_{\mathrm{env}}(P, Q) = 1 - \frac{l_{\mathrm{env}}(P, Q)}{\max\{l_{\mathrm{env}}\}}. \qquad (2)$$

で定義する．なお，$\max\{l_{\mathrm{env}}\}$ はもっとも離れた事例間の距離を表す．類似度は最小値 0，最大値 1 となって，よく似たものほど値が大きい．社会条件の類似度 d_{soc} も同様に定義する．算出された類似度 d_{env}，d_{soc} にもとづき，任意の事例研究サイトに対する類似事例が機械的に抽出される．

2 知識構造

われわれは，テキストデータによって知識が表現されていると考え，その知識構造を，「知識を構成する概念とそれらの組み合せ」としてとらえる．これにより，膨大なテキストデータから機械的に知識構造を把握することが可能となる．

第18章 地域の取り組みをつなぐ仕組み　361

テキストデータベースの構築

　知識構造を抽出するためのテキストデータは，地域環境知データベースに格納されている講演記録やインタビュー記録などの動画・音声データ，そして，出版物から得た．動画・音声データは，テープ起こしによりテキストデータを取得し，WORD，PDF ファイルなどの出版物は，テキスト抽出ソフトウェアを用いてファイルからテキストデータを抽出した．抽出されたテキストデータは，それぞれがどの事例研究サイトに関するものかを確認し，いずれの事例研究サイトにも関係ないテキストデータはデータベースから除去した．その結果，38 の事例研究サイトのテキストデータからなるデータベースが構築された．

知識構造を構成する概念群抽出

　構築したデータベースのテキストデータは，自然言語処理技術を用いて単語に分解する．本研究では，IBM 社の SPSS Modeler Premium Version 16.0 Text Analytics for Survey を用いて単語分類を行った．そして，段落ごとに単語（日本語：名詞，英語：名詞・動詞）の出現回数を集計する．つぎに，抽出された単語を tf^*idf（term frequency-inverse document frequency）という指標によって重みづけする（金，2010）．ある段落 T 中のある単語 w について，$tf^*idf(T, w)$ は

$$tf^*idf(T, w) = tf(T, w) \times idf, \tag{3}$$

$$tf(T, w) = \frac{[単語\ w\ の出現回数]}{[段落\ T\ の全単語数]}, \tag{4}$$

$$idf = \frac{[全段落数]}{[単語\ w\ の出現する段落数]}, \tag{5}$$

と与えられる．単語として，ある特定の段落にのみ頻繁に出現し，それ以外の段落には出現しないものが段落の特徴づけのうえで望ましく，そのようなものに大きな値を与えて選びだすことが要求される．式 (4) から頻繁に出現する単語に tf は大きな重みを与えていることはすぐにわかる．一方で，式 (5) から idf は多くの単語に出現する一般的な単語の重みを小さくする（すべての段落に出現する単語の idf は 0 であることに注目してほしい）．したがって，この 2 つの積である tf^*idf は段落を特徴づける単語についての指標になっていることがわかる．

　各事例研究サイトに関するテキストの集合にわたって tf^*idf の総和が大きい上位 100 個の単語を選びだすことにより，各事例研究サイトで収集されたテキストデータにおける重要な概念群 $\{w\} = \{w_1, w_2, ..., w_{100}\}$ が決まる．

知識構造にもとづく類似度の算出

知識構造にもとづく事例研究サイト P, Q 間の類似度 d_{knw} は，P, Q それぞれの重要な概念群のオーバーラップにより定義される．

$$d_{knw}(P, Q) = \frac{[P, Q \text{ 共通の概念の総数}]}{[P, Q \text{ に現れる概念の総数}]}, \tag{6}$$

式 (6) は Jaccard 指数と呼ばれ，$0 \leq d_{knw} \leq 1$ に標準化されている．ここでは，類似度を計算するため，2-gram（バイグラム）と呼ばれる方法を用いた．さらに，PostgreSQL 上で全文検索機能を提供するモジュールである pg bigm（NTT DATA Corporation, 2016）を用いてインデックスを作成した．作成された全文検索用インデックスによって，任意のキーワードを含む事例研究サイトの検索が可能になる．

3 総合的な類似度の算出

事例研究サイト P と Q の総合的な類似度 d_{all} をそれぞれの類似度の総和として定義する．

$$d_{all}(P, Q) = d_{env}(P, Q) + d_{soc}(P, Q) + d_{knw}(P, Q) \tag{7}$$

［参考文献］

金明哲．2010．テキストデータの統計科学入門．岩波書店，東京．

Center for International Earth Science Information Network（CIESIN）& Centro Internacional de Agricultura Tropical（CIAT）. 2005. Gridded Population of the World, Version 3（GPWv3）: Population Grids（SEDAC, Columbia University, New York）. http://sedac.ciesin.columbia.edu/gpw（2017.05.08）

Hijmans, R.J., S.E. Cameron, J.L. Parra, P.G. Jones and A. Jarvis. 2005.Very high resolution interpolated climate surfaces for global land areas. International Journal of Climatology, 25: 1965–1978.

Iwao, K., K. Nishida, T. Kinoshita and Y. Yamagata. 2006. Validating land cover maps with Degree Con uence Project information. Geophysical Research Letters, 33: L23404.

NTT DATA Corporation. 2016. pg bigm. http://pgbigm.osdn.jp/index.html（2017.05.08）

PostGIS Project. 2016. http://postgis.net（2017.05.08）

Todd, M. J. and B. J. Grim（eds.）. 2008. World Religion Database, Leiden/Boston, Brill. https://worldmap.harvard.edu/data/geonode:wrd_province_religion_qg0.（2017.05.08）

UNDP. 2013. HDI Report 2013. http://hdr.undp.org/en/2013-report（2017.05.08）

19 政策形成を支える知識
——アメリカのレジリエンス計画

ジェニファー・ヘルゲソン

（翻訳：佐藤 哲）

　コミュニティは，数多くのシステム，たとえば社会経済的ネットワークやこれをサポートする物理的基盤などから構成される 1 つのシステム（システムのシステム）とみなすことができる．一部のシステムに不具合が発生すると，システム全体に障害が起こる可能性がある．自然ハザード，人的ハザード，技術的ハザードへの準備と対応を計画する場合，このような対応策はほかのコミュニティの優先事項と競合することが多い．レジリエンス計画は，知識システムを基盤とした意思決定にかかわる数多くの分野の当事者にとって大きなチャレンジである．

　アメリカ国立標準技術研究所（NIST）は，レジリエンス計画に実践的かつ柔軟なアプローチを提供する 6 ステップのプロセスからなる「建造物と基盤設備のための NIST コミュニティ・レジリエンス計画ガイド（CRPG）」を提案してきた．このプロセスによってコミュニティの当事者は，協働してコミュニティが直面するリスクを管理するための優先順位を設定し，資源を配分することができる．レジリエンス計画を通じて解決策とその基盤となる知識の協働生産を促すことによって，コミュニティがその社会的・経済的ニーズ，ハザードリスク，および建造環境の復旧について，熟慮にもとづいた計画を立てることが可能となる．本章では，この 6 ステップのプロセスについて概説し，米国コロラド州の事例研究を通じてプロセスの最初の 3 ステップについてくわしく説明する．また，NIST「基盤設備のための経済性意思決定ガイド（EDG）」についても紹介し，災害が発生していない状態でも，レジリエンス計画を策定することによってコミュニティが得ることができる「副産物としての利益」を考慮することの重要性について議論する．

19.1　レジリエンス計画の複雑性

　工学的および経済学的な研究分野におけるレジリエンス計画では，歴史的にはおもに単独の建造物または基盤設備に関するプロジェクトについての分析を行ってきた．「建造物と基盤設備のための NIST コミュニティ・レジリエンス計画ガイド」（CRPG，以下「計画ガイド」）は，コミュニティがレジリエンスの概念をほかのコミュニティの目標と計画（たとえばコミュニティの事業計画や災害準備計画）に組み込むように促している（NIST, 2016）．個々の構造物や事業レベルではなく，コミュニティ規模のレジリエンスを増大させることを計画することで，コミュニティ機能の基礎となる構造システム，社会的システム，および自然システムの関連性に対処することができる．「コミュニティ」という用語は，地域スケールでも国家スケールでも，さまざまなかたちで定義することができる．本章においては，コミュニティを「ガバナンスの単位（町，市，郡など）で定義された地理的境界線で指定された区域」を指すものとする（NIST, 2016）．ただし，当該のプロジェクトがほかの資本や社会投資と競合する場合，コミュニティレベルでレジリエンスを計画する際に資源の配分という問題が生じるおそれがある．障害を発生させるような事象が発生したときだけ，潜在的な利益（すなわち，損失の回避）が生じるような事例では，このような課題はとくに解決が困難である．

　レジリエンスに関しては，本章ではアメリカ研究評議会（National Research Council, 2012）による「実際に発生した，または発生しうる有害な事象に対して，その影響を吸収する，復旧する，およびうまく適応する能力」という定義を採用する．

　コミュニティレベルのレジリエンスを改善するうえで，重要な社会的機能をサポートする建造物と基盤設備に関する活動またはプロジェクトを把握し，これらに優先順位をつけることがたいへん重要である．コミュニティは，直面する可能性がもっとも高いハザードを同定し，それに集中してリスクへの対応を準備し，リスクを軽減し，復旧計画を作成することができる．しかし，さらに幅広く，特定の予想されるハザードの枠を超えてコミュニティ全体の目標を評価し，レジリエンスの増大を計画することが，これらの目標の実現のために重要である．

第 19 章　政策形成を支える知識　365

　建造環境の分野でコミュニティ・レジリエンスを改善するための指針においては，日常的な事象，設計で想定する事象，極端な事象に関する高レベルな実施目標を設定することが重視されている（NIST, 2016）．日常的なハザード事象とは，頻度が高いが，それほど深刻ではない事象であり，重大な損害をおよぼすおそれがないものを指す．設計で想定するハザード事象は構造の設計時に使用されるもので，多くの自然ハザードに関する建築基準にしたがって設計荷重が指定されている．極端な事象は，一部の甚大な損害をおよぼす可能性が高いハザードに対して，それに関する建築基準によって定義される．

　起こりうる一過性の被害に対する準備に加えて，レジリエンス計画ではコミュニティのストレス要因に関する長期的な目標を設定することができる．ストレス要因には高い犯罪率，経済成長率の急落，失業，および貧困などが含まれ，一過性の被害とは普通は深く関係していない．レジリエンスを増大させる活動においては，ストレス要因にとくに配慮しなくても，コミュニティに利益を提供することができる．たとえば，橋を高架化する，あるいは改築することは，通勤時間または交通渋滞を低減しないが，洪水に対するレジリエンスを強化できる．しかし，橋の設計が景観の改善というアメニティをコミュニティに提供することも可能である．レジリエンス計画によって，住民がコミュニティの予算の改善，経済的多様化，および社会的・経済的機会の拡大などの利益を得ることがあることを示す逸話もある（Rodin, 2014）．

　コミュニティがレジリエンスを改善するための投資を評価しようとする際には，分析のなかで想定する期間に攪乱が起こった場合だけに発生する，短期的なコストと利益とのトレードオフを評価する必要がある．したがって，従来の投資収益の推定は，一般に被害をもたらす事象が分析期間内に発生することを想定している．しかし，すでに述べたように，障害を発生させるような事象が起きていない場合でも，レジリエンスへの投資はコミュニティにとって別のかたちの価値や利益をもたらすことがある．同じ優先的目標を達成するために異なるレジリエンスへの投資オプションを検討する場合でも，「副産物としての利益」はそれぞれ異なることがある．たとえば，堤防は治水を目的としており，洪水が発生した場合のみコミュニティに利益が提供される．一方，氾濫原の緑地は洪水が発生した場合には治水の効果をもち，洪水が発生しない場合でもコミュニティにとってはレクリエーションや自然景観の改善といった利益をもた

らす．コミュニティは「副産物としての利益」を熟慮することで，トレードオフを適切に評価することができるのである．

　地域の在来の知識は，効果的なレジリエンス計画に重要である．しかし，在来知にもとづくレジリエンスの改善に資金提供することは，軽視されたり過小評価されたりすることが多い．これはおもに2つの理由が関係している．① 非貨幣的価値や社会的・生態的価値を意思決定に取り入れるのがむずかしい．② 多くのレジリエンス評価は，災害が発生した場合にのみレジリエンス計画の価値が生じると仮定するシナリオに立脚している．

　前者については，近年大きな進捗がみられている．生態系サービスをレジリエンス計画のための評価に取り入れるケースが増加しているのである（Schuster and Doerr, 2015）．このような評価においては，社会経済的指標を生態的指標から切り離して設定することはできないということが，ますます強く意識されるようになってきた．復旧プロセスにおける生態的指標の変化と社会経済的指標の変化は相互にリンクしており，これらの指標を同時に評価・考慮しなければ意味がない．

　自然災害が所与の場所で1年間に発生する確率は1%以下であり（多くの場合，これよりもはるかに高いこともある），1つ以上の自然災害が発生する確率はさらに小さい．このため，とくに資源が不足している，またはより身近なストレス要因に直面するコミュニティの場合，レジリエンス計画への投資をコミュニティの予算枠に組み込むことはむずかしい．したがって，災害が発生した場合の被害の軽減または適応に直接には関連しなくても，レジリエンス計画によって得られるほかの短期的または中期的な利益を検討することが重要である．つまり，コミュニティ・レジリエンスの増大を計画する際にレジリエンスに付随する利益を検討することが，潜在的な純利益（純コストについてはここでは考慮しない）の全体像を示すための重要な要素である．

19.2　NIST コミュニティ・レジリエンス計画ガイド

　アメリカ国立標準技術研究所（NIST）は，コミュニティにおけるレジリエンスの増大を計画するための6ステップのプロセスを提案している．「計画ガイド」（NIST, 2016）は，全米のいくつかのコミュニティによって実際に採用され

ている．このプロセスは，以下の3要素を通じて，コミュニティが社会的・経済的ニーズ，その地域が直面するハザードと関連するリスク，および建造環境の復旧について検討し計画することを支援するものである．

- 不可欠な社会的機能（医療，教育，治安）に関する実施目標を設定し，建築物と基盤システム（輸送，エネルギー，通信，および上下水道設備）を維持する．
- 建造環境が果たすべき機能の目標を，コミュニティの社会的・経済的ニーズと機能にもとづいて設定しなければならないことを認識する．
- コミュニティの優先事項と資源をレジリエンス目標と整合させるための包括的な手法を提供する．

「計画ガイド」が提案する6ステップのプロセスの概要は以下のとおりである．

1. 「共同計画チーム」の形成：官民のステークホルダーとコミュニティメンバーの関与を促すため，強力かつ包括的なリーダーシップのもとにチームを形成する．
2. 状況の理解：コミュニティの既存の社会的機能，建造物と基盤設備の特徴，およびこれらの相互関係を理解する．
3. 目標と目的の決定：長期的なコミュニティの目標と望ましい社会的機能にもとづいて，レジリエンス計画の目標と目的を決定する．コミュニティのレジリエンスは長期間をかけて構築されていくものであり，社会的ニーズにもとづいて建造物と物理的基盤システムが果たすべき機能の目標を設定する必要があることを認識する．
4. 計画開発：障害の発生後における建造物と基盤設備に期待される望ましい機能と，現状から予想される機能の間のギャップ評価，およびそのギャップに対処する優先順位の高い解決策の特定を含む．
5. 計画の策定，レビューおよび承認：広範にわたる周知を行い，すべてのステークホルダー，コミュニティのリーダーとメンバーによる透明性の高い関与を得て策定する．
6. 計画の実施と継続：実施戦略と解決策に関する定期的な透明性の高いレビューと更新が必要である．

「計画ガイド」の指針においては，計画プロセスにおける当事者間の知識のト

ランスレーション・プロセスは明示されていない. このプロセスがコミュニティのタイプによって大きく異なっているからである. トランスレーション・プロセスは，形式的・非形式的なガバナンス構造，個人の特性，およびこれらと関連する「行為者性と構造の統合ダイナミクス」(Sei-Ching, 2011) などの側面において，コミュニティ間で大きく異なっていると考えられる.「計画ガイド」の最初のステップは，コミュニティによる包括的な計画のビジョンを検討するために，「共同計画チーム」を形成することである. このプロセスは参加者の関心分野（たとえば経済，社会，政治）にしたがった縦割り型のアプローチでもなく，ガバナンス・レベルに応じて階層化することもないことが理想的である. 計画目標に関する合意可能なパラメーターに関して議論および交渉を行うことで，チームが共有可能な意味を創出することを目指す. しかし，このようなチームは一般に，現実の世界では理想どおりに機能しない. この事実をふまえて，知識のトランスレーション・プロセスの必要性が認識されている. 実際のトランスレーション・プロセスにおいては，チーム・リーダー（緊急事態管理者という職位がコミュニティに設定されている場合，緊急事態管理者がこれを担当するのが普通である）は，「共同計画チーム」メンバーによる相互学習と認識の共有を重視し，これらに対して時間と労力を投資する. 詳細な地理的データなどの客観的データを活用し，レジリエンス目標について共通の意義をみいだし，合意を形成するためのプロセスを促進する.

　「計画ガイド」においては，架空のコミュニティ（リバーベンド）を題材に，6 ステップのプロセスを通じて，災害に対するレジリエンス計画をコミュニティ計画に統合する方法について説明している. この例では，計画プロセスの立役者はスミス女史である. 彼女は，この街を襲った大洪水の影響を受けた市民の1 人であり，リバーベンドは将来発生するかもしれない同様の洪水に備えてコミュニティ・レジリエンス計画が必要であると考えている. 市議会議員や市長との長時間におよぶ議論を経て，コミュニティ・レジリエンス計画の作成に時間と労力を投資することに対して，市民がどの程度関心をもっているのかを判断するために，市議会が招集されることになった. さらに議論を重ねた結果，市民はレジリエンスの高いコミュニティで生活し，働くことの利益を認識し，計画プロセスを進めることに合意した. コミュニティ・レジリエンスを達成するには，幅広いステークホルダーの支持基盤が必要である. リバーベンドは近

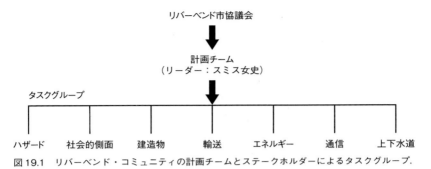

図19.1 リバーベンド・コミュニティの計画チームとステークホルダーによるタスクグループ.

隣のコミュニティ，地域，州からの支援が必要となる可能性があるため，スミス女史はコミュニティ内だけではなく，川の向こう側にある街，フォールスボローの官民セクターのステークホルダーを特定し，関与させる必要があることを認識した．彼女は，リバーベンドの各セクターを代表する大規模な作業グループを設立し，市民グループの社会的ニーズを明確に把握するために必要な人材の参加を得るように配慮した．計画プロセスの組織化に向けて，彼女は市議会が監督する計画チームと7つのタスクグループを構築した（図19.1）．各セクターの間の相互依存関係を調整し，レジリエンス計画の優先事項に関する共有可能なビジョンを創出することを目指したのである．

「計画ガイド」は，NIST 研究者が実際のコミュニティにおける経験から新しいことを学習するたびに更新される．現在までに，約10カ所のコミュニティが「計画ガイド」を使用し，レジリエンスを確保する能力の強化に向けて活動を進めている．NIST コミュニティ・レジリエンスプログラムの長期的な目標は，被害をもたらす事象からの復旧力を改善し，コミュニティ機能の中断を最小限に抑えることである．「計画ガイド」は，この長期的な目標の実現のための最初のステップを提供する．既存の包括的な地域計画，経済発展計画，および災害被害軽減計画と統合するかたちで，優先すべきレジリエンス計画を策定するために，統一的なプロセスを示すことを目指しているのである．NIST は，以下の短期的な目標の達成によって，この長期的な目標が達成できると考えている．

- 先進的なコミュニティによる導入と実施．
- 既存の連邦・州政府のプログラムおよび機関による「計画ガイド」の推進

または活用.

- ほかの連邦または州の指針やツールの基礎または参考としての活用.

19.3　現実に実施されている「計画ガイド」——コロラド州の事例と得られたレッスン

「計画ガイド」の活用に関する研究は継続して行われており，さまざまなカテゴリーのコミュニティに対処しようとしている．2016年にコロラド州の中規模のコミュニティで実施された地域レジリエンス評価プログラム（Regional Resiliency Assessment Program; RRAP，以下「評価プログラム」）が，「計画ガイド」プロセスの導入を決定した．アメリカ合衆国国土安全保障庁（United States Department of Homeland Security; DHS）が実施する「評価プログラム」は，指定された地域における重要な基盤設備について協働で評価を行い，同時に広域的な基盤設備に関する分析を実施することによって，地域的・国家的に重大な影響をおよぼすおそれのある基盤設備のレジリエンス問題に対処することを目的としている．「評価プログラム」は任意であり規制をともなうものではないが，地域または広域スケールの政策変更につながることが多い．この事例の場合は3年計画で実施されており，そのなかで，現在「計画ガイド」の最初の3ステップが完了している．ここでは，コミュニティの「共同計画チーム」と「評価プログラム」チームに対するセミフォーマル・インタビューにもとづいて，この事例からこれまでに得られたレッスンについて概説する．

「計画ガイド」が初期段階から想定してきたように，強力かつ献身的な「共同計画チーム」は，方向性の決定，参加と協力の確保，およびコミュニティ・レジリエンスの目標と目的の策定のための基盤である．コミュニティが自ら「計画ガイド」のプロセスを開始する場合，積極的かつ意欲的な「共同計画チーム」を形成することが基本である．外部によって主導されているとコミュニティがみなしているようなプロセスの一環として「計画ガイド」が実施される場合は，これはあてはまらないこともある．いずれの場合でも，ステークホルダーの多くが「計画ガイド」を実施することを認識していないことがある．実施することに関する認識が広まると，今度は自分自身や組織にとって「評価プログラム」やこれに付属する「計画ガイド」がもつ意義について疑問が生じ，確信がもて

なくなることもある．「計画ガイド」にしたがって評価を進めるということは，評価をどの程度迅速に進めるか，などといった管理を，地域のステークホルダーに委ねることを意味する．そのため，評価は「もっとも遅いステークホルダーと同じくらい遅く」進展することになる．実際のところ，とくにステークホルダーが全体の動きを理解しておらず，地方政府のリーダーがサポートしていることを十分に認識していない場合に，評価が非常に遅くなる可能性がある．このコミュニティにおける計画と評価プロセスの最初の9カ月間に，このような問題を含むさまざまなレッスンが得られており，それが以下の観察の基礎となっている．

(1) ステップ1──共同計画チームの形成

コミュニティ・レジリエンス計画は，本質的に地域の活動である．地域環境知（ILEK）の視点に立てば，外部の専門家はレジリエンス計画に必要な知識と選択肢を協働生産することを通じてこのプロセスを支援することができるが，基本的に地域固有の知識を共有していない．そのため，外部の専門家からの地域に対する支援という一方向のプロセスとはならない．このコロラド州のコミュニティの事例では，外部から支援にやってきた「評価プログラム」チームは，レジリエンスを測定し評価するという任務を遂行できるが，外部からのレジリエンス指標，たとえば全国平均にもとづく指標をそのままコミュニティの指標とすることはできない．また，「計画ガイド」の6ステップのプロセスを効率的に進めるのに必要な，地域コミュニティの深い関与を確保することもできないのである．意思決定の1つ1つに「指導者の意図」がきちんと反映されていくためには，献身的かつ積極的な「共同計画チーム」を構築することが望ましい．コロラド州のコミュニティにおけるステップ1に関連して，以下の重要な知見が得られている．

- この「評価プログラム」では，「共同計画チーム」に参加した郡の緊急事態管理室が，「評価プログラム」チームと直接協力するために緊急事態管理コーディネーターを任命した．このコーディネーターは「評価プログラム」チームの重要なメンバーであり，チーム間の直接連絡係を務めた．地域を代表できる人材が「共同計画チーム」に参加したことによって，地域のステークホルダーや担当者を特定して関係を確立すること，地域の取り組み

や実践，手続きなどをチームに周知すること，会議場の特定と会議の設定，地域に関する知識と助言がなければ発生するおそれのあるミスの防止などを，効果的に実施することが可能になった．

- 「共同計画チーム」の積極的な関与がもっとも重要である．チームのメンバーには，① コミュニティ・レジリエンス計画の価値を理解・尊重し，② プロセスと成果を理解して献身的にかかわり，③ 活動をけん引すると同時に必要とされるステークホルダーをプロセスに参加させる支援を行うことが求められる．

- 「共同計画チーム」メンバーには，主要な社会機能グループの代表者を効果的にまとめることができる地方政府とコミュニティの指導者が含まれるのが理想的である．「共同計画チーム」を組織する際には，どの社会機能グループの代表者を含めるべきかを検討する必要がある．また，上下水道，エネルギー，輸送，通信，および緊急事態管理の各セクターの代表者が含まれるべきである．

- 行政当局からの承認があり，有効に機能している必要がある．「共同計画チーム」メンバーや「計画ガイド」プロセスに参加するほかのコミュニティメンバーには，地方政府のリーダー（市長・行政のトップなど）がコミュニティ・レジリエンス計画をサポートしているという保証が必要である．プレスリリースやリーダーの声明があれば，活動が承認され，ステークホルダーの協力が期待され，支援されていることを保証することができる．実務レベルの調整と協力を確保するためにも，主要な自治体部局の上級管理職の承認を得ることが重要である．

- 積極的であり深く関与している「共同計画チーム」は，レジリエンス評価の進捗状況に関する最新情報を定期的に受け取る必要がある．可能ならば「コミュニティ・レジリエンス計画」のウェブページの運営をコミュニティに依頼し，最新情報が発生した時点でウェブページに掲載されて市民が反応できるようすることが望ましい．「共同計画チーム」はウェブ上でブリーフィングや投稿を行うというかたちで関与し，課題や問題に関して必要に応じて情報を提供する．「共同計画チーム」は，外部の「評価プログラム」チームよりもコミュニティをよりよく理解しているので，コミュニティとの関係のマネージメントを担うべきである．

（2）ステップ2──状況の理解

　ステップ2においては，プロセスのサブ・ステップをコミュニティ内で柔軟かつ有機的に実施できるように，コミュニティ計画を先頭に立ってけん引できる人々や組織を特定する必要があることが明らかになった．

- 「計画ガイド」によるコミュニティ・レジリエンス評価には，地域，およびより広域のライフライン基盤の検討が最終的に含まれる．これには，少なくとも上下水道設備，送電と配電，陸上輸送などの基盤整備分野が含まれる．このプロセスは，普遍性ある科学的知識を地域社会の知識ユーザーの視点から評価し，再構築することに役立つ．

- 各社会機能グループを結成する前に，先頭に立ってけん引できる人々やグループを特定しておくことがグループのまとまりを維持するために必要である．社会の制度や仕組みがもつ機能と，その機能を発揮させるために必要な建造環境の要素にステップ2で要求される作業とプロセスに，これらの人々やグループが深く関与し，理解するように努めることが重要である．また，これらの人々がコミュニティのステークホルダーがもつ在来知の意味をトランスレートし，「共同計画チーム」が共有できるようにすることが有効である．先頭に立ってけん引する人々が，地域の在来知，関与する個人やグループとの親密性を尊重しながら，これらの目的を達成するための潜在的なアプローチについて議論を進めるべきである．

- 「共同計画チーム」において，評価プロセスの早期の段階でデータ・情報保護ポリシーを策定することが重要である．基盤設備のサービス・プロバイダーなどにデータを要求する場合，データセキュリティに関する懸念に対処できるように準備しておく必要がある．多様なアクターとの協働が必須であることはいうまでもないが，データや情報が尊重され，秘密が守られるという信頼がなければ，協働は困難である．

- 「計画ガイド」のステップ2に含まれる3つのおもな要素は，連続して実施する必要はない．「共同計画チーム」と外部の関連する知識生産者による知識の協働生産を推進することが，ステップ2の最終的なゴールである．「計画ガイド」のステップ2は複数の並行したステップから構成されており，社会の制度や仕組みが提供する機能を特定して特徴を明らかにすること，こ

れらの機能を提供するために必要な資源を特定すること，およびこれらの
資源を既存の基盤設備がどのようにサポートできるかを特定することが，取
り組みの出発点である．コミュニティの制度や仕組みがもつ機能，および
その機能を発揮させるために必須の資源を特定し，特徴を明らかにするこ
とは，個々の地域に固有の課題である．地域の積極的な関与が欠けている
ような場合や，目的を達成するための明確で柔軟なアプローチが欠如して
いるような場合には，大幅な遅延や不十分な成果に至るおそれがある．「評
価プログラム」チームは，サブ・ステップ 2（建造環境の特性評価）および
サブ・ステップ 3（建造環境と社会的側面の関連づけ）をほぼ同時に処理す
る．その際には，公益事業のサービス地域の設定，重要な道路，高速道路
と輸送経路の設計，およびおもな社会的機能のライフライン基盤に対する
依存度評価が実施される．そのために，ライフライン部門のサービス・プ
ロバイダーや社会的機能を担う人々へのインタビューと議論によって収集
されるオープン・ソースの情報が活用される．

(3) ステップ 3——目標と目的の決定

　ステップ 3 においては，「共同計画チーム」のメンバーの間での，さらには
コミュニティの広範なメンバーとの議論を刺激するために，客観的なデータを
可能な限り活用することが重要であることが明らかになった．
- 地域の地理情報システム（GIS）資源および関連する分析結果を活用する．
  ステップ 2 において，「評価プログラム」チームは自分自身が創出した成果
  をおもに用いた GIS ベースの地図とツールをしばしば使用してきた．ステッ
  プ 3 への移行に向けた地域計画のレビューにおいて，地域における建造物
  と社会的機能・ライフライン基盤に関連する重要なハザードのマッピング
  が，ステップ 2 で完了していたことが明らかになった．「評価プログラム」
  は郡（コミュニティをまたがってコミュニティレベルの問題を管理する役割
  をもつ）とコミュニティの GIS チームと電話会議を行い，それがステップ
  3 で有用となるデータを共有することにつながった．こうして，6 ステップ
  のプロセスの早期の段階で GIS にかかわる人々や組織とつながることが重
  要であるというレッスンが得られた．
- 政府および主要な施設は重要な資源であり，これらが継続的に機能するた

めの計画をもつことは，ステップ3の時間を大幅に節約することにつながる．きわめて重要な機能が完全に失われた場合に，機能の復旧の時間的目標，実施すべき緩和策，および偶発事態に対応するプランを検討するうえで，貴重な手がかりを提供できるからである．

- レジリエンス計画で対処を目指すことに関して，既存のコミュニティ計画，とくに長期的戦略に関する計画を，コミュニティのなかですでに正統性を獲得している目標として位置づけることが重要である．また，ハザード緩和計画は，コミュニティのハザード分析の貴重な情報源である．これらの計画を使用すると，実施済みの作業の重複を回避することができる．

- 長期的なコミュニティ目標の策定に関しては，このコミュニティは過去に社会的および経済的な視点から包括的な長期計画を策定済みであった．ただし，そのなかにはレジリエンスに関する課題は明示的には含まれていなかった．「評価プログラム」チームはこれらの長期計画をレビューし，コミュニティが長期的な目標を策定する際の基盤として活用してきた．

この先進的なコミュニティは，今まさにレジリエンス計画の実施目標を確定し，その成果を予想しようとしているところである．この分析の目標は，現在のレジリエンス・プロセスにおけるギャップを特定し，潜在的なソリューションをハザード対策という枠に収まらないほかのコミュニティ目標と整合させる方法を理解することである．つまり，とくに分析結果を政策決定に生かそうとする場合に，レジリエンス計画の潜在的な「副産物としての利益」を特定することが，コミュニティのレジリエンス計画に対する幅広いサポートの獲得につながる可能性がある．

コミュニティが「計画ガイド」のステップ4（計画開発）に到達した時点で，合意されたコミュニティ目標を達成するプロセスにおいてどの計画が実現可能か，さらにはどの計画がもっとも実現性が高いかを決定するための具体的な方法を，コミュニティが考案することが重要となる．この時点で初めて，「建築物と基盤設備のためのコミュニティ・レジリエンス経済性意思決定ガイド（EDG）」（Gilbert *et al.*, 2016）が，検討中のレジリエンス強化オプションを評価するうえで有用なツールとなる．これを用いて，コミュニティが政治的，社会的，生態学的および経済的な領域における実現可能性について議論を深めていくことになる．

19.4 NIST コミュニティ・レジリエンス経済性意思決定ガイド

「建築物と基盤設備のためのコミュニティ・レジリエンス経済性意思決定ガイド」（EDG，以下「経済性ガイド」）（2016）は，投資に関する意思決定を評価するための標準的な経済学的手法であり，コミュニティが障害を発生させるような事象に適応し，耐え，迅速に復旧する能力の改善を目的としたものである．

図 19.2 は，「計画ガイド」と「経済性ガイド」の各ステップの概略およびその相互関係を示している．「経済性ガイド」は経済分析を中心として構成されているが，非市場価値を扱うことも，社会・政治的な現実や制約について検討することも可能である．

「経済性ガイド」は，コミュニティが検討する可能性のある各種のレジリエンス・オプションのコストと利益について分析するための，使いやすいアプローチを提供する．このプロセスでは，非市場的な側面の検討（ステップ 4）も強調されており，経済学を専門としていないレジリエンス計画プロセスの関係者がガイドを利用できるようにすることを目指している．レジリエンスまたは経済性を専門的に評価するための部門をもっている可能性が低い小規模なコミュニティ，または財政が乏しいコミュニティにとって，この点はとくに意味がある．

「経済性ガイド」は，建造環境およびほかの基盤設備への費用対効果の高い投資によって，コミュニティのレジリエンスを増大させるための選択肢を比較し評価するためのプロセスを提供するものである．競合する設備整備投資に関連する利益とコストを分析し，最終的に投資戦略を選択するための 7 ステップからなる手法が含まれている．

「経済性ガイド」は単独のツールとして使用できるが，より包括的な計画プロセスの一環として，「計画ガイド」と組み合わせるともっとも有効である．その場合，「経済性ガイド」は「計画ガイド」のステップ 4 以降に使用される．また，「計画ガイド」と同様に，米国国家準備システムに整合するようにつくられている（Leighty *et al.*, 2011）．

「経済性ガイド」の手法は，レジリエンスへの投資に関連するコストと利益の，現在および将来の流れと傾向を特定し，現状のままで推移した場合と比較することで，経済的な意思決定の枠組みを提供するものである．レジリエンス

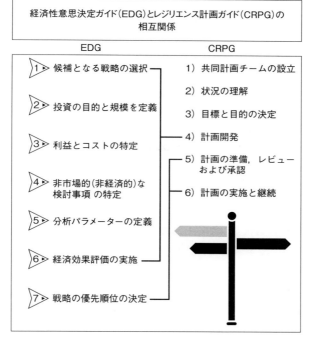

図19.2 「計画ガイド」とEDG（「経済性ガイド」）の各ステップ，およびレジリエンス計画の意思決定における相互関係.

投資の利益は，コスト削減，および損害損失の回避によって発生する．レジリエンスの改善を目的として実施される投資にともなって発生する非市場的価値，不確実性，および「副産物としての利益」などについても検討する．また，コミュニティの外部に対するプラスまたはマイナスの影響，つまり特定の戦略を実施するための意思決定に直接関与しない第三者に対する影響を検討することも重要である．

「経済性ガイド」では，重要な社会的目標と目的の実現のための投資に焦点を絞り，リスクを低減し，レジリエンスを増大させるための投資の選択基準を明示することで，コミュニティのレジリエンスを確保する能力を増大させるための基盤を提供する．

「経済性ガイド」で提案する7ステップのプロセスの概要は以下のとおりである．

1. 戦略候補の選択：既存の研究，コンピュータモデリング，および専門家の判断にもとづいて戦略候補を選択する．コミュニティの「共同計画チーム」がプロジェクト候補を選択する際に（「計画ガイド」のステップ1），全体として最大の利益をもたらす可能性がもっとも高いプロジェクト候補を特定する．

2. 経済的目的の定義：評価可能なすべての要因を考慮したうえで，最大の純利益を提供すると期待される経済的目的を定義する．コミュニティは，代替戦略を選択するうえで，質の高い生活，教育，およびほかの社会福祉資源の利用拡大などの，どのような追加的な要素が重要かを決定したいと考えるだろう．さらに，コミュニティはリスクを低減するための活動，およびリスク転嫁（保険など）のステップを含む，レジリエンス計画の多様なアプローチを選択するかもしれない．この段階では，コミュニティは分析期間（発生するコストと利益という観点から代替案を比較する期間）を特定する必要がある．政治的，法的，財務的な側面などは，どのレジリエンス・プロジェクトをコミュニティが実施可能かという判断に影響を与えるが，定量化しにくいことがある．しかしながら，これらの側面を計画に組み入れることは必要不可欠である．計画担当者は，経済的な制約や，コミュニティが直面する社会的な制約があるために，時間経過にともなって計画を改良していく方法や，計画を構成する活動を段階的に導入する手法について，検討を迫られることが多い．

3. 利益とコストの特定：レジリエンス戦略の個々の候補について利益とコストを特定する．利益は，おもにハザード事象に関する対応能力が現状よりも改善される程度にもとづいて決定され，災害による財産や生活などへの損害の低減，および災害への対応と復旧段階におけるコスト低減が含まれる．また，ハザード事象が発生していない状況でも，レジリエンス戦略がコミュニティの機能と価値を改善する効果，つまり「副産物としての利益」も含まれる．

   被害緩和のための戦略を実施するコストが，プロジェクト期間中に複数回発生することがある．コストの推定には，初期コストのほかに，プロジェクトに関連する物とサービスの所有，運用，維持，廃棄に関連する全費用が含まれるべきである．建設による環境悪化，および近隣住民や社会

第 19 章　政策形成を支える知識　379

的弱者の立ち退きなどによる社会的混乱などの，非経済的なコストについても考慮する必要がある．

4. 非市場的な検討事項の特定：戦略を実施するための意思決定に直接関与しない第三者に発生するコストまたは利益など，コミュニティの外部に対する影響を含む非市場的な検討事項を特定する．コミュニティの外部に対する影響などは，定量化できることもあれば，できないこともあり，明白な貨幣価値をもつ場合もある．レジリエンス計画のなかに交通プロジェクトが含まれる場合，近隣住民は建設中または建設後に騒音，粉塵，大気汚染，交通規制などによって被害を受けるかもしれない．このようなコストは，ステップ 3 では必ずしも把握できるとは限らない．

　　このような評価を行う場合，地域環境知の観点では，地域の文脈や価値に関するステークホルダーの知識を反映させる必要がある．また，経済学者は，この種のコストを特定して評価するための手法をいくつかもっている．たとえば，これらのコストはその地域の住宅所有者と将来的な住宅所有者の直接的あるいは間接的な選好調査にもとづく仮想評価法を用いて評価できる．「経済性ガイド」は，このほかにも多くのオプションの詳細な内容を提供しているが，どの手法を選択するかにかかわらず，これらの非市場的・非経済的な検討事項をコミュニティが自ら評価することが重要である．

5. 分析パラメータの定義：コミュニティのニーズに関連する分析パラメータを定義する．多額の資金が必要なレジリエンス・オプションを検討するコミュニティは，現時点でのコミュニティの金銭に対する時間選好率を反映した割引率を考慮すべきである．金銭に対する時間選好率は特定の時点での支払い能力に影響を与えるので，割引率の考慮はレジリエンス戦略候補を選択するうえできわめて重要である．

6. 「経済性ガイド」では，極端なハザード事象を，重大かつ長期的な結果をともなう独立した比較的まれな事象として扱っている．それでも，障害の発生をともなう事象の頻度とハザードレベルは明らかに問題であり，経済分析に組み入れるべきものである．また，経済分析では事象の想定されるあらゆる結果を検討しなければならない．しかし，「経済性ガイド」は① 日常レベル，② 設計レベル，および ③ 極端なレベル，の 3 レベルを，

ハザードの確率分布を扱ううえで重要な観点として推奨している.

リスク回避の手法は，実際にハザード事象にさらされた経験を通じて，時間とともに変化する．また，保険をかけているかどうかによっても変わる．それでも，リスク回避の程度に関するなんらかの指標が必要である．たとえば，期待される成果やハザード事象に対する投資からの収益に関して，コミュニティが受け入れる意思のある不確実性のレベル，などのような指標がありうる.

7. 経済的評価の実行: 特定されたレジリエンス戦略の候補に関する経済的評価を実施する.「経済性ガイド」は，このステップのための複数のアプローチを提供している.

   • 現時点の期待値の計算: 分析のこの部分は，「レジリエンス戦略の価値をどのように評価するか」という重要な問いに答えるものである.

   • 代替案の策定:「期待効用」は，潜在的な成果に不確実性が存在する場合に，代替アプローチを選択するための一般的な経済的戦略である．意思決定者は実際には，1つ1つの選択の前に効用を計算しているわけではない (Friedman and Savage, 1952)．しかし，意思決定者が期待効用を比較したかのように，また，評価した経済的選択肢の効用を知っているかのようにふるまう限り，効用分析は有用である.

   • 不確実性の影響評価: 災害が分析の時間枠のなかで発生するかどうかは，もちろん不確実である．これを除いたとしても，被害緩和戦略に関して現時点において期待される純利益を推定することには，多くの不確実性がともなう．たとえば，将来のハザードの発生時期と発生確率，ハザードが発生した場合の損害の程度，緩和戦略の将来的なコスト，現時点で期待される純利益の推定に用いたモデルの妥当性などに関する不確実性である.

8. 戦略を実施する際の優先順位の決定: 相対的な純利益を考慮し，制約および非市場的な側面を考慮したうえで，戦略を実施する際の優先順位を決定する．最適な選択肢は，全コストを支払うことができ，最大の純利益を提供する活動の組み合せである.

19.5 「計画ガイド」と「経済性ガイド」の活用に関する追跡調査

「計画ガイド」と「経済性ガイド」はコミュニティのレジリエンスを向上させるための包括的な協働のアプローチを提供するものであり，基盤設備に関連するプロジェクトを検討するうえで，とくに効果的である．そのためには，コミュニティによる現在の縦割り型のアプローチから，長期的な目標の達成に向けて，すべてのステークホルダーが連携し地域住民の参加のもとで計画と実施のプロセスを動かして成果を出していくというアプローチへの，パラダイムシフトが必要である．

新しい製品や新しいアプローチの導入の際に必ずみられることだが，「計画ガイド」においても先駆的にその導入を試みるコミュニティがある．このような先駆的なコミュニティは，このプロセスが有効であるとみなした場合，ほかの人々やコミュニティに新しいアプローチを試すよう促すだろう．先駆的なコミュニティは，先見の明のある積極的なリーダーをもち，レジリエンスの向上策を計画および実施するための資源を確保でき，その結果レジリエンス計画がもたらす利益を享受できるコミュニティである．それはどちらかといえば，非常に大規模な都市または個々の小規模なコミュニティではなく，中規模の市や郡である場合が多い．先駆的コミュニティがもつ特徴を理解するために，「計画ガイド」を活用しているコミュニティについて，その人口規模とタイプ（たとえば都市部または非都市部），ガバナンス・レベル，連邦緊急事態管理庁が定義する地域別の主要なハザードなどを追跡調査する予定である．

NIST は，本章で紹介した 2 つのガイドについての理解と実践をサポートするために，先駆的なコミュニティとの関係を維持しようとしている．また，「計画ガイド」のステップをもっともうまく実施し，ほかのコミュニティと共有可能なレジリエンス計画を策定・実施しているコミュニティの事例を基礎に，ガイドやツールを改善または開発する機会を特定し，新しいガイドを開発していく予定である．先駆的なコミュニティにおけるサクセス・ストーリーによって，「計画ガイド」と「経済性ガイド」をさまざまなタイプのコミュニティでどのように実施するべきかを明らかにし，プロセスの長所と短所，およびその利益を特定することができる．

先駆的なコミュニティは，「計画ガイド」を初期の段階で採用し，「経済性ガイド」を活用しようとしているという基準で探索する．「経済性ガイド」は「計画ガイド」のステップ 4 だけに関連しているため，現在のところ「経済性ガイド」を使用する段階までは達していないコミュニティがほとんどである．「計画ガイド」のアウトリーチを進めるなかでこれらを使用する際の障害を特定することによって，コミュニティによる活用をサポートし改善するためのアウトリーチと発信のツールを改善していく．

「計画ガイド」と「経済性ガイド」は，すべてのコミュニティが使用でき，あらゆる規模のコミュニティのハザードに対応できるように開発されてきた．これらを使用するコミュニティの特徴と実施の方法をさらによく理解するために，アウトリーチと実践を導き，進捗をモニターするための以下の指標が使用される（表 19.1）．

2012 年において，米国には 3 万 8917 の地方自治体があり，郡が 3031，市が 1 万 9522，町が 1 万 6364 であった（2012 年アメリカ国勢調査；U.S. Census Bureau, 2012）．「計画ガイド」がおもな対象としているのはこれらの地域コミュニティだが，州がレジリエンス計画とその実践に関する地方自治体との協力と意思疎通を改善するためにガイドを利用することもある．より広域的な自治組織が，コミュニティと連携した業務を円滑に進めるために NIST ガイドを活用

表 19.1　試験的コミュニティのタイプと特徴.

人口のタイプ（都市部・非都市部）	UL——都市部の人口が 5 万人以上の都市化が進んだ地域（UAs） 人口が 2500 人以上 5 万人未満の都市クラスター（UCs） 非都市部（都市部に含まれないすべての人口，住居，および居住地） 米国の地方自治体を有するコミュニティのほとんどは人口が 5 万人未満
コミュニティ規模（人口別）	UVL——非常に大規模な都市部（人口が 30 万人以上・米国に 59 コミュニティ） UL——大規模な都市部（人口が 5 万–30 万人・米国に 620 コミュニティ） RM——中規模の都市クラスターを有する非都市地域．人口が 2500–5 万人（米国に 5937 コミュニティ） RS——小規模な非都市地域．人口が 2500 人未満（米国に 1 万 2876 コミュニティ）
コミュニティ・ガバナンスのタイプ	市町，郡および州

することもある.

　これらのコミュニティの規模がどのような範囲にあるかを確実に示すために，コミュニティ規模について追跡調査を行う予定である．人口の範囲は，都市部と非都市部の人口に関するアメリカ国勢調査局の定義，および地方自治体のための人口分類に準拠して決定する.

　「計画ガイド」と「経済性ガイド」は，あらゆる規模のコミュニティのハザードに対応できるように開発されてきた．したがって，これらのガイドを用いて各コミュニティが定義した重要なハザードを特定することができるだろう．ガイドがレジリエンス増大によってコミュニティが対処できるハザードのタイプとして記載しているものは，つぎのとおりである（ただし，これに限定されるわけではない）.

- 風──暴風，ハリケーン，竜巻.
- 地震──地面の揺れ，断層活動，地滑り，液状化.
- 浸水──河川の氾濫，鉄砲水，沿岸洪水，津波.
- 火災──都市・建築物，森林火災，ほかのハザード事象に続いて発生する火災.
- 雪や雨──吹雪，アイスストーム（着氷性暴風雨），暴風雪，吹きだまり，氷ダム，凍結または融解，排水能力を上回る豪雨.
- 技術または人為起源──爆発，車両（鉄道を含む）の衝突，産業の事故などによって生じる有害な環境汚染，ハザード事象後の処理・除去による有害な環境汚染（意図的・非意図的な活動を含む）.

NIST はこれらのガイドの活用に関するデータを用いて，さらなる活用事例をサポートし，ガイドの将来バージョンと実施ガイドラインを構築していく．また，NIST の「建築物と物理的基盤設備に関するコミュニティ・レジリエンス・パネル」，および NIST がサポートする「センター・オブ・エクセレンス（組織横断的高度研究拠点）」に情報を提供する.

　レジリエンス計画プロセスは，コミュニティと「共同計画チーム」が主導して進める．先進的なコミュニティにとって，NIST の研究者の役割は，ガイドをさらに普及させるために改善すべき分野を特定し，活用事例を発掘するためのデータ収集，ガイドの適用に関する質問への回答に限定される.

19.6 今後の展開

　新しいアプローチ，とくにさまざまなタイプのコミュニティを対象とするようなアプローチを実施する際には，どのコミュニティにどのようなやり方が最適であるかに関して，急速な学習が起こる．コミュニティがレジリエンス計画や政策を策定する際には，地域コミュニティのレベルでの作業と一般的なガイドの提供の間には，本質的な緊張がある．さらに，「共同計画チーム」やほかの重要な要素が整ったすぐれた計画を策定するためには，時間が必要である．

　地域環境知の眼鏡をかけてみると，「計画ガイド」と「経済性ガイド」を構成する一連のステップは，コミュニティレベルで，コミュニティのメンバー，基盤設備セクター，さらには社会貢献活動を行う宗教団体までを含む多様なアクターによって推進されるレジリエンス計画に，手がかりとなる座標を提供する試みである．コミュニティの既存のレジリエンス・アプローチのなかのギャップに関する理解を共有し，災害に対するレジリエンスを強化すると同時に，コミュニティに日常的な「副産物としての利益」をもたらすことができるレジリエンス計画に，地域環境知による社会転換のアプローチが合意のための基盤を提供するだろう．

　コミュニティが「計画ガイド」を活用していくつかの選択肢を採用しようとする際に，「経済性ガイド」が適切な補完ツールになることが期待される．コミュニティの当事者による非市場的なものも含む純利益と純コストの分析によって，多様なステークホルダーの間で共有可能なフレーミングを構築できる可能性がある．また，このプロセスはコミュニティの異なるセクターが協働して，共通の価値と選択肢を可視化するものでもある．

　コミュニティは根本的な特性が異なり，地理的特徴，人口特性，利用できる社会的システム，およびコミュニティが直面するハザードがきわめて多様である．そのため，「計画ガイド」を実施する際の具体的なガイドラインが必要とされる．このような実践のためのガイドラインは計画されているが，その実現には，本章で紹介したような多様なコミュニティからの知見を積み重ね，横断的な分析を行うことが必要であろう．

第 19 章　政策形成を支える知識　385

[引用文献]

Friedman, M. and L. J. Savage. 1952. The expected-utility hypothesis and the measurability of utility. Journal of Political Economy, 60(6): 463–474.

Gilbert, S.W., D. Butry, J. Helgeson and R. Chapman. 2016. Community Resilience Economic Decision Guide for Buildings and Infrastructure Systems. NIST Special Publication, 1197. http://dx.doi.org/10.6028/NIST.SP.1197 (2017.03.27)

Leighty, W., B. Cigler, W. Dodge, H. Hatry, W. Raub, C. Springer and E. Springer. 2011. Improving the National Preparedness System: Improving the National Preparedness System. http://www.napawash.org/wp-content/uploads/2012/06/11-07.pdf (2017.03.27)

National Research Council. 2012. Disaster Resilience: A National Imperative, The National Academies Press, Washington, D.C.

NIST Special Publication 1190. 2016. Community Resilience Planning Guide for Buildings and Infrastructure Systems, Vol. I and II. http://dx.doi.org/10.6028/NIST. SP.1190v1 and http://dx.doi.org/10.6028/NIST.SP.1190v2 (2017.03.27)

Schuster, E. and P. Doerr. 2015. A Guide for Incorporating Ecosystem Service Valuation into Coastal Restoration Projects. The Nature Conservancy, New Jersey Chapter, Delmont.

Sei-Ching, J. S. 2011. Towards agency-structure integration: a Person-in-Environment (PIE) framework for modelling individual-level information behaviours and outcomes. *In* (Amanda, S. and J. Heinström, eds.) New Directions in Information Behaviour (Library and Information Science, Vol. 1) pp.181–209. Emerald Group Publishing Limited, Bingley.

Rodin, J. 2014. The Resilience Dividend: Being Strong in a World Where Things Go Wrong. Public Affairs.

U.S. Census Bureau. 2012. Census Bureau Reports There Are 89,004 Local Governments in the United States. https://www.census.gov/newsroom/releases/archives/governments/cb12-161.html (2017.03.27)

20 持続可能な未来ビジョンの共創
——北極圏の広域的トランスディシプリナリー研究

イラン・チャバイ

（翻訳: 佐藤 哲）

　人間社会は前例がないほどに急速な変化にさらされており，それによってさまざまな課題が発生している．そして，北極圏ではこれらの課題がもっとも顕著に現れている．たとえば，気候変動が生物環境，物理的環境，さらに人間社会におよぼす影響が，北極圏ではっきりと観測されてきた．この章では，北極圏域内のアクター，域外のステークホルダーと協働したトランスディシプリナリー研究を通じて，地域レベルの変化と地球規模での影響の関係を検討する．このトランスディシプリナリー研究は，これまでに実施されてきた2つのプロジェクトで試みられてきた北極圏域内のステークホルダーとライツホルダー（法的権利の保有者）による効果的な意思決定を促進するためのプロセス開発に端を発する．このプロセスは，現在では欧州委員会ホライゾン2020プロジェクトにおける社会参画プロセスに活用されており，持続可能な未来（複数）に向かう社会の転換を，それぞれの社会の文脈で効果的に促進することに加えて，それを通じて相互学習プロセスが駆動されることを特徴としている．研究の協働企画（co-design）の長期にわたるプロセスのなかで，北極圏内外の広範なアクターとの信頼関係を構築し，ステークホルダー，ライツホルダー，そして多様な専門的バックグラウンドをもつ科学者の対話を通じて，知識の双方向トランスレーションを実現してきたことが，このプロセスを効果的に機能させてきた要因と考えられる．

20.1　北極圏内外のつながりと相互作用

　気候変動，経済活動ならびに広域的な政治活動に関して，北極圏地域が世界的に重要であるという認識は，とくにこの10年間で著しく広まった．北極圏は，さまざまな地理的および政治的観点から定義されてきたが，この章では，

北半球においてもっとも温暖な月（7月）の平均気温が10℃以下となる緯度より高緯度の地域と定義する．気候変動と大気汚染プロセス，経済資源の需要と活用の増大を通じて，より緯度の低い地域と北極圏をつなぐ複数の双方向のフィードバック回路が顕在化してきたために，世界全体に対するこの地域の重要性に関する認識が深まってきた．このような複数の地域，あるいはプロセスの間のつながりは，北極圏とより低緯度の地域の両方において，物理的環境に対する即時的であり，なおかつ長期的な影響を発生させる．この影響は，世界のほかの多くの地域における気候，大気汚染，海洋，天候，経済および健康などだけでなく，北極圏内の先住民と移民に対する社会的，文化的，政治的ならびに経済的な影響にも密接に関連しているのである．

北極圏が置かれた状況，および，より低緯度地域とのフィードバック回路においては，気候変動に起因する急速で重大な変化が進行している（Sommerkorn and Hassol, 2009; National Research Council, 2015）．生態学的および物理的な環境の変化にともない，北極圏の資源（オイル，ガス，鉱物，漁業，海上貨物輸送，観光）に対する，とくに北極圏以外の多くの地域からの要求が拡大してきている（ACIA, 2004; Arctic Council, 2009; Budzik, 2009; Glomsrød and Aslaksen, 2009; Claes, 2010; National Petroleum Council, 2011; Koivurova, 2012; Keil, 2013, 2015）．北極圏地域におけるこのような社会的，物理的，生態学的，および経済的な変化は，北極圏以外の多くの地域とのフィードバック回路ならびに相互依存関係に組み込まれている（図20.1）．こうしたフィードバック回路と相互依存関係は，経済，資源，政治，生物物理的状況，およびガバナンスの仕組みとプロセスのさまざまな側面にわたって発生している．北極圏の生物物理的システムの劣化は，北極圏以外のコミュニティだけでなく北極圏域内の人々の社会的，文化的，経済的な営為にも重大な影響をおよぼす（Sommerkorn and Hassol, 2009; National Research Council, 2015, Alessa et al., 2015）．北極圏における資源の利用，生活，インフラ，ならびに輸送に関するガバナンスと管理において，十分な情報にもとづいた効果的な意思決定を行うことは，北極圏外に基盤を置くステークホルダーにとっても，また北極圏域内のアクターにとっても，緊急かつ重要な課題であると考えられている（Keil et al., 2014; Johnson et al., 2015）．

社会的，文化的ならびに生態学的な変化に関する現在の傾向の記録とモニタ

政治
政治的状況と地政学的緊張が,北極圏に影響している.

経済・資源
北極圏の温暖化によって,域外市場に対して資源が利用可能になる.

北極圏資源の活用は地球温暖化を加速する.

北極圏は,ほかの資源が豊かな地域と競合している.

国際的な金融投資家と(再)保険業者の役割

北極海経由の海上輸送は,大西洋と太平洋をつなぐ

気候,気象,海氷
表面反射率の減少が,温暖化の進行につながる.

永久凍土の融解が,メタンと二酸化炭素の放出につながる.

氷の減少が,波による解氷の促進につながる.

北極圏の氷の減少と温暖化の進行が,中緯度地域の気候パターンに影響する.

グリーンランドの氷床の融解が,海面水位に影響する.

ガバナンス
域外の国際的ならびに国家のガバナンス・プロセスが北極圏に影響している.

域外のステークホルダーが,北極圏のガバナンス体制に関与している.

汚染物質
域外の先進地域が,北極圏に到達する汚染物質を産出している.

北極圏内の経済活動の増加が,北極圏の排出物を南に運ぶ可能性がある.

図20.1　世界と北極圏の相互依存関係.

リングにおいては,地域文化に組み込まれた在来の伝統的知識と地域住民の経験が重要である (Fidel *et al.*, 2014; Allessa *et al.*, 2015).これらは,すべてのガバナンスレベルと空間スケールにおける意思決定に,必要不可欠な情報を提供する.北極圏における人々の集合的記憶には,過去の環境変動についての情報が含まれており,これは経験科学,理論科学で生産された普遍的な形式知を補完するものである.北極圏内のコミュニティの人々が日常を通じて観測と記録を行う能力を開発・促進するための連携とネットワーク構築の試みは,コミュニティ基盤型観測ネットワーク (Alessa *et al.*, 2015),北極圏コミュニティの脆弱性と適応プロジェクト (Smit *et al.*, 2010),北極圏の地域観測と知識交流 (Pulsifer, 2015),ならびに北極圏継続観測ネットワーク (Larsen *et al.*, 2016) などの例で実施されてきた.このような観測は,地域の文脈と文化的な背景において受容可能で両立可能な介入戦略の策定に貢献するものである (Alessa *et al.*, 2015).すべての参加者による成果の共有を促進することが可能な,正統性をもつとともに関連性も高い連携や協働の仕組みは,先住民および移民のコミュニティ,幅広い専門分野の科学者,企業,政府およびNGOの広範なステーク

ホルダーによる知識の協働生産に，きわめて重要な役割を果たす．

　本書の文脈のなかでたびたび語られてきたレジデント型研究者と知識のトランスレーターという概念に関しては，本章において紹介する事例では，はっきりと定義可能なレジデント型研究者や知識のトランスレーターは存在しないことに注意していただきたい．それにもかかわらず，この両者の機能が満たされ，効果を発揮してきた．先住民族のなかには，自分のコミュニティにとって重要な問題に関する研究を実施することが可能なレベルの公的教育を受けた者がいた．また，われわれが過去3年間にわたって繰り返しかかわった北極圏のステークホルダーとライツホルダーの大半は，利害関係を有する地域住民であり，彼らは過去および現在の地域の状況について非常に深い知識をもっていた．彼らとわれわれは，地域が置かれた状況と問題の共通理解のために何度も繰り返し対話を行い，それによって，日常から得られた知識とそれに関連する科学的知識の双方向トランスレーションが機能してきた．ここで着目すべきなのは，いくつかの地域の先住民族は伝統的な生活，土地ならびに知的財産に対して法律と協定によって法的権利を保有しているため，利害あるいは影響をもつステークホルダーとしてではなく，ライツホルダー（法的権利の保有者）として自分自身を定義し，また一般的にもそのようにみなされているということである．

　しかしながら，地域コミュニティとほかの関連するアクターが関与するだけでは，有益かつ適切な情報の獲得と持続可能なアクションの創発には十分とはいえない．持続可能な未来に向かう社会の転換にとっては，適切な問題に関する取り組みが，適切な地理的範囲で検討され，実施されることが同じように大切である．持続可能性科学が取り組むべき7つの基本的研究課題の提案がある（Kates, 2011）．これらの研究課題の枠組みと，研究の協働企画と協働生産における遠隔地のステークホルダーと北極圏域内の先住民族の間の関係と相互作用は，北極圏社会の転換と持続可能な未来の構築の鍵を握っている（Nilsson *et al.*, 2013; Johnson *et al.*, 2015）．多様な先住民族ならびに移民コミュニティの知識，認識，ものの見方を包含し，地域の文脈において北極圏に特有の地理的・文化的側面，言語および世界観を認識することは，研究が意味をもち，かつアクション可能になるために必要不可欠である．アクター間の誤解や誤った意思伝達は，データや知識のギャップ，参加者の関与あるいは協働の予測不可能性，プロジェクトの資金源の不足，意思決定プロセスにおけるデータへのアクセス・

管理・使用における倫理的問題などを発生させる可能性がある（Pulsifer *et al.*, 2014; Alessa *et al.*, 2015）．すべてのプロセスは，北極圏内外の関連するアクターとの調整および協力のもとで取り組まれなければならないのである．

20.2 北極圏における北極圏のためのトランスディシプリナリー研究

　北極圏における急速な変化に関与し，同時にその影響を受けるアクターは，きわめて多様である．また，多くの問題が複雑で，相互に深く関連しているため，伝統的な研究アプローチではなく，研究と介入の戦略の協働企画が必要とされる．「それぞれの専門分野を切り離して情報を収集することは十分とはいえない．むしろ，（中略）複数の知的伝統をまたぐ対話が急務であり（中略），レジリエンスの分析と適応力の構築に関して，在来の知識，および伝統的な知識が果たすことができる役割をより深く理解する必要がある」という主張がある（Nilsson *et al.*, 2013）．人間と地球システムに関する現在の課題，および今後に予測される課題の解決に向けて，自然科学的分析を進める一方で，地域および先住民など関連するすべてのステークホルダーの知識を，社会科学に連結させるための架け橋を構築する必要性が強調されてきたのである．実際に，北極圏内外の研究において，社会的，経済的，および環境的な関連性と相互作用に関する認識は深まっている．つぎつぎと新たに発生する課題に対処するだけにとどまらず，効果的な戦略につながる包括的なトランスディシプリナリー研究の発展が必要とされている（Lang *et al.*, 2012）．

　さまざまな専門分野，アクター，地域の相互作用を反映するだけでなく，「（北極圏の）局所的変化が大規模なプロセスの一部であることを認識するための（Beveridge *et al.*, 2015）」研究によって，社会転換を促す統合的かつ包括的な知識生産を目指す持続可能性科学の必要性が強調されてきた．持続可能な開発目標の達成のための指針においても，マルチステークホルダーのグローバルな連携によって知識を結集・共有し，持続可能な生活と，人類の福利と地球システムの持続可能性を実現する必要性が強調されている（General Assembly, United Nations, 2015）．とくに北極圏に関しては，2013 年の北極圏レジリエンス中間報告書が，人間社会と自然環境の変化への適応力を向上させるために，

社会生態系システムの課題および機会の評価のための，統合的かつ協働的なアプローチの枠組みの開発を求めている（Arctic Council, 2013）．北極圏の体系的な理解を支援することが可能な「統合的概念およびモデル」が必要である（Nilsson *et al.*, 2013）．また，持続可能な社会に向けた転換につながる知識生産においては，「個別の研究トピックを超えた方法論的枠組みの設定（中略）ならびに地域または分野的な課題を超越するテーマ」を探究する持続可能性科学が必要である（Kates, 2011）．このようなプロセスを通じて生産され，異なる知識システムを反映・統合する知識（Cornell *et al.*, 2013; Tàbara and Chabay, 2013）は，現在および将来の世代の生活を確保しながら環境保全を実現するための持続可能な介入を支援し，それぞれの社会の文脈に沿った適切な意思決定と計画策定のプロセスに貢献する可能性がある．多様な知識生産資源のオープンな統合と知識基盤の活用は，効果的で適切な知識を得たうえでの意思決定プロセスの中核である．しかし，北極圏域内のアクターが意思決定とアクションのための知識の協働生産と活用に強く関与しないままで知識の統合が進むことは，望ましいことではない．

20.3　研究の協働企画（co-design）のための連携の確立

このような文脈における知識の生産源と活用に関連したさまざまな課題に対する取り組みの一環として，2013 年から 2016 年に高等持続可能性科学研究所において，全球的な北極圏ガバナンスに関する「北極圏資源が駆動する北極圏の社会転換の持続可能なあり方（SMART）」プロジェクトが実施された．また，国際社会科学協議会の「社会転換のための知識ネットワーク」補助金によって，2014 年 9 月から 2015 年 3 月まで「北極圏の持続可能性への転換のためのシナリオとツール（STARCTIC）」プロジェクトが行われた．STARCTIC プロジェクトは，ステークホルダーとライツホルダー自身による，持続可能な未来に向けた十分な知識を得たうえでの意思決定のためのツールとプロセスの協働企画と協働開発を目的としたもので，ロシア西部とノルウェー，つまりユーラシア北極圏にとくに着目するものであった．本章で紹介する研究は，これらのプロジェクトの成果を統合するものである．

これらの研究を推進してきたチームは，北極評議会とその作業部会，国際北

極科学委員会，世界自然保護基金など，既存の北極圏関連の知識ネットワークのメンバーと協働して，ステークホルダーとライツホルダーグループを迅速に同定し，対話を支援するとともに，北極圏域外に基盤を置く北極圏に関するステークホルダーを含む多様なステークホルダーとライツホルダーのニーズと要望に，協働して対応することを試みた．多様なアクターが協働生産した知識を基盤として，意思決定プロセスのためのツールとしてのシナリオが協働開発された．北極圏における気候変動の観点から抽出された複数の妥当な選択肢のなかから，選択肢がもたらす結果を可視化するシナリオを協働企画・協働生産することによって，地域の文脈において持続可能な未来に向かう社会の転換を支援することを目指した．

　このプロジェクトの下で，これまでにステークホルダーとライツホルダーのカテゴリーあるいはグループの「マッピング」，各グループを代表する人々の相互関係の構築，および彼らが直面する諸課題の検証を行ってきた．この研究は，北極圏内外のさまざまな国の，とくに北極圏に対して影響力があるグループ（たとえば，先住民族グループ，採鉱およびオイル／ガス採取企業，海上運輸会社，漁業者，トナカイ牧畜団体，さまざまなレベルの政府機関代表者，環境NGO，北極圏で研究を行う異なる専門分野の研究者）を明確にすることから始まった．つぎに，われわれは，これらのグループを代表する人々と接触し（多くの場合は何度も接触を繰り返す必要があった），さまざまなステークホルダー・グループのメンバー間の関係を分析・評価した（Keil et al., 2014）．

　このプロセスでは，研究者とステークホルダー・ライツホルダーの間の信頼の確立と維持が決定的に重要であった．2国間および小規模グループの会合，さらには20名から40名の参加者による大規模なワークショップを，サンクトペテルブルグ，モスクワ，ポツダム，レイキャビク，ホワイトホース（カナダ），ベルリン，パリ，オタワ，富山で連続して開催した．われわれは3つの大陸で開催された9つの国際会議からなるこのプロセスで，100名を超える北極圏関連の知識生産者と知識ユーザーに接触することができた．ワークショップには，北半球北極域，または少なくとも北極圏域内の自分の地域について，その現状と将来の開発に関するきわめて多様な見解をもった人々が参加した．その際には，議論のための課題の枠組みを協働して設定し，多様な知識を抽出し統合するために，細心の注意を払って参加者全体の対話を促進することが必要であっ

た.

　たとえば，ワークショップのうちの1つは，2014年11月にアイスランドの
レイキャビクで開催された北極評議会の機会を利用して実施された．35名の参
加者による3時間のワークショップは，以下の3つの質問に対する8名の多様
な招待講演者の簡潔なオープニング・スピーチによって開始された．① 持続可
能な北極圏に関する意思決定を行うために，異なるアクターは現在どのような
知識をもっているか，② 持続可能な北極圏に関する意思決定を行うために，異
なるアクターはどのような知識が不足しているか，③ 持続可能な北極圏の未来
に向かう知識生産と共有に関連したさまざまな課題はなにか．招待講演者のオー
プニング・スピーチに続いて参加者全員による討議が行われ，上記の3つの質
問に対するベスト・アンサーの投票が行われた．得票の多かった回答は，資源
の利用可能性と望ましい資源の開発または利用のあり方，非常に異なる経済的
資源と政治的資源を有するアクターの間の権力関係の理解と均衡の重要性，健
全なコミュニティのための長期的に持続可能な地域開発の必要性，北極圏の生
物圏と生態系の今後の傾向に関する科学的知識が必ずしも適切ではないこと，
北極圏資源に対する世界的需要と価格の信頼できる予測の欠如，の5点に集中
した．このような懸念に対する解決策は確立されず，また期待もされていなかっ
たが，一方で，いくつかの懸念に関しては人々のもつ多様な背景と文脈を反映
した包括的な見解が示された．その一例は，参加者の数名が，それぞれ異なる
課題をもつ地域のアクターとグローバルなアクターの複合的な相互作用を認識
することの重要性を，非公式ではあるが認めたことであった．ステークホルダー
とライツホルダーによる，彼ら自身にとって意義のあるシナリオを協働開発す
る際に，そのなかで想定されるさまざまな選択肢がもたらす結果の予測にこの
ような相互作用が反映されなければならない．

　また，われわれは，いくつかの非公式会合にインド，中国および欧州からの
参加を得ることができた．これらの参加者は，北極評議会の持続可能な開発に
関する作業部会の4つの会合にも参加し，北極圏以外のオブザーバー国の見解
を北極評議会に提供することができた．この会合とワークショップの結果とし
て，信頼の構築と相互学習が大きく進展し，内容豊かなシナリオの協働企画と
協働生産のすべての側面において，重要な協働の基盤が構築された．このよう
なシナリオは，ステークホルダーとライツホルダーによって彼ら自身のために

行われる意思決定のために必要な，基本ツールとなる．

　意思決定は，情報と知識だけでなく，問いを立てるためのフレーミングによっても強く影響される．したがって，トランスディシプリナリー・プロセスにおいては，研究課題が関連するステークホルダーによって協働企画され，ステークホルダーによる現状および将来の望ましい状態の認識を反映していることが重要である（Hirsch *et al.*, 2006）．2014 年の北極評議会におけるワークショップや，それ以外の数々のワークショップのおかげで，われわれは協働したステークホルダーとライツホルダーにもっとも関連性がある研究課題のフレーミングを理解することができた．このようなアクターとのかかわりを通して，北極圏におけるレジリエンスと持続可能性に対する彼らの見解，とくに北極圏の資源採取に関する見解が，シナリオの協働企画と生産，さらにはそれを用いた意思決定に不可欠であることがわかった．

　複合的な世界的課題の解決策の協働生産に着目したプロジェクトの開始当初から，多様な研究グループ がもつ研究能力（ならびに利用可能な資金）を，幅広い視点から配置することを心がけた．また，研究者が対応できる能力，資金を備えている研究課題，研究者が関心をもっていることがら，ならびにステークホルダー（研究者をステークホルダーに含む）の懸念にもとづいて，プロジェクトの基本原則を設計し，それにしたがって研究グループの配置を決定しなければならないことは明白であった．一般に，研究者の能力は，自然科学，社会科学，あるいは人文科学の学術上の専門性に帰属するものとされる．異なる学問領域のそれぞれの背景においては，このような能力は明らかに必要である．しかし，研究分野や対応すべき社会の課題によっては，関連する専門知識，懸念，さまざまな（北極圏の社会転換によって影響され，かつ［あるいは］影響をおよぼす）ステークホルダーの見解がプロジェクトに包含されない限りは，専門分野の知識が社会的に価値のある成果を導く保証はないのである．

　したがって，このプロジェクトの目的を達成するためには，トランスディシプリナリー・プロセスの採用が必要不可欠であった．このプロセスの概要は図20.2 に示すとおりである．1 のボックスは，研究者がプロジェクト開始時に実施するステップで，自分自身の研究を，自分の専門分野あるいは自分の関心に関係するコミュニティのニーズや文脈のなかに位置づけることである．ここでは，研究プロジェクトが研究者の関心と能力，および利用可能な資金を基盤と

第 20 章 持続可能な未来ビジョンの共創　395

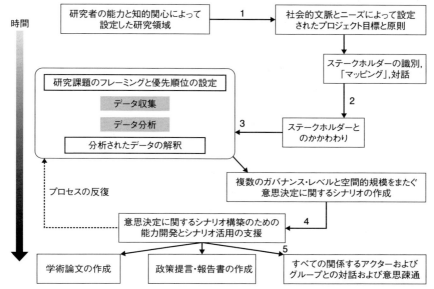

図 20.2　トランスディシプリナリー・プロセスを用いた研究プロジェクトを通じたステークホルダーとライツホルダーの協働の概念図.

していることを明確にすることが重要である．この基本条件が満たされた場合，つぎに，2 のボックスのプロセスに進む．このステップでは，ステークホルダーとライツホルダーの識別，マッピング，および研究者との対話が行われる．「マッピング」または特徴づけのプロセスは対話に先立って実施されるが，対話のなかで，および対話の後でも，参加者の関係性や利害，能力の位置関係がより明確になっていく．この段階まで進むと，アクターは具体的な研究への関与を選択することができるようになる．3 のボックスは，研究への参加方法を示している．前述のとおり，プロジェクトのアプローチと範囲は研究者の能力，目標および原則から定義されている．そして，研究課題のフレーミング構築に，各アクターの参加と協働を求めることが非常に重要である．同様に重要なことは，データの解釈である．ステークホルダーが当事者意識をもって効果的な長期的解決策を実現できるのは，ステークホルダーにとってデータの結果が有意義で，信頼でき，正統性をもっている場合だけである（Hirsch *et al*., 2006; Renn and Schweizer, 2009）．したがって，簡単にアクセス可能でステークホルダー

の文脈において情報の意味が明確であるような，適切な視覚的あるいは言語的表現を用いて情報が提示され，議論される必要がある．このような表現の手法は，より効果的な相互学習を可能にするバウンダリー・オブジェクトである（Guston, 2001）．データの分析と解釈のプロセスに参加することによって，ステークホルダーは情報が透明性をもって提供されたかどうかを，より正確に評価することができる．透明性は偏見を解消するものではないが，偏見の起源や意味に関するよりオープンな対話を可能にする（Lang *et al.*, 2012）．4 のボックスは，研究成果の分析によるシナリオの作成，ステークホルダーとライツホルダーの将来の状態と優先すべきことがら，意思決定に関する効果的なシナリオの活用方法の学習に必要なステップを示している．利用可能な資金，時間的な余裕，およびシナリオの評価によっては，ステップ 3 と 4 を繰り返すことでプロセスを改善することができる．最後に，5 のボックスは，前のステップに積極的に関与しなかった者を含むより広範なステークホルダーとライツホルダーのコミュニティに意思決定プロセスのアウトプットを伝達するステップである．また，5 と並行して，プロセスの学術的および政治的な成果物の公開を進めることができる．

　この反復的なトランスディシプリナリー・プロセスは，未来の不確実性，曖昧さ，情報の欠如が普通である複雑系について，むずかしい選択を行わなければならない場合に，複雑系に関する意味の創出と，意思決定のためのシナリオを導くことができるように設計されたものである．不確実性と曖昧さは，起こりうるシナリオの境界条件を定める際に重要な要素である．また，地域固有の伝統的知識，および過去と現在の状況に対する見解も，このような条件を導くために有効である．地域の文脈における意思決定において有意義で正統性があり，現実的に意味があるシナリオを作成するためには，地域固有の伝統的知識と科学的知識を織り交ぜていくことが有効である．

20.4　学際およびトランスディシプリナリー・プロセス

　このプロジェクト開始時から明らかであった課題の 1 つは，プロジェクトの協働企画にステークホルダーとライツホルダーの知識と優先すべきことがらを含むかどうかに関する，科学者のなかの見解の相違である．この課題は，現時

点でも未解決である．これは，1つの知識形態（たとえば科学的知識）をほかに対して優先させるという先験的な傾向を排除して研究の協働企画を実現するために，科学者とステークホルダーの間に純粋な協働を形成できるか，という問題でもある．社会科学者と自然科学者の間には緊張が存在しており，自然科学者はしばしば，もっとも重要な科学的問題は北極圏の現状の測定と起こりうる将来の生物・地質・物理的条件のモデリングであり，社会的問題はこれらの結果として生じるものであると考える傾向がある．したがって，科学的な研究課題は反復的なプロセスを経て統合され，協働企画されるようなものではない，ということになる．研究課題の統合と協働企画は，研究課題が対象とするコミュニティにとって関連性があり，透明性と意義があることを保証するためのプロセスである．十分な信頼と実施可能なプロセスを構築するためには，かなりの忍耐と，協働の目的を繰り返し議論することが必要とされる．自然科学者と社会科学者，法学者と人文学者，さらに北極圏のアクターとの頻繁なコミュニケーションを維持することが重要である．また，学際的専門用語を避ける，あるいは言葉の意味を明確にするとともに，選択した言葉の意味と重要性に対する理解に注意を払う必要があった．このように，知識の双方向トランスレーターは，科学者とステークホルダー・ライツホルダーの間だけでなく，科学コミュニティ内においても重要な役割をもっていた．

トランスディシプリナリー・プロセスにおけるステークホルダーのコミュニティとの実質的なかかわりの重要性は，自然科学と社会科学の研究者の間の緊密な協働の構築のための，新たなハイレベルでの取り組みなどを通じて，一部の分野では基盤を獲得しつつある．たとえば，2017年1月に開始され，デンマーク気象庁によって運営されている欧州委員会ホライゾン2020の新規助成プログラムにおいて，高等持続可能性科学研究所が実施予定の「ロシア北極圏におけるオイル開発とガス開発」に関する4年間のトランスディシプリナリー研究プロジェクトが採択された．このプロジェクトの目的は，状況の変化に対してもっと効果的に適応するために，自然科学の予測手法の進歩と，それによって得られる知識を活用するための北極圏のキャパシティを向上させることである．高等持続可能性科学研究所のこの新しい研究プロジェクト（研究代表：カトリン・ケイル）は，気象・気候予測の精度向上が非常に重要な意味をもつロシア西部北極圏において，気候変動とエネルギー資源開発によるリスクと機会

に起因して発生する可能性のある社会的，経済的，および環境上の影響に着目するものである．プロジェクトはステークホルダー・ライツホルダーと当初から協働し，「ステークホルダーに対するコミュニケーション」の練習としてではなく，科学における最近の予測性の向上を活用するための反復的なトランスディシプリナリー・プロセスを構築し，同時に，気象研究が生産する情報の空間的・時間的精度ならびに適用範囲を改善することを目指している．北極圏内外のステークホルダーとライツホルダーとの信頼と関係性の構築は，前述の高等持続可能性科学研究所の SMART プロジェクトによって 2013 年に開始され，2014年に STARCTIC プロジェクトがこれに加わって，この新しい研究プロジェクトの基盤となっている．

　しかしながら，未来を展望し，自然システムと社会システムの不確実性と複雑な相互作用に対応していくうえで，さまざまな情報源をもち，質と量の両面でまったく異なる起源と来歴をもつ知識を組み合わせて解釈することには大きな課題が残されている．さらにデータとモデルの解釈において発生するさまざまな齟齬に関しても，引き続き課題が残されている．対象とする社会的課題と研究課題をさまざまなステークホルダーが協働して設定するために提案されてきた方法のなかには大きなちがいがあり，一部の分野のデータが不適切あるいは不完全である可能性，データ自体の不確実性，さらにデータとモデルのアウトプットの解釈の曖昧さが存在する可能性がある（Pulsifer, 2015）．

20.5　シナリオ構築に向けて

　過去の 2 つのプロジェクト（「北極圏資源が駆動する北極圏の社会転換の持続可能なあり方（SMART）」プロジェクトと「北極圏の持続可能性への転換のためのシナリオとツール（STARCTIC）」プロジェクト）の過程で，われわれは，十分な知識を得たうえでの意思決定に必要な研究の協働企画と知識の協働生産のために，広範なアクターとの信頼とかかわりを構築するという重要な初期プロセスを，少し時間はかかったが大きく前進させた．つぎのステップは，ステークホルダーが社会転換に関する複雑な意思決定を行うための重要なツールとしてのシナリオ開発である．このようなシナリオは，現在および起こりうる将来の状態に対する健全な科学的分析，ならびにさまざまなステークホルダー・グ

ループの知識と予測にもとづくものでなければならない．前者は，ホライズン2020の新規プロジェクトの下での気象観測と予測的モデリングのなかで実現されつつある．異なる知識の生産源を組み合わせることによって協働企画された場合には，シナリオは，異なるガバナンスレベルと地理的規模において，複雑系としての北極圏の社会転換に関する理解と意思決定のプロセスを改善するためのツールとして機能することができる．ここで着目すべき点は，こうしたシナリオがきめ細かい局所的な文脈のなかで，それぞれの問題に着目する一方で，広域的な統合的評価とグローバルな相互作用の視点を失わないようにしているという点である．

　異なる問題（海氷・気候・大気汚染予測など），技術開発，および法律とガバナンスの構築に関する経済的・政治的要素に関するシナリオが作成される一方で，具体的な地理的・時間的スケールと文脈にも対応するように，それぞれのシナリオは複合的となることが意図されている．ステークホルダーとライツホルダー自身の意思決定の促進のためにシナリオの活用を試みる場合には，このプロセスはステークホルダーとライツホルダーがアクセス可能で理解可能なかたちで実施されなければならない．同様に，地域の文脈において持続可能な未来に向かう意思決定の有意義で実用的なツールとなるためには，複合的（あるいは単一の）シナリオの結果について関与したグループとともに議論し，特定の地域の文脈において理解を深め，評価することが必要である．これは高等持続可能性科学研究所が研究の目標としてきたことであり，今後も目標とされ続けるものであろう．

［引用文献］

ACIA. 2004. Impacts of a Warming Arctic: Arctic Climate Impact Assessment. ACIA Overview Report, 2004. doi 10.2277/0521617782.

Allessa, L., A. Kliskey, J. Gamble, M. Fidel, G. Beaujean and J. Gosz. 2015. The role of indigenous science and local knowledge in integrated observing systems: moving toward adaptive capacity indices and early warning systems. Sustainability Science, 2015. doi 10.1007/s11625–015-0295–7.

Arctic Council. 2009. Arctic Marine Shipping Assessment 2009 Report. Arctic, 2009, 1–194. http://www.pmel.noaa.gov/arctic-zone/detect/documents/AMSA_2009_Report_2nd_print.pdf（2016.12.27）

Arctic Council. 2013. Arctic Resilience Interim Report. Environmental Institute and Stockholm Resilience Center, Stockholm 2013, 1–134. www.arctic-council.org/arr (2016.12.27)

Beveridge, L., M. Fournier and R. Pelot. 2015. Maritime activities in the Canadian Arctic: a tool for visualizing connections between stakeholders. Arctic Yearbook 2015, Arctic Governance and Governing, 2015: 1–16.

Budzik, P. 2009. Arctic Oil and Natural Gas Potential. US Energy Information Administration. Office of Integrated Analysis and Forecasting, Oil and Gas Division, 2009.

Claes, D.H. 2010. Global energy security: resource availability, economic conditions and political constraints. Panel: Contextualizing energy security and transition. Concepts, framing and empirical evidence SGIR 7th Pan-European International Relations Conference 2010: 911.9.

Cornell, S., F. Berkhout, W. Tuinstra, J.D. Tàbara, J. Jäger, I. Chabay, B. de Wit, R. Langlais, D. Mills, P. Moll, *et al.* 2013. Opening up knowledge systems for better responses to global environmental change. Environmental Science & Policy, 28: 60–70.

Fidel, M., A. Kliskey, L. Alessa and O.P. Sutton. 2014. Walrus harvest locations reflect adaptation: a contribution from a community-based observation network in the Bering Sea. Polar Geography, 37: 48–68.

General Assembly, United Nations. 2015. Transforming our world: The 2030 agenda for sustainable development. 2015, A/RES/70/1: 1–41. https://sustainabledevelopment. un.org/content/documents/21252030%20Agenda%20for%20Sustainable%20 Development%20web.pdf (2016.12.27)

Glomsrød, S. and J. Aslaksen. 2009. The Economy of the North. Statistics Norway 2009. https://oaarchive.arctic-council.org (2016.12.27)

Guston, D.H. 2001. Boundary organizations in environmental policy and science: an introduction. Science, Technology, & Human Values, 26: 399–408.

Hirsch, H.G., D. Bradley, C. Pohl, S. Rist and U. Wiesmann. 2006. Implications of transdisciplinarity for sustainability research. Ecological Economics, 60: 119–128.

Johnson, N., L. Alessa, C. Behe, F. Danielsen, S. Gearheard, V. Gofman-Wallingford, A. Kliskey, E.M. Krümmel, A. Lynch, T. Mustonen, *et al.* 2015. The contributions of community-based monitoring and traditional knowledge to Arctic observing networks: reflections on the state of the field. Arctic, 68: 1–13.

Kates, R.W. 2011. What kind of a science is sustainability science? Proceedings of the National Academy of Sciences of the United States of America, 2011, 108: 19449–19450. http://rwkates.org/pdfs/a2011.03.pdf (2016.12.27)

Keil, K. 2013. Cooperation and Conflict in the Arctic: The Cases of Energy, Shipping and Fishing. PhD thesis, Freie Universität, Berlin.

Keil, K., T. Wiertz and I. Chabay. 2014. Engaging Stakeholders in Interdependent Arctic and Global Change. Developing the SMART Research Project. IASS Working Paper 2014. doi http://doi.org/10.2312/iass.2014.007 (2016.12.27)

第 20 章　持続可能な未来ビジョンの共創　401

Keil, K. 2015. Economic potential. *In* (Jokela, J., ed.) Arctic Security Matters. pp. 21–31. European Union Institute for Security Studies (EUISS), Paris.

Koivurova, T. 2012. New ways to respond to climate change in the Arctic. American Society of International Law, 2012, 16: 33.

Lang, D.J., A. Wiek, M. Bergmann, M. Stauffacher, P. Martens, P. Moll, M. Swilling and C.J. Thomas. 2012. Transdisciplinary research in sustainability science: practice, principles, and challenges. Sustainability Science, 2012, 7: 25–43.

Larsen R.J. *et al.* 2016. The Sustaining Arctic Observing Networks (SAON). Arctic Observing Summit papers on SAON 2016. http://www.arcticobserving.org/ (2016.12.27)

National Petroleum Council. 2011. Arctic Oil and Gas. 2011: Retrieved from www.npc. org/Prudent_Development-Topic_Papers/1–4_Arctic_Oil_and_Gas_Paper.pdf (2016.12.27)

National Research Council. 2015. Arctic Matters: The Global Connection to Changes in the Arctic. National Research Council of the US National Academies 2015: 1–36. http://nassites.org/americasclimatechoices/more-resources-on-climate-change/ arctic-matters-the-global-connection-to-changes-in-the-arctic-2/ (2016.12.27)

Nilsson, A.E., C. Wilkinson, M. Sommerkorn and T. Vlasova. 2013. Background, aims and scope. *In* (The Arctic Council, ed.) Arctic Resilience Interim Report. pp. 3–13. Arctic Council, Tromsø.

Pulsifer, P., H.P. Huntington. and G.T. Pecl. 2014. Introduction: local and traditional knowledge and data management in the Arctic. Polar Geography, 37 (1): 1–4.

Pulsifer, P. 2015. Indigenous Knowledge: Key Considerations for Arctic Research and Data Management (by Participants of the Sharing Knowledge: Traditions, Technologies, and Taking Control of our Future Workshop, Boulder, Colorado) Organized by the Exchange for Local Observations and Knowledge of the Arctic (ELOKA) 2015. http://www.arcticobservingsummit.org/sites/arcticobservingsummit.org/files/ Pulsifer-ELOKA--Extended_Sharing_Knowledge_statement.pdf (2016.12.27)

Renn, O. and P.J. Schweizer. 2009. Inclusive risk governance: concepts and application to environmental policy making. Environmental Policy and Governance, 19: 174–185.

Smit, B., G.K. Hovelsrud, J. Wandel and M. Andrachuk. 2010. Introduction to the CAV-IAR project and framework. *In* (Hovelsrud, G.K. and B. Smit, eds.) Community Adaptation and Vulnerability in Arctic Regions. pp. 1–22. Springer, Netherlands.

Sommerkorn, M. and S.J. Hassol. 2009. Arctic climate feedbacks: global implications. Arctic, 2009: 1–100.

Tàbara, J.D. and I. Chabay. 2013. Coupling human information and knowledge systems with social-ecological systems change: reframing research, education, and policy for sustainability. Environmental Science & Policy, 28: 71–81.

終章 複雑で解決困難な課題に立ち向かう科学を求めて
——地域環境学のこれから

佐藤 哲

　科学技術文明の高度な発達にもかかわらず，現代社会はさまざまな複雑かつ困難な課題に直面している．人類の生存基盤を揺るがしかねない地球環境の悪化を克服し，世界を分断する格差と不平等を改善する道のりははるかに遠く，持続可能な未来に向けた社会の転換を促す動きはまだまだ十分とはいえない．その背景には，社会の根幹にかかわる政治や経済の仕組みや人口爆発，地球の限界を超える過剰な資源とサービスの利用など，深刻な根本原因が横たわっている．この困難な状況を打開するための突破口として，私たちはローカルからグローバルに至るさまざまな空間スケール・ガバナンスレベルにおいて，持続可能な未来に向けた意思決定を効果的にサポートできる知識のあり方を検討し，困難な課題の解決に貢献できる知識生産の仕組みを明らかにすることを目指してきた．科学者の好奇心に駆動され，専門分野に細分化された従来の科学は，このような複雑で不確実性の大きい課題に十分に対応できているようにはみえない．では，社会が直面する複雑で解決困難な課題に駆動され，その解決を志向する新しい科学（知識生産）のあり方とは，どのようなものなのだろうか．この根本的な問いへの1つの回答が，私たちが構築してきた「地域環境学」というトランスディシプリナリー・サイエンスである．この本で網羅した世界各地のさまざまな地域環境学の実践の事例から，その特徴を洗いだしてみることにしよう．

　トランスディシプリナリー・サイエンスとしての地域環境学の最大の売りものは，地域の課題に駆動された研究の協働企画である．そもそもなにを研究対象とするか，研究を通じてなにを明らかにするのか，という研究目標や手法の根幹について，科学者だけでなく地域社会の多様なステークホルダーが協働して熟慮し，地域の人々が直面する課題に照らして決定していくというプロセスを，各章の事例は強弱こそあれ真剣に探究している．その際には，科学者が自

分の学問的背景や地域の実情の観察にもとづいて構築した課題設定に関する仮説が，人々との相互作用を通じて大きく改変され，ときには根底から覆され，予想もしなかった新たな研究課題が出現することすらある．したがって，地域環境学を標榜する科学者は，複雑でなにが飛び出すか予測不能な地域の課題に対応するために，個人として自分の専門分野の枠を超えた「ひとり学際研究」を推進することができる「インターディシプリナリアン」であると同時に，ステークホルダーとの協働を希求する「トランスディシプリナリアン」でなければならない．また，個人で対応できる課題には限りがあるので，必然的にトランスディシプリナリーなコミュニティを構築することを迫られる．それぞれの章で描かれた実践の事例の多くは，このような**知の共同体による研究の協働企画**の試みを含んでいる．

　地域環境学における知識生産は，科学者と多様なステークホルダーからなるトランスディシプリナリーな知の共同体による知識の協働生産というかたちをとる．各章に描かれた知識生産のプロセスでは，科学者だけでなく地域のさまざまなステークホルダーが，相互作用を通じてそれぞれの知識を人々が直面する課題に収斂するようにブレンドし，融合させて，意思決定の基盤となる統合知（地域環境知）として再編成している．そして，異なる知識との出会いと相互作用の過程で，知の共同体に参加するすべての人々が相互に学び，新たな知識を生産すると同時に自らの既存の知識も変容させ，それが再び地域環境知に取り込まれることによって，地域環境知がダイナミックに変容していく．また，地域の複雑な社会生態系システムのなかでは，優先的に取り組むべき課題の特定が困難なだけでなく，かりにそれができたとしても，科学的な不確実性が大きく最適解を得ることは不可能である．「こうすればよい」という単一の解を実現することを目指した取り組みは，これまで地域社会の取り組みの現場で多くの齟齬を生んでおり，その限界は明らかである．したがって，ある課題の解決に有効かもしれない知識・技術を「仮説」としてもち，その実現のためのアクションを多様なステークホルダー（科学者も含む）が協働して試行し，その結果から学習することを通じて知識・技術をブラッシュアップしていくという順応的なプロセスが不可欠である．このような**ダイナミックで順応的な知識の協働生産と変容**が，地域環境学のもう1つの特徴であり，また強みでもある．読者のみなさんは，この本の多くの章からその重要性を読み取ることができるだろ

終章　複雑で解決困難な課題に立ち向かう科学を求めて　405

う．

　研究の協働企画と知識の協働生産のプロセスでは，科学者の研究に対する姿勢もまた，変容を余儀なくされる．正確にいえば，地域環境学の実践に参加するすべての人が，知識生産のあり方に対する姿勢や認識の変容を促される．トランスディシプリナリーな知の共同体のなかでは，自分と異なる関心や視野に由来するさまざまな知識体系を理解しようと努め，その価値を尊重し，自らの知識体系を絶対のものとみるのではなく，多様な知識のあり方の 1 つとして相対化する姿勢が求められる．このような**科学者・知識生産者の姿勢の根本的転換**も，地域環境学の大きな特徴である．しかし，これは，とくに知識生産者としての地位と権威を歴史的に確立してきたプロフェッショナルな科学者にとっては，容易なことではない．さまざまな社会的な課題の解決が困難である原因は，科学者以外の人々が科学的な知識を理解するリテラシーを欠いていることにあるという「欠如モデル」は，多くの科学者のマインドセットのなかに根強く残っている．また，科学者以外のステークホルダーにも，複雑な社会生態系システムが直面する課題を扱おうとする科学者の言説が統一性を欠き，揺れ動き，ときにはまったく相反する結論が導かれることに対する，根深い不信がある．このような相互の欠如モデルと不信を脱却し，異なる立場の人々を知識の生産者として信頼し，相互の信頼を基盤とした協働が実現するためには，どんなきっかけが必要なのだろうか．

　読者はこの本のいたるところで，科学者に分類されている著者たちが，地域のステークホルダーと協働した地域環境学の実践のなかで，科学者以外の人々の発想やアイデア，実践から刺激を受け，自らの姿勢やアプローチをダイナミックに変容させる様子を目にしてきたことだろう．科学者にとって，新しいアイデアや視点に接することは，まずなによりも自らの好奇心を刺激し，思考を深めてくれるものであるはずだ．自分とは異なる世界に対するオープンな姿勢を科学者がもっていれば，いい方を変えれば，科学者が自分と異なる思考と知識体系に対して謙虚であれば，ステークホルダーとの協働は，知的刺激に満ちた意義深い経験となるはずだ．そして，このような「謙虚な科学者」としての姿勢が育まれるためには，科学者以外のステークホルダーの豊かな着想とクリエイティブな営みに触れて，自らの思考回路が揺るがされるような経験をすることが重要な契機になる．ステークホルダーとの知の共創のプロセスは，相互の

学習を通じて科学者の知的好奇心を刺激し，予想もしなかった視点を獲得して新たな知の地平を拓く経験を提供するものである．幸運にもこのようなプロセスに遭遇することができた科学者のなかから，トランスディシプリナリー・サイエンスを心から楽しむことができるトランスディシプリナリアンが生まれるのだろう．多様なステークホルダーとの協働を通じて促される**相互学習と謙虚な科学者の創発**は，地域環境学のもう1つの特徴とみなすことができる．

　地域環境学は，ローカルレベルでの課題の解決に貢献する知識生産を出発点とするが，地域社会に閉じた研究や活動だけを行うわけではない．いうまでもないことだが，地域社会はほかの地域，さらにはより広域的なスケールやレベルとのさまざまなかかわりをもっている．ローカルからグローバルにいたるさまざまなスケール・レベルで発生している課題の解決に関連した知識，価値，アイデア，具体的な提案が，たえず地域に流入し，人々の意思決定とアクションに影響を与える．また，地域の実践の価値が発信されることによって，ときにはグローバルなレベルでの意思決定に波及効果が発生する．このようなローカルと広域的なスケール・レベルとの相互作用を仲立ちする重要なアクターとして，私たちは地域社会に定住して地域課題の解決につながる研究を推進する「レジデント型研究者」と，地域内外の多様な知の翻訳と接合を促す「知識の双方向トランスレーター（レジデント型研究者はこの役割も兼ねることが多い）」に注目してきた．これらのアクターは，これまでの章にもたびたび登場してきたので，ここではくわしい議論に踏み込むことは避けよう．そのなかで，とくにローカルと広域的なスケール・レベル，さらにはグローバルレベルとの相互作用を促すことに重要な役割を果たしているのが「階層間トランスレーター」である．階層間トランスレーターによる異なるスケール・レベルをつなぐ知の流通を通じて，ローカルとグローバルが接合し，多様なスケールで持続可能な未来に向けた社会の転換が加速されている．このような**スケールをまたがる知の流通と協働の仕組み**を検討することも，地域環境学の重要な課題である．この本ではくわしく紹介することはできなかったが，これまでの世界各地での事例研究を通じて，特定の地域の課題に関連する多様な双方向トランスレーターが，異なるスケール・レベルで重層的に機能している状態（トランスレーターの多様性と重層性）が，地域にとっても，また広域的なスケール・レベルでも，社会転換に向けた動きを創りだすのに有効らしいことがわかってきた．また，

終章　複雑で解決困難な課題に立ち向かう科学を求めて　407

その際に，とくにローカルからより広域のスケール・レベルに向かう知の流れを促す「ボトムアップ型トランスレーター」の機能が重要であることも明らかになりつつある．

このように，それぞれの章が描き出している地域環境学の実践の分析から，持続可能な未来に向けた社会の転換を促すための知識のあり方と，その生産の仕組みについて，たくさんのことがわかってきた．しかし，トランスディシプリナリー・サイエンスとしての地域環境学は，さまざまな課題に直面する社会生態系システムに転換を促すための基礎知識を蓄積することだけを目指しているわけではない．システムについての理解を深めるだけでなく，具体的になにをなすべきかについて知識の協働生産を進めることも，地域環境学の重要な要素である．なにを目指すべきかという目標についての知識と，それに至るためにどのような道筋をたどるべきかというメカニズムについての知識の両方を生産することが，地域環境学のもう1つの特徴なのである．そのために私たちは，知識が社会の転換を駆動するメカニズムに関する概念モデル（ILEK三角形）を構築し，知識の協働生産を基盤として社会が持続可能な未来に向かう転換を遂げることに，具体的にどのような要因が影響しているかを検討してきた．このような**社会転換の実現要因の理解と活用**も，地域環境学にとってなくてはならないものである．実現要因の5つのカテゴリー（価値の創出と可視化，つながりの創出，選択肢と機会の拡大，集合的アクションの創出，重層的なトランスレーション）は，この本を通じてさまざまなかたちで繰り返し語られてきた．そして，そこで明らかになってきたのは，これらの実現要因はそれぞれ個別に作用しているのではなく，相互に深く連関しながら，全体として社会のダイナミックな転換を促しているということである．一例をあげれば，第6章の事例では，地域の生態系サービスを象徴する環境アイコン（シマフクロウ）が地域の基幹産業である酪農と漁業の持続可能性という価値を可視化し，河畔林の再生などのさまざまな集合的アクションが新しい人々のつながりと参加の機会を創りだし，生業のなかで培われてきた知識・技術が持続可能な地域社会の構築のための選択肢を創出し，地域の人々や研究者などの多様なトランスレーターが重要的に機能して自治体の枠を超えた流域レベルの協働，さらには人々の実践の広域的，国際的な価値を生みだしつつある．このようにして，それぞれの地域が直面する複雑な課題に適合するかたちで，多様な実現要因が組み合わされ，相互作用

しながら，社会の転換に向けた動きが創発しているのである．この5つの実現
要因のすべてをそれぞれの地域の実情に合わせて整え，活性化し，ダイナミッ
クに活用していくことが，持続可能な未来に向けた社会の転換を促すための秘
訣ではないだろうか．

　そして最後に，このような社会の転換を促すプロセスを実現しやすくするた
めの，さまざまな仕組みが必要である．なにを目標にして，どのように物事を
進めればよいかがわかるということと，それを実現することの間には，大きな
ギャップがある．持続可能な未来に向けた意思決定とアクションを容易にする，
あるいは加速するために，どのような工夫や仕組みが必要だろうか．ここに至っ
て，地域環境学は総合的な知識基盤としての地域環境知を生産するという役割
に加えて，そこで描かれたビジョンやプロセスの実現を促すための**社会の制度
や仕組みの協働設計と構築**に踏み込むことになる．つまり，人々の行動や社会
システムの変化を促すさまざまな社会技術を開発し，実践し，改良していくと
いう実践の側面もまた，トランスディシプリナリー・サイエンスとしての地域
環境学を構成する重要な要素なのである．第V部ではこのような社会的な制度
や仕組みの実例として，人々の対話と熟議を通じて意思決定を促進するための
多様なバウンダリー・オブジェクト，政策的な意思決定を支援するための仕組
み，グローバルに広がるきわめて多様で異質なステークホルダーの多面的な協
働を促すためのワークショップなどのしかけが紹介されている．そして，もち
ろんこれがすべてではない．地域環境学が体系化してきた持続可能な未来に向
けた社会の転換のビジョンとプロセスを実現していくためには，はるかに多様
でクリエイティブな社会技術を，さまざまなステークホルダーと協働して開発
していくことを通じて，具体的な選択肢が可視化され，社会の現場でテストさ
れ，改良されて活用されることが必要不可欠である．その成果が地域環境知の
協働生産プロセスにフィードバックされ，新たな知が共創され，活用されてい
く，この無限のループを順応的にたどっていくことによって，複雑な社会生態
系システムについての理解が深まり，それが社会技術の進化を促して，持続可
能な未来に向けた社会の転換が加速されていく．これが，地域環境学がみすえ
る新しいトランスディシプリナリー・サイエンスの意義であり，醍醐味でもあ
る．

　総合地球環境学研究所による「地域環境知形成による新たなコモンズの創生

終章　複雑で解決困難な課題に立ち向かう科学を求めて　409

と持続可能な管理」（地域環境知プロジェクト）の 5 年間は，地域環境学という
トランスディシプリナリー・サイエンスのダイナミックな進化のプロセスその
ものだった．そして，地域環境学の全体像を描きだすことは，きわめて困難な
作業であった．地域環境学を体系化する試み自体が，学問の新しい展開を創発
してしまうからである．ダイナミックに変容し続ける学問の全体像を描く試み
は，完成したとたんに古くなるという宿命を背負っている．それでも，あえて
ある時点でのスナップショットとして地域環境学の全体像を描いてみることに
は，多様な読者がそのプロセスに関与することによって，さらに幅広い視点か
らのフィードバックが得られるという大きな意義がある．この本を手に取って
しまった読者は，地域環境学の知の共同体の一員になったのも同然である．と
もに考えともに学ぶプロセスをこの本によって追体験していただき，知的冒険
のスリルを味わい，持続可能な未来の実現を支える知識生産をともに楽しんで
いただけることを期待したい．それこそが，クリエイティブな知的営みとして
の地域環境学が提案する知の共創のあり方なのである．

おわりに

　「地域環境学」というタイトルを大上段に掲げた以上，この本は地域環境学の学問体系を解説する学術書である．ぼくたちは，挑戦的なトランスディシプリナリー・サイエンスとしての地域環境学の，現時点でのスタンダードとなるテキストを世に問うことを目指した．社会の多様なステークホルダーと協働した知の共創に豊富な実績とすぐれた見識をもつ多様な著者を迎え，その目的はある程度達成できたと思う．しかし，学術書としての完成度を高めるなかで，どうしても抜け落ちてしまったことがある．それは，さまざまな人々との知の共創の，血沸き肉躍るおもしろさだ．この知的刺激に満ちた経験を十分に描き切れていないことがとても心残りなので，この場を借りてその一端を，かんたんにご紹介しよう．

　トランスディシプリナリー・サイエンスは，二重の意味でおもしろい．まず，科学者としてこれまでなら交流の機会さえなかったような，きわめて多様な人々との対話と協働のなかで，想像もできなかった発想，予想しなかった現象，意表を突かれるアイデアに出会うことが楽しい．それが思考を刺激し，新しいアイデアや発想の源になる．このような経験を，各章の執筆者は多かれ少なかれ経験してきたと思う．ぼくにとって忘れられない経験を1つだけあげるとすれば，マラウィ湖沿岸の漁村で地域の伝統的首長と，その地域で1950年代から続いている漁民が運営する水産資源の自主的季節禁漁という，それだけでもとんでもなく興味深い事例について話をしていたときのこと．第7章でも少し触れたが，自分たちの手で湖の資源をきちんと管理するという先進的な取り組みが始まった経緯を語るなかで，首長はなんでもないかのように，「これは，資源管理しようと思って始まったわけではない」とおっしゃった．なんと，雨季に多い落雷から漁民の生命を守るための禁漁という目的が中心で，資源管理はその副産物だというのだ．目からウロコというのは，まさにこのことだ．ぼくたちは自然資源の持続可能な管理を検討するとき，あたりまえのように資源管理を目的とした仕組みを考えてしまう．漁民にとってもっと切実な問題のための

仕組みをつくり，その副産物として資源管理を実現しよう，などという発想は，資源管理学という学問の発想からは出てこない．オープンな姿勢でステークホルダーと対話を積み重ね，地域の課題の多様な側面についてともに考えてきたからこそ，今まで考えてもみなかったアイデアをいただくことができたわけだ．このような経験が視野を拡大し，発想を豊かにし，複雑な課題の理解に少しでも近づいているという実感を与えてくれる．それがトランスディシプリナリー・サイエンスを標榜する科学者にとってすこぶる楽しく，刺激的なのだ．

　そして，おそらくもっと刺激的で楽しい経験は，多様な人々との出会いそのものが，ひとりの人間としての日々の生活を豊かにしてくれることだろう．地域環境知プロジェクトを通じて，プロジェクトがなければありえなかったような新しいつながりが生まれ，貴重な経験となっている．いまだにその場にいた人たちの話題に上る逸話を1つ紹介しよう．2013年に多様な分野の科学者がそろってトルコへフィールドワークに出かけた．1つの地域社会をみんなで訪問し，異なる学問分野の視点からステークホルダーとの対話と熟議を試みたのである．そのときのメンバーのなかで，もっとも現場のどろどろから離れた抽象的なサイエンスを専門としていたのが，数理生物学者のKさんだった．トルコの乾燥地を歩きながら砂漠化の進行を抑える地域の取り組みについて議論していたときのこと．かなり大きな砂丘のふもとで，突然Kさんが脱兎のごとく走り出し，砂丘を駆け上り始めた．まわりにいた人たちは，わけもわからず後に続き，崩れやすい砂に足を取られながらよろよろと砂丘を上り，Kさんに続いて頂上にたどり着き，Kさんが恍惚とした表情でみつめる視線の先をたどった．そこには，とくになにもなかった．すでに見慣れた乾燥した大地が広がっていただけだった．Kさんは砂丘の移動のメカニズムについて数理的な研究をしたことがあり，砂丘を目の当たりにしてなにかを感じて矢も楯もたまらず砂丘を駆け上ったらしいが，そんなことは問題ではなかった．意味もなくみんなが息を切らして砂丘を上り，Kさんの心の琴線に触れたことが，奇妙な一体感を生み，忘れられない経験として心に焼き付いたのだ．Kさんの印象に残っている言葉がある．地域環境知プロジェクトは，それ自体の成果も重要だが，10年後，20年後に振り返って「そもそもの始まりはあのプロジェクトだったな」と思えるような，そういうものであってほしい，と．Kさんは学問としての将来性の話をしていたと思うが，ぼくはこのプロジェクトが後から振り返ったとき

に，多くの人たちとのつながりを通じて人としての成長と人生の豊かさを築く
きっかけとなったという実感をもてるものだったと思いたい．これがトランス
ディシプリナリー・サイエンスの人間的な側面での楽しさなのである．

　それぞれの章で描かれた事例は，どれも地域環境学の実践として個性的であ
るだけでなく，社会的インパクトをもたらす，あるいはそれを予感させる内容
を含んでいる．このような事例を集めるだけでもたいへんだが，そこからさま
ざまな知見を引きだし，学問の体系として練り上げる作業は，とてつもなく困
難なものだった．地域環境知プロジェクトの5年間は，すべてそのために費や
されたといってよいだろう．プロジェクトのメンバーは，もちろんプロフェッ
ショナルな研究者だけでなく，地域のさまざまな人々が含まれている．また，
研究の舞台となった世界各地のフィールドには，プロジェクトにいろいろなか
たちでかかわってくださったさらに多様な人々がいる．このようなきわめて多
くの人々との知の共創があったから，新しいトランスディシプリナリー・サイ
エンスをつくりあげるというチャレンジを，どうにか完了できたと思っている．
まずは，地域環境知プロジェクトにさまざまなかたちでかかわってくださった
多くの方々に心から御礼を申し上げたい．あまりにも多くの方々のお世話になっ
たので，そのすべてのお名前をあげることはできなかったが，とくにお世話に
なった方々のお名前を，巻末の執筆協力者リストに記載させていただいた．

　この本は，総合地球環境学研究所の研究プロジェクト「地域環境知形成によ
る新たなコモンズの創生と持続可能な管理（地域環境知プロジェクト）」（2012–
2017，プロジェクトリーダー：佐藤哲）の成果をまとめたものである．また，
プロジェクト全体を通じて，科学技術振興機構・社会技術研究開発センターの
「貧困条件下の自然資源管理のための社会的弱者との協働によるトランスディシ
プリナリー研究」（佐藤哲，FS：2015・試行；2016・本格研究；2017）および
科学研究費補助金・基盤研究（A）「多元的な価値の中の環境ガバナンス：自然
資源管理と再生可能エネルギーを焦点に」（宮内泰介，2012–2015）から，大き
なご支援をいただいた．

　また，各章の基礎となった研究に関しては，以下の研究費のご支援をいただ
いた．科研費・基盤研究（B）「自伐型林業方式による中山間地域の経済循環と
環境保全モデルの構築」（家中茂，第2章），科研費・基盤研究（C）「地域づく
りと自然環境保全に資するモザイク保護区の研究」（北村健二，第6章），カナ

ダ社会・人文科学研究会議・パートナーシップ開発助成「カナダの生物圏保存地域におけるネットワーキングおよび社会学習のための戦略構築」（モウリーン・リード，第9章），文部科学省特別教育研究経費「持続可能な地域発展を目指す「里山里海再生学」の構築：能登半島から世界への発信」（中村浩二，第10章），国際協力機構草の根技術協力「世界農業遺産（GIAHS）『イフガオの棚田』の持続的発展のための人材養成プログラムの構築支援」（同上），科研費・若手研究（B）「国際環境認証制度（水産物）による資源管理ガバナンスの変容に関する研究」（大元鈴子，第12章），三井物産環境基金研究助成「世界遺産とユネスコエコパークを例にした自然保護の世界標準と地域振興の衝突事例の比較と解決策の研究」（酒井暁子，第13章）．ここに記して深く感謝する．

　そして最後に，きわめて多様な著者と動きの鈍い編者の尻をたたき続けてこの本を完成に導いてくださった東京大学出版会編集部の光明義文さん，研究と執筆のすべての過程を支えてくれた研究推進支援員の福嶋敦子さんに，著者を代表して御礼申し上げる．このようなたくさんの方々，機関のご支援をいただいてこの本がかたちとなったことを，みなさんとともに喜びたい．地域環境学がこの本をスタートラインとしてどのような進展を遂げるか，ほんとうに楽しみだ．

佐藤　哲

索引

欧文

AHP 305
ASC 230, 236
ASU 327, 334
BR 170, 245
CAP 326
CAWCD 325
CBD-COP 188
CBRA 177
CoC 認証 233
CPT 367
CRPG 363
CSR 234
DCDC 319
DHS 370
DIDLIS 142
DMUU 327
EABRN 249
EDG 363
ESA 282
EuroMAB 179
FAFO 148
FAO 27, 189, 231
FLMMA 269
FSC 228
FWRI 86
GIAHS 189
GIS 347, 351, 359, 374
ICCAs 269
ICRI 262
IFAD 148
IFSU 199
IGDC 199
ILEK 4, 80, 371
ILEK 三角形 8, 346, 407
ILEK-SIM 343, 348
IMBER 357
IPCC 326
IPSI 188
ISEAL 231
ISMTP 199
ISPI 329

IUCN 64, 355
Jaccard 指数 362
JBRN 249
JGN 249
JICA 199
JSSA 189
KJ 305
KOP 29
LEED 287
LID 288
LIVE 289
LMMA 268
MA 189
MAB 73, 173, 245
　　――計画分科会 246
MPA 259
MSC 228
NEDO 49
NIST 363
NOAA 78
OUIK 197
PMA 323
RRAP 370
RSPO 233
SCCS 233
SDGs 136, 300
SEAFDEC 316
SEDAC 359
SESMAD 357
SGA 189
SMART 391
STARCTIC 391
STEM 335
TD 4
TURFs 65, 68
UNESCO 355
UNU-IAS-OUIK 249
UPOU 198, 199
WaterSim 330
　　――アメリカ 335
WNBR 174
WWF 206, 228, 267, 355
　　――サンゴ礁保護研究センター 204

ア行

アオサンゴ群落　206
赤潮　85
赤土（の）流出　47, 208, 218
アクター　390
アーサ　45
アジア太平洋地域諸国　314
あたらしいコモンズ論　57
新しい眼鏡　142
亜熱帯砂漠気候　323
アムール・オホーツク・コンソーシアム　69
アメリカ国立科学財団　327
アメリカ国立標準技術研究所　366
アメリカ先住民族部族条約　279
アメリカ先住民文化　281
綾　248, 252
アリゾナ州大学　327
　　──意思決定シアター　334
アロマホップ　293
安全取水量　325, 337
移行地域　245, 248
石垣島　204
意思決定　1, 322, 344, 345, 394
　　──過程　61
　　──支援システム　321, 333
　　──プロセス　391
一次産業　118, 131
　　──従事者　5
一重回路の学習　172, 180
一般理論　316
遺伝的攪乱　47
糸モズク　45
イノー（礁池）　217
命継の海　206
イノベーター　143
「イフガオ里山マイスター」養成プログラム　199
イフガオ GIAHS 持続発展協議会　199
イフガオ棚田　188, 198
意味の創出　396
海垣（インカチ）　217
インターディシプリナリアン　404
インタフェース　320
インフラ事業　288
ウィラメット・パートナー　291
ヴィンヤード　287
ウェブ上のインタフェース　331
ウシパ　137
ウタカ　137

ウドゥニバヌア村　268, 270
海の恵み（海洋の生態系サービス）　299
海ブドウ養殖　43
運河　326
エコツーリズム　71
　　──推進モデル事業　71
エコラベル　230, 279
エゾシカ　126
NPO 法人　213
　　──コウノトリ湿地ネット　108
　　──サラソタ・ベイ・ウォッチ　86
　　──持続可能な環境共生林業を実現する自伐型
　　　　林業推進協会　51
　　──土佐の森・救援隊　49
　　──夏花　213
　　──能登半島おらっちゃの里山里海　194
エネルギー資源開発　397
エネルギーと環境デザイン評価規格　287
エビ養殖　234
エンパワーメント　213
応用シナリオ分析　336
大野製炭工場　197
沖縄県水産試験場　262
お魚殖やす植樹運動　118
オーナーシップの醸成　212
オニヒトデ駆除　47
オーバーユース問題　262
オレゴン州における有機認証　289
恩納村　261
　　──漁業協同組合　42
　　──コープサンゴの森連絡会　46, 47
　　──美ら海産直協議会　46
　　──役場　45

カ行

海域管理計画　67
海域公園　261
カイコソ　270
階層　171
　　──間トランスレーター　7, 406
　　──分析法　305
海草藻場　85, 92
開発途上国　77, 316
海洋管理協議会　228
海洋基本計画　41
海洋資源　77
海洋における生物化学・生態系研究　357
海洋保護区　259
　　──ネットワーク　259

顔の見える流通　144
科学委員会　61
科学コミュニティ　79
科学社会学　321
科学・政策統合のためのインターシップ　329
科学知　35, 62, 142
科学的圧力と政治的圧力の調和の必要性　328
科学的検証　313
科学的言説　333
科学的手法　78
科学的知識　265, 274, 396
科学的（な）不確実性　136, 150, 333, 404
科学と政策のインタフェース　328
カキ養殖　236
学習　166
　——機能　176
　——成果　180
核心地域　245
角間の里山自然学校　191
加工流通過程　137
河川環境　132
河川工作物の撤去　73
仮想評価法　379
過疎化　316
過疎・離島ふるさとづくり支援事業　215
課題　147
　——駆動型科学　4
価値　9, 11, 101, 109, 160, 163, 165
　——観　172
　——創造　47
　——の創発　93
　——の対立　110
褐虫藻　43
金沢大学能登学舎　192
カナダ生物圏保存地域協議会　177
カナダ先住民族　181
カナダ MAB 委員会　175
カナダ・ユネスコ国内委員会　175
カバ　270
ガバナンス　171
　——レベル　7, 388
株式会社井ゲタ竹内　45
川の法律　324
灌漑農業　20, 21, 281, 326
環境アイコン　11, 83, 133, 407
環境教育　220
環境配慮型都市計画　288
環境保全面　157
観光　107

緩衝地域　245
乾燥地域　19
陥没穴　22
管理　175
　——ツール　265
　——の現状把握や問題同定　313
機械的手法　347
基幹産業　117
企業　287
　——の社会的責任　234
キクメイシ類　206
気候変動　138, 387, 397
　——に関する政府間パネル　326
技術解　30
技術モデル　328
季節禁漁　149
　——区　65
基礎科学と応用研究における利害の相違　328
期待効用　380
基本的人権　135
逆浸透再生水　337
キャパシティビルディング　213
給餌　110
共感　114
協議会　158
行政　157
　——機関　5
　——施策　104
共通認識　170
協働　26, 37, 38, 158
　——管理　3
　——企画　389, 391
　——実践　150
　——生産　140, 320, 389
　——設計　140
　——のプラットフォーム　131, 171
共同管理　67, 300, 314
共同計画チーム　367, 371
郷土料理研究会　218
漁獲金額　71
漁獲統計　70
漁獲の多様性　299
漁業　117
　——管理ツール・ボックス（道具箱）　301, 313
　——占有利用権　65
漁業者　65, 308
　——・水産従業者のワールド・フォーラム
　148
　——との共創　306

漁協職員　308
極度の貧困状態　135
魚道　282
キリンサイ　273
近代灌漑農業　19
禁漁区　261
空間スケール　7, 388
クチナギ　262
クミ村　272
クラフトビール　292
グリーンベルト　212
　　——大作戦　218
クロスビーの新パラダイス　79
グローバル GAP　291
経済活動　279
経済的なインセンティブ　218
経済発展　333
形式知　388
ケイマフリ　72
欠如モデル　1, 141, 405
ゲットウ（月桃）　218
ゲートキーパー　335
研究成果の実施と実践　140
研究の協働企画　150, 397, 403
謙虚な科学者　405
検索アルゴリズム　350
建造物と基盤整備のための NIST コミュニティ・
　　レジリエンス計画ガイド　364
建築物と基盤設備のためのコミュニティ・レジリ
　　エンス経済性意思決定ガイド　376
顕著性　321, 334, 344
権力　166
　　——性　141
合意形成　77, 160, 165, 216
公益財団法人三菱 UFJ 環境財団　124
公園システム　287
好奇心駆動型　2
公共財的資源　240
公正な自然資源管理　181
高性能林業機械　50
構造化された進行支援　184
高知県仁淀川流域　48
高等持続可能性科学研究所　391
行動変容　149
コウノトリ　99, 101, 239
　　——共生推進課　104
　　——の舞　240
　　——野生復帰推進計画　104
　　——野生復帰推進連絡協議会　105

　　——を育む農法　107
後発開発途上国　136
小型ホタテガイ　82, 83
小型林業機械　53
国際基準　73
国際コモンズ学会　67
国際資源管理認証　227
国際自然保護連合　64, 102, 269
国際調理事会　251
国際認証　197
国際農業開発基金　148
国際連合教育科学文化機関（ユネスコ）　64
国内審査基準　248
国立公園　252
国連大学サステイナビリティ高等研究所いしか
　　わ・かなざわオペレーティングユニット　190,
　　249
コストと利益　376
コタンコロカムイ　120
コミュニケーション　166, 333, 339, 397
　　——ツール　147, 150
コミュニティ　364, 383
　　——主導型意思決定　79
　　——のストレス要因　365
　　——・ビジネス　210
　　——・レジリエンス計画　371
コモンズ　49, 55, 56, 276
　　——の悲劇　80, 300
ゴリゴリ　268
ゴルフコース　287
コロンビア川条約　283
コロンビア川流域水取引プログラム　291
壊れない作業道（小径高密な路網）　51
コンフリクト　163, 168
根本原因　3

サ行

サイクル　176
再生水　324
在来知　35, 62, 142, 366, 373
差異を維持した協働　114
作物水分要求量　27
サケ　278, 281
　　——の定置網漁　121
里海　41, 89
里の鳥　99
SATOYAMA イニシアティブ国際パートナー
　　シップ　188
里山里海　197

砂漠都市の意思決定センター　321, 327
座間味村　262
サメ漁業　237
サーモン・セーフ　241, 278, 279, 284
　——エコラベル　285
　——認証基準　284
サーモン・ネーション　295
サラソタ湾　82
　——河口域プログラム　86
　——小型ホタテガイ再生のための総合戦略　87
参加型アクションリサーチ　178
参加型灌漑管理　35
参加のアプローチ　35
参加型モデリング　331
サンゴ礁　41
　——再生事業支援協力協定　46
　——文化　206, 218, 354
　——保全　355
サンゴ養殖・植付　43
三重回路の学習　172, 181, 183
産卵場保護海洋保護区　262
支援　167
ジオパーク　250
志賀高原　249
自給漁業　268
資源管理　261
　——型漁業　45, 263
　——者　79
　——のインセンティブ　145
試行錯誤　162
事故の防止　316
C材で晩酌を！　49–51
自主管理　67
　——の創発効果　313
自主禁漁区　217
市場　231
自然科学者　397
自然区域　287
自然言語処理　347
自然再生　101, 164
　——事業　161
自然資源　40, 227, 349
自然条件　346, 351, 359
自然保護区　252
　——管理　149
持続可能　20, 29, 36
　——な開発に関する世界首脳会議　272
　——な開発のための教育　178

　——な開発目標　76, 136, 390
　——な観光　178
　——な自然資源管理　139
　——な地域づくり　209, 218
　——な未来　389
持続可能性　37, 67, 170, 228, 320, 333
　——科学　256, 389
　——社会　248
　——認証　231
失業　365
実現要因　9, 346
実践の共同体　173, 184
シナジー　150
シナリオ　321, 327, 392, 393, 398
自伐型林業　50, 55, 56
　——方式　51
標茶町　126
シマフクロウ　72, 119
　——の森づくり百年事業　122
　——の野生復帰　72
島村修　206
市民科学者　88
市民参加　161
社会解　30
社会科学者　397
社会関係資本　273
社会技術　130, 408
社会条件　346, 351, 359
社会生態系　171
　——システム　2, 136, 150, 391, 404
　——システムの複雑性　151
　——システムメタ分析データベース　357
社会–組織モデル　328
社会的学習　11, 172, 183, 320, 327, 329
社会的強者　19, 30, 37
社会的公正　333
社会的弱者　19, 20, 30, 37, 136, 140
社会的条件　316
社会的相互作用　330
社会的ネットワーク分析　329
社会転換　171, 182, 333
社会ネットワーク　259
社会の選択　61
社会のための科学　150
社会の転換　1, 389, 408
シャコ貝養殖　44
集合的アクション　9
集合的記憶　167
重層的（な）トランスレーション　9, 251

集団的（な）思考　345, 346
熟議　143, 165
主体性　168
シュノーケル観光事業者の自主ルール　217
順応性　162
順応的　11, 35, 404
　　──管理　41, 261, 328
　　──な働きかけ　170
　　──なプロセス　168
小規模家族経営　235
小規模灌漑　137, 145
小規模漁業者　136
小規模水産養殖　138
少子高齢化　118
消費者　107
情報の欠如　396
将来シナリオ　330
将来ビジョン　131
植樹祭　122
触媒　211
植民地的慣行　181
食物網　70
白保　353
　　──公民館運営審議委員　216
　　──魚湧く海保全協議会　217
　　──サンゴ礁　208
　　──サンゴ礁地区保全利用協定　217
　　──地区　204
　　──日曜市　218
　　──村ゆらてぃく憲章　212, 216
　　──村ゆらてぃく憲章推進委員会　216
しらほサンゴ村　208
自律的自然資源管理　148
知床財団　63
知床世界遺産　60
知床世界自然遺産地域適正利用・エコツーリズム
　検討会議　71
知床方式　67
新石垣空港　206
　　──建設位置選定委員会　207
人工基盤　44
新興国　148
人口増加　333
　　──抑制　337
人材　210
　　──育成　348
　　──ネットワーク　194
人種差別的思想　181
迅速な意思決定のニーズと研究の速度の遅さ

328
信頼　141, 165, 216, 392, 393, 405
　　──関係　213
　　──構築　182
　　──性　321, 334, 344
森林　41
　　──管理協議会　228
　　──組合　54
　　──伐採　118, 281
　　──・林業再生プラン　54
水産 ILEK ツール・ボックス　345
水産基本計画　42
水産基本法　42
水産業普及指導員（水産普及員）　260, 302, 308,
　309
水産局　269
水産総合研究センター　301
水産養殖管理協議会　230
水道事業システム　323
水平方向トランスレーター　7
水力発電　282
スキャロップ・サーチ　88
スケトウダラ漁業　65
スタディツアー　220
ステークホルダー　19, 20, 38, 79, 148, 159, 237,
　242, 369, 381, 389, 392
すでに建っている家の設計図を描く　68, 151
ストーリー　293
巣箱　120
スピルオーバー効果　271
生活化　113
生活協同組合　45
　　──連合会コープ中国四国事業連合　46
　　──連合会コープ東海コープ事業連合　46
生活圏における対話型熟議　142
生活知　142
生業　40, 200
　　──技術　122, 130
　　──のイノベーション　140
　　──複合　139
政策決定者　79, 322, 333
政策的意思決定　13
政策レバー　334, 336
政治的言説　333
政治的不確実性　333
脆弱性　327
生鮮流通　147
生態系アプローチの 12 原則　61
生態系がもたらす財とサービス　178

生態系機能　284, 289
生態系サービス　2, 40, 56, 131, 188, 204, 230, 366
生態的・社会的条件　312
生態的条件　316
生態ネットワーク　259
制度　164
正統性　321, 334, 344, 395
政府間海洋学委員会　77
生物圏保存地域　12, 170, 174, 245, 249
　　——世界ネットワーク　174
生物多様性　47, 76
　　——条約　248
　　——条約締約国会議　188
　　——の宝庫　60
制約　150
世界遺産委員会　73
世界観　172
世界危機遺産　198
世界自然遺産　60, 138, 238, 250
世界自然保護基金　206, 228, 267
世界重要農業遺産システム　189
世界生物圏保存地域ネットワーク　249
世界農業遺産　189, 198, 238
世界文化遺産　198, 238
セクターごとの説明責任の線引きの相違　328
絶滅危惧種　102, 119
　　——保護法　282
セビリア戦略　174, 247, 248
セマンティックネットワーク　352
先駆的なコミュニティ　381
全国漁業協同組合連合会　302
全国水産業普及指導員研修　302
全国青年・女性漁業者交流大会　314
全国豊かな海づくり大会　263
先住民　387, 388
　　——・地域保全区域　269
先住民族　389
　　——との協働　180
　　——の権利に関する国際連合宣言　181
先進国　77
選択肢　9, 13, 393
全米気候評価　327
操業の安全　316
相互学習　150, 170, 275, 349, 393
相互の信頼　152
相互連携　202
双方向トランスレーター　201, 260, 275, 302, 314, 343, 348

総有の海　217
組織　210
ソルト川プロジェクト　326

タ行

第 3 次生物多様性国家戦略　41
大学が果たす役割　201
大気汚染　387
大規模粗放型林業　53
大規模データ　347
第三者認証　232, 280
帯水層　325
　　——への再注入　337
代替収入源　261
代替戦略　378
ダイナミズム　162
ダイナミック・モデル　330
ダイビング　262
太平洋岸北西部電力計画保全法　282
太平洋岸北西部電力保全協議会　282
対立　112
対話　343, 346, 392
　　——と熟議　152
多獲性魚類　300
宝の海　206
多元的な存在　112
只見　253
　　——町ブナセンター　254
達成感や効力感　213
タブー区域制度　269
ダム　282, 326
多様な価値　160
短期の技術的意思決定　336
単純化された社会像　160
チア・フィッシュマーケット　144
地域　167
　　——NGO　5
　　——おこし協力隊　54, 219
　　——企業　5
　　——コミュニティ　174
　　——再生　164
　　——産品　254
　　——資源　107, 167
　　——住民　157
　　——主体の海域管理　268
　　——主体の海洋保護区　261
　　——振興　248
　　——・大学連携　195
　　——通貨　49

——づくり　101, 354
——の課題　349
——のカタリスト　204, 211
——マーケティング　239
——レジリエンス評価プログラム　370
地域環境学　5
地域環境知　4, 19, 36, 37, 41, 80, 114, 142, 320, 339, 355, 384, 404
——シミュレーター　348
——データベース　346
——プロジェクト　305
地下水　19, 20, 324, 325
——管理法　324, 325
——枯渇　19, 20, 22
地球温暖化　208
地球サミット　188
知識　166, 168
——基盤　20, 36
——構造　351, 355, 360
——生産　10, 34–37, 403
——の共創　93
——の協働生産　150, 355, 373, 391, 404
——の交流　329
——の双方向トランスレーション　87, 93
——の双方向トランスレーター　6, 397, 406
——のトランスレーション　80
——のトランスレーター　389
——の流通　90
——ユーザー　5
知の「共進化」　317
知の共創　409
知の共同体　404
チーフ　274
地方自治体　248, 251
チーム美らサンゴ　45
中央アリゾナ州水環境保全区　325
中央アリゾナ・プロジェクト　326
中間育成　44
中山間地域　54
長期の戦略計画の指針　336
長伐期択伐施業　51, 53
地理情報システム　347, 374
ツアーガイド　145
つながり　9, 12
ツール　140
——ボックス　146
低インパクト開発　288
定住　193, 200
定着性資源　261

弟子屈町　126
データベース　178, 314
天水コムギ　36
伝統的漁具　212
伝統的景観　354
伝統的首長　145
伝統的知識　265, 273, 274, 388, 396
伝統的な食文化　218
伝統的な町並み　206
天然記念物　119
統合的水資源管理　35
投資　365
——戦略　376
当事者意識　395
登録海域　66
登録基準　63
独立行政法人新エネルギー・産業技術総合開発機構　49
都市および工業用水保全　337
都市開発　288
土壌流出　280
土地管理　284
土地所有形態　279
トップダウン　27
——型　8
——的管理　300
——方式　250
トド料理　69
豊岡市　239
トランガニコロ　270
トランスディシプリナリー・アプローチ　19, 37, 62, 79
トランスディシプリナリアン　404
トランスディシプリナリー研究　4, 104, 140, 390
トランスディシプリナリー・プロセス　394, 397, 398
トランスフォーメーション　327
トランスレーション　79, 249, 260, 368
トランスレーター　62, 74, 143, 256, 265, 295
——の多様性と重層性　406
トレーサビリティ認証　233
トレードオフ　2, 150, 230, 365

ナ行

ナイキ　287
内発的なアクション　140
内発的なイノベーション　142, 148
今帰仁　265

索引 423

ナダスシステム 36
納得 165
ナマコ 273
ナミハタ 264
二次的自然 41, 188
西別川 117
　——源流コンサート 125
　——流域 117, 350
　——流域コンサート 125
虹別コロカムイの会 119, 120
二重回路の学習 172, 180
日常生活圏 143
日露隣接地域生態系保全協力ワークショップ 69
日本の里山里海評価 189
日本 MAB 計画委員会 246, 256
日本ユネスコエコパークネットワーク 246
人間と生物圏計画 73, 173, 245
認証機関 232
認証基準 231
認証制度 231
認知心理学 305
ネクサス 149, 320
ネットワーク 144, 148, 167
年代測定 23
農業者フォーラム 148
農業体験 220
ノウサンゴ類 206
農薬・化学薬品 280
能登いきものマイスター 194
能登里山里海マイスター育成プログラム 193
能登里山マイスター養成プログラム 192
のと半島里山里海アクティビティ 194
能登半島里山里海自然学校 192

ハ行

バイオダイナミック農法認証 289
バイカモ 126
　——保護活動 128
バウンダリー 320
　——・オーガニゼーション 328, 339
　——・オーガニゼーション理論 321
　——・オブジェクト 13, 321, 330, 339, 343, 396, 408
　——研究 339
白山 249
ハザード 364, 383
パターナリズム 141
白化現象 43, 208

伐採 53
パートナー 152
羽地 265
パラオ 274
パラダイムシフト 151
パルシステム生活協同組合連合会 46
半乾燥地域 326
犯罪率 365
半農半漁 206
東アジア生物圏保存地域ネットワーク 249
干潟 42
非貨幣的価値 366
非市場価値 376
ビジョン 369
ビチレブ 267
人と自然のかかわり 102, 108
人慣れグマ 71
ひとり学際研究 404
ひび建て式 43, 47
兵庫県但馬地方 99
兵庫県立コウノトリの郷公園 102
費用対効果 285
貧困 135, 365
　——解消 148
　——層イノベーター 141
ファシリテーター 322
フィジー 267
フィードバック回路 387
フィニング 237
フェアトレード認証 231
フェニックス市 345
フェニックス大都市圏 320, 323
付加価値 107, 284
　——型流通 145
不確実性 2, 162, 327, 333, 380, 396
　——のもとでの意思決定プログラム 327
普及版ツール・ボックス 305, 306
副業型自伐林家養成講座 51
複雑系 242, 396
複雑性 159
副産物としての利益 365, 366, 375, 378, 384
複数のゴール 164
複数の制度 164
福利の向上 146
不信 141
ブドウ栽培とワイン製造に対する持続可能性認証 289
フードシステム 241
プラットフォーム 148, 176, 183, 237

ブランド化 106, 144
ブランド価値 254
フレーミング 394
フロリダ州魚類野生生物保全委員会 86
米国海洋大気庁 78
米国環境保護庁 290
別海町 126
ペーパーパーク 149
放射性炭素同位体 23
法的権利 389
訪問型研究者 6, 63, 255
北米・欧州生物圏保存地域国際会合 179
保護水面 261
北極圏 387
　　——資源が駆動する北極圏の社会転換の持続可
　　　能なあり方プロジェクト 391
　　——の持続可能性への転換のためのシナリオと
　　　ツールプロジェクト 391
北極評議会 393
ホップ産業 292
ボトムアップ 27, 222
　　——型 8
　　——型トランスレーター 407
　　——方式 250
ポートランド 280
ボナビル電力事業団 282
ホーモーサッサ川 83
ボランティア 51, 88
　　——活動 210

マ行

マウラィ共和国 136
マウラィ湖 136
　　——国立公園 138
マグホワイト 44
マケイン国際リーダーシップ研究所 334
摩周水系西別川流域かいわい会議 126
摩周水系西別川流域有名人会議 126
摩周・水・環境フォーラム 126
マドリッド行動計画 174, 248
まるやま組 197
水ガバナンス・システム 323
水管理コミュニティ 331
水資源ガバナンス 327
水資源管理 319, 327
水収支モデル 345
水の備蓄 337
水利用シナリオ 345
南太平洋大学 267, 269, 275

身の丈にあった機械化 51, 53
宮城県気仙沼市 236
宮城県南三陸町 236
ミレニアム生態系評価 189
無給餌粗放養殖 234
矛盾 112
ムベンジー島 145
モズク基金 45, 47, 55
モズク養殖 43, 261
モデル地域 248
モート海洋研究所 81
モニタリング 86
物語 106, 113, 167
　　——化 106
藻場 42
モバイル意思決定シアターバージョン 335
モリ券 49

ヤ行

八重山（諸島） 204, 262
野生 110
　　——復帰 100, 105
有性生殖 47
優先権主義 324
優良実践事例 179
ユークリッド距離 359
ユネスコエコパーク 238, 245, 248
ユネスコ国内委員会 246
ユマティラ・インディアン居留区 283
養殖密度 236
予測的モデリング 331, 337
ヨナラ水道 264

ラ行

ライツホルダー 389, 392
羅臼漁協 65
酪農 117
ラムサール条約 73
　　——登録湿地 251
乱獲 77
リマ行動計画 183
流域 117, 130, 131, 279, 286, 295, 407
理論ツール・ボックス 302
林業政策 53
林地残材 48
倫理的問題 390
類似度 351
零細トレーダー 136
レクリエーションボート 92

レジティマシー（正統性）　216
レジデント型研究　104
　——機関　21, 23, 80, 93
　——者　6, 62, 143, 168, 246, 255, 389, 406
レジリエンス　77, 139, 327, 364
　——計画　367
連関構造　149
連邦水質清浄法　290
ローカルとグローバル　406

ローカル認証　238, 279
ローカル・ルール　354

ワ行

ワーキングランドスケープ　279
和食文化　300
ワシントン州ホップ委員会　291
ワラワラ川　290

執筆協力者リスト

（敬称略，五十音順，外国人名はアルファベット順）

伊藤浩二
石村学志
宇野文夫
岡橋清隆
小路晋作
河野耕三
川畠平一
菊池俊一
香坂玲
朱宮丈晴
白岩孝行
鈴木和次郎
高橋俊守
竹内周
中嶋健造
中村真介
橋本光治
比嘉義視
前川聡
三浦静恵
若松伸彦
NPO法人持続可能
　な環境共生林業
　を実現する自伐
　型林業推進協会
恩納村漁業協同組合
各生物圏保存地域事
　務局
釧路自然環境事務所
白保公民館
白保魚湧く海保全協
　議会

白保日曜市
白保村ゆらていく憲章推
　進委員会
知床財団
知床世界自然遺産地域科
　学委員会
全国漁業協同組合連合会
WWFサンゴ礁保護研究
　センター
特定非営利活動法人夏花
虹別コロカムイの会
能登里山里海マイスター
　プログラム関係者
横浜市漁業協同組合
羅臼漁業協同組合
Alex Wilson
Alifereti Tawake
Anna Huttel
Ann George
Bosco Rusuwa
Carman McKinney
Chief Makanjira Man-
　gwere M.Namputu
Dan Kent
Daud Kassam
Eferemo Kubunavanua
Friday Njaya
Hayri Merdane
Heinz Gutscher
Hélène Godmaire
John Banana Mataware
Marc-André Guertin

Mary Lou Soscia
Michael Roy
Monica Paola Parada Liz-
　ano
Paul Makocho
Pio Radikedike
Salanieta Bukarau
Steven Donda
Tareguci Bese
Zihan Ata
Zoe Muzyczka
ASU Decision Center for
　a Desert City
ASU Julie Ann Wrigley
　Global Institute of
　Sustainability
ASU School of Commu-
　nity Resources and
　Development
Canadian Commission for
　UNESCO
Karapınar Ziraat Odası
Knowledge, Learning,
　and Societal Change
　Research Alliance
Members of the Canadian
　Biosphere Reserves
　Association and their
　partners
U.S. National Science
　Foundation

本書の執筆に際しまして，上記の方々にさまざまなご支援をいただきました．紙面の都
合により最後になりましたが，厚くお礼申し上げます（執筆者一同）．

［編者紹介］

佐藤　哲（さとう・てつ）

1955 年　北海道に生まれる.
1985 年　上智大学大学院理工学研究科博士課程修了.
　　　　WWF ジャパン・自然保護室長, マラウィ大学・
　　　　助教授, 長野大学・教授などを経て,
2012–2017 年　大学共同利用機関法人人間文化研究機構・
　　　　総合地球環境学研究所「地域環境知形成に
　　　　よる新たなコモンズの創生と持続可能な管
　　　　理（地域環境知プロジェクト）」・プロジェク
　　　　トリーダー.
現　　在　愛媛大学社会共創学部・教授, 総合地球環境学研究
　　　　所・名誉教授, 理学博士.
専　　門　地域環境学.
主　　著　『環境倫理学』（分担執筆, 2009 年, 東京大学出版
　　　　会）, 『日本のコモンズ思想』（分担執筆, 2014 年,
　　　　岩波書店）, 『フィールドサイエンティスト』（2016
　　　　年, 東京大学出版会）ほか.

菊地直樹（きくち・なおき）

1969 年　香川県に生まれる.
1999 年　創価大学大学院文学研究科社会学専攻博士後期課
　　　　程単位取得退学.
　　　　兵庫県立大学・講師／兵庫県立コウノトリの郷公
　　　　園・研究員を経て,
2013–2017 年　大学共同利用機関法人人間文化研究機構・
　　　　総合地球環境学研究所「地域環境知形成に
　　　　よる新たなコモンズの創生と持続可能な管
　　　　理（地域環境知プロジェクト）」・プロジェク
　　　　ト共同リーダー.
現　　在　金沢大学人間社会研究域附属地域政策研究セン
　　　　ター・准教授, 博士（社会学）.
専　　門　環境社会学.
主　　著　『蘇るコウノトリ』（2006 年, 東京大学出版会）, 『野
　　　　生動物の餌付け問題』（分担執筆, 2016 年, 地人書
　　　　館）, 『「ほっとけない」からの自然再生学』（2017
　　　　年, 京都大学学術出版会）ほか.

［**執筆者紹介**］（所属・ポストは刊行時）

佐藤　哲（さとう・てつ）　序章，第7章，終章
　　愛媛大学社会共創学部・教授，専門：地域環境学

久米　崇（くめ・たかし）　第1章
　　愛媛大学大学院農学研究科・准教授，専門：農業水文学

エルハン・アクチャ（Erhan Akça）　第1章
　　アディアマン大学テクニカルプログラム部門・教授，
　　専門：土壌科学・地域開発

家中　茂（やなか・しげる）　第2章
　　鳥取大学地域学部・教授，
　　専門：村落社会学・環境社会学

松田裕之（まつだ・ひろゆき）　第3, 13章
　　横浜国立大学大学院環境情報研究院・教授，
　　専門：生態学・資源管理学

牧野光琢（まきの・みつたく）　第3, 16章
　　水産研究・教育機構・中央水産研究所・グループ長，
　　専門：水産・海洋政策学

イリニ・イオアナ・ヴラホプル（Eirini Ioanna Vla-
chopoulou）　第3章
　　エーゲ大学大学院・博士課程，専門：生態系管理学

マイケル・クロスビー（Michael Crosby）　第4章
　　モート海洋研究所・所長，専門：海洋生態学

バーバラ・ラウシュ（Barbara Lausche）　第4章
　　モート海洋研究所海洋政策研究部門・ディレクター，
　　専門：海洋政策学

ジム・クルター（Jim Culter）　第4章
　　モート海洋研究所底生生物学部門・マネージャー，
　　専門：底生生物学

菊地直樹（きくち・なおき）　第5章
　　金沢大学人間社会研究域附属地域政策研究センター・
　　准教授，専門：環境社会学

編者紹介・執筆者紹介　429

北村健二（きたむら・けんじ）　第 6, 10 章

　　金沢大学地域連携推進センター・特任助教,
　　専門: 環境・資源管理, 参加型学習行動

大橋勝彦（おおはし・かつひこ）　第 6 章

　　虹別コロカムイの会・事務局長, 専門: 地域開発

ダイロ・ペムバ（Dylo Pemba）　第 7 章

　　ムズズ大学疾病媒介生物管理センター・准教授,
　　専門: トランスディシプリナリー科学

中川千草（なかがわ・ちぐさ）　第 7 章

　　龍谷大学農学部・講師,
　　専門: 環境社会学・ジェンダー論

宮内泰介（みやうち・たいすけ）　第 8 章

　　北海道大学大学院文学研究科・教授,
　　専門: 環境社会学

モーリーン・リード（Maureen G. Reed）　第 9 章

　　サスカチュワン大学環境持続可能性科学部・教授,
　　専門: 環境ガバナンス

パイビ・アバーンティ（Paivi Abernethy）　第 9 章

　　ローヤル・ローズ大学・持続可能性研究プログラム・
　　博士号取得研究員, 専門: 社会的学習

中村浩二（なかむら・こうじ）　第 10 章

　　石川県立自然史資料館・館長（金沢大学名誉教授）,
　　専門: 生態学

上村真仁（かみむら・まさひと）　第 11 章

　　筑紫女学園大学現代社会学部・准教授,
　　専門: 地域計画学

大元鈴子（おおもと・れいこ）　第 12, 15 章

　　鳥取大学地域学部・准教授,
　　専門: 資源管理認証論・フードスタディーズ

酒井暁子（さかい・あきこ）　第 13 章

　　横浜国立大学大学院環境情報研究院・教授,
　　専門: 森林生態学・環境保全論

鹿熊信一郎（かくま・しんいちろう）　第14章

　　沖縄県海洋深層水研究所・所長，専門・水産資源管理学

ジョキム・キトレレイ（Jokim Kitolelei）　第14章

　　国連食糧農業機関・水産担当官，
　　専門：沿岸村落開発論・水産社会学

ケビン・スクリブナー（Kevin Scribner）　第15章

　　サーモン・セーフ・アウトリーチ，専門：自然資源管理

但馬英知（たじま・ひでとも）　第16章

　　（株）タジマラボ・代表，専門：水産資源管理学

デイブ・ホワイト（Dave White）　第17章

　　アリゾナ州立大学砂漠都市の意思決定センター・ディ
　　レクター，専門：持続可能性科学

ケリー・ラーソン（Kelli L. Larson）　第17章

　　アリゾナ州立大学砂漠都市の意思決定センター・副
　　ディレクター，専門：水資源管理

アンバー・ウティッヒ（Amber Wutich）　第17章

　　アリゾナ州立大学国際持続可能性研究所・上級研究員，
　　専門：資源人類学

竹村紫苑（たけむら・しおん）　第18章

　　水産研究・教育機構・中央水産研究所・任期付研究員，
　　専門：セマンティック・ネットワーク分析・GIS

三木弘史（みき・ひろし）　第18章

　　総合地球環境学研究所・外来研究員，専門：統計物理学

時田恵一郎（ときた・けいいちろう）　第18章

　　名古屋大学大学院情報科学研究科・教授，
　　専門：複雑系科学・数理生物学

ジェニファー・ヘルゲソン（Jennifer Helgeson）　第19章

　　米国国立標準技術研究所・応用経済学部門・エコノミ
　　スト，専門：環境経済学

イラン・チャバイ（Ilan Chabay）　第20章

　　高等持続可能性科学研究所・国際持続可能性科学・教
　　授，専門・持続可能性科学・ガバナンス論

地域環境学
トランスディシプリナリー・サイエンスへの挑戦

2018 年 1 月 10 日　初　版

［検印廃止］

編　者　佐藤　哲・菊地直樹

発行所　一般財団法人　東京大学出版会

　　　　代表者　吉見俊哉

　　　153-0041 東京都目黒区駒場 4-5-29
　　　電話 03-6407-1069　Fax 03-6407-1991
　　　振替 00160-6-59964

印刷所　研究社印刷株式会社
製本所　誠製本株式会社

© 2018 Tetsu Sato, Naoki Kikuchi, *et al.*
ISBN 978-4-13-060320-1　Printed in Japan

JCOPY 〈㈳出版者著作権管理機構 委託出版物〉
本書の無断複写は著作権法上での例外を除き禁じられています.
複写される場合は, そのつど事前に, ㈳出版者著作権管理機構
（電話 03-3513-6969, FAX 03-3513-6979, e-mail:info@jcopy.or.
jp）の許諾を得てください.

佐藤哲

フィールドサイエンティスト———A5 判／256 頁／3600 円
地域環境学という発想

大元鈴子・佐藤哲・内藤大輔編

国際資源管理認証———A5 判／256 頁／4800 円
エコラベルがつなぐグローバルとローカル

菊地直樹

蘇るコウノトリ———四六判／276 頁／2800 円
野生復帰から地域再生へ

鬼頭秀一・福永真弓編

環境倫理学———A5 判／304 頁／3000 円

武内和彦・渡辺綱男編

日本の自然環境政策———A5 判／260 頁／2700 円
自然共生社会をつくる

松田裕之

海の保全生態学———A5 判／224 頁／3600 円

川辺みどり・河野博編

江戸前の環境学———A5 判／240 頁／2800 円
海を楽しむ・考える・学びあう 12 章

小野佐和子・宇野求・古谷勝則編

海辺の環境学———A5 判／288 頁／3000 円
大都市臨海部の自然再生

武内和彦・鷲谷いづみ・恒川篤史編

里山の環境学———A5 判／264 頁／2800 円

小宮山宏・武内和彦・住明正・花木啓祐・三村信男編

サステイナビリティ学［全 5 巻］———A5 判／192-224 頁／各 2400 円

ここに表示された価格は本体価格です．ご購入の際には消費税が加算されますのでご了承ください．